Probleme der Deregulierung in der deutschen Elektrizitätswirtschaft

Europäische Hochschulschriften
Publications Universitaires Européennes
European University Studies

Reihe V
Volks- und Betriebswirtschaft

Série V Series V
Sciences économiques, gestion d'entreprise
Economics and Management

Bd./Vol. 3107

PETER LANG
Frankfurt am Main · Berlin · Bern · Bruxelles · New York · Oxford · Wien

Sven Oliver Brückmann

Probleme der Deregulierung in der deutschen Elektrizitätswirtschaft

Eine industrieökonomische Analyse

PETER LANG
Europäischer Verlag der Wissenschaften

Bibliografische Information Der Deutschen Bibliothek
Die Deutsche Bibliothek verzeichnet diese Publikation in der Deutschen Nationalbibliografie; detaillierte bibliografische Daten sind im Internet über <http://dnb.ddb.de> abrufbar.

Zugl.: Darmstadt, Techn. Univ., Diss., 2004

D 17
ISSN 0531-7339
ISBN 3-631-53114-1

www.peterlang.de

Für Jutta

Geleitwort

Die Deregulierung der deutschen Elektrizitätswirtschaft ist inzwischen weit voran geschritten, aber mit großer Sicherheit noch lange nicht abgeschlossen. Sie begann mit dem am 29.4.98 in Kraft getretenen Energiewirtschaftsgesetz, mit dem die *Binnenmarktrichtlinie Elektrizität* der EU von 1997 in nationales Recht umgesetzt wurde. Damit setzte Deutschland im Vergleich zu den anderen Mitgliedsstaaten der EU diese Richtlinie am schnellsten um und öffnete den Strommarkt für alle Kundengruppen. Als Folge der Marktöffnung ergaben sich Entwicklungen und Probleme, deren Ausmaß ganz offensichtlich erheblich unterschätzt worden waren, so dass sich die Stimmen für eine Re-Regulierung des Strommarktes häuften. Diesen Einwänden und Bedenken wurde 2003 mit einer neuen EU-Richtlinie Rechnung getragen, indem die Mitgliedstaaten der EU aufgefordert wurden, die aufgetretenen Probleme bis spätestens zum 1. Juli 2004 einer Regulierungsbehörde für Strom (und Gas) zu übertragen.

Vor diesem Hintergrund ist die Arbeit von Sven Oliver Brückmann zu sehen. Die Deregulierung hat die Handlungsmöglichkeiten der Energieversorger (EVU) erheblich erweitert. Aufbauend auf der Regulierungstheorie, der Spieltheorie und der Informationsökonomik, untersucht der Verfasser, ob die erweiterten Strategieoptionen im liberalisierten Strommarkt zu Marktversagen führen können und ob somit durch Eingriffe einer Regulierungsbehörde Pareto -Verbesserungen erzielt werden könnten.

Die von ihm diagnostizierten Probleme, die potentiell zu Markversagen und damit zu einer suboptimalen Allokation führen können, müssen auch von der Regulierungsbehörde, die vor zwei Monaten ihre Arbeit aufgenommen hat, ins Auge gefasst werden. Man darf gespannt sein, wie sie damit umgehen wird.

Ich wünsche der Arbeit, dass ihre Argumente in die energiepolitische Diskussion einfließen und bedacht werden.

Technische Universität Darmstadt, im August 2004 Prof. Dr. Volker Caspari

Inhaltsverzeichnis

1 Einführung

1.1 Aufgabenstellung und Zielsetzung

Die bislang vorherrschende Sichtweise der Ökonomie vertrat die Auffassung, dass die gesamte Stromversorgung den Charakter eines natürlichen Monopols besitzt. Die Elektrizitätswirtschaft wurde als wettbewerblicher Ausnahmebereich behandelt, in dem die marktwirtschaftliche Ordnung durch Elemente einer staatlichen Regulierung ersetzt war.[1] Ziel dieser Maßnahmen war es, trotz des offensichtlich vorliegenden Marktversagens zu gewährleisten, dass die Wohlfahrt gesamtwirtschaftlich nicht gemindert wird.

Erst in jüngster Zeit dominiert in der Literatur die Ansicht, dass zur Beurteilung der Notwendigkeit einer Regulierung in der Elektrizitätswirtschaft eine sehr viel differenziertere Analyse dieses Bereiches erforderlich ist.[2] Im Zuge der alle regulierten Branchen umfassenden weltweiten Privatisierungs- und Deregulierungswelle setzte seit Ende der 70er Jahre auch in der Elektrizitätswirtschaft ein Prozess der wettbewerblichen Reform in verschiedenen Ländern der Erde ein.[3] Die dabei gemachten positiven Erfahrungen stellten alsbald generell die Existenz von Wettbewerbshemmnissen und die Notwendigkeit von Regulierungsmaßnahmen in der Elektrizitätsversorgung zumindest in Teilbereichen in Frage.[4] Weltweit setzt sich überall die Überzeugung durch, dass eine innovative, dynamische und effiziente Elektrizitätswirtschaft marktwirtschaftlichen Wettbewerb braucht.[5]

Dieser veränderten Sichtweise folgend, beschloss auch die Europäische Union Ende der 80er Jahre, Schritte zur Marktöffnung einzuleiten.[6]
Die Frage nach der richtigen Vorgehensweise bei einer Deregulierung wurde hierbei von Beginn an sehr kontrovers diskutiert. Der zunächst nahe liegende Ansatz, Erfahrungen aus anderen Ländern wie z. B. Chile, England, Norwegen oder den USA zu nutzen, die bereits vorher ihren Strommarkt liberalisiert hatten, stieß sehr schnell an seine Grenzen. Zu unterschiedlich waren jeweils die spezifischen Ausgangsbedingungen.[7]

---

[1] Vgl. Kasperk (1997), S. 26.
[2] Vgl. Hoster (1996), S. 3.
[3] Es mag an dieser Stelle überraschen, dass eines der ersten Länder hierbei Chile war, das von der übrigen Welt weitgehend unbemerkt seit 1978 in einem mehrstufigen Prozess eine grundlegende Neuorganisation und wettbewerbliche Öffnung seiner Elektrizitätswirtschaft durchgeführt hatte. Vgl. Schulz (1995), S. 106 und Moya (2002), S. 575 ff.
[4] Vgl. Eßer (1994), S. 94 und Borenstein; Bushell (2000), S. 47.
[5] Die hier beschriebene Veränderung der Sichtweise kann dabei nicht isoliert von der Entwicklung in anderen ehemals regulierten Branchen betrachtet werden. Sie ist vielmehr Teil einer wachsenden Kritik an öffentlichen Unternehmen und regulierten Märkten. Vgl. Weber (1986), S. 35 und Czakainski (1999), S. 461.
[6] Vor allem die enormen Differenzen der Strompreise zwischen den einzelnen Mitgliedsstaaten der Europäischen Union stellten den hier bestandenen nationalen Ordnungsrahmen in Frage und verstärkten die Forderung nach einer Öffnung der Strommärkte. Vgl. Kumkar (1997), S. 48
[7] So erfolgt z. B. in dem bereits im Jahre 1991 liberalisierten Norwegen die Stromerzeugung aufgrund der vielen Flussläufe mit großem Gefälle zu fast 99 % aus Wasserkraft. Vgl. IEA (2001a), S. I 27. Daher können dort gemachte Beobachtungen, etwa über die Entwicklung des Kraftwerksmix und die Höhe der

Auch die Ergebnisse aus anderen Wirtschaftszweigen, die bereits dereguliert waren und zum Teil, wie die Bereiche „Telekommunikation“ und „Luftverkehr“, eine ähnliche Leitungsgebundenheit besitzen wie die Elektrizitätswirtschaft, konnten aufgrund der weitgehenden technischen und organisatorischen Besonderheiten nicht herangezogen werden.
Da es somit kaum übertragbare Erfahrungen für eine Deregulierung der leitungsgebundenen Energiewirtschaften innerhalb der Europäischen Union gab, mussten teilweise vollkommen neue Wege beschritten werden. Folgerichtig konnten daher auch die Auswirkungen und Folgen der diskutierten Ansätze ex ante kaum vorhergesagt werden.

Die Ergebnisse der Diskussion über die zukünftige Gestaltung der Marktbedingungen für die Elektrizitätswirtschaft mündeten schließlich in der Richtlinie 96/92/EG (Binnenmarktrichtlinie Elektrizität) des europäischen Parlaments und Rates, die am 19. Februar 1997 in Kraft trat mit der Maßgabe, dass die Mitgliedsstaaten diese bis 19. Februar 1999 in nationales Recht umsetzen mussten.
Durch das In-Kraft-Treten des neuen Energiewirtschaftsgesetzes (EnWG) am 29. April 1998 ist diese Richtlinie der Europäischen Union für den deutschen Strommarkt in nationales Recht umgesetzt worden. Dieses Gesetz soll gemäß § 1 eine möglichst sichere, preisgünstige und umweltverträgliche Energieversorgung fördern.[8] Indem Deutschland auf Übergangsfristen verzichtete und den Strommarkt sofort für alle Kundengruppen öffnete, setzte es die Vorgaben der Binnenmarktrichtlinie im Vergleich zu anderen Mitgliedsstaaten der Europäischen Union am schnellsten um.

Dabei zeigte es sich aber, dass in vielen Bereichen Problemfelder und Fragen auftauchten, deren Ausmaß offensichtlich im Vorhinein unterschätzt wurden. Schon bald forderten daher aus den unterschiedlichsten Motiven heraus verschiedene Interessensgruppen und Marktteilnehmer eine teilweise Revision des EnWG bzw. erneute Regulierung von Teilbereichen des Strommarktes. Die Verabschiedung der Richtlinie 2003/54/EG (EU-Beschleunigungsrichtlinie) im Juni 2003 kommt diesem Anliegen zumindest insoweit entgegen als gemäß Artikel 23 die Mitgliedsstaaten der EU, und somit auch Deutschland, aufgefordert werden, bis spätestens 1. Juli 2004 eine oder mehrere Stellen mit der Aufgabe als Regulierungsbehörde für Strom (und Gas) zu betrauen.

An dieser Stelle setzt die Analyse der vorliegenden Arbeit ein. Es wird der Frage nachgegangen, ob die durch die Richtlinie 96/92/EG der Europäischen Union für den Elektrizitätsbinnenmarkt vorgegebene und im Energiewirtschaftsgesetz für die deutsche

---

Reservekapazitäten, nicht ohne weiteres auf andere zu liberalisierende Strommärkte innerhalb der Europäischen Union übertragen werden.

[8] Es lässt sich sehr schnell erkennen, dass diesem Zielvektor ein Zielkonflikt immanent ist. So führen z. B. hohe Umwelt- und Sicherheitsstandards auch zu steigenden Kosten und die umweltschonendste Art der Stromversorgung muss nicht zwangsläufig auch den Ansprüchen an die Versorgungssicherheit genügen. Vgl. Schnabel (1995), S. 12.

Elektrizitätswirtschaft in nationales Recht umgesetzten Vorgaben ausreichend waren, die Wettbewerbsziele zu erreichen.
Den Ausgangspunkt liefert hierzu die veränderte Strategiemenge der bereits vor der Marktöffnung etablierten Energieversorgungsunternehmen (EVU) auf dem nunmehr liberalisierten deutschen Strommarkt. Denn Deregulierung bedeutet zunächst, dass staatliche Einflussnahme z.B. auf Preis, Qualität und Marktzutritt abgebaut werden.[9] Als unmittelbare natürliche Gegenreaktion kann dann aber ein EVU seine Entscheidungsfindung hinsichtlich der Strategiewahl zum Erreichen der Unternehmensziele um diese Parameter erweitern.
Aufbauend auf den Erkenntnissen der Theorie der Regulierung ergibt sich hieraus die interessante Fragestellung, inwieweit die gewählten Strategieoptionen eines EVU im liberalisierten Strommarkt zu neuen Fällen von Marktversagen führen, die wiederum einen staatlichen Eingriff rechtfertigen. Unter Abwägung der Kosten und Nutzen ist für jedes Problemfeld einzeln zu untersuchen, ob durch eine „Re-Regulierung" für bestimmte Bereiche, bzw. einer erweiterten Kompetenzübertragung an die zum 1. Juli 2004 neu geschaffene Regulierungsbehörde, gesamtwirtschaftlich gesehen bessere Ergebnisse erzielt werden können.

Ziel der vorliegenden Arbeit ist es, auf der Grundlage sowohl der ökonomischen Theorie als auch der empirischen Beobachtungen auf dem deutschen Strommarkt, einen Beitrag zu der Frage zu liefern, wie mit den offensichtlich aufgetretenen „Problemen der Deregulierung" umgegangen werden sollte, um den eingeschlagenen Prozess der Marktöffnung nicht nachhaltig zu gefährden.

1.2 Vorgehensweise und Aufbau der Arbeit

Kapitel 2 erläutert zunächst die Ursachen und Instrumente staatlicher Regulierung. Danach werden die Besonderheiten in der Elektrizitätswirtschaft hinsichtlich der Notwendigkeit einer staatlichen Regulierung überprüft und die sich daraus ergebenden Konsequenzen für die Struktur und den Ordnungsrahmen in Deutschland bis 1998 dargestellt. Sodann erfolgt eine Auseinandersetzung mit der Argumentation für eine Deregulierung auf dem Strommarkt. Anschließend werden darauf aufbauend die in der Literatur diskutierten verschiedenen theoretischen Ansätze zur Deregulierung der Elektrizitätswirtschaft bewertet sowie relevante praktische Erfahrungen erörtert, die bereits zu Beginn der Diskussion um die Liberalisierung des europäischen Strommarktes vorlagen.
Im Wesentlichen handelt es sich hierbei um aus der Literatur bereits bekannte Darstellungen und Ergebnisse.

[9] Vgl. Durach (1996), S. 6 und Crandall; Ellig (1998), S. 13.

Kapitel 3 stellt ausgehend von den drei Kernelementen des neuen Energiewirtschaftsrechtes (EnWG), deren Auswirkungen auf den deutschen Strommarkt und die Energieversorgungsunternehmen (EVU) nach dem In-Kraft-Treten im April 1998 dar. Da die EVU durch die Deregulierung ein gewisses Maß an „Privatautonomie“ erhalten haben, liegt der Fokus der Untersuchungen auf der erweiterten Strategiemenge der bereits vor der Marktöffnung etablierten EVU im liberalisierten Strommarkt. Die empirisch beobachtbaren operativen und strategischen Entscheidungen der EVU werden in Gruppen systematisiert und als unmittelbare Reaktion auf die veränderten Rahmenbedingungen dargestellt.

In **Kapitel 4** werden ausgehend von der in **Kapitel 4.1** aufgeworfenen Frage nach den Kriterien zur Rechtfertigung einer Re-Regulierung die nachfolgenden vier zu beobachtenden Problemfelder auf dem deutschen Strommarkt untersucht, deren Ursachen offensichtlich in der Marktöffnung begründet sind:

- In **Kapitel 4.2** wird analysiert, inwieweit der empirisch beobachtbare Abbau an Personalkosten und Rückgang an Investitionen als Folge des wettbewerblichen Kostendrucks auch zu einer Absenkung der Versorgungssicherheit führen kann. Im Mittelpunkt steht hierbei die Frage, ob auch unter den veränderten Bedingungen eines liberalisierten Strommarktes genügend investiert wird, um dauerhaft ein volkswirtschaftlich gesehen optimales Niveau der Versorgungsqualität zu gewährleisten.

- In **Kapitel 4.3** wird der Frage nachgegangen, inwieweit die seit der Liberalisierung rapide angestiegenen Fusionen, Kooperationen und strategische Allianzen dazu führen können, dass auf der Angebotsseite im deutschen Strommarkt oligopolistische Strukturen entstehen könnten.

- In **Kapitel 4.4** werden die veränderten Informationsstrukturen zwischen den Akteuren auf dem wettbewerblichen Strommarkt untersucht. Im Mittelpunkt stehen hierbei zwei Arten von Informationsverzerrungen: Zum einen asymmetrische Informationen hinsichtlich der Produkteigenschaften des Gutes Strom und zum anderen über die Höhe der Kosten bei einem Versorgerwechsel.

- In **Kapitel 4.5** werden zwei Arten von Externen Effekten der Stromerzeugung analysiert, die zusätzlich durch die Liberalisierung des Strommarktes entstanden sind. So ist es aufgrund des durch den Wettbewerb induzierten Kostendrucks für ein EVU rational, vermehrt auf „Gas- und Dampf-Kraftwerke (GuD-Kraftwerke)“ auf der Basis von Erdgas als die effizienteste Art der Stromerzeugung zu setzen. Die Folge dieser einzelwirtschaftlich gesehen rationalen Entscheidung führt aber gesamtwirtschaftlich

gesehen zu einer steigenden Ressourcenabhängigkeit von politisch labilen Regionen des Nahen Ostens und Russlands.
Eine zweite Art von Externen Effekten bei der Stromerzeugung auf dem liberalisierten Markt ergibt sich aus dem nunmehr bestehenden Anreiz für ein EVU, Strom aus jenen Ländern zu importieren, wo die staatlichen Sonderabgaben für die Stromerzeugung bzw. die Kosten für umwelt- oder sicherheitstechnische Standards am niedrigsten sind. Es sind daher geeignete Maßnahmen zu entwickeln, um Stromimporte aus Drittländern bei fehlender „ökologischer Reziprozität" zu verhindern.

Kapitel 5 fasst die wesentlichen Ergebnisse der Arbeit noch einmal zusammen und gibt einen Ausblick auf weiterführende Fragestellungen.

Zur Unterstützung der Analyse wird hierbei an mehreren Stellen auch auf die Methoden der Spieltheorie zurückgegriffen. Denn in einem gesonderten Abschnitt in Kapitel 3 wird gleichermaßen dargelegt, dass mit der Liberalisierung die Komplexität der Entscheidungen der Akteure auf dem Strommarkt aufgrund der Interdependenzen ihrer Strategiewahl deutlich zugenommen hat. Die Spieltheorie eignet sich andererseits aber sehr gut zur Analyse von strategischen Interaktionen der Akteure. Sie ist daher im Einzelfall hervorragend zu gebrauchen, um sehr praxisnah ein Modell beschreiben zu können, mit dessen Hilfe die Ursache für das offensichtlich vorhandene Marktversagen und darauf aufbauend die Notwendigkeit einer Re-Regulierung für die einzelnen Problemfelder untersucht werden kann.

2 Regulierung vs. Deregulierung in der Elektrizitätswirtschaft

2.1 *Ursachen staatlicher Regulierung*

Ein funktionsfähiger Wettbewerb gilt gemeinhin als eine wesentliche Voraussetzung für eine effiziente Ressourcenallokation über den Preismechanismus. Den Grundstein zu diesen Überlegungen legte Adam Smith bereits Ende des 18. Jahrhunderts als er, im Gegensatz zum bis dahin vorherrschenden Merkantilismus, das Ordnungsprinzip der Marktwirtschaft entwickelte.[10]

Hierbei ist aber die ökonomisch gesehen interessante Frage nicht leicht zu beantworten, woran ein funktionsfähiger Wettbewerb gemessen werden kann? Bei einer Analyse dieser Fragestellung fällt nämlich auf, dass hierzu in den letzten 200 Jahren die unterschiedlichsten Erklärungsansätze entwickelt wurden, die alle mehr oder weniger ihre Vorzüge besitzen.

Als allgemeine Definition eines marktwirtschaftlichen Wettbewerbs gilt: „(...) ein rivalisierendes Streben mehrerer Wirtschaftssubjekte (Unternehmen, Haushalte), als Anbieter oder Nachfrager auf konkreten Märkten durch bestimmte Aktivitäten einen größeren Erfolg (messbar an Umsatz, Gewinn, Rentabilität, Einkommen, Ausgaben, Nutzen) als die Rivalen zu erzielen.“[11] Wesentliche Voraussetzungen für das Funktionieren eines marktwirtschaftlichen Wettbewerbs sind hierbei: „(...) Markttransparenz, Entscheidungsfreiheit, ausreichende Ausstattung mit finanziellen, technischen und personellen Ressourcen, Wille zur wettbewerblichen Auseinandersetzung, Flexibilität und offene Märkte (...)“.[12]

Als Effizienzkriterium zur Bewertung des Wettbewerbs dient das Paretoprinzip. Dieses besagt, dass eine Situation paretoeffizient ist, wenn bei gegebenen Ausgangsbedingungen kein Wirtschaftssubjekt besser gestellt werden könnte, ohne dass gleichzeitig mindestens ein anderes schlechter gestellt würde.[13] Dieser optimale Zustand wird gleichwohl aufgrund von „Defekten marktlicher Koordination“ in der Regel nicht erreicht. In der Literatur werden üblicherweise die folgenden Fälle von Marktversagen unterschieden, die nicht zu gesamtwirtschaftlich optimalen Ergebnissen führen bzw. Wettbewerb per se ausschließen:[14]

- Natürliches Monopol
- Ruinöse Konkurrenz
- Externe Effekte
- Öffentliche Güter
- Asymmetrische Informationen

---

[10] Vgl. Olten (1998), S. 13.
[11] Zitiert in: Olten (1998), S. 14.
[12] Zitiert in: Olten (1998), S. 16.
[13] Vgl. u. a. Weber (1986), S. 80 und Fees (1997), S. 54.
[14] Vgl. u. a. Varian (1990), S. 260 ff, Schumann (1992), S. 38 ff, Kasperk (1997), S. 53 und Olten (1998), S. 74.

Staatliche Regulierungen haben nunmehr das Ziel, den Wettbewerb zu ersetzen, wenn dieser als Kontroll- und Steuerungsmechanismus ausfällt.[15] Dabei gibt es aber durchaus unterschiedliche Auffassungen, welche Eingriffe des Staates in den Wirtschaftsprozess unter den Begriff „staatliche Regulierung“ subsumiert werden sollten. Eine allgemein anerkannte, unumstrittene Regulierungstheorie fehlt.[16]
Im weiteren Sinne fallen unter den Begriff der Regulierung alle Eingriffe, welche die Handels- und Gewerbefreiheit oder die zivilrechtliche Annexfreiheit beschränken und darüber hinaus nicht zu den allgemeinen Bestimmungen der Spielregeln der Marktwirtschaft zählen. Diese Definition beinhaltet auch die allgemeine Rechtsordnung wie z. B. das Eigentums-, Vertrags- und Strafrecht, ohne das ein Zusammenwirken aller Wirtschaftssubjekte nicht möglich wäre.[17]
In einem engeren Sinne fallen in den Bereich der staatlichen Regulierung nur jene Interventionen, welche die Struktur der Märkte und den Handlungsspielraum der handelnden Akteure festlegen und somit den Wettbewerb außer Kraft setzen.[18] Voraussetzung für eine staatliche Regulierung ist hierbei ein Marktversagen, das einen funktionsfähigen Wettbewerb behindert.[19] In der vorliegenden Arbeit wird der Begriff der Regulierung nur in diesem engeren Sinne verstanden.

Im Folgenden werden zunächst die Ursachen der verschiedenen zuvor genannten Fälle von Marktversagen dargestellt. Darauf aufbauend werden im nächsten Abschnitt jeweils die in der Literatur gängigen Ansätze einer staatlichen Regulierung erläutert.

2.1.1 Das natürliche Monopol

Die bereits auf das 19. Jahrhundert zurückgehende und nachdrücklichste Begründung für staatliche Wirtschaftseingriffe ist das offensichtliche Vorhandensein von natürlichen Monopolen u. a. auf den Transport-, Kommunikations- und Energiemärkten.[20]
Als Ausgangspunkt für die Definition eines natürlichen Monopols wird in der Wirtschaftstheorie der Begriff der Subadditivität der Kosten (Subaditivity of Cost) herangezogen. Subadditivität der Kosten liegt vor, wenn der Verlauf der Kostenfunktion C(y) dazu führt, dass die Kosten für ein Unternehmen bei jedem nachgefragten Output Y stets geringer sind als die Summe der Kosten, die bei irgendeiner Aufteilung der nachgefragten Menge auf mehrere (kleine) Unternehmen entstehen würden. Formal:[21]

---

[15] Vgl. Müller (1996), S. 39.
[16] Vgl. Weber (1986), S. 30 und Lammers (1992), S. 4.
[17] Vgl. Weber (1986), S. 31 und Deregulierungskommission (1991), S. 1.
[18] Vgl. Weber (1986), S. 32.
[19] Zu unterscheiden sind hiervon staatliche Aktivitäten, die den Wettbewerb etwa durch Schaffung fehlender Voraussetzungen als das grundlegende Ordnungsprinzip der Marktwirtschaft dauerhaft aufrechterhalten. Vgl. Lammers (1992), S. 4.
[20] Vgl. Weber (1986), S. 100.
[21] Vgl. Baumol (1977), S. 810.

$$C(y^1 + ... + y^m) < C(y^1) + ... + C(y^m) \qquad \text{mit:} \quad Y = \sum_{n=1}^{m} y^n, \qquad (2.1.1.1)$$

Im Falle der Einproduktunternehmen stellt bereits das Vorhandensein von „economies of scale" eine hinreichende aber nicht notwendige Bedingung für Subadditivität der Kosten dar.[22] Economies of scale liegen vor, wenn die Durchschnittskosten bei der Produktion mit steigendem Output sinken. Formal:

$$\frac{C(y^i)}{y^i} < \frac{C(y^k)}{y^k} \qquad \text{für alle } y^i\, y^k \qquad \text{mit:} \qquad 0 < y^k < y^i \leq y \qquad (2.1.1.2)$$

Weniger trivial ist der Nachweis der Subadditivität der Kosten für die Mehrproduktunternehmung. Nun sind neben den reinen Skaleneffekten auch noch Verbundvorteile der Produktion (economies of scope) zu berücksichtigen. Der gesamte Output wird dann nicht mehr durch eine einzige Zahl, sondern durch einen Vektor dargestellt. Formal:[23]

Es sei $y^i(y^{1i} + ... + y^{ni})$ der i-te Vektor von m Outputvektoren, wobei jeder Vektor einen oder mehrere verschiedene von n Outputs enthält. Dann gilt als eine notwendige und hinreichende Bedingung für das Vorhandensein von Subadditivität der Kosten:

$$C(y^1 + ... + y^m) < C(y^1) + ... + C(y^m) \qquad \text{mit:} \qquad Y = \sum_{i=1}^{m} y^i, \qquad (2.1.1.3)$$

Für den Fall der Mehrproduktunternehmung liegen economies of scale vor, wenn eine Erhöhung des Inputs zu einer überproportionalen Erhöhung des Outputs führt. Formal:[24]

Es sei $(x^1 , ... , x^r , y^1 + ... + y^m)$ ein Input-Output-Vektor. Economies of scale liegen dann vor, wenn es für jedes $w > 1$ einen möglichen Input-Output-Vektor gibt mit:

$$(wx^1 , ... , wx^r , v^1y^1 + ... + v^my^m) \qquad \text{und} \qquad v^i \geq w + \delta \qquad \text{und } \delta > 0 \qquad (2.1.1.4)$$

Die Notwendigkeit zur staatlichen Regulierung natürlicher Monopole ergibt sich nunmehr aus folgendem Zielkonflikt: Auf der einen Seite kann es unter den zuvor dargelegten Überlegungen rational sein, dass ein bestimmtes Gut nur durch ein Unternehmen produziert wird. Andererseits ist aber zu erwarten, dass ein natürliches Monopol analog zu einem „normalen" Monopol einen Preis und Output wählen wird, die gemessen an der Summe aus

[22] Vgl. Berg; Tschirhart (1988), S. 22.
[23] Vgl. Panzar; Willig (1981), S. 268 ff und Berg; Tschirhart (1988), S. 35.
[24] Vgl. Baumol (1977), S. 810 und Berg; Tschirhart (1988), S. 35.

Konsumenten- und Produzentenrente suboptimal sind. Staatliche Regulierung hat daher zum Ziel, zwar nur ein einziges Unternehmen auf einem Markt zu tolerieren, gleichzeitig aber zu erwartende Wohlfahrtsverluste zu minimieren.[25]

2.1.2 Ruinöse Konkurrenz

Allgemein bedeutet marktwirtschaftlicher Wettbewerb, dass verschiedene Wirtschaftssubjekte innerhalb vorgegebener rechtlicher und institutioneller Rahmenbedingungen versuchen, ihren an Gewinn, Umsatz etc. gemessenen Erfolg zu maximieren. Das hier beschriebene rivalisierende Streben impliziert dabei, dass u. U. auch Wettbewerber aus dem Markt ausscheiden müssen.[26] Aus volkswirtschaftlicher Sicht spricht man nunmehr von ruinöser Konkurrenz, wenn ein solcher Ausleseprozess ineffizient verläuft, d. h. wenn effiziente Unternehmen den Markt verlassen müssen.[27] Voraussetzung für diese Art des Marktversagens ist in der Regel das Vorliegen eines Marktes, der durch relativ hohe Fixkosten, niedrige kurzfristige Grenzkosten bei stark fluktuierender Nachfrage und relativ geringer Kapazitätsauslastung gekennzeichnet ist.[28]
Die Frage, ob tatsächlich ruinöse Konkurrenz vorliegt, muss dabei sehr sorgfältig geprüft werden, da aus dem Blickwinkel des einzelnen Anbieters Konkurrenz immer ruinös ist. Es ist daher nicht verwunderlich, dass Anbieter den Begriff der ruinösen Konkurrenz gerne vorschieben, um sich durch geeignete Regulierungsmaßnahmen vor unliebsamen Wettbewerbern abzuschirmen.[29] Üblicherweise werden daher in der Literatur nur folgende drei Fälle von Verzerrung des Wettbewerbsprozesses als Regulierungsgründe anerkannt:[30]

- Ein Anbieter eines Produktes wird von einem Konkurrenten vom Markt verdrängt, obwohl das Produkt von Letzterem eine schlechtere Qualität aufweist.
- Ein Anbieter eines Produktes betreibt eine Preisunterbietung und -diskriminierung jenseits aller ökonomischen Leistungs- und Kostenkriterien. Voraussetzung hierfür ist, dass der Anbieter über besondere finanzielle Reserven verfügt, um die im Zeitablauf des Preiskampfes entstehenden Verluste ausgleichen zu können.[31] Der Anreiz für ein Unternehmen, eine solche Strategie zu verfolgen, ist aber erst dann gegeben, wenn nach erfolgter Verdrängung der übrigen Anbieter Marktzutrittsbarrieren existieren, die es dem Unternehmen erlauben, den erlittenen Verlust durch höhere Preise zu kompensieren.[32]

---

[25] Vgl. Weber (1986), S. 101 ff und Feess (1997), S. 348.
[26] Vgl. Olten (1998), S. 14 ff.
[27] Vgl. Krug (1997), S. 9.
[28] Vgl. Weber (1986), S. 110.
[29] Vgl. Lammers (1992), S. 6.
[30] Vgl. u. a. Weber (1986), S. 110 ff, Müller (1996), S. 47, Durach (1996), S. 35 und die jeweils dort angegebene Literatur.
[31] Vgl. Schumann (1992), S. 39.
[32] Vgl. Lammers (1992), S. 7.

- Aufgrund der Höhe der Fixkosten in einer bestimmten Branche sind die Unternehmen nicht in der Lage, ihre Kapazität der sinkenden Nachfrage anzupassen. Es besteht die Tendenz zur Überkapazität und aufgrund dessen zu Dumping-Absatz. In der Literatur wird diese Art daher auch als „produktionstechnisch-ruinöser Wettbewerb" bezeichnet.

2.1.3 Externe Effekte

In einem marktwirtschaftlichen System wird der Austausch von Gütern zwischen den Wirtschaftssubjekten und damit die Ressourcenallokation über den Preis koordiniert. Das Erreichen der gesamtwirtschaftlich gesehen optimalen Ressourcenallokation setzt dabei voraus, dass bei den einzelnen Transaktionen zur Bestimmung des Marktpreises alle Kosten zur Bereitstellung des Gutes berücksichtigt werden. Die anderenfalls auftretende Differenz zwischen den sozialen Kosten und den Marktpreisen werden in der Literatur als „Externe Effekte" bezeichnet.[33]
Externe Effekte stellen demnach Leistungsbeziehungen zwischen Wirtschaftssubjekten dar, die nicht über Märkte abgewickelt und daher auch nicht durch Preise abgegolten werden. Sie führen daher zu Marktpreisen, welche die tatsächliche Knappheitssituation nicht widerspiegeln.[34]

Externe Effekte müssen hierbei nicht unbedingt gesamtwirtschaftlich gesehen als negativ erachtet werden. So sind nämlich durchaus Fälle denkbar, dass Leistungsbeziehungen zwischen Wirtschaftssubjekten zwar den zuvor genannten Kriterien genügen, aber andererseits das Nutzenniveau beider Akteure hierdurch nicht vermindert wird. In der Literatur werden diese Fälle als *positive* Externe Effekte bezeichnet.[35] Bekannte Beispiele hierfür sind etwa Erfindungen und Kunstwerke oder die Honigherstellung eines Imkers, welche die Erntemenge eines benachbarten Obstgartens positiv beeinflusst.[36]

Unweit bedeutender für die Analyse von Fällen des Marktversagens sind gleichwohl in der Ökonomie die *negativen* Externen Effekte, bei denen die Aktivität eines Wirtschaftssubjektes das Nutzenniveau anderer Akteure vermindert.[37] Ein in der Literatur sehr bekanntes Beispiel hierfür stellt die im Folgenden beschriebene Wirtschaftsbeziehung zwischen einem Stahlwerk und einer flussabwärts liegenden Fischerei dar.

Es sei hierzu angenommen, dass das Stahlunternehmen S die Menge s mit der Kostenfunktion c_s produziert und zum Preis p_s verkaufen kann und hierbei bei der Produktion die

[33] Vgl. Weber (1986), S. 114.
[34] Vgl. Schumann (1992), S. 40 und Olten (1998), S. 78.
[35] Vgl. Fees (1997), S. 503.
[36] Vgl. Varian (1990), S. 267 und Schumann (1992), S. 40.
[37] Vgl. Fees (1997), S. 513.

Verschmutzung der Höhe x_v in den Fluss einleitet.[38] Für die Fischerei F gelte entsprechend, dass diese zum Preis p_f verkaufe unter der Nebenbedingung, dass die Kostenfunktion c_f eine Funktion der Fischerzeugung f und der von F nicht beeinflussbaren Verschmutzung der Höhe x_v darstellt. Ferner sei explizit unterstellt, dass die Verschmutzung des Flusses die Produktionskosten von S senkt und gleichzeitig jene von F erhöht. Die Gewinnmaximierungsfunktion G lautet demnach für S und F:[39]

$$\max G_s = p_s\, s - c_s\,(s, x_v) \qquad \text{mit: } \frac{\Delta c_s}{\Delta x_v} < 0$$

bzw.

$$\max G_f = p_f\, f - c_f\,(f, x_v) \qquad \text{mit: } \frac{\Delta c_f}{\Delta x_v} > 0 \tag{2.1.3.1}$$

Daraus resultieren für S und F folgende Gewinnmaxima:

$$\frac{\Delta G_s}{\Delta s} = p_s - \frac{\Delta c_s}{\Delta s} = 0 \quad \Rightarrow p_s = \frac{\Delta c_s}{\Delta s} \qquad \text{und} \quad \frac{\Delta G_s}{\Delta x_v} = \frac{\Delta c_s}{\Delta x_v} = 0$$

bzw.

$$\frac{\Delta G_f}{\Delta f} = p_f - \frac{\Delta c_f}{\Delta f} = 0 \quad \Rightarrow p_f = \tag{2.1.3.2}$$

Das Allokationsproblem besteht somit darin, dass einerseits die Ausbringungsmenge an Stahl diejenige an Fisch nachteilig beeinflusst, es aber andererseits für das Stahlwerk rational ist, in seiner Produktionsfunktion die Kosten für die Reinhaltung bzw. Entsorgung des Flusses nicht zu berücksichtigen. Das Stahlwerk wird daher seine Ausbringungsmegne soweit ausdehnen, bis der Grenzerlös den gesamtwirtschaftlich als zu gering erachteten Grenzkosten entspricht. Das Marktversagen liegt somit darin, dass infolge einer Fehlallokation der Produktionsfaktoren gesamtwirtschaftlich gesehen zu viel Stahl produziert wird und zu wenige Fische gezüchtet werden.[40]

2.1.4 Öffentliche Güter

Öffentliche Güter unterscheiden sich von privaten Gütern durch folgende zwei Merkmale:[41]

- Es liegt keine Rivalität im Konsum vor. Die Nutzung eines Gutes durch ein Wirtschaftssubjekt i erlaubt gleichzeitig die Nutzung durch ein anderes Wirtschaftssubjekt j. Die Menge des zu konsumierenden Gutes steht somit allen Wirtschaftssubjekten im

---

[38] Die Darstellung orientiert sich im Wesentlichen an Varian (1989), S. 525 ff.

[39] Hierbei bezeichnet $\frac{\Delta x}{\Delta y}$ allgemein im Rahmen der vorliegenden Arbeit die partielle Ableitung von x nach y.

[40] Vgl. u. a. Varian (1990), S. 267 und Schumann (1992), S. 40.

[41] Vgl. Brümmerhoff (1989), S. 76 ff und Fees (1997), S. 499 ff.

selben Umfang zur Verfügung. Eine Erhöhung der Anzahl der Wirtschaftssubjekte hat keinen Einfluss auf das Konsumniveau jedes Einzelnen.
- Kein Wirtschaftssubjekt kann aus technischen oder ökonomischen Gründen von der Nutzung ausgeschlossen werden.

Die ökonomisch gesehen interessante Frage ist hierbei, wer für die Kosten der Bereitstellung eines öffentlichen Gutes aufzukommen hat. Denn der zuletzt genannte Aspekt der Nichtausschließbarkeit führt zu dem Problem, dass auch jene Wirtschaftssubjekte von einem Gut profitieren können, die sich an den ursprünglichen Kosten für dessen Bereitstellung nicht beteiligt haben.[42]
Der zunächst nahe liegende Ansatz, alle Wirtschaftssubjekte nach ihrer individuellen Zahlungsbereitschaft zu befragen, ist dabei nicht zielführend. Denn aufgrund der Nichtausschließbarkeit besteht für jedes Wirtschaftssubjekt ein Anreiz, die wahren Präferenzen zu untertreiben und gleichzeitig darauf zu hoffen, dass die Zahlungsbereitschaft der übrigen n-1 Wirtschaftssubjekte ausreicht, die Bereitstellung des öffentlichen Gutes zu gewährleisten.[43]
Das daraus resultierende Marktversagen liegt somit darin, dass ein öffentliches Gut auch dann nicht bereitgestellt wird, wenn die Summe der „wahren" Zahlungsbereitschaft über den Kosten liegt.[44]

2.1.5 Asymmetrische Informationen

Eine effiziente Ressourcenallokation setzt voraus, dass alle Marktteilnehmer über ausreichende Informationen verfügen. So benötigen etwa die Konsumenten einen vollständigen Überblick der angebotenen Produkte z. B. hinsichtlich Preis und Qualität, um diese auch wirklich vergleichen zu können.[45] Es ist nämlich leicht einzusehen, dass anderenfalls die Gefahr besteht, dass ein Wirtschaftssubjekt, das schlechter informiert ist als sein Marktpartner, mit großer Wahrscheinlichkeit aus seinem Blickwinkel unvorteilhafte Verträge abschließt.[46]

Auf der anderen Seite sind aber Fälle denkbar, dass die Kosten für die Informationsbeschaffung höher sind als der daraus zu erzielende Nutzen, oder Informationen von einzelnen Wirtschaftssubjekten bewusst zurückgehalten werden. Als Folge hiervon kann eine *Asymmetrie der Informationen* zwischen verschiedenen Wirtschaftssubjekten vorliegen.

---

[42] Vgl. Weber (1986), S. 122.
[43] Das hier beschriebene Phänomen wird in der Literatur auch als „Free-Rider"-(Schwarzfahrer-) Problematik oder „Nicht-Appropriierbarkeit" bezeichnet. Vgl. Brümmerhoff (1989), S. 77 und Varian (1990), S. 263.
[44] Vgl. Fees (1997), S. 552.
[45] Vgl. Weber (1986), S. 121.
[46] Vgl. Deregulierungskommission (1991), S. 5.

In Abhängigkeit vom Zeitpunkt des Auftretens von asymmetrischen Informationen zwischen Käufer und Verkäufer werden hierbei in der Literatur zwei unterschiedliche Fälle von Marktversagen unterschieden.[47]

Sofern eine Asymmetrie der Informationen bereits **vor** Vertragsabschluss vorlag, kann diese zu einer so genannten „negativen Auslese" (adverse selection) der Anbieter führen.[48] Das bekannteste Beispiel in der Literatur für diese Art des Marktversagens stellt der Gebrauchtwagenmarkt dar und ist durch Akerlof (1970) erstmals beschrieben worden.[49] Da zwischen Käufer und Verkäufer eine Asymmetrie der Informationen über die Qualität ω ($\omega_{min} \leq \omega \leq \omega_{max}$) von Gebrauchtwagen besteht, gibt es für Letztere einen Anreiz zu behaupten, dass sämtliche angebotenen Wagen über eine hohe Qualität ω_{max} verfügen.
Auf der anderen Seite sind sich aber die Käufer durchaus bewusst, dass sich unter den angebotenen Gebrauchtwagen auch diejenigen mit einer minderen Qualität („lemons") befinden müssen. Sie werden daher nur bereit sein, einen an der durchschnittlichen Qualität $\omega^* < \omega_{max}$ der angebotenen Wagen abgeleiteten Preis zu bezahlen.
Die vorhandene Zahlungsbereitschaft der Käufer führt nun aber bei den Verkäufern dazu, dass jene mit einer Qualität $\omega > \omega^*$ keine adäquaten Gewinne mehr erzielen können und sich infolgedessen vom Gebrauchtwagenmarkt zurückziehen. Dies führt wiederum dazu, dass die durchschnittliche Qualität der angebotenen Gebrauchtwagen sinkt und die Käufer nunmehr nur noch bereit sind, einen an der Qualität $\omega^{**} < \omega^*$ abgeleiteten Preis zu bezahlen.
Es ist leicht einzusehen, dass sich der hier beschriebene Prozess solange fortsetzt bis nur noch Gebrauchtwagen mit einer Qualität ω_{min} angeboten werden. Es kommt somit zu einem weitgehenden Zusammenbruch des Marktes.

Das Vorliegen einer Asymmetrie der Informationen **nach** Vertragsabschluss führt zum Problem des „moralischen Risikos" (moral hazard), das in der Literatur vor allem im Hinblick auf Versicherungsmärkte beschrieben worden ist.[50] So gibt es beispielsweise für ein Wirtschaftssubjekt nach dem Abschluss einer Versicherung gegen Autodiebstahl einen Anreiz, eine geringere Sorgfaltspflicht auszuüben, da es im Falle eines Diebstahls den Schaden voll ersetzt bekommt.
Da andererseits der Versicherungsanbieter das spätere Verhalten des Versicherungsnehmers nicht vorausschauen kann, stellt der Vertragsabschluss für diesen ein besonderes Risiko dar. Er wird daher unabhängig von der späteren Sorgfaltspflicht des Versicherungsnehmers eine

---

[47] Den Ausgangspunkt zu diesen Überlegungen stellt der Aufsatz von Akerlof (1970) dar. Zur weiterführenden Analyse vgl. u. a. Varian (1990), S. 298 ff, Schuhmann (1992), S. 416 ff und Fees (1997), S. 583 ff.

[48] In der Literatur werden asymmetrische Informationen *vor* Vertragsabschluss auch als *unvollständige* Informationen bezeichnet, da diese nach Verhandlungsbeginn nicht mehr beeinflusst werden können. Im Gegensatz hierzu werden asymmetrische Informationen *nach* Vertragsabschluss als *unvollkommene* Informationen bezeichnet, da hier die Akteure zwar die Ausgangssituation beobachten können, nicht aber die weiteren Handlungen der anderen Wirtschaftssubjekte. Vgl. Fees (1997), S. 639.

[49] Vgl. Akerlof (1970), S. 489.

[50] Vgl. u. a. Akerlof (1970), S. 492 - 494 für einige grundsätzliche Überlegungen hierzu.

relativ hohe Prämie fordern. Dies führt aber wiederum dazu, dass es auch für Versicherungsnehmer mit einer hohen Sorgfaltspflicht keinen Anreiz mehr gibt, diese auszuüben und infolgedessen der Versicherungsanbieter aufgrund des gestiegenen Risikos die Prämien erneut anheben muss.

Das Marktversagen liegt somit darin, dass gesamtwirtschaftlich gesehen eine zu hohe Summe an Versicherungsprämien gezahlt wird.[51]

[51] Farell (1986) hat ferner die Überlegung angestellt, dass „moral hazard" zwischen Anbieter und Kunde in Bezug auf die angebotene Produktqualität zu einer zusätzlichen Markteintrittsbarriere für potenzielle Wettbewerber führe. Er begründet dies mit dem Umstand, dass es für einen neuen Marktteilnehmer einen Anreiz gibt, nur kurzzeitig auf dem Markt vertreten zu sein und währenddessen sein Produkt zu einer schlechten Qualität anzubieten. Da der Kunde aber die angebotene Qualität nicht erkennen kann, wird er unter Umständen selbst dann nicht zu einem neuen Wettbewerber wechseln, wenn dieser tatsächlich eine bessere Qualität anbietet. Es existiert somit ein strategischer Vorteil des ersten Anbieters eines Produktes. Vgl. Farell (1986), S. 440 ff.

2.2 *Ansätze zur Regulierung*

Gemäß der zuvor festgelegten Definition ist es das Ziel einer Regulierung, sozial unerwünschte Folgen eines Marktversagens zu verhindern oder zumindest zu minimieren. So trivial diese Forderung ist, so schwierig ist die Auswahl der richtigen Instrumente. Denn für eine Regulierung ergeben sich insbesondere folgende unterschiedliche Ansatzpunkte:[52]

- Staatliche Kapital- und Produktionsbeteiligung an Unternehmen
- Eingriffe in die Preissetzungsautonomie von Unternehmen
- Marktzutritts- und Marktaustrittsregelungen einschließlich Investitionsgenehmigungen für zusätzliche Kapazitäten
- Einschränkung der Gestaltungsfreiheit an Konditionen und Qualitäten

In jüngerer Zeit sind darüber hinaus im Hinblick auf die Regulierung natürlicher Monopole auch verschiedene Ansätze einer „Regulierung mit Anreizmechanismen" intensiv diskutiert worden. Gleichwohl haben diese in der Praxis der Regulierung, wie etwa in der Elektrizitätswirtschaft, bisher nur eine nachgeordnete Rolle gespielt.[53]

Es würde den Rahmen der vorliegenden Arbeit bei weitem sprengen, alle prinzipiellen Möglichkeiten einer staatlichen Regulierung en Detail darzustellen. Im Folgenden werden daher für die in Kapitel 2.1 beschriebenen Fälle von Marktversagen die in der Literatur gängigen Ansätze zur Regulierung erläutert. Diesem Review vorangestellt sind wichtige generelle Aussagen über das Verhältnis von Kosten und Nutzen einer staatlichen Regulierung.

2.2.1 Normative vs. positive Theorie der Regulierung

Schon sehr früh wurde in der Diskussion um die Auswahl der richtigen Instrumente einer staatlichen Regulierung erkannt, dass ein staatlicher Eingriff in das Wirtschaftsgeschehen, um z. B. die Ineffizienzen eines natürlichen Monopols zu beseitigen, selbst zu ineffizienten Ergebnissen führen kann. Dies kann etwa damit begründet werden, dass ein staatlicher Eingriff zu einem aufgeblähten Verwaltungsapparat führt, der wiederum eigene Interessen verfolgt.[54] Aus dieser Argumentation heraus ist dann z. B. das Bestehen eines natürlichen Monopols auch nicht gleich zu setzen mit einem Regulierungszwang. Vielmehr ist in jedem Einzelfall zu prüfen, ob gesamtwirtschaftlich gesehen der Regulierungsnutzen die dafür

[52] Vgl. Weber (1986), S. 127 ff und Müller (1996), S. 36 und die dort angegebene Literatur.
[53] Vgl. Pfaffenberger (1993), S. 246.
[54] Vgl. Drasdo et al. (1998), S. 30.

erforderlichen Kosten rechtfertigt.[55] Die Fortführung der Regulierung müsste anderenfalls auch bei einem die Regulierung rechtfertigenden Marktversagen kritisch hinterfragt werden.[56]

Das hier aufgezeigte Problem einer eindeutigen Entscheidung über die Notwendigkeit einer Regulierung hat seinen Niederschlag auch in der systematischen Einteilung der Regulierungstheorie gefunden. Der gesamte Themenkomplex wird in der Literatur üblicherweise in die beiden Bereiche *normative* und *positive* Theorie der Regulierung unterteilt.

Die *normative* Theorie der Regulierung analysiert, wann staatliche Wettbewerbseingriffe ökonomisch gerechtfertigt und notwendig sind. Im Mittelpunkt steht hierbei die Frage, unter welchen Bedingungen das Pareto-Optimum verfehlt wird bzw. welche Regulierungsinstrumente geeignet sind, die tatsächlich vorhandene Marktkonstellation diesem Optimum anzunähern.[57]

Die *positive* Theorie der Regulierung befasst sich hingegen mit unerwünschten Begleiterscheinungen einer Regulierungsbehörde. Sie geht davon aus, dass der Regulator nicht nur das eigentliche Ziel der Regulierung, sondern auch eigene Interessen verfolgt. Denn die Regulierung wird durchgeführt von Parlament, Regierung und entsprechenden Behörden, die Eigeninteressen u. a. in Bezug auf Wiederwahl (Parlamentsabgeordnete), Einnahmen (Regierung) und gut dotierte Stellungen in der regulierten Industrie haben.[58] Die positive Theorie der Regulierung analysiert daher die politischen, historischen und ökonomischen Vorwände, mit deren Hilfe der Einsatz von Regulierungsinstrumenten gerechtfertigt wird.[59] Hierbei werden in der Literatur die folgenden drei Theorieansätze unterschieden:[60]

- Die **„Capture Theory"** analysiert die Gefahr, dass sich die regulierende Behörde im Zeitablauf zu Sachverwaltern der regulierten Industrie entwickelt. Im Mittelpunkt der Argumentation steht die These, dass eine staatliche Regulierung sich besonders dort breit entfalten kann, wo starke Interessensgruppen diese befürworten. Diese Entwicklung kann hierbei zusätzlich begünstigt werden durch den Anreiz für Mitarbeiter der Regulierungsbehörde, sich durch entsprechendes opportunistisches Verhalten zukünftig einen gut dotierten Arbeitsplatz in dem regulierten Unternehmen zu sichern.

---

[55] Die Beweislast für die Notwendigkeit einer Regulierung sollte hierbei von den jeweiligen „Antragstellern" zu erbringen sein. Ferner sollte aufgrund schlechter Erfahrungen im Zweifelsfall zu Gunsten des Wettbewerbs auf einen regulatorischen Eingriff verzichtet werden. Vgl. Schnabel (1995), S. 16.

[56] Vgl. Kasperk (1997), S. 79.

[57] Vgl. Lammers (1992), S. 5 und Durach (1996), S. 5.

[58] Vgl. Pfaffenberger (1993), S. 233.

[59] Vgl. Durach (1996), S. 5.

[60] Vgl. Lammers (1992), S. 31, Pfaffenberger (1993), S. 235 und Krug (1997), S. 10. Eine genauere Analyse der daraus entwickelten Ansätze befindet sich u. a. in Weber (1986), S. 95 ff.

- Die „**Krisentheorie**“ analysiert die Möglichkeit, dass die Regulierung auf Druck der betroffenen Branchen über die aktuelle Krisensituation hinaus bestehen bleibt.
- Unter dem Begriff der „**Bürokratentheorie**“ werden in der Literatur zwei unterschiedliche Problemfelder zusammengefasst. Zum einen wird die Gefahr analysiert, dass Beschäftigte der Regulierungsbehörde einen Anreiz haben, die Regulierung auszuweiten, um Prestige, die Anzahl ihrer Mitarbeiter und ihr Einkommen zu steigern. Zum anderen beschäftigt sich die Bürokratentheorie mit der Argumentation, dass aufgrund der Trägheit der Regulatoren die entsprechenden Entscheidungsvorlagen, z. B. in der Preisregulierung, immer auf Initiative der Unternehmen vorgebracht werden. Dies hat zur Folge, dass dann stets die von den Unternehmen gewünschten Preiserhöhungen zur Abstimmung stehen und eventuell im Zeitablauf angebrachte Preissenkungen nicht berücksichtigt werden.[61]

Im nachfolgenden Review werden die Ansätze einer staatlichen Regulierung nur aus dem Blickwinkel der normativen Theorie dargestellt. Jedoch sind bei einer Bewertung der praktischen Umsetzung stets auch die Möglichkeiten eines „Versagens der Regulierungsbehörde“ in das Entscheidungskalkül mit einzubeziehen.

2.2.2 Regulierung natürlicher Monopole

In der Literatur gilt der Regulierungseingriff bei einem dauerhaft gesicherten natürlichen Monopol als unumstritten.[62] Aus der Definition des natürlichen Monopols mit Hilfe des Begriffes der Subadditivität der Kosten, leitet sich aber bereits unmittelbar ein Dilemma der staatlichen Regulierung ab. Denn nur wenn der genaue Kostenverlauf der Produktion bekannt ist, kann eine Aussage über das Vorhandensein eines natürlichen Monopols gemacht werden.[63] Bei natürlichen Monopolen von Mehrproduktunternehmen führe darüber hinaus die große Anzahl von Kombinationsmöglichkeiten von Verbundvorteilen zu unterschiedlichsten Kostenfunktionen, die mitunter zu einer hinreichenden, aber nicht notwendigen Bedingung für das Vorliegen von Subadditivität der Kosten führen.[64]
Die Schwierigkeit für die Rechtfertigung einer Regulierung liegt somit darin, dass in der Praxis allenfalls auf der Grundlage der vorhandenen Daten vermutet werden kann, dass das Angebot eines Produktes oder einer Dienstleistung offensichtlich den Charakter eines natürlichen Monopols besitzt.[65]

Es stellt sich daher die Frage, inwieweit ein sich selbst überlassener Markt eines natürlichen Monopols sogar zu einem effizienteren Ergebnis führen kann. Ausgangspunkt für die daraus abgeleitete Theorie der „bestreitbaren Märkte (contestable markets)“ liefert die Überlegung,

[61] Vgl. Weber (1986), S. 94.
[62] Vgl. Lammers (1992), S. 9.
[63] Vgl. Lammers (1992), S. 13.
[64] Vgl. Hoster (1996), S. 3.
[65] Vgl. Bräuer (1997), S. 33.

dass die mangelnde Effizienz des Monopolisten selbst dann für potenzielle Wettbewerber einen Anreiz zum Markteintritt bietet, wenn Subadditivität der Kosten vorherrscht.[66] Baumol (1982) definiert hierbei als wesentliche Voraussetzung für einen bestreitbaren Markt, dass der Marktein- und Marktaustritt frei sind.[67] Dabei bedeutet freier Markteintritt, dass das neue Unternehmen keinen Nachteil etwa hinsichtlich der Produktionstechnik oder Produktqualität gegenüber dem etablierten natürlichen Monopol hat. Ein freier Marktaustritt liegt hingegen vor, wenn ein Unternehmen seine im Zuge des Markteintritts getätigten Investitionen beim Marktaustritt wieder hereinholen kann und somit keine „irreversiblen Kosten (sunk costs)" vorliegen.[68]
An dieser Stelle werden aber bereits sehr schnell die Grenzen der Theorie der bestreitbaren Märkte deutlich. So konnten Baumol und Willig (1981) zeigen, schon hohe Fixkosten reichen aus, dass kein bestreitbarer Markt mehr vorliegt und folglich der Fortbestand des natürlichen Monopols gesichert ist. Auf der anderen Seite legten Baumol und Willig aber auch dar, dass die reine Existenz von Fixkosten im Gegensatz zu Markteintrittsbarrieren nicht das Erreichen des gesamtwirtschaftlichen Optimums verhindert.[69]
In der Praxis erfordert obendrein die Produktion eines Gutes vorab die Investition in langlebige Produktionsfaktoren, die in der Regel nur unter deutlichen Wertverlusten für andere Produktionszwecke verwendet werden können. Die disziplinarische Wirkung auf das natürliche Monopol durch die Drohung des Markteintritts ist daher in den meisten Fällen eher zu bezweifeln. Der tatsächliche Regulierungsbedarf natürlicher Monopole hat sich daher sowohl an der Subadditivität als auch Irreversibilität der Kosten zu orientieren.[70]

Im Folgenden werden auf dieser Erkenntnis aufbauend die wichtigsten Instrumente zur Regulierung natürlicher Monopole dargestellt.

2.2.2.1 Rate of return regulation

Grundgedanke des „Rate of return regulation" ist es, dass das Unternehmen seinen Preis, den Outputlevel und die Inputs frei wählen kann, solange der Gewinn eine „faire Gewinnmarge" nicht übersteigt.[71] Der große Vorteil dieser Regulierungsart liegt in der relativ einfachen Durchführung, da es für den Regulator bereits ausreicht, wenn dieser den Wert des physischen Kapitalstocks und die Höhe des Gewinns beobachten kann. Eine genaue Kenntnis über den Verlauf der Kostenfunktion des Monopolisten ist nicht notwendig.[72]

---

[66] Vgl. Lammers (1992), S. 24.
[67] „A contestable market is one into which entry is absolutely free, and exit is absolutely costless." Vgl. Baumol (1982), S. 3.
[68] Vgl. Baumol (1982), S. 3 ff.
[69] Vgl. Baumol; Willig (1981), S. 405 ff.
[70] Vgl. Lammers (1992), S. 25.
[71] Vgl. Durach (1996), S. 70. Genau genommen stellt die „Rate of return regulation" nur eine spezielle Variante der „Cost-plus-regulation" dar. Demnach erhöht (senkt) die Regulierungsbehörde in Abhängigkeit der Steigerung (Verringerung) der Produktionskosten die genehmigten Tarife. Vgl. Fees (1997), S. 356 ff.
[72] Vgl. Fees (1997), S. 357 und Borrmann (1999), S. 342 - 344.

Gleichwohl ist die hier beschriebene Vorgehensweise in einer Reihe von Punkten nicht unproblematisch. Denn zum einen ist es leicht einzusehen, dass zwischen Monopolist und Regulierungsbehörde eine unterschiedliche Auffassung darüber besteht, nach welchen Kriterien die Basisgröße bzw. Höhe für eine faire Gewinnmarge festgelegt werden sollte.[73]
Darüber hinaus erweist es sich als ein gravierender Nachteil, dass es für den Monopolisten keinen Anreiz gibt, die Produktqualität zu steigern oder die Kosten zu reduzieren, da er stets die Durchschnittskosten als Preis erstattet bekommt.[74] Diese fehlende Effizienz wurde erstmals durch Leibenstein (1966) beschrieben und wird in der Literatur gemeinhin als „X-Ineffizenz" bezeichnet.[75]
Obendrein konnten Averch und Johnsen (1962) zeigen, dass unter den gegebenen Bedingungen der „Rate of return regulation" der Monopolist versuchen wird, die Kapitalbasis und somit die darauf bezogenen Rendite zu erhöhen, sofern die zugebilligte Kapitalverzinsung die Kapitalkosten übersteigt. Eine ineffiziente Überkapitalisierung des zu regulierenden Unternehmens ist dabei die Folge.[76]

2.2.2.2 Price cap regulation

Im Gegensatz zur „Rate of return regulation" macht die „Price cap regulation" keine Vorgaben, in welchen Bereichen Gewinnsteigerungen durch Leistungsanstrengungen prinzipiell erzielt werden können.[77] Denn das regulierte Unternehmen darf zwar einen festgesetzten Preis nicht überschreiten, kann aber andererseits den Gewinn behalten, den es bei diesem Preis erzielt.[78] Es entsteht somit für das zu regulierende Unternehmen ein Anreiz, durch Effizienzsteigerung und Kostensenkung seinen Gewinn zu erhöhen.[79]

Als etwas problematisch erweist sich dabei die Festlegung der Preisobergrenze, da diese etwa aufgrund von Inflation oder technischem Fortschritt nicht für alle Zeiten als konstant angenommen werden kann. In der Literatur wird daher eine variable Preisentwicklung vorgeschlagen, die sich aus der Differenz des Retail Price Index (RPI) und einer Produktivitätsfortschrittsrate X ergibt. Darüber hinaus ist durch eine strenge Qualitätskontrolle zu gewährleisten, dass Kostensenkungen nicht auf Qualitätsminderungen zurückzuführen sind.[80]
Bisherige Erfahrungen in der Praxis haben dabei gleichwohl gezeigt, dass insbesondere die Ableitung der Produktivitätsfortschrittsrate X noch nicht zufrieden stellend gelöst ist, da die

---

[73] Vgl. Kasperk (1997), S. 66.
[74] Eine in diesen Bereich getätigte Investition würde nämlich zu keinen zusätzlichen Erlösen führen. Vgl. Böckem; Schiller (1994), S. 183.
[75] Vgl. Leibenstein (1966), S. 392 ff. Zur weiteren Analyse der hier beschriebene Problemstellung vgl. auch Schumann (1992), S. 414 und Tirole (1999), S. 165.
[76] Vgl. Averch; Johnson (1962), S. 1052 ff. Dieser Effekt wird in der Literatur auch als „Averch-Johnson-Effekt" bezeichnet. Zur Bewertung dieses Ansatzes vgl. u. a. Fees (1997), S. 360 und Borrmann (1999), S. 345 ff.
[77] Vgl. Riechmann (1995), S. 158.
[78] Vgl. Durach (1996), S. 73.
[79] Vgl. Kasperk (1997), S. 68.
[80] Vgl. Riechmann (1995), S. 157 - 158.

Regulierungsbehörde hierbei in nicht unwesentlichem Maße auf die Kosteninformationen des zu regulierenden Unternehmens angewiesen ist.[81]

2.2.2.3 Monopol Franchising

Sofern die Existenz eines natürlichen Monopols schon nicht verhindert werden kann, so ist es doch zumindest möglich, einen Wettbewerb „um das Recht, Monopolist zu sein", durchzuführen.[82] Diese Idee des so genannten „Monopol Franchising" geht insbesondere auf Demsetz (1968) zurück und beinhaltet die Vergabe des Rechts auf monopolistische Marktversorgung in Form einer öffentlich ausgeschriebenen Versteigerung.[83] Als Kriterium für den Zuschlag dient dabei der geringste Angebotspreis für die spätere Marktversorgung. Hieran knüpft sich die Hoffnung, dass das stetig wiederkehrende Ausschreibungsverfahren die Monopolstellung institutionalisiere und infolgedessen der jeweilige Anbieter im Hinblick auf eine effiziente Preissetzung und Produktion diszipliniert werden könne.[84] Denn sofern das Auktionsverfahren effizient verläuft, wird sich der Bieter mit den niedrigsten Durchschnittskosten durchsetzen und dann zu einem Preis anbieten, der gerade den zweitniedrigsten Durchschnittskosten aller potenziellen Anbieter entspricht. Wenn nämlich andererseits der Anbieter mit den niedrigsten Produktionskosten in der Auktion einen höheren Preis verlangen würde, müsste er damit rechnen, dass zumindest der potenzielle Anbieter mit den zweitniedrigsten Produktionskosten ihn unterbietet.[85]

Der Vorteil dieser Vorgehensweise liegt erneut darin, dass wie bei der „Rate of return regulation" keinerlei Kenntnisse über die Kostenfunktion erforderlich sind. Als ausgesprochen schwierig erweist sich aber die Frage, für wie lange das Recht (Lizenz) auf monopolistische Marktversorgung vergeben werden soll. So hat der Lizenznehmer u. U. keinen Anreiz, eine lange Vertragsdauer abzuschließen, da trotz detaillierter Anpassungsklauseln im Franchise-Vertrag die negativen Auswirkungen exogener Ereignisse nicht berücksichtigt sind. Es ist nämlich nicht auszuschließen, dass sich die im Vertrag festgehaltene Preisentwicklung plötzlich als nicht mehr kostendeckend erweist, da die Produktion beispielsweise durch unerwartete Umweltschutzauflagen verteuert wurde.[86]

Bei einer kurzen Vertragsdauer verschärft sich hingegen das Problem, wie der Kapitalstock des bisherigen Lizenznehmers zu bewerten ist. Erhält der Lizenznehmer am Ende der

---

[81] Vgl. Riechmann (1995), S. 162.

[82] Vgl. Durach (1996), S. 66.

[83] Vgl. Demsetz (1968), S. 55 ff.

[84] In der Literatur findet sich auch synonym der Begriff „Franchise bidding". Dieser Ansatz ist dabei vor allem in den 60er und 70er Jahren des 20. Jahrhundert stark weiterentwickelt worden, wenngleich die ursprüngliche Idee bereits über 100 Jahre älter ist und auf einer Arbeit des englischen Ökonomen Chadwick (1859) basiert. Vgl. Borrmann (1999), S. 312 und Drasdo et al. (1998), S. 28.

[85] Vgl. Fees (1997), S. 369.

[86] Vgl. Pfaffenberger (1993), S. 252.

Vertragsdauer keine Entschädigung für seine getätigten Investitionen, wird er nämlich nur diejenigen durchführen, die sich bis zu diesem Zeitpunkt amortisiert haben.[87]

Obendrein kann das Auktionsverfahren erst ab einer gewissen Mindestanzahl von Bietern effizient verlaufen. Denn anderenfalls könnten die Bieter durch Absprachen versuchen, den Preis für die Marktversorgung in die Höhe zu treiben mit der Maßgabe, dass jenes Unternehmen, das den Zuschlag erhält, entsprechende Kompensationszahlungen an die übrigen Auktionäre leistet.[88]

2.2.2.4 Yardstick Competition

Die Grundidee des „Yardstick Competition" ist es, dass die Leistung eines Monopolisten in einem Gebiet den Standard für einen Monopolisten in einem anderen Gebiet setzt und umgekehrt. Dazu berechnet die Regulierungsbehörde aus den Daten der vergleichbaren Unternehmen eines Sektors oder Branche den Durchschnittswert der zu regulierenden Größe.[89]

Der Vorteil dieser Regulierungsform ist, dass die Regulierungsbehörde auf praktisch verfügbare Daten zurückgreifen kann. Auf der anderen Seite ist aber auch leicht einzusehen, dass es für Unternehmen, deren zu regulierende Größe besser als der Durchschnittswert ist, einen Anreiz gibt, diese an den Median anzupassen und eventuell daraus resultierende Gewinne zu behalten. Dieses Problem wird dabei auch durch die Verwendung des ersten Quartil oder ersten Dezil nicht nachhaltig gelöst.[90] Darüber hinaus besteht wie beim Monopol Franchising auch hier wiederum die Gefahr, dass insbesondere bei einer kleinen Anzahl zu vergleichender Unternehmen, diese Absprachen treffen.[91]

In der Praxis erweist es sich obendrein als eine sehr schwierige Aufgabe, wirklich vergleichbare Unternehmensteile zu identifizieren.[92] Es ist daher leicht nachvollziehbar, dass Yardstick Competition bislang in regulierten Bereichen, wie etwa der Stromversorgung, kaum Anwendung gefunden hat.[93] Ein viel versprechender Ansatz zur Lösung dieses Dilemmas

---

[87] Bolle und Hoven (1990) untersuchten zur Lösung dieses Dilemmas die Möglichkeit, dass die neuen Lizenzbewerber um das eingesetzte Kapital des alten Lizenznehmers bieten sollten. Der gebotene Betrag könne dann ganz oder teilweise dem alten Lizenznehmer übergeben werden. Als problematisch erweist sich aber hierbei, dass langfristige Verträge in der Regel kein Bestandteil von Lizenzübernahmen sind. Vgl. Pfaffenberger (1993), S. 253 und Drasdo et al.(1998), S. 29 und die dort angegebene Literatur.
Ein ebenfalls sehr interessanter Beitrag zu diesem Thema stellt der Ansatz von Loeb und Magat (1979) dar, in dem ein Mix aus Franchise bidding und Rate of return regulation vorgeschlagen wird. Durch das dort entwickelte Modell einer Dezentralisierung der Preisentscheidungen entfällt der Anreiz für einen Monopolisten, seine Kosten zu hoch anzusetzen. Gleichzeitig erübrigt sich im Gegenzug die Notwendigkeit für die Regulierungsbehörde, den genauen Kostenverlauf des Monopolisten zu kennen. Vgl. Loeb; Magat (1979), S. 400 ff.

[88] Vgl. Fees (1997), S. 370.

[89] Vgl. Durach (1996), S. 70 und Kasperk (1997), S. 69.

[90] Vgl. Yatchew (2001), S. 57.

[91] Vgl. Kasperk (1997), S. 69.

[92] Vgl. Kasperk (1997), S. 69.

[93] Vgl. Tirole (1999), S. 100 und die dort angegebene Literatur.

lieferte in jüngster Zeit Yatchew (2001), der mit Hilfe einer Regressionsanalyse auf der Grundlage von verschiedenen Parametern wie z. B. Kundenanzahl oder Verbrauch bzw. Kabellänge pro Kunde ein Yardstick Competition für 81 Stadtwerke im kanadischen Bundesstaat Ontario durchführte.[94]

2.2.3 Vermeidung von ruinöser Konkurrenz

Bereits bei der Frage nach den Kriterien, die eindeutig auf das Vorliegen von ruinöser Konkurrenz schließen lassen, war in Kapitel 2.1.2 deutlich geworden, dass diese im Verhältnis zu anderen Fällen des Marktversagens eher unscharf umschrieben werden. Es ist daher nicht verwunderlich, dass auch der Einsatz staatlicher Regulierungsinstrumente hierfür in der Literatur nicht unumstritten ist.

Sowohl zur Unterbindung einer Preisunterbietung und -diskriminierung jenseits aller ökonomischen Leistungs- und Kostenkriterien als auch zur Schaffung von kostendeckenden Preisen bei Überkapazitäten wird insbesondere die staatliche Festsetzung von Mindestpreisen vorgeschlagen.[95]

An dieser Vorgehensweise wird gleichwohl vor allem die Kritik erhoben, dass hierdurch zu nachhaltig die Möglichkeit des Wettbewerbs verhindert wird, selbst effiziente Anbieterstrukturen zu schaffen. Denn zum einen bietet die Aussicht auf staatlich garantierte Mindestpreise für eine durch Überinvestitionen geprägte Branche wenig Anreize, dass die Unternehmen durch rechtzeitige unternehmensstrategische Entscheidungen die Notwendigkeit zur Errichtung eines wettbewerblichen Ausnahmebereiches gänzlich verhindern. Zum anderen war bereits in Kapitel 2.1.2 dargelegt worden, dass nicht der wettbewerbliche Ausleseprozess an sich in Frage zu stellen ist, sondern lediglich die zugrunde liegenden Kriterien, warum ein Unternehmen aus dem Markt ausscheidet.[96] Die Bewertung dieser Kriterien erweist sich dabei im Einzelfall als äußerst schwierig wie folgendes Beispiel verdeutlicht:

Sofern ein Unternehmen wie z. B. ALDI aufgrund seiner Nachfragemacht gegenüber seinen Lieferanten günstige Einkaufskonditionen durchsetzt, besteht die Gefahr, dass einzelne Lieferanten aus dem Markt ausscheiden. Die daraus abgeleitete Forderung nach einer Festsetzung von Mindestpreisen ist dabei aber dennoch nicht zwingend, selbst für den Fall, dass die Ineffizienz des Marktaustritts der Lieferanten nachgewiesen wird. Denn in das Entscheidungskalkül müsste zusätzlich der Umstand mit einbezogen werden, dass ALDI die günstigen Einkaufskonditionen auch wieder an seine Kunden weitergibt.[97]

Trotz der hier aufgezeigten Kritik hat in der Praxis das Instrument der Mindestpreisregulierung oder zumindest die staatliche Überwachung von Preisen eine breite

---

[94] Vgl. Yatchew (2001), S. 58 ff.
[95] Vgl. Weber (1986), S. 112
[96] Vgl. Weber (1986), S. 112 ff und Olten (1998), S. 80.
[97] Vgl. Olten (1998), S. 191.

Verwendung gefunden. So haben etwa in Deutschland die Kartellbehörden gegenüber einem marktbeherrschenden Unternehmen gemäß § 19 Abs. 1 und Abs. 4 Nr. 2 GWB (neu) u. a. die Möglichkeit, dessen Verhalten zu untersagen und entsprechende Verträge für unwirksam zu erklären, wenn dieses: „(...) Entgelte oder sonstige Geschäftsbedingungen fordert, die von denjenigen abweichen, die sich bei wirksamem Wettbewerb mit hoher Wahrscheinlichkeit ergeben würden; hierbei sind insbesondere die Verhaltensweisen von Unternehmen auf vergleichbaren Märkten mit wirksamem Wettbewerb zu berücksichtigen."[98]
Erst jüngst erließ das Bundeskartellamt auf dieser Rechtsgrundlage ungeachtet aller Kritik an den verwendeten Vergleichsmaßstäben eine viel beachtete Missbrauchsverfügung gegen die Lufthansa AG, die dieser untersagte, den neuen voll flexiblen Niedrigpreistarif auf der Strecke Frankfurt-Berlin einzuführen.[99]

2.2.4 Internalisierung der Externen Effekte

Anders als beim zuvor betrachteten Fall der ruinösen Konkurrenz bestehen in der Literatur keine Zweifel darüber, dass das Vorliegen von Externen Effekten einen wirtschaftspolitischen Eingriff bzw. „Internalisierung" erfordert. Folglich sind in der ökonomischen Theorie eine ganze Reihe von Instrumenten entwickelt und diskutiert worden, wie die jeweiligen Wirtschaftssubjekte dazu bewegt werden können, die auftretenden Externen Effekte in ihr Entscheidungskalkül mit einzubeziehen.[100]
Im Folgenden werden die Wirkungsweisen und Möglichkeiten zur Internalisierung Externer Effekte der drei bedeutendsten Verfahren „Abgaben und Steuerlösung", „Einführung von Zertifikaten" und „Vergabe von Eigentumsrechten" kurz skizziert. Der Fokus dieser Analysen liegt dabei auf Beispielen aus der Umweltökonomie, denen gemeinhin in der Literatur die mit Abstand größte Bedeutung zugemessen wird.[101]

2.2.4.1 Abgaben- und Steuerlösung

Die Grundidee der Abgaben- und Steuerlösung ist es, den Umweltressourcen einen Preis zuzuordnen, der die Knappheit dieser in Analogie zu anderen Produktionsfaktoren wie Arbeit und Kapital widerspiegelt.[102] Die Zielfunktion der Steuerpolitik lautet hierbei, dass ein

[98] Durch die 6. GWB-Novelle vom 26. August 1998 ist der Gesetzestext des GWB in wesentlichen Teilen verändert worden. Üblicherweise wird in der Literatur die seither gültige Fassung als GWB (neu) bezeichnet zur Unterscheidung der bis dahin verwendeten Fassung GWB (alt).

[99] Das Bundeskartellamt vertrat die Auffassung, dass die Lufthansa mit der Einführung des neuen Tarifsystems versuche, ihren Konkurrenten Germania aus dem Markt zu drängen, um anschließend durch entsprechende Preiserhöhungen die zuvor billigend in Kauf genommenen Verluste durch die Kampfpreisstrategie wieder auszugleichen. Die Monopolkommission teilte zwar grundsätzlich die Auffassung des Kartellamtes, bewertete es aber andererseits als problematisch, dass das Kartellamt Effizienzvergleiche zwischen den beiden Unternehmen nur unzureichend berücksichtigt habe. Vgl. Monopolkommission (2002), S. 25.

[100] Vgl. Fees (1997), S. 513.

[101] Vgl. Fees (1997), S. 503.

[102] Der wesentliche Unterschied zwischen Steuern und Abgaben liegt hierbei darin, dass Letztere zweckgebunden sind. Im Folgenden wird daher ohne Beschränkung der Allgemeinheit lediglich von „Steuer" gesprochen. Hiervon sind die so genannten „Auflagen" abzugrenzen, die z. B. Grenzwerte für die maximal zuläs-sige SO_2-

gewinnmaximierendes, aber etwa durch seine Produktion gleichzeitig die Umwelt verschmutzendes Unternehmen gerade die gesamtwirtschaftlich gesehen optimale Schadstoffmenge emittiert. In Anlehnung an Arthur Pigou, der sich bereits in den 20er Jahren des vorigen Jahrhunderts intensiv mit dem hier beschriebenen Ansatz beschäftigt hat, wird eine Steuer, welche die hier genannte Zielfunktion erfüllt, in der Literatur üblicherweise als „Pigou-Steuer“ bezeichnet.[103]

Die genauen Bedingungen an die Bemessungshöhe einer solchen Steuer seien im Folgenden an Hand der bereits in Kapitel 2.1.3 dargestellten Wirtschaftsbeziehung zwischen einem Stahlwerk S und einer flussabwärts liegenden Fischerei F verdeutlicht.[104]
In einem ersten Schritt ist hierbei zunächst der gesamtwirtschaftlich gesehen optimale Produktionsplan an Stahl und Fisch zu bestimmen. Einen einfachen Lösungsansatz bieten hierzu die aggregierten Produktions- und Kostenfunktionen eines durch die Fusion von S und F entstandenen Unternehmens. Das Gewinnmaximierungsproblem lautet nunmehr:

$$\max G_{sf} = p_s\, s + p_f\, f - c_s\,(s, x_v) - c_f\,(f, x_v) \qquad \text{mit: } \frac{\Delta c_s}{\Delta x_v} < 0 \quad \text{und} \quad \frac{\Delta c_f}{\Delta x_v} > 0 \qquad (2.2.4.1)$$

Daraus resultieren folgende Bedingungen für das Gewinnmaximum:

$$p_s = \frac{\Delta c_s}{\Delta s} \quad \text{und} \quad p_f = \frac{\Delta c_f}{\Delta f} \quad \text{und} \quad \frac{\Delta c_s}{\Delta x_v} + \frac{\Delta c_f}{\Delta x_v} = 0 \qquad (2.2.4.2)$$

Der gesamtwirtschaftlich gesehen optimale Produktionsplan an Stahl und Fisch ergibt sich somit aus der Forderung, dass die Summe der Grenzkosten der Verschmutzung für S und F zusammen 0 ergibt.
Die genaue Bemessungshöhe der Steuer, die den optimalen Produktionsplan erfüllt, kann somit jetzt aus der Annahme abgeleitet werden, dass jede Verschmutzungseinheit x des Stahlwerks mit μ besteuert wird. Die Gewinnmaximierungsfunktion G_s lautet dann:

$$\max G_s = p_s\, s - c_s\,(s, x_v) - \mu\, x_v \qquad \text{mit: } \frac{\Delta c_s}{\Delta x_v} < 0 \qquad (2.2.4.3)$$

Die Bedingungen für das Gewinnmaximum ergeben sich zu:

$$p_s = \frac{\Delta c_s}{\Delta s} \quad \text{und} \quad \frac{\Delta c_s}{\Delta x_v} + \mu = 0 \qquad (2.2.4.4)$$

Emision eines Schornsteins festlegen mit der Maßgabe, dass die Überschreitung dieses Grenzwertes die Zahlung einer entsprechenden Pönale nach sich zieht. Vgl. Fees (1995), S. 27 und Fees (1997), S. 523

103 Vgl. Fees (1995), S. 39 ff.

104 Die Darstellung orientiert sich im Wesentlichen an Varian (1989), S. 527 ff.

Ein Vergleich von (2.2.4.2) und (2.2.4.4) zeigt, dass sich die optimale Bemessungshöhe der Steuer somit aus folgender Forderung ergibt:

$$\mu = \frac{\Delta c_f}{\Delta x_v} \qquad (2.2.4.5)$$

Trotz dieser mathematisch exakten Herleitung wird die praktische Anwendung der „Pigou-Steuer“ als Regulierungsinstrument in der Literatur gleichwohl eher kritisch gesehen. Denn Voraussetzung hierzu ist ein recht guter Informationszustand in quantitativer und qualitativer Form über die ökonomischen Auswirkungen von Externen Effekten.[105] Darüber hinaus sind in der Regel, wie im hier betrachten Beispiel zwischen dem Stahlwerk und der Fischerei, auch zusätzliche Kenntnisse über die Produktionsfunktionen sowie die technologischen Wechselwirkungen der beiden Unternehmen erforderlich.[106]

2.2.4.2 Zertifizierung

Die Grundidee der Zertifizierung ist es, eine fest vorgegebene Größenordnung einer bestimmten Art von Externen Effekten auf Zertifikate aufzuteilen, die zwischen den einzelnen Marktteilnehmern z. B. über eine Börse gehandelt werden können. Der wesentliche Unterschied zum zuvor betrachten Fall der Abgaben- und Steuerlösung liegt somit darin, dass nunmehr zwar die Höchstmenge für die Verschmutzung festgelegt wird, aber der Preis für das Recht auf Verschmutzung am Markt determiniert wird. Üblicherweise wird daher die hier beschriebene Vorgehensweise in der Literatur auch als „Mengenlösung“ bezeichnet im Gegensatz zur „Preislösung“ bei Steuern und Abgaben.[107]

Bezogen auf das bereits bekannte Beispiel der Wirtschaftsbeziehung zwischen einem Stahlwerk S und einer flussabwärts liegenden Fischerei F wäre demnach das Zertifikat eine Erlaubnis für S, ein bestimmte Menge x_v^{zert} an Verschmutzung in den Fluss einzuleiten. S steht dabei permanent vor der Entscheidung, durch den Kauf eines zusätzlichen Zertifikates zum Marktpreis das Recht zu erlangen, die Menge x_v an Verschmutzung zu erhöhen. Es ist leicht einzusehen, dass es für S rational ist, solange Zertifikate zu kaufen wie die Grenzkosten der Vermeidung einer Ausweitung der Verschmutzung x_v höher sind als der Preis für das zusätzliche Zertifikat.[108]

Etwas schwieriger ist die Frage nach der Verteilung der Zertifikate bei der Erstausgabe. In der Literatur werden hierzu grundsätzlich die folgenden beiden Varianten unterschieden:[109]

Idee des so genannten „Grandfathering“ ist es, dass die Unternehmen zunächst eine Menge an Zertifikaten erhalten, die ihrem gegenwärtigen Status Quo an Emissionen entsprechen.

---

105 Vgl. Jäger (1993), S. 34 ff.

106 Vgl. Varian (1990), S. 268 und Drasdo et al. (1998), S. 62.

107 Vgl. Fees (1997), S. 533.

108 Vgl. Fees (1997), S. 533 und Drasdo et al. (1998), S. 62.

109 Vgl. Fees (1997), S. 533 - 534 und Drasdo et al. (1998), S. 64.

Gleichzeitig wird aber der Pfad des Wertverlustes der einzelnen Zertifikate vorgegeben, so dass im Zeitablauf insgesamt weniger emittiert wird.
Der Vorteil dieser Vorgehensweise liegt darin, dass für die Emittenten Übergangszeiten geschaffen werden, sich auf die veränderten Produktionsbedingungen einzustellen. Problematisch ist aber der Umstand, dass Unternehmen, die zum Zeitpunkt der Ausgabe der Zertifikate bereits über hohe Umweltstandards verfügen, offensichtlich benachteiligt werden. Vor der relevanten Stichperiode für die Festlegung der Zertifikate besteht für die einzelnen Unternehmen streng genommen sogar ein Anreiz, die Emissionen zu erhöhen!
Ein Ausweg aus diesem Dilemma bietet das so genannte „Auktionsverfahren", bei dem die Gesamtmenge an Zertifikaten unter den Emittenten versteigert wird. Denn bei dieser Methode ist zu erwarten, dass vor allem jene Unternehmen die höchsten Preise bieten werden, die aus dem Erwerb von zusätzlichen Zertifikaten den größten Nutzen ziehen können. Als Nachteil könnte sich gleichwohl hierbei erweisen, dass einige Unternehmen urplötzlich gewaltigen Kosten gegenüberstehen, die sogar einen Marktaustritt zur Folge haben können.

2.2.4.3 Vergabe von Eigentumsrechten

Im Gegensatz zu den zuvor genannten Instrumenten zur Internalisierung stellte Coase (1960) die staatliche Intervention bei Externen Effekten generell in Frage. Er konnte nämlich den Nachweis erbringen, dass die betroffenen Marktteilnehmer bereits im Falle der Einführung von präzisen Eigentumsrechten durch Verhandlungen das Pareto-Optimum erreichen können.[110]
Die Argumentation für diesen in der Literatur als „Coase-Theorem" bezeichneten Effekt soll im Folgenden wiederum an der Wirtschaftsbeziehung zwischen einem Stahlwerk S und einer flussabwärts liegenden Fischerei F verdeutlicht werden.[111]

Es sei hierzu zunächst angenommen, dass die Eigentumsrechte am Fluss bei dem Stahlwerk S liegen. Da S die Grenzkosten der Verschmutzung nicht in sein Entscheidungskalkül mit einbeziehen muss, wird dieses bekanntlich seine Produktion bis hin zu x_v^{max} ausdehnen.
Für die Fischerei F gibt es nunmehr aber einen Anreiz, „Kompensationszahlungen" an S in der Höhe von ζ dafür anzubieten, dass S seine Schadstoffemission in den Fluss verringert. Voraussetzung ist hierbei, dass ζ unter den daraus dann resultierenden Grenzkosten der Verschmutzung von F liegen. S wird wiederum die Kompensationszahlungen in Höhe von ζ „dankend" annehmen, sofern diese größer sind als der bei x_v^{ζ} zu erwartende Grenznutzen der Flussverschmutzung (Vgl. Bild 1).

[110] Vgl. Coase (1960), S. 3 ff. Für eine umfassende Würdigung der Arbeit von Coase vgl. auch Fees (1997), S. 543 und die dort angegebene Literatur.

[111] Die Argumentation orientiert sich im Wesentlichen an dem in Fees (1997), S. 544 ff dargestellten Beispiel der Interaktionen zwischen einem Viehzüchter und einem Getreidebauern, das ursprünglich auch von Coase (1960) zur Illustration seiner Überlegungen gewählt worden war.

Es leicht einzusehen, dass der hier beschriebene Verhandlungsprozess erst dann endgültig abgeschlossen ist, wenn die pareto-optimale Verschmutzung x_v^* in den Fluss emittiert wird. Das Pareto-Optimum wird somit ohne jegliche staatliche Intervention erreicht.

Ökonomisch besonders hervorzuheben ist die Tatsache, dass die ursprüngliche Festlegung der Eigentumsrechte auf das Ergebnis keinen Einfluss hat. Denn selbst für den Fall, dass die Eigentumsrechte am Fluss ursprünglich bei F lagen und S nunmehr dafür Kompensationszahlungen anbietet, dass es Schadstoffemission in den Fluss einleiten darf, wird aus einer analogen Argumentation heraus der Verhandlungsprozess erneut solange fortgeführt bis das Pareto-Optimum bei x_v^* erreicht ist.

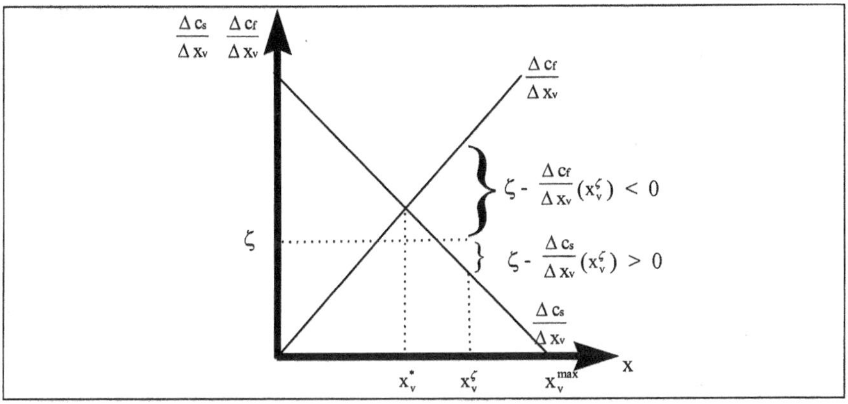

Bild 1: Internalisierung Externer Effekte durch Festlegung von Eigentumsrechten[112]

Trotz der ökonomisch gesehen äußerst bedeutenden Aussage des Coase-Theorems darf gleichwohl nicht übersehen werden, dass bei einer vollständigen Bewertung des Ergebnisses auch Einkommenseffekte zu berücksichtigen sind. Denn durch die Festlegung der Eigentumsrechte wird bereits implizit die zukünftige Veränderung der Einkommensverteilung zwischen S und F vorgegeben.[113] Insbesondere von einem ethisch-moralischen Standpunkt aus ist es darüber hinaus nicht einzusehen, dass F an S zur Unterlassung der Verschmutzung entsprechende Kompensationszahlungen leisten muss.[114]

Ferner ist zu bedenken, dass in der Praxis die Verhandlungen zwischen S und F nicht frei von Transaktionskosten sind mit der Folge, dass unter Umständen Gespräche zwischen den Parteien bereits vor dem Erreichen des Pareto-Optimums abgebrochen werden oder gänzlich unterbleiben. Als zusätzliche Hürde erweist sich in diesem Zusammenhang, wenn mehre

[112] Quelle: Eigene Erstellung in Anlehnung an Fees (1997), S. 545.
[113] Vgl. Fees (1997), S. 546.
[114] Vgl. Jäger (1993), S. 46.

Wirtschaftssubjekte durch den Emittenten beeinträchtigt werden und infolgedessen an den Verhandlungen teilnehmen möchten. Denn die Transaktionskosten steigen überproportional mit der Anzahl der Verhandlungsteilnehmer.[115]

2.2.5 Präferenzermittlung für öffentliche Güter

Mit dem so genannten „Groves-Mechanismus" ist in der Literatur ein Verfahren beschrieben worden, durch den individuellen Eigennutz der Wirtschaftssubjekte die Informationen über deren wahren Präferenzen zu erhalten und somit das Trittbrettfahrerproblem bei öffentlichen Gütern ökonomisch zu lösen.[116]

Die Entscheidungsregel für den Groves-Mechanismus besteht hierbei darin, ein öffentliches Gut immer dann bereit zu stellen, wenn die Summe der Zahlungsbereitschaften u_i mindestens die Kosten C deckt. Formal:

$$\sum_{i=1}^{I} u_i \geq C \qquad (2.5.1.1)$$

Die Zahlungen Z_i (u_i), die ein Wirtschaftssubjekt i in Abhängigkeit der übrigen Befragten zu leisten hat, ist in nachfolgender Matrix aufgeführt:[117]

$$Z_i = \begin{pmatrix} 0 \text{ für } \sum_{i=1}^{I} u_i < C \\ 0 \text{ für } \sum_{j \neq i}^{I} u_j \geq C \\ C - \sum_{j \neq i}^{I} u_j \text{ für } \sum_{i=1}^{I} u_i \geq C \text{ und } \sum_{j \neq i}^{I} u_j < C \end{pmatrix} \forall i \qquad (2.5.1.2)$$

Eine Analyse des Zahlungsmodus zeigt, dass die Offenbarung der wahren Präferenzen für ein Wirtschaftssubjekt i offensichtlich eine dominante Strategie darstellt, unabhängig von der Strategie der anderen Wirtschaftssubjekte $j \neq i$. Die Raffinesse besteht dabei darin, dass lediglich darüber entschieden wird, ob ein öffentliches Gut überhaupt bereitgestellt wird und ob ein Befragter sich an dessen Finanzierung beteiligen muss. Die tatsächliche Höhe der zu leistenden Zahlungen bleibt hingegen unberücksichtigt.[118] Dieser Umstand führt in der Praxis zu einigen zusätzlichen Schwierigkeiten und kann daher als eine Schwäche des Groves-Mechanismus angeführt werden.

---

[115] Vgl. Jäger (1993), S. 44 ff.

[116] Die Überlegungen hierzu gehen auf einen Aufsatz von Groves und Ledyard (1977) zurück. Das auf den ersten Blick überraschende Ergebnis wird dort wie folgt beschrieben: „Even though consumers are completely free to misrepresent their demand for public goods, the tax and allocation rules we specify are structured in such a way that in equilibrium it is each consumer's individual self-interest to reveal his true demand or valuation of the public goods". Vgl. Groves; Ledyard (1977), S. 783.

[117] Für eine ausführlichere Darstellung vgl. Brümmerhoff (1989), S. 90 ff und Fees (1997), S. 553 ff.

[118] Vgl. Fees (1997), S. 557.

Obendrein darf in Bezug auf die praktische Anwendung durchaus bezweifelt werden, dass ein „dem Bevölkerungsquerschnitt entsprechender" Befragter die dem Mechanismus zu Grunde liegende dominante Strategie tatsächlich erkennt und sich rational verhält. Ferner führt das Verfahren mitunter zu erheblichen Kosten der Informationsbeschaffung.[119]

Aufgrund der Unzulänglichkeiten des Groves-Mechanismus haben in der Praxis die Verfahren der „indirekten Präferenzermittlung" eine große Relevanz, bei denen versucht wird, die wahren Präferenzen aus beobachtbaren Daten des Marktgeschehens abzuleiten. Mit Hilfe der so genannten „Marktpreismethode" wird dabei analysiert, inwieweit sich z. B. eine Relation zwischen Mietpreisen in mehr oder weniger luftverschmutzten Regionen und dem Preis für saubere Luft erstellen lässt.[120]
Eine weitere bedeutende Vorgehensweise zur indirekten Präferenzermittlung stellt die „hedonische Preisfunktion" dar, die in Anlehnung an den Ansatz von Lancaster (1966) einen funktionalen Zusammenhang zwischen der Zahlungsbereitschaft für ein Gut und den verschiedenen Merkmalen des Gutes herstellt.[121] Hierdurch kann dann gezielt die marginale Zahlungsbereitschaft für ein bestimmtes Merkmal abgeleitet werden. Es ist somit z. B. möglich, die Zahlungsbereitschaft der Wirtschaftssubjekte für Ruhe in Abhängigkeit des Mietpreises und der Lärmbelästigung zu ermitteln.[122]
Es ist leicht ersichtlich, dass die Schwierigkeit der hier beschriebenen Verfahren darin liegt, plausible Wechselbeziehungen zwischen den verschiedenen Größen herzustellen.[123]

2.2.6 Beseitigung asymmetrischer und unvollständiger Informationen

In der Literatur sind verschiedene Instrumente dargestellt worden, mit denen bestehende Informationsdefizite verringert werden können. Ein nahe liegender Ansatz zur Vermeidung sowohl des adverse selection als auch des moral hazard besteht hierbei darin, dass der Staat gewisse Informationspflichten für die Anbieter von Produkten und Dienstleistungen festlegt. Diese können reichen von Beizettel über Produkteigenschaften bis hin zu Publizitätsvorschriften, aus denen sich unternehmensspezifische Kenngrößen wie die wirtschaftliche Stabilität ableiten lassen. Ferner kann der Staat auch eine Standardisierung für Verträge oder Mindeststandards für die Qualität von Gütern festlegen.[124] Gleichwohl sind

---

[119] Vgl. Brümmerhoff (1989), S. 92 und Fees (1995), S. 209.
[120] Vgl. Fees (1997), S. 551.
[121] Für eine ausführliche Darstellung des in der Literatur so genannten „Lancaster-Ansatzes" vgl. Lancater (1966), S. 134 ff.
[122] Vgl. Fees (1995), S. 212 - 213.
[123] Vgl. Fees (1997), S. 551.
[124] Vgl. Deregulierungskommission (1991), S. 5 und Tirole (1999), S. 250 ff.
In diesem Zusammenhang sei auch auf die Diskussion um das so genannte „Verbraucherinformationsgesetz (VerbIG)" hingewiesen, das als Folge der BSE-Krise und anderer Lebensmittelskandale in das Gesetzgebungsverfahren eingebracht wurde. Demnach soll der Verbraucher u. a. einen Anspruch erhalten, bei Fleischprodukten über die Art der Tierhaltung Informationen einzufordern. Ferner haben die Behörden die

aber durch derartige staatliche Vorgaben nicht alle Informationsdefizite zwingend behoben. Denn es ist durchaus denkbar, dass aus dem Blickwinkel eines Konsumenten nach wie vor entweder die Kosten für die Informationsbeschaffung höher sind als der daraus zu erzielende Nutzen oder nicht alle entscheidungsrelevanten Informationen verfügbar sind.

Eine für den einzelnen Konsumenten sehr einfache und obendrein in der Regel kostengünstige Art der Informationsbeschaffung besteht deshalb darin, dass er auf aggregierte und aufbereitete Informationen aus Sekundärquellen zurückgreift. Hierfür kommen vor allem Verbraucherorganisationen und Fachzeitschriften sowie Erfahrungen aus dem Bekanntenkreis in Betracht.[125]

Darüber hinaus kann auch der Produzent versuchen, durch eine umfangreiche Darstellung der Eigenschaften des von ihm angebotenen Produktes bestehende asymmetrische Informationen gegenüber dem Kunden aufzuheben. Für den bereits betrachteten Fall des Gebrauchtwagenmarktes besteht dieser Anreiz insbesondere für jene Anbieter, deren Qualität über dem Durchschnitt liegt.[126] Eine unabdingbare Prämisse für diesen Ansatz des „Signalling“ ist hierbei allerdings, dass der Anbieter seine Aussagen gegenüber dem Kunden glaubhaft machen kann. Für den Gebrauchtwagenmarkt könnte das Signalling z. B. darin bestehen, dass der Verkäufer seine angebotenen Wagen vorab durch eine unabhängige Werkstatt prüfen lässt. Das Risiko, eine „Zitrone“ zu erhalten, wird dadurch zwar nicht gänzlich beseitigt, jedoch deutlich verringert.[127] Die bestehenden Informationsdefizite können ferner generell recht einfach beseitigt werden, wenn der Verkäufer in einer Garantieerklärung vollen Ersatz für den Fall zusichert, dass das verkaufte Gut nicht die zugesicherten Eigenschaften aufweist. Denn die Frage nach der Qualität eines bestimmten Gutes wird durch diese „besondere Art“ des Signalling sekundär. Voraussetzung hierfür ist aber, dass sich ex post zweifelsfrei feststellen lässt, dass die Ursache für die mindere Qualität ursprünglich beim Verkäufer gelegen hat.[128]

Das in Kapitel 2.1.5 dargelegte Beispiel für „moral hazard“ kann hingegen recht elegant durch eine Selbstbeteiligung der Versicherten gelöst werden. Denn hierdurch wird für den Versicherungsnehmer ein Anreiz geschaffen, den Versicherungsfall nicht eintreten zu lassen.[129] Ferner hat die Versicherungsgesellschaft die Möglichkeit durch unterschiedliche Vertragsangebote, etwa im Hinblick auf den Grad der Selbstbeteiligung, Rückschlüsse auf das Verhalten der Versicherungsnehmer zu ziehen. Denn es ist leicht einzusehen, dass Versicherungsnehmer mit einem hohen Risiko eher Verträge mit niedriger Selbstbeteiligung

---

Möglichkeit, von sich aus auf Mängel hinzuweisen bzw. vor Produkten zu warnen und dabei auch den Hersteller zu nennen. Vgl. o. V. (2002d).

[125] Vgl. Truffer (2001), S. 888.

[126] Vgl. Borrmann (1999), S. 482.

[127] Vgl. Varian (1990), S. 301 und Fees (1997), S. 598.

[128] Vgl. Borrmann (1999), S. 482 und Tirole (1999), S. 232 ff.

[129] Vgl. Schumann (1992), S. 419.

abschließen werden und vice versa.[130] In der Praxis können Produkthersteller obendrein durch eine Konsumentendifferenzierung das Problem des „moral hazard" deutlich verringern, indem bestimmte Kundengruppen, die nachweislich ein Produkt außergewöhnlich intensiv oder risikoreich nutzen, von einem Garantieschutz ausgeschlossen werden. So kann etwa die gewerbliche Verwendung eines Produktes zum Verlust des Garantieschutzes führen.[131]

Eine interessante Variante zu den bisher dargelegten Lösungsansätzen ergibt sich, wenn implizit Wiederholungskäufe zugelassen werden. Denn für einen Konsumenten ist es rational, bei einem Wiederholungskauf nicht den Anbieter zu wechseln, wenn er in der Vergangenheit gute Erfahrungen mit einem Produkt im Sinne einer hohen Qualität gemacht hat. Dieses Verhalten kann insbesondere auch damit begründet werden, dass anderenfalls eine mit Kosten verbundene neuerliche Informationsbeschaffung notwendig wäre.[132]
Im Gegenzug gibt es für den Produzenten einen zusätzlichen Anreiz, ein Produkt in der Einführungsphase zu einem niedrigeren Preis anzubieten, wenn er diese Verluste durch entsprechend höhere diskontierte Gewinne bei Wiederholungskäufen kompensieren kann. Er wird dabei diesen Strategieansatz nur dann wählen, wenn es ihm aufgrund der vom Käufer geschätzten hohen Qualität gelingt, eine Reputation aufzubauen. Der niedrige Preis kann somit vom Konsumenten als ein „Signalling" für gute Qualität gedeutet werden.[133]

Abschließend sei noch der für die Praxis durchaus relevante Fall betrachtet, dass ein Kunde möglicherweise nicht bereit oder fähig ist, z. B. alle Details der Produktbeschreibung zu lesen und zu bewerten.[134] Ein Lösungsansatz liegt dann in der Schaffung von so genannten „Labels" wie z. B. dem „Öko-Label". Voraussetzung für die Akzeptanz von Labels ist hierbei, dass diese sowohl von den Produzenten als auch von den Kunden akzeptiert werden. Für Letztere ist daher besonders wichtig, dass die Institution, welche die Labels vergibt, ver-trauenswürdig und unabhängig ist. Neben Verbraucherorganisationen haben daher vor allem wissenschaftliche Einrichtungen eine breite Akzeptanz erreicht.[135]

[130] Der hier dargestellte Ansatz des so genannten „Screening" unterscheidet sich vom zuvor beschriebenen „Signalling" dadurch, dass bei Ersterem der schlechter informierte Marktteilnehmer den besser informierten zur Informationspreisgabe bewegen will. Vgl. Fees (1997), S. 616.
[131] Vgl. Borrmann (1999), S. 477.
[132] Bedingung ist hierbei allerdings, dass sich die Qualität des Gutes im Zeitablauf nicht ändert Vgl. Tirole (1999), S. 242.
[133] Vgl. Borrmann (1999), S. 486 und Tirole (1999), S. 243 ff.
[134] Bisweilen wird dieser Umstand auch als „Paternalismus" bezeichnet. Obwohl eigentlich keine Informationsdefizite bestehen, wird eine staatliche Regulierung damit begründet, dass der Einzelne die vorhandenen Informationen unter Umständen nicht richtig bewerten könne und daher irrationale Entscheidungen treffe. Vgl. Weber (1986), S. 124.
[135] Vgl. Truffer (2001), S. 888 und S. 891.

2.3 Empirische Analyse der Regulierung des Strommarktes in Deutschland

Wenn man die historische Entwicklung der Elektrizitätswirtschaft von den Anfängen bis heute betrachtet, stellt man fest, dass dieser Wirtschaftszweig weltweit fast ein Jahrhundert lang in unterschiedlicher Weise durch regulatorische Maßnahmen bestimmt wurde, die in vielen Ländern sogar bis zum heutigen Tag anhalten. Interessant ist dabei die Frage, ob und inwieweit dies auch ökonomisch begründet werden kann.

Im Folgenden wird hierzu zunächst die wirtschaftliche Bedeutung der Elektrizitätswirtschaft kurz skizziert. Es wird damit das Argument geliefert, dass im Falle eines Marktversagens gesamtwirtschaftlich gesehen erhebliche negative Auswirkungen zu erwarten sind und der Staat dann gewissermaßen gezwungen ist, Instrumente zur Regulierung einzusetzen. Anschließend werden die in der Literatur üblicherweise angeführten Argumente zur Rechtfertigung einer Regulierung der Elektrizitätswirtschaft dargelegt und an der Entwicklung des deutschen Strommarktes bis 1998 gespiegelt.

2.3.1 Wirtschaftliche Bedeutung der Elektrizitätswirtschaft

Elektrische Energie ist ein Sekundärenergieträger, der durch Energieumwandlung aus den verschiedenen Primärenergieträgern wie Kohle, Erdgas, Mineralöl, Uran etc. gewonnen werden kann. Sie ist nicht an Masse gebunden und wird mit Lichtgeschwindigkeit über Leitungssysteme an ihren Verbrauchsort befördert, wo sie emissionsfrei eingesetzt werden kann. Aufgrund ihrer leichten Umwandelbarkeit in alle Nutzenergieformen hat die Elektrizität sowohl für den einzelnen privaten Haushalt als auch für die gesamte Volkswirtschaft eine herausragende Bedeutung bei der Befriedigung der Bedürfnisse nach Wärme, Licht und Kraft.[136] Darüber hinaus bildet die elektrische Energie aber auch die Grundlage für die Automatisierungs-, Informations- und Kommunikationstechnik. Erst die Elektrizitätswirtschaft ermöglichte in der Industrie die Automatisierung der Produktions- und Fertigungsverfahren. In den privaten Haushalten brachte ferner die Verbreitung von Elektrogeräten, wie z. B. Kühlschrank, Staubsauger oder Elektroherd, eine Erleichterung der täglichen Hausarbeit.[137]

Es gilt daher allgemein als unbestritten, dass die Elektrizität eine der wesentlichen Grundlagen für die Verbesserung der Lebensbedingungen und individuellen Entfaltungsmöglichkeiten während der letzten hundert Jahre darstellt. Ein Leben ohne den vielfältigen Nutzen der Elektrizität ist für viele Menschen nicht mehr vorstellbar. Als Folge dieser wachsenden Bedeutung hat sich die weltweite Stromversorgung für den Zeitraum von 1950 bis zu Beginn der 90er Jahre mehr als verzehnfacht.[138] Allein von 1978 - 1989 stieg der Stromverbrauch in der Bundesrepublik Deutschland von 36,4 Mio. Tonnen Steinkohleeinheiten (t SKE) auf 45,1

---

[136] Vgl. Voß (1992), S. 235 und Kasperk (1997), S. 92.
[137] Vgl. Voß (1992), S. 233.
[138] Vgl. Voß (1992), S. 231 ff.

Mio. t SKE, während der sonstige Endenergieverbrauch im selben Zeitraum um rd. 10 % sank![139]

Zwar ist mittlerweile in Deutschland vor allem aufgrund von Sättigungserscheinungen, Einsparungsmaßnahmen sowie Verfahrens- und Wirkungsgradverbesserungen eine Entkoppelung des Strom- und Energieverbrauchs vom Bruttoinlandsprodukt beobachtbar. Gleichwohl gilt aber aufgrund der zuvor dargestellten Anwendungsmöglichkeiten die Höhe des Stromverbrauchs nach wie vor auch als Index für den Lebensstandard und den Industrialisierungsgrad eines Landes.[140] Denn die Elektrizitätswirtschaft nimmt im Hinblick auf Entwicklung, Fortschritt und Wohlstand eines Landes eine Schlüsselstellung ein.[141] Die Versorgung mit elektrischem Strom gehört folgerichtig zu den wichtigsten Anforderungen an die Infrastruktur einer Volkswirtschaft.

Es ist leicht einzusehen, dass jegliche Störung der Elektrizitätswirtschaft zu gesamtwirtschaftlich gesehen negativen Auswirkungen führen muss. Folglich ist es die Pflicht eines Staates, im Falle eines Marktversagens, die Möglichkeit des Einsatzes von Regulierungsinstrumenten zu prüfen.

2.3.2 Besonderheiten vs. Regulierung des Strommarktes

Trotz der zuvor dargestellten Schlüsselstellung der Elektrizitätswirtschaft, müssen die ursprünglich bestandenen bzw. noch bestehenden Regulierungen auf den Strommärkten mit Aspekten begründet werden, die einen Ausschluss des Wettbewerbs gemäß der zuvor genannten Kriterien rechtfertigen können. Denn nur im Falle des offensichtlichen Marktversagens in einem unregulierten Umfeld stünde das staatliche Eingreifen in die Investitions- und Preispolitik der EVU in keinem Widerspruch zu Gunsten einer marktwirtschaftlichen und wettbewerblichen Wirtschaftsordnung.[142]

In der Literatur werden üblicherweise aufgrund von technischen und wirtschaftlichen Eigenschaften der Elektrizität folgende Argumente für eine Regulierung angeführt, deren tatsächliche Relevanz für eine staatliche Regulierung im Folgenden einzeln diskutiert werden:

- Leitungsgebundenheit
- Begrenzte Speicherbarkeit elektrischer Energie vs. Lastprofil eines EVU
- Versorgungsanspruch vs. offene Versorgungsgebiete
- Kommunaler Querverbund

---

[139] Vgl. Deregulierungskommission (1991), S. 66.

[140] Vgl. Müller (1998), S. 22 und VDEW (2000), S. 12.

[141] Erwähnt sei in diesem Zusammenhang u. a. das berühmte Zitat von Lenin auf dem 8. Allrussischen Sowjetkongress 1920: „Kommunismus - das ist Sowjetmacht plus Elektrifizierung des ganzen Landes." Zitiert in: Müller (1998), S. 2.

[142] Vgl. Kumkar (1997), S. 32.

2.3.2.1 Leitungsgebundenheit

Die Elektrizitätswirtschaft unterscheidet sich von anderen Sparten der Energiewirtschaft dadurch, dass sie nicht ohne Bindung an feste Leitungswege agieren kann.[143] Die Übertragung des Stroms von einem Erzeugungskraftwerk an die Endverbraucher setzt daher ein spezifisches Transport - und Verteilungsnetz voraus.[144]

Da aber andererseits das Errichten und der Betrieb von Übertragungs- und Verteilungsnetzen einen sehr hohen Kapitaleinsatz erfordern, ist eine parallele Ausrichtung von Netzstrukturen durch verschiedene Anbieter mit vertretbarem ökonomischem Aufwand in der Regel nicht zu verwirklichen. Selbst der gezielte Bau von einzelnen Direktleitungen stellt fast immer eine volkswirtschaftliche Ressourcenverschwendung dar.[145] Nur im Einzelfall wäre es insbesondere im Bereich der Hochspannungsnetze vorstellbar, dass bei einer entsprechenden Nachfrage Leitungen parallel gebaut werden.[146] Gleichwohl gilt es aber hierbei auch zu bedenken, dass Investitionen in ein Leitungsnetz irreversibel sind. Eine nachträgliche Modifikation der Netzstruktur etwa aufgrund einer Nachfrageänderung ist mit hohen Kosten verbunden.[147]

Darüber hinaus dürfte aufgrund der hohen gesellschaftlichen Umweltsensibilität und den daraus abgeleiteten Anforderungen an Infrastrukturprojekte die Bereitstellung der für eine parallele Ausrichtung von Netzstrukturen notwendigen zusätzlichen Freileitungstrassen auch unter ökologischen Gesichtspunkten politisch nur schwer durchsetzbar sein.[148]

Zusammenfassend stellt daher das Netz in der Elektrizitätswirtschaft aufgrund der Subadditivität der Kosten und den hohen Markteintrittsbarrieren für potenzielle neue Marktteilnehmer ein natürliches Monopol dar.[149]

2.3.2.2 Begrenzte Speicherbarkeit elektrischer Energie vs. Lastprofil eines EVU

Physikalisch bedingt kann elektrische Energie nur im begrenzten Umfang gespeichert werden. Unter wirtschaftlichen Bedingungen kann dies allenfalls durch Speicher- und Pumpspeicherwasserkraftwerke bewerkstelligt werden mit dem Ziel, Reserveleistung schnell bereitzustellen.[150]

---

[143] Ähnliche Strukturmerkmale weist sonst nur noch die Gaswirtschaft auf. Daher werden im Sinne des § 1 des Energiewirtschaftsgesetzes (EnWG) in der Literatur häufig die beiden Sparten Elektrizität und Gas unter dem Begriff „leitungsgebundene Energiewirtschaft" zusammengefasst.

[144] Dies führt u. a. auch zu einer Verringerung der Angleichung von örtlichen Preisdifferenzen, wie sie auf Märkten ohne spezifisches Transportsystem beobachtbar sind. Vgl. Hensing; Pfaffenberger; Ströbele (1998), S. 112.

[145] Vgl. Krug (1997), S. 7 und Kinne (1999).

[146] Vgl. Kumkar (1997), S. 34.

[147] Vgl. Kasperk (1997), S. 102.

[148] Vgl. Bäumerich; Siemens (1997), S. 596.

[149] Auch wenn dieser Aspekt im Hinblick auf die Begründung einer Regulierung in der Elektrizitätswirtschaft bislang in der ökonomischen Literatur kaum Beachtung gefunden hat, sei an dieser Stelle erwähnt, dass aufgrund der Leitungsgebundenheit obendrein signifikante Externe Effekte auftreten. Denn sofern verschiedene Netzbetreiber zusammengeschlossen sind, werden physikalisch bedingt beim Lastfluss durch das Netz eines Betreibers die jeweils anderen Netze „mitbenutzt". Vgl. Borenstein; Bushell (2000), S. 47.

[150] Vgl. Müller (1998), S. 257.

Auf der anderen Seite können aber schon relativ geringe Abweichungen zwischen Erzeugung und Verbrauch zu Frequenz-Instabilitäten bis hin zum Zusammenbruch des Gesamtsystems führen.[151] Jede bedeutende Nachfrageänderung erfordert daher auch zeitgleich eine entsprechende Änderung der Erzeugung. Dies führt wiederum dazu, dass sich die Erzeugungskapazitäten stets an der zu erwartenden Spitzenlast ausrichten müssen.[152] Aus dem Blickwinkel der Angebotsseite wäre es dabei optimal, wenn die Nachfrage konstant wäre, da das An- und Herunterfahren der Kraftwerke zusätzliche Kosten verursacht. Fatalerweise schwankt aber die Nachfrage der Verbraucher im Laufe eines Tages und eines Jahres beträchtlich.[153]

Ein Ausweg aus diesem Dilemma kann allenfalls durch eine Glättung der Gesamtnachfrage erreicht werden. Hierbei wird der Umstand genutzt, dass die Kunden innerhalb eines Versorgungsgebietes unterschiedliche Lastprofile aufweisen. Die Abnahmeschwankungen der einzelnen Kunden heben sich daher zum großen Teil gegenseitig auf, was wiederum zu einem relativ konstanten Gesamtbedarf führt.
Eine weitere Optimierung der Auslastung bietet sich den Energieversorgungsunternehmen (EVU) dadurch an, dass diese nicht ein einzelnes Kraftwerk, sondern einen Kraftwerkspark betreiben.[154] Abhängig von der Produktionstechnologie und den Kostenstrukturen werden nämlich die verschiedenen Kraftwerkstypen in Grund- , Mittel- und Spitzenlastkraftwerke eingeteilt und bei entsprechendem Bedarf zu- oder abgeschaltet.[155] Die vertikale Integration von Erzeugung, Übertragung und Verteilung innerhalb eines geographisch abgegrenzten Versorgungsgebietes ermöglicht hierbei eine einheitliche Kraftwerkseinsatzplanung und einen einheitlichen Netzbetrieb, der an der Last ausgerichtet ist mit dem Ziel, die Prozesskosten im Rahmen der verfügbaren Kraftwerks- und Netzkapazitäten zu minimieren.[156] Die Optimierung der Kosten der Stromerzeugung in Abhängigkeit von der Tageslast wird daher in der Literatur vielfach als mustergültiges Beispiel für economies of scope angeführt.[157]

Darüber hinaus können die Kraftwerke verschiedener EVU über Hochspannungsleitungen zu einer betrieblichen Einheit verbunden werden. Durch die Schaffung eines solchen

[151] Vgl. Fritz; König (2000), S. 5
[152] Vgl. Durach (1996), S. 12.
[153] Vgl. Kasperk (1997), S. 99.
[154] Vgl. Henzelmann (1997), S. 7.
[155] Charakteristisch für Grundlastkraftwerke (Braunkohle- und Kernkraftwerke) sind hohe Kapazitäts- und niedrige Energiekosten. Grundlastkraftwerke sollten daher theoretisch während der gesamten 8760 Stunden eines Jahres laufen. Bei einer Erhöhung der Nachfrage werden sukzessive Mittelastkraftwerke (Steinkohlebasis) mit höheren Energiekosten zugeschaltet. Sie verursachen zwar höhere Brennstoff-, jedoch niedrigere Festkosten (vor allem Abschreibungen) als Grundlastkraftwerke. Zur Deckung von Lastspitzen der Nachfrage werden schließlich Spitzlastkraftwerke (ältere Steinkohlekraftwerke, Pumpspeicherkraftwerke, Öl- und Erdgaskraftwerke) eingesetzt, deren Leistung kurzfristig verfügbar ist und die ein mehrmaliges tägliches An- und Abfahren erlauben. Vgl. Lammers (1992), S. 34, Schmidtchen (1997), S. 15 ff und VDEW (2000), S. 49.
[156] Vgl. Klopfer (1993), S. 5.
[157] Vgl. Berg; Tschirhart (1988), S. 36 und Krug (1997), S. 3.

Verbundsystems können die einzelnen EVU gegenseitig Reserven vorhalten und daher die individuellen Reservekapazitäten ihrer Kraftwerke verringern.[158] Die Optimierung des Kraftwerkseinsatzes und der Übertragungsnetzauslastung erfolgt hierbei am effizientesten in einer zentralen Koordination. Die Systemkoordinierung bzw. -optimierung dieser beiden Größen hat daher den Charakter eines natürlichen Monopols.[159]

2.3.2.3 Versorgungsanspruch vs. offene Versorgungsgebiete

Bereits im letzten Abschnitt ist deutlich geworden, dass die Stromwirtschaft durch hohe irreversible Kosten gekennzeichnet ist. Die technische Lebensdauer und damit die Amortisationszeiten sind in der Elektrizitätswirtschaft im Verhältnis zu anderen Wirtschaftsbranchen sehr lang. So nehmen die Anlagensummenwerte gut die Hälfte der aggregierten Bilanzsumme ein.[160] Gleichwohl kann hieraus noch kein staatlicher Eingriff abgeleitet werden, da auch in anderen Wirtschaftszweigen mit hoher Kapitalintensität wie z. B. der Automobilindustrie oder der Chemischen Industrie offensichtlich auch ohne Regulierung kostendeckende Erlöse erzielt werden können. Dieser wäre allenfalls dann gerechtfertigt, wenn private Investoren unter Wettbewerbsbedingungen suboptimal investieren würden.[161]

Das Argument, dass die EVU in einem unregulierten Markt gesamtwirtschaftlich gesehen zu wenig investieren, wird dabei aus folgendem Zielkonflikt abgeleitet: Zum einen muss es aufgrund der zuvor genannten Bedeutung der Elektrizität das erklärte Ziel einer Volkswirtschaft sein, dass alle unterschiedlichen Kundengruppen stets über ausreichende elektrische Leistung verfügen.[162] Auf der anderen Seite ist es aber infolge der hohen Investitionen vor allem in das Verteilungsnetz und den damit verbundenen Risiken für ein EVU unter Umständen rational, Gebiete mit geringer Versorgungsdichte auszugrenzen.[163]

Als Lösungsansatz zur Vermeidung der hier beschriebenen negativen Externen Effekte wird daher eine gewisse Planungssicherheit für die Investoren gefordert. Diese kann der Staat durch eine entsprechende Regulierung gewährleisten, indem er die Verlegung von Parallelleitungen oder die Errichtung zusätzlicher Kraftwerkskapazitäten innerhalb eines Gebietes ausschließt.[164] Denn im Falle von geschlossenen Versorgungsgebieten müssen die Anschlusskosten für einen abgelegenen Verbraucher nicht mehr von diesem allein getragen werden, sondern können von einem EVU auf alle Kunden innerhalb seines Absatzgebietes

---

[158] Vgl. Kasperk (1997), S. 104.
[159] Vgl. Hoster (1996), S. 4.
[160] Der vergleichbare Wert liegt in anderen Industriebranchen zum Teil nur bei etwa einem Fünftel. Auch die Investitionsquote (Investitionen bezogen auf den Gesamtumsatz) ist in der Elektrizitätswirtschaft rd. 2,5 fach größer als beim verarbeitenden Gewerbe. Vgl. Seeliger (1999), S. 40.
[161] Vgl. Durach (1996), S. 17 und Borenstein; Bushnell (2000), S. 50.
[162] Vgl. Müller (1998), S. 53.
[163] Vgl. Hensing; Pfaffenberger; Ströbele (1998), S. 113.
[164] Vgl. Henzelmann (1997), S. 9.

überwälzt werden. Die EVU werden somit dazu instrumentalisiert, Einkommen umzuverteilen und dementsprechend bestehende Externe Effekte zu internalisieren.[165]
Es ist obendrein leicht einzusehen, dass im Falle von geschlossenen Versorgungsgebieten die angestrebte Nivellierung des Preisniveaus für alle Kunden am besten bewerkstelligt werden kann, da dann eine gute „Durchmischung des Absatzgebietes" hinsichtlich der unterschiedlichen Anschluss- und Versorgungsaufwendungen vorliegt.[166] Darüber hinaus stellt sich dann auch nicht mehr die recht schwierige Frage einer „gerechten" Kostenverteilung auf die einzelnen Verbraucher. Diese ergibt sich nämlich aus dem Umstand, dass sich der überwiegende Teil der Gesamtkosten der Elektrizitätswirtschaft aus den Kosten der von verschiedenen Verbrauchern gemeinsam genutzten Kraftwerks- und Netzkapazitäten zusammensetzt. Eine verursachungsgerechte Aufteilung der Kosten auf die einzelnen Stromverbraucher innerhalb eines Versorgungsgebiets ist daher letztendlich kaum möglich.[167]

Kritisch ist bei der Schaffung geschlossener Versorgungsgebiete gleichwohl anzumerken, dass durch die gewährte Planungssicherheit auch Fehlinvestitionen auf den Endkunden überwälzt werden können.[168]

2.3.2.4 Kommunaler Querverbund

Zum Abschluss soll noch die These geprüft werden, dass die Unternehmen der Stromversorgung auch gemeinwirtschaftliche Interessen verfolgen und zur Erreichung dieses Ziels gesicherte Absatzgebiete benötigen.[169] Im Mittelpunkt dieser Argumentation steht das ökonomische Problem, dass etwa Linien des öffentlichen Personennahverkehrs (ÖPNV) den Charakter eines öffentlichen Gutes besitzen. Dieser Effekt kann aber andererseits durch die Schaffung eines „Kommunalen Querverbunds" internalisiert werden, bei dem der defizitäre Bereich des ÖPNV über erhöhte Strompreise quersubventioniert wird. Als Argument für diese Vorgehensweise wird vielfach das für kommunale Unternehmen geltende Konzept der „Daseinsvorsorge" angeführt.[170] Es ist daher unter der Maßgabe von gesicherten Absatzgebieten zielführend, kommunale Organisationseinheiten der leitungsgebundenen Energie- und Wasserversorgung, der Entsorgung sowie des öffentlichen Personennahverkehrs in einem „Querverbundunternehmen" zusammenzufassen.[171]

Das Risiko dieser Vorgehensweise ist gleichwohl leicht zu erkennen. So ist durch die Bildung eines Querverbundunternehmens nicht auszuschließen, dass die Monopolgewinne aus der

---

[165] Vgl. Durach (1996), S. 18.
[166] Vgl. Kumkar (1997), S. 37.
[167] Vgl. Klopfer (1993), S. 7.
[168] Vgl. Klopfer (1993), S. 8 und Kumkar (1997), S. 34.
[169] Vgl. u. a. Kumkar (1997), S. 37 und die dort angegebene Literatur.
[170] Vgl. u. a. Kumkar (1997), S. 41.
[171] Als zusätzlicher Vorteil kann dabei angeführt werden, dass durch diese Konstruktion der Finanzausgleich zwischen den einzelnen Unternehmenseinheiten unversteuert erfolgen kann. Vgl. Bräuer (1997), S. 70.

Stromerzeugung nur teilweise beim ÖPNV ankommen und stattdessen in ineffizienten Strukturen versickern können.[172]

2.3.2.5 Theorie staatlicher Regulierung vs. Praxis in der Elektrizitätswirtschaft

Die Ergebnisse der zuvor gemachten Analysen sind noch einmal in nachfolgender Tabelle zusammengefasst. Ein Vergleich mit den in Kapitel 2.1 diskutierten Ursachen zeigt, dass für die Elektrizitätswirtschaft vor allem durch das Vorliegen von Subadditivität und Irreversibilität der Kosten im Erzeugungs- und Netzbereich mehrere ökonomische Begründungen für eine staatliche Regulierung angeführt werden können. Nicht zwingend scheinen hingegen die Argumente im Hinblick auf die Schaffung eines kommunalen Querverbundes zu sein.[173]

Sofern die nur schwer quantifizierbaren Aspekte der positiven Theorie der Regulierung ausgeblendet werden, ist daher davon auszugehen, dass der zu erwartende gesamtwirtschaftliche Nutzen einer Regulierung der Elektrizitätswirtschaft die resultierenden Kosten offensichtlich übersteigt. Es kann somit mit leichten Einschränkungen zunächst das Fazit gezogen werden, dass der bisher in der Praxis beobachtbare Ansatz, die Elektrizitätswirtschaft als wettbewerblichen Ausnahmebereich zu behandeln, auch von der ökonomischen Theorie her durchaus gerechtfertigt ist.

Besonderheit	Ökonomische Begründung für eine Regulierung
Leitungsgebundenheit	Natürliches Monopol
Begrenzte Speicherbarkeit elektrischer Energie vs. Lastprofil eines EVU	Natürliches Monopol
Versorgungsanspruch vs. offene Versorgungsgebiete	Externe Effekte
Kommunaler Querverbund	Öffentliche Güter

Tabelle 1: Ökonomische Begründung für die Rechtfertigung einer Regulierung [174]

[172] Vgl. Bräuer (1997), S. 78 und Kumkar (1997), S. 41.

[173] An dieser Stelle sei auch auf die in der Literatur bisweilen zusätzlich vorgebrachte und nicht unumstrittene These hingewiesen, wonach nur durch die Schaffung geschlossener Versorgungsgebiete und damit Einräumung einer Monopolstellung die Umweltziele in der Elektrizitätswirtschaft erreicht werden können. Begründet wird diese Annahme vor allem mit dem Argument, dass nur durch eine Überwälzung der anfallenden hohen Kosten auf die Endkunden tatsächlich die gewaltigen Investitionen für den Umweltschutz aufgebracht werden können. Vgl. Hensing; Pfaffenberger; Ströbele (1998), S. 169.
Auch wenn man dieser These nicht uneingeschränkt folgen kann, so ist zumindest zu vermuten, dass sich hierdurch Umweltschutzmaßnahmen in Großanlagen effektiver verwirklichen und leichter kontrollieren lassen. Vgl. Schnabel (1995), S. 19.

[174] Quelle: Eigene Erstellung.

2.3.3 Empirische Analyse der Regulierung der deutschen Elektrizitätswirtschaft

Die zuvor genannten Besonderheiten der Elektrizitätswirtschaft haben folgerichtig auf der gesamten Welt zu speziellen Ansätzen der Regulierung und der Herausbildung spezifischer Marktstrukturen geführt. Im Folgenden werden diese Entwicklungen am Strommarkt in Deutschland aufgezeigt.

2.3.3.1 Regulierung und Strukturentwicklung des Strommarktes bis 1945

Die Entwicklung der öffentlichen Stromversorgung in Deutschland begann in den beiden letzten Jahrzehnten des 19. Jahrhundert. Markant für diese frühe Phase war, dass der gesamte Aufbau der Strukturen der Elektrizitätsversorgung nur auf private Initiative erfolgte, und sich Städte und Gemeinden vor allem aufgrund des unkalkulierbaren Risikos daran nicht aktiv beteiligten. Letztere vergaben nur in „Konzessionsverträgen" das ausschließliche Recht, Verkehrswege zur Verlegung von Leitungen zu benutzen. Aufgrund der lokalen Beschränkung des Geltungsbereiches der Elektrizitätsunternehmen ergaben sich Regelungen über den Inhalt der Versorgungsaufgabe zunächst allein aus den privatrechtlichen Konzessionsverträgen mit den jeweiligen Gemeinden. Der Staat nahm lediglich die Rolle eines Beobachters ein. Dieser Blickwinkel sollte sich aber mit dem stetigen Ausbau und Bedeutung der Stromwirtschaft alsbald grundlegend ändern.[175]

Bereits im Jahre 1908 schlug nämlich der spätere Reichswirtschaftsminister Hjalmar Schacht vor, „eine staatliche Kontrolle auf Reichsebene einzuführen mit dem Ziel, die Elektrizitätsinteressen zu großen Leistungen zusammenzuführen."[176] Gleichwohl wurde aber erst im Zuge des 1. Weltkrieges eine energiewirtschaftliche Aufsicht auf Reichsebene implementiert. Durch Verkündung vom 21. Juni 1917 wurde der Reichsminister ermächtigt, „die Erzeugung, Fortleitung und den Verbrauch von Elektrizität und Gas sowie von Dampf, Druckluft, Heiß- und Leitungswasser zu regeln."[177]

In der Weimarer Republik wurde die Idee einer weitgehend staatlichen Lenkung der Elektrizitätswirtschaft kontinuierlich weiterverfolgt. So billigte im Dezember 1919 die Nationalversammlung einen Gesetzesentwurf, der die Besitzstände von Ländern und Kommunen festigte. Parallel entwickelte sich die vom Reich im Sommer 1917 von der AEG übernommene Elektrowerke AG (EWAG) für Mitteldeutschland zu einem ähnlichen führenden Stromversorger wie das RWE für Westdeutschland.[178]

Darüber hinaus hatte die öffentliche Hand auch großen Anteil an dem Aufbau von Überlandzentralen, die nach der Entscheidung des Konkurrenzkampfes zu Gunsten der rohstoffnahen Dreh- bzw. Wechselstrom- gegenüber der verbrauchsnahen Gleichstrom-Elektrizitätserzeugung überall im Deutschen Reich entstanden, und welche die Verknüpfung

---

[175] Vgl. Müller (1998), S. 29 und Tegethoff (1998), S. 9.
[176] Zitiert in: Tegethoff (1998), S. 9.
[177] Zitiert in: Tegethoff (1998), S. 9.
[178] Vgl. Informationszentrale der Elektrizitätswirtschaft (2000c), S. 6.

dezentraler Versorgungsgebiete und Kraftwerke ermöglichte. Über das sich daraus entwickelnde „Verbundsystem“ war es den einzelnen Kraftwerksbetreibern schließlich möglich, gegenseitig Reserven vorzuhalten und somit die Kosten der Reservehaltung deutlich zu reduzieren. Ferner konnten zusätzliche Kosten eingespart werden durch den jetzt praktikablen Einsatz der Kraftwerke in der Reihenfolge steigender Erzeugungskosten.[179]
Die Schaffung großflächiger Landesversorgungsunternehmen in Bayern, Baden, Preußen, Sachsen und Thüringen unterstützte dabei nachhaltig die Ausnutzung der Vorteile der Verbundwirtschaft.[180] Die aufkommende Überschneidung der Interessensphären der großen Stromversorger wurde obendrein durch den so genannten „Elektrofrieden“ von 1927 beigelegt. Hierbei verpflichteten sich die RWE AG und das Land Preußen dazu, die Versorgung mit elektrischer Energie an Kunden oder Versorgungsunternehmen im jeweiligen anderen Versorgungsgebiet zu unterlassen.[181]

Mit dem Ziel, die etablierten Strukturen in der deutschen Elektrizitätswirtschaft effizienter zu gestalten, trat schließlich am 13. Dezember 1935 das „Gesetz zur Förderung der Energiewirtschaft“, kurz Energiewirtschaftsgesetz (EnWG) genannt, in Kraft. Das EnWG war dabei kein Gesetz im nationalsozialistischen Sinne, sondern vielmehr das vorläufige Endergebnis einer jahrzehntelangen kontinuierlich entwickelten Leitvorstellung für die Ordnungspolitik in der Elektrizitätswirtschaft.[182]

2.3.3.2 Regulierung und Strukturentwicklung des Strommarktes der BRD bis 1998

Das Kernelement für den regulatorischen Rahmen der Elektrizitätswirtschaft in der Bundesrepublik Deutschland bis zum Beginn der Deregulierung im Jahre 1998 bildete über die Wirren und Veränderungen des 2. Weltkrieges hinaus weiterhin das EnWG aus dem Jahre 1935. Von besonderer Bedeutung waren ferner:[183]

- die „Anordnung über die Zulässigkeit von Konzessionsabgaben der Unternehmen und Betriebe zur Versorgung mit Elektrizität, Gas und Wasser an Gemeinden und Gemeindeverbände (KAE)“ vom 4. März 1941
- das „Gesetz gegen Wettbewerbsbeschränkung (GWB)“ vom 27. Juli 1957
- die „Verordnung über allgemeine Bedingungen für die Elektrizitätsversorgung von Tarifkunden (AVBEltV)“ vom 21. Juni 1979
- die „Bundestarifordnung Elektrizität (BTOElt)“ vom 18. Dezember 1989

---

[179] Der Wechselstrom schuf somit die technischen Voraussetzungen zum Aufbau der Verbundwirtschaft, bei der im Hinblick auf die in Kapitel 2.3.2.2 bereits aufgezeigte Subadditivität der Kosten verschiedene Kraftwerke eines Gebietes oder sogar eines Landes über Hochspannungsleitungen zu einer betrieblichen Einheit verbunden sind. Vgl. Kasperk (1997), S. 104 und Pfaffenberger (1999), S. 16.
[180] Vgl. Müller (1998), S. 29.
[181] Vgl. Pfaffenberger (1999), S. 22.
[182] Vgl. Informationszentrale der Elektrizitätswirtschaft (2000c), S. 6.
[183] Vgl. Deregulierungskommission (1991), S. 67.

Aus diesen gesetzlichen Grundlagen heraus leiteten sich die nachfolgenden fünf Kernelemente des regulatorischen Rahmens für die Elektrizitätswirtschaft in Deutschland bis 1998 ab:

- **Energiefachaufsicht**

Die Energiefachaufsicht leitete sich aus der Durchführungsverordnung des EnWG sowie dem GWB ab. Kernelement der Energiefachaufsicht bildete die Investitionsaufsicht gemäß § 4 EnWG, nach der Bau, Erneuerung, Erweiterung oder Stilllegung von Energieanlagen anmeldepflichtig waren. Als zuständige Aufsichtsbehörde konnten die Wirtschaftsminister der Bundesländer entsprechende Vorhaben untersagen, wenn die Erreichung der Ziele des EnWG in Bezug auf eine kostengünstige und sichere Energieversorgung beeinträchtigt wurde. Nach § 5 EnWG bedurften Unternehmen, welche die Versorgung Dritter aufnahmen, obendrein einer besonderen Genehmigung. Die Gewerbefreiheit wurde somit eingeschränkt.[184]

- **Strompreisaufsicht**

Für die Preisbildung wurden die Endverbraucher von EVU gemäß den Vorgaben von § 6 EnWG üblicherweise in die beiden Gruppen Tarif- und Sondervertragskunden unterteilt. Tarifkunden (private Haushalte, kleine Gewerbebetriebe und die Landwirtschaft) mussten von den Versorgungsunternehmen zu Bedingungen beliefert werden, die durch die Bundestarifordnung Elektrizität (BTOElt) geregelt wurden. Die Preisaufsichtsbehörden waren hierbei eigenständige Referate in den jeweiligen Wirtschaftsministerien der Länder.[185] Die Genehmigung von Preisänderungen setzten ein umfangreiches Prüfverfahren voraus, bei dem ein EVU ausführliche Informationen über seine Kosten - und Erlösstruktur darlegen musste. Die Preisentwicklungen konnten sich dabei auch an vertikalen und horizontalen Preisvergleichen orientieren, wonach z. B. im Liefergebiet eines Verbundunternehmens nur annähernd gleiche Preiserhöhungen genehmigt wurden.[186] Gemäß § 12 BTOElt waren die genehmigten Strompreise für Tarifkunden Höchstpreise und durften nur durch die Aufsichtsbehörde angehoben werden.

Sondervertragskunden (Industrielle Großabnehmer, mittelständisches Gewerbe und weiterverteilende Unternehmen) wurden zwar bei den allgemeinen Genehmigungsverfahren der BTOElt in die Gesamtbeurteilung mit einbezogen, konnten aber hingegen individuelle Verträge mit den EVU abschließen.[187] Diese mussten nicht von der Preisaufsichtsbehörde genehmigt werden, unterlagen aber der Kartellaufsicht.[188]

---

[184] Vgl. Pfaffenberger (1993), S. 62, Henzelmann (1997), S. 15 ff und Müller (1998), S. 67.

[185] Vgl. Henzelmann (1997), S. 17 - 18 und Schmidtchen (1997), S. 14.

[186] Vgl. Müller (1998), S. 70.

[187] Lange Zeit galt für Sondervertragskunden die so genannte „Preisstopverordnung" aus dem Jahre 1936, nach der Preiserhöhungen verboten waren. Lediglich durch Preisgleitklauseln konnte der Strompreis an die Entwicklung des Kohlepreises und der Arbeitslöhne gebunden werden. Vgl. Pfaffenberger (1993), S. 63.

[188] Vgl. Müller (1998), S. 69 ff und Zander (2000), S. 22.

- **Demarkationsverträge**

In horizontalen Demarkationsverträgen verpflichteten sich EVU der gleichen Wertschöpfungsstufe, Lieferungen von Strom in das jeweilige andere Versorgungsgebiet zu unterlassen. Analoge Regelungen vereinbarten Unternehmen unterschiedlicher Spannungsebenen in vertikalen Demarkationsverträgen. So war z. B. die direkte Belieferung eines Kunden im Gebiet eines Verteilungsunternehmens durch ein Verbundunternehmen nicht möglich.[189]

- **Konzessionsabgaben**

Neben den zuvor genannten Demarkationsverträgen zur Abgrenzung der Versorgungsgebiete bildeten die im Zusammenhang mit den Anfängen der Elektrizitätswirtschaft bereits erwähnten Konzessionsverträge zur Ausschließbarkeit der Rechte zur Errichtung von Leitungen eine weitere Monopolabsicherung.[190] Gegen Zahlung einer Konzessionsabgabe gemäß KAE, die sich an den Roheinnahmen des EVU orientierte, verpflichteten sich die Gemeinden, ohne Zustimmung des Vertragspartners Grundstücke zum Zwecke der Energieversorgung einem Dritten nicht zu überlassen. Im Gegenzug verpflichtete sich das EVU, im Einklang mit den Bestimmungen für Tarifpreise und Versorgungsbedingungen gemäß § 6 EnWG, die Einwohner der Gemeinde mit Strom zu beliefern.[191] Es galt das Gebot der „allgemeinen Anschluss- und Versorgungspflicht", wonach der jeweilige Versorger verpflichtet war, alle Kunden an das Stromnetz anzuschließen, sofern diese es wünschten. Eine Abweichung von diesem Prinzip konnte sich gemäß § 6 Abs. 2 EnWG allenfalls aus der „wirtschaftlichen Unzumutbarkeit" des Anschlusses ergeben. Die dafür notwendigen strengen Voraussetzungen konnten u. a. bei sehr weit abgelegenen oder zahlungsunfähigen Kunden vorliegen.[192]

- **Kartellaufsicht**

Gemäß § 103 GWB (alt) fanden die einschlägigen Bestimmungen des Gesetzes gegen Wettbewerbsbeschränkungen keine Anwendung auf Unternehmen der öffentlichen Versorgung mit Elektrizität. Demnach waren insbesondere auch die zuvor genannten Demarkations- und Konzessionsverträge gültig.[193] Die vereinbarte Laufzeit durfte dabei aber gemäß § 103 a GWB (alt) einen Zeitraum von 20 Jahren nicht überschreiten.

In der 4. Kartellgesetznovelle aus dem Jahre 1980 hatte der Gesetzgeber die hier bestehende Praxis noch einmal ausdrücklich bestätigt. Als Argument führte er dabei an, dass wettbewerbliche Strukturen zu Ergebnissen führen würden, die mit den Zielen des EnWG

---

[189] Vgl. Schnabel (1995), S. 47 und Schmidtchen (1997), S. 13.
[190] Vgl. Fritz; König (2000), S. 3
[191] Vgl. Deregulierungskommission (1991), S. 67.
[192] Vgl. Schnabel (1995), S. 43.
[193] Vgl. Pfaffenberger (1993), S. 72.

nach Sicherheit und Preiswürdigkeit der Energieversorgung nicht in Einklang zu bringen seien.[194]

Nach § 103 Abs. 5 und 6 GWB (alt) konnte die Kartellbehörde allerdings eine Änderung der Demarkations- und Konzessionsverträge fordern oder diese gänzlich für unwirksam erklären, sofern ein EVU den Ausnahmetatbestand des GWB missbräuchlich ausnutzte. Dies war vor allem dann gegeben, wenn „(...) das Marktverhalten eines Versorgungsunternehmens den Grundsätzen zuwider läuft, die für das Marktverhalten von Unternehmen bei wirksamen Wettbewerb bestimmend sind (...)“ bzw. „(...) ein Versorgungsunternehmen ungünstigere Preise oder Geschäftsbedingungen fordert als gleichartige Versorgungsunternehmen (...)“.

Die hier beschriebenen fünf Kernelemente des regulatorischen Rahmens haben darüber hinaus nach dem Ende des 2. Weltkrieges die sich bereits in der Weimarer Republik gebildeten spezifischen Strukturen in der deutschen Elektrizitätswirtschaft zur folgenden Dreigliedrigkeit der Marktstufen konsequent weiterentwickelt:[195]

Auf der untersten Stufe traten mehr als 900 Stadtwerke als Versorger für Endverbraucher auf, von denen aber lediglich 22 eine Stromabgabe von mehr als 1 Milliarde kWh/ Jahr hatten. Die Stadtwerke waren dabei vielfach als Querverbundunternehmen aufgestellt und boten neben Strom u. a. auch Gas, Wasser und Fernwärme an.

Auf der mittleren Ebene gab es in Fortentwicklung zu den bereits zuvor erwähnten Überlandzentralen rund 80 Regionalversorger, die über eigene Netze für Hochspannung (110 kV), Mittelspannung (20 kV) und Niederspannung (230/ 400 Volt), sowie geringe Kraftwerkskapazitäten verfügten. Die Regionalversorger traten dabei vielfach sowohl als Vorlieferant der Stadtwerke als auch als Versorger für Endverbraucher auf.

Auf der obersten Stufe gab es schließlich als Vorlieferanten für die Stadtwerke und Regionalversorger 9 Verbundunternehmen. Diese erzeugten mehr als 80 % des gesamten Stromverbrauchs und betrieben das Höchstspannungsnetz (380 kV/ 220 kV). Die Verbundunternehmen übernahmen hierbei auch weitgehend die Reservehaltung und Leistungsregelung für die in ihrem Gebiet auf den nachgeordneten Spannungsebenen angesiedelten EVU.[196]

In Anlehnung an Beobachtungen auf anderen Strommärkten hatte sich somit auch in Deutschland aufgrund der in Kapitel 2.3.2 dargestellten Subadditivität und Irreversibilität der Kosten im Erzeugungs- und Netzbereich eine klar gegliederte und zentrale Struktur in der Stromwirtschaft herausgebildet. Die jeweiligen Versorgungsgebiete bzw. Netzstufen waren so eindeutig voneinander abgegrenzt wie die politischen Grenzen von Ländern, Kreisen und

---

[194] Vgl. Henzelmann (1997), S. 15.
[195] Vgl. Informationszentrale der Elektrizitätswirtschaft (2000c), S. 7.
[196] Vgl. Fritz; König (2000), S. 5.

Gemeinden, mit denen sie sogar vielfach identisch waren.[197] Große Kraftwerkseinheiten versorgten über ein langes Leitungsnetz die in der Regel weit entfernten Endkunden.[198]
Als Folge hiervon führten insbesondere während der ersten beiden Jahrzehnte der Bundesrepublik größere Kraftwerkseinheiten und die damit verbundene Kostensenkung sowie eine bessere Energieausnutzung durch neue Kraftwerke zu einer stetigen Senkung der realen Strompreise.[199] Erwähnenswert ist in diesem Zusammenhang auch, dass die deutsche Elektrizitätswirtschaft durch eine hohe Kapitalverflechtung gekennzeichnet ist. So halten die Verbundunternehmen bis zum heutigen Tag nicht unerhebliche Anteile an einer Reihe bedeutender regionaler und kommunaler EVU und waren darüber hinaus bis vor wenigen Jahren auch untereinander von der Kapitalstruktur her verflochten.[200]

[197] Vgl. Informationszentrale der Elektrizitätswirtschaft (2000a), S. 2.
[198] Vgl. Budhraja (1999), S. 54.
[199] Vgl. Hensing; Pfaffenberger; Ströbele (1998), S. 135.
[200] Vgl. Deregulierungskommission (1991), S. 68 und Schmidtchen (1997), S. 13.

2.4 *Ansätze zur Deregulierung*

Trotz der Prägnanz der zuvor genannten Argumente, die Elektrizitätswirtschaft als wettbewerblichen Ausnahmebereich zu betrachten, wurde aufbauend auf erste positive Erfahrungen u. a. in den USA und Chile seit Ende der 80er Jahre in mehreren Mitgliedstaaten der Europäischen Union über die Möglichkeit einer Deregulierung intensiv diskutiert. Die Debatte wurde hierbei aus folgenden beiden Motiven heraus vorangetrieben:

Im Zuge der alle regulierten Branchen umfassenden weltweiten Privatisierungs- und Deregulierungswelle setzte auch in der Elektrizitätswirtschaft ein Prozess ein, die Argumente des Marktversagens in der Stromwirtschaft differenzierter zu bewerten. Die hierbei gemachten Überlegungen stützten sich vor allem auf einen Wandel der Sichtweise in der Ökonomie. Während in der traditionellen Markt- und Regulierungstheorie der gesamten Stromversorgung der Charakter eines natürlichen Monopols zuerkannt wurde, setzte sich mehr und mehr die Überzeugung durch, dass zur Beurteilung dieser Frage eine getrennte Analyse der Bereiche Erzeugung, Übertragung und Verteilung vorgenommen werden müsste. Auf diesen veränderten Blickwinkel aufbauend, wurde obendrein argumentiert, dass das Vorliegen von Regulierungsgründen für einzelne Wertschöpfungsstufen nicht unmittelbar die Regulierung der gesamten Branche zur Folge habe.[201]
In diesem Zusammenhang sei auch auf den in der Literatur nur wenig beachtenden Aspekt verwiesen, dass das Vorhandensein einer leistungsfähigen elektronischen Datenverarbeitung und Kommunikationstechnik eine unabdingbare Voraussetzung für die Netzzugangsöffnung darstellt, um die damit verbundenen umfangreichen Messvorgänge und Abrechnungsprobleme zu bewältigen. Die technischen Voraussetzungen für eine vollständige Liberalisierung der Strommärkte konnten daher erst durch die Fortschritte in der Informationstechnologie Ende der 80er Jahre geschaffen werden.[202]

Das zweite Motiv lag in der offensichtlichen Konfrontation der bestehenden Regulierungen mit den Grundsätzen der europäischen Wirtschaftsordnung, die auf dem Prinzip des freien Austausches von Waren und Dienstleistungen innerhalb der Europäischen Union basiert.[203] So befasste sich seit Ende der 80er Jahre die damalige EG-Kommission damit, auch Hemmnisse für den Stromhandel innerhalb der EG zu beseitigen. Mit dem In-Kraft-Treten der Transitrichtlinie im Juli 1991 wurden die Betreiber der integrierten Hochspannungsnetze zwar verpflichtet, auf der Basis individuell auszuhandelnder Vereinbarungen den Netzzugang für

---

[201] Vgl. u. a. Deregulierungskommission (1991), S. 70, Eßer (1994), S. 98 und Hoster (1996), S. 3.
[202] Vgl. Informationszentrale der Elektrizitätswirtschaft (2000b), S. 2.
[203] Ein wichtiges Argument für eine Deregulierung innerhalb der Europäischen Union lieferte dabei der Begriff der „Dienstleistungsfreiheit“: Demnach kann ein Unternehmen, das in Mitgliedsstaaten, in denen es nicht ansässig ist, vorübergehend Dienstleistungen erbringt, von den rechtlichen Rahmenbedingungen seines Herkunftslandes ausgehen. Als Folge hiervon kann ein ausländisches Unternehmen u. U. Vorteile ausnutzen, sofern die inländische Konkurrenz an strengere Regulierungen gebunden ist. Vgl. Deregulierungskommission (1991), S. 9.

die in der Richtlinie einzeln aufgezählten europäischen Verbundunternehmen zu ermöglichen.[204] Gleichwohl konnte hierbei noch nicht von einer wirklichen Marktöffnung gesprochen werden, da nicht einmal Weiterverteilern und Großkunden der Netzzugang erlaubt wurde.[205]

Aus den beiden hier genannten Argumenten konnte zwar durchaus die Rechtfertigung einer Deregulierung der Elektrizitätswirtschaft abgeleitet werden. Auf der anderen Seite wurde aber sehr schnell deutlich, dass die große Herausforderung darin bestand, die optimale Vorgehensweise sowie den Grad der Marktöffnung bezogen auf die einzelnen Wertschöpfungsstufen zu bestimmen.[206]

Im Folgenden werden zunächst am Beispiel Deutschland die beobachteten speziellen Probleme der bisherigen Regulierung in der Elektrizitätswirtschaft den zu erwartenden Wohlfahrtsgewinnen bei einer Deregulierung gegenübergestellt. Anschließend wird darauf aufbauend der Versuch unternommen, den Entscheidungsraum der Mitgliedsstaaten der Europäischen Union bei der Suche nach der optimalen Vorgehensweise aufzuzeigen.
Hierzu werden zunächst verschiedene Verfahren zur Messung des Deregulierungspotenzials diskutiert. Abschließend werden die wichtigsten in der Literatur dargestellten theoretischen Modelle sowie relevante praktische Erfahrungen erläutert und bewertet, die der europäischen Kommission zum Zeitpunkt der Entscheidung Mitte der 90er Jahre vorlagen.

2.4.1 Probleme der Regulierung vs. Deregulierung der deutschen Stromwirtschaft

Ende 1987 setzte die damalige Bundesregierung die so genannte Deregulierungskommission ein mit dem Ziel, die bestehende Regulierungspraxis in den verschiedenen Branchen zu überprüfen. In ihrem Abschlußbericht im Jahre 1991 erhob die Deregulierungskommission gegenüber der Elektrizitätswirtschaft, auf den im Kapitel zuvor betrachteten beiden allgemeinen Motiven aufbauend, vor allem folgende Vorwürfe: [207]

---

[204] Ein wesentlicher Katalysator zur Schaffung der Transitrichtlinie waren nicht zuletzt Konfliktfälle wie das Vorhaben Portugals, kostengünstigen Strom aus Frankreich durch das spanische Transportnetz zu importieren. Dieses Geschäftsvorhaben scheiterte letztlich an dem Umstand, dass der spanische Netzbetreiber Konditionen verlangte, die inakzeptabel waren. Vgl. Kumkar (1997), S. 46.

[205] Vgl. Deregulierungskommission (1991), S. 81.

[206] An dieser Stelle sei darauf hingewiesen, dass die Begriffe Privatisierung, Deregulierung und Liberalisierung sehr häufig synonym verwendet werden. Denn in vielen Ländern sind die Unternehmen der regulierten Branchen Staatsunternehmen oder zumindest halten die öffentlichen Hände große Beteiligungen. Der Prozess der Deregulierung läuft daher vielfach parallel mit einer gleichzeitigen Privatisierung der Unternehmen.
Allgemein versteht man unter Privatisierung den Wechsel der Eigentumsverhältnisse vom öffentlichen zum privaten Sektor. Deregulierung bzw. Liberalisierung bedeutet hingegen, dass staatliche Vorgaben auf Preis, Qualität und Marktzutritt eingeschränkt bzw. wieder zurückgenommen werden. Vgl. Durach (1996), S. 6, Müller (1996), S. 12 und VDEW (1997a), S. 16.

[207] Vgl. Deregulierungskommission (1991), S. 70 ff.

- Es ist nicht einzusehen, dass die teilweise aus jahrhundertealten Gemeinde- und Kreisgrenzen abgeleiteten Demarkationsgrenzen zu optimalen Versorgungsgebieten führen. Vielmehr liegt die Vermutung nahe, dass durch eine „andere" Aufteilung Effizienzreserven genutzt werden können. Darüber hinaus ist zu bedenken, dass sich die einmal gewählte „optimale" Struktur der Versorgungsgebiete aufgrund von strukturellen Änderungen in Bezug auf Bevölkerungsdichte und Industriekonzentration im Zeitablauf ändern kann.
- Die deutschen Strompreise sind im Vergleich zu den europäischen Nachbarländern eindeutig zu hoch.[208]
- Die irreversiblen Kosten in der Stromwirtschaft treten nicht auf allen Wertschöpfungsstufen im selben Umfang auf. So kann z. B. ein Kraftwerk nach der Marktöffnung auch außerhalb des angestammten Versorgungsgebietes Kunden beliefern.
- Viele EVU weisen einen recht hohen Cash-flow auf, der wiederum vielfach für Unternehmensbeteiligungen außerhalb der Strombranche verwendet wurde. Dies legt die Vermutung nahe, dass es sich bei diesem Cash-flow um einen Mittelzufluss handelte, dem erst in ferner Zukunft vergleichbare Ausgaben z. B. für Reinvestitionen gegenüber stehen.
- Es ist fraglich, inwieweit die Landesministerien über die entsprechenden Informationen verfügen, um die Preise für Tarifkunden optimal festlegen zu können.[209]
- Das Prinzip des kommunalen Querverbundes schafft nicht genügend Anreize, bestehende Rationalisierungspotenziale in den defizitären Geschäftsbereichen auszunutzen.

Die Befürworter einer Deregulierung erhofften sich nunmehr in Anlehnung an Beobachtungen von zuvor liberalisierten Strommärkten und anderen Wirtschaftszweigen vor allem sinkende Strompreise und verbesserte Service - Dienstleistungen. Denn der intensive Wettbewerbsdruck werde die EVU zwingen, ihre Kosten zu senken und die Stromversorgung durch eine Erhöhung der Arbeitsproduktivität rationeller zu gestalten.[210] Die Absenkung der Investitionskosten insbesondere als Folge des Abbaus von Überkapazitäten in der Erzeugung werde hierbei diese Entwicklung nachhaltig unterstützen. Darüber hinaus sei ein zusätzlicher Preisdruck als Folge des vermehrten Stromhandels und der damit verbundenen Anpassung von Preisunterschieden zwischen verschiedenen Regionen zu erwarten.[211]

In Bezug auf die erwartete Strompreissenkung als das vermeintlich bedeutendste Ziel der Deregulierung wird es dabei in der Literatur sogar als sekundär angesehen, welche

---

[208] Nach Angaben des Verbandes der industriellen Energie- und Kraftwirtschaft (VIK) waren Ende der 80er Jahre die deutschen Strompreise für industrielle Abnehmer bis zu 100 % teurer als in den europäischen Nachbarländern. Hierbei hat die Deregulierungskommission gleichwohl eingestanden, dass die Ursachen für die europäischen Preisunterschiede sehr viel differenzierter zu bewerten sind. So können diese nämlich auch auf die unterschiedlichen Anforderungen an den Umweltschutz oder langwierigeren Genehmigungsverfahren für Kraftwerks- und Netzinvestitionen zurückzuführen sein. Vgl. Deregulierungskommission (1991), S. 73 - 74.

[209] Als kritischer Punkt erweist sich in diesem Zusammenhang die teilweise geringe personelle Besetzung der Behörden. Vgl. Henzelmann (1997), S. 18.

[210] Vgl. Deregulierungskommission (1991), S. 90 und Lough; Walker (1997), S. 877.

[211] Vgl. IEA (2001c), S. 23.

Kundengruppe hiervon am meisten profitiert. Denn selbst für den Fall, dass vor allem große Industriekunden den Löwenanteil an Wohlfahrtsgewinnen erzielten, würden sie aufgrund des Wettbewerbs in ihren Branchen gezwungen sein, einen Teil der Einspareffekte an ihre Kunden weiterzugeben. Die Haushaltskunden würden dann quasi indirekt durch niedrigere Verbraucherpreise für Konsumgüter von der Liberalisierung der Strommärkte profitieren.[212]

Aus den hier genannten Erwartungen und Zielen der Deregulierung einerseits und der Kritik an der bisherigen Regulierungspraxis andererseits konnte gleichwohl nicht zwangsläufig die vollständige Aufhebung von Letzterer abgeleitet werden. Zwar ist eine Deregulierung gerechtfertigt, sobald sich die Entscheidung für eine Regulierung im Nachhinein als falsch erweist, bzw. die ursprünglich durchaus bestandene Legitimation zur Regulierung, z. B. als Folge veränderter Rahmenbedingungen, entfallen ist.[213] Andererseits wurde aber in der weiteren Diskussion um die generelle Marktöffnung der europäischen Strommärkte sehr schnell deutlich, dass sich die positiven Wirkungen einer Deregulierung quantitativ zumeist nur sehr schwer abschätzen lassen.
Sogar die zunächst recht einleuchtende These, dass die Liberalisierung des Strommarktes auch zu sinkenden Strompreisen führe, lässt sich empirisch bis heute nicht eindeutig belegen. So kommen nämlich Lough und Walker (1997) nach einer Untersuchung mehrerer liberalisierter Strommärkte zu dem Ergebnis, dass in vielen Fällen die eingesetzten Preisrückgänge nach Phasen steigender Preisentwicklungen stattgefunden haben.[214] Borenstein und Bushell (2000) legten ferner in einer Analyse dar, dass der Strompreis in den einzelnen Bundesstaaten der USA Ende der 90er Jahre unabhängig vom jeweiligen Stand der Deregulierung gesunken ist.[215]

Das zentrale Problem für eine generelle Strommarktöffnung innerhalb der EU lag somit darin, dass für die zuvor genannten Probleme der Regulierung vielfach allein auf der Basis von Plausibilitätsgründen die bloße Erwartung ausreichen musste, eine Deregulierung in der Elektrizitätswirtschaft führe gesamtwirtschaftlich zu Wohlfahrtsgewinnen. Unbeantwortet blieb ferner die daraus aufbauende Frage, welche Anpassungsvorgänge im Einzelnen zu erwarten sind?

Die hier aufgezeigte Diskussion soll gleichwohl nicht die zuvor genannten Motive der Befürworter einer Marktöffnung entkräften. Sie macht nur deutlich, dass in der Realität der Nachweis für die Richtigkeit einer Deregulierung vielleicht sogar schwieriger zu erbringen ist als zuvor die Legitimation für eine Regulierung. Wie im Rahmen der vorliegenden Arbeit

[212] Vgl. Crandall; Ellig (1998), S. 15.
[213] Vgl. Müller (1996), S. 37.
[214] Darüber hinaus können mangels empirischer Erfahrungen zum gegenwärtigen Zeitpunkt allenfalls Aussagen über den kurzfristigen Einfluss der Deregulierung auf die Preisentwicklung gemacht werden. Vgl. Lough; Walker (1997), S. 886.
[215] Vgl. Borenstein; Bushell (2000), S. 51.

noch darzulegen sein wird, kann der Erfolg einer Deregulierung letztendlich erst im Nachhinein durch eine Spiegelung der zuvor gesetzten Erwartungen und Ziele an den empirisch beobachtbaren Auswirkungen bestimmt werden.

2.4.2 Verfahren zur Messung des Deregulierungspotenzials

Im vorangehenden Kapitel konnte gezeigt werden, dass sich die Legitimation einer Deregulierung der Elektrizitätswirtschaft nur äußerst unzureichend ableiten lässt. Fast ebenso schwierig ist aber die sich daran anschließende Frage, welche Instrumente zur Messung des Deregulierungspotenzials bzw. zur praktischen Umsetzung der Deregulierung zum Zuge kommen sollten? Denn die zuvor genannten physikalischen und ökonomischen Besonderheiten der Elektrizität stellen an den Ansatz einer Deregulierung mitunter sehr viel höhere Anforderungen als in anderen ehemals regulierten Bereichen.[216]

In der Literatur finden sich nur recht allgemeingültige Ansätze, die im Folgenden unter dem Blickwinkel der Besonderheiten der Elektrizitätswirtschaft diskutiert werden.

2.4.2.1 Prinzip abnehmender Wettbewerbsfähigkeit

In der vorangegangenen Diskussion war dargelegt worden, dass eines der wesentlichen Argumente für eine Deregulierung der Stromwirtschaft die These war, die ökonomische Rechtfertigung der Regulierung einzelner Wertschöpfungsstufen habe nicht unmittelbar die Regulierung der gesamten Branche zur Folge. An dieser Vermutung knüpft das „Prinzip abnehmender Wettbewerbsfähigkeit“ an.

Die Idee dieses Verfahrens besteht darin, den Wettbewerb zunächst in jenem Bereich (z. B. der Erzeugung) einzuführen, der hierfür offensichtlich am ehesten geeignet erscheint. Sofern dort die erhofften positiven Wirkungen erzielt werden, ist die Deregulierung sukzessive auf weitere Wertschöpfungsstufen auszudehnen. Der Abschluss des Verfahrens ist erreicht, wenn alle Wertschöpfungsstufen dereguliert sind bzw. nur noch der „monopolistische Kern“ einer Regulierung unterliegt.[217]

Der Vorteil dieses Verfahrens liegt darin, dass es im Falle von Fehlentwicklungen zu jedem Zeitpunkt unterbrochen bzw. korrigiert werden kann. Das zentrale Problem bei einer schrittweisen Deregulierung ist andererseits die auf den einzelnen Stufen jeweils erforderliche klare Grenzziehung zwischen reguliertem und unreguliertem Markt.[218]

2.4.2.2 Übertragung von Erfahrungen aus anderen Ländern

Die in mehreren Mitgliedstaaten der Europäischen Union seit Ende der 80er Jahre geführte Diskussion über die Möglichkeit einer Deregulierung der Elektrizitätswirtschaft stellte keine

---

[216] Vgl. Borenstein; Bushnell (2000), S. 46.
[217] Vgl. Durach (1996), S. 48 ff und die dort angegebene Literatur.
[218] Vgl. Durach (1996), S. 49 - 50.

isolierte Entwicklung dar. Vielmehr konnten rund um den Globus Ansätze zur Marktöffnung in der Elektrizitätswirtschaft beobachtet werden. Vorreiter waren hierbei u. a. die USA (1979), Chile (1982) und England (1989).
Bei der Frage nach dem „richtigen" Ansatz einer Deregulierung der Elektrizitätswirtschaft innerhalb der Europäischen Union (EU) bot sich daher an, Erfahrungen von anderen Staaten zu nutzen, die bereits vorher mit der Marktöffnung begonnen hatten.

Eine genauere Analyse hierzu zeigt aber andererseits, dass sich nirgendwo in der Welt zwei annähernd identisch deregulierte Strommärkte entwickelt haben. Dieses Ergebnis ist auf den ersten Blick durchaus überraschend, da hinsichtlich der Ziele der Deregulierung überall weitgehend Konsens besteht.[219] Als Erklärungsansätze für die unterschiedliche Entwicklung der Strommärkte nach der Öffnung werden in der Literatur vor allem folgende Aspekte angeführt:[220]

- In den einzelnen Staaten liegen u. a. im Hinblick auf die geographische Lage, politischen Verhältnisse, Ressourcenvorräte und Eigentumsstrukturen in der Versorgungswirtschaft unterschiedliche Ausgangspositionen vor. So waren etwa aufgrund der begrenzten Kuppelkapazitäten zwischen Großbritannien und Kontinentaleuropa die englischen Erzeuger nach der Liberalisierung nicht einem so intensiven Wettbewerbsdruck durch ausländische Konkurrenten ausgesetzt, als dieser vergleichbar für Deutschland zu erwarten war.[221]
- Insbesondere die für eine Deregulierung interessante Frage der Preisentwicklung ist in der Regel auf eine Fülle von länderspezifischen Einflussfaktoren zurückzuführen wie Brennstoffkosten in Abhängigkeit vom Erzeugungsmix, Wirkungsgrad und eingesetzte Technologie der Erzeugung oder politischen Sonderlasten.[222] So erweist sich etwa ein Vergleich der Marktöffnung zwischen Kolumbien und England als ambivalent, obwohl beide Staaten über ähnliche institutionelle Rahmenbedingungen verfügten. Denn die Preisentwicklungen unterschieden sich beträchtlich, da in Kolumbien der Anteil an der Erzeugung aus Wasserkraft bei 75 % liegt, im Gegensatz zu nur 5 % in England.[223]
- In den einzelnen Staaten führten unterschiedliche Beweggründe zur Ausgestaltung des Deregulierungsprozesses. Während in Entwicklungsländern durch die Einführung von wettbewerblichen Strukturen speziell vermehrt ausländische Investoren angelockt werden sollen, wird der Prozess in den Industrieländern insbesondere auch durch den Druck großer Kunden vorangetrieben, welche die Möglichkeit erhalten wollen, den preisgünstigsten Stromanbieter auszuwählen.

---

[219] Vgl. Morgan; Sioshansi (1999), S. 20.
[220] Vgl. Lough; Walker (1997), S. 877 ff und Morgan; Sioshansi (1999), S. 21.
[221] Vgl. Riechmann (1999), S. 88 - 89.
[222] Vgl. Lough, Walker (1997), S. 877.
[223] Vgl. Larsen; Lomi (1999), S. 157.

Darüber hinaus lagen insbesondere zum Zeitpunkt des Beginns der Diskussion innerhalb der Mitgliedstaaten der Europäischen Union nur wenige belastbare Erfahrungen aus anderen deregulierten Strommärkten hinsichtlich der interessanten Messgrößen vor. Denn Auswirkungen auf Preise, Kosten und Wohlfahrtseffekte können aufgrund der langwierigen Anpassungsprozesse und Übergangszeiten allenfalls nach Jahren hinreichend bewertet werden.[224]

2.4.2.3 Übertragung von Erfahrungen aus anderen Bereichen

Der Transport von Waren und Personen auf bestimmten Fluglinien oder die Sprachübertragung durch Telefonleitungen sind in ähnlicher Weise zeitabhängig wie die Erzeugung von elektrischem Strom.[225] Es ist daher sehr plausibel, dass fast überall auf der Welt der Verkehrssektor und der Bereich der Telekommunikation durch vergleichbare regulatorische Eingriffe wie in der Stromwirtschaft vom Wettbewerb ausgenommen waren und teilweise noch immer sind.

Auf der anderen Seite setzten aber in vielen Ländern insbesondere in diesen beiden Bereichen die Maßnahmen zur Deregulierung früher ein als in der Stromwirtschaft.[226] Es stellt sich somit die Frage, inwieweit die hierbei gemachten Erfahrungen für die Deregulierung der Stromwirtschaft genutzt werden können.

Eine umfangreiche Analyse zu dieser Fragestellung liefert die Arbeit von Crandell und Ellig (1998), welche die Deregulierungansätze und -entwicklungen in verschieden ehemals regulierten Wirtschaftsbereichen der USA untersuchten und miteinander verglichen. Sie stellten hierbei zunächst für die u. a. untersuchten Bereiche der Telekommunikation, der Eisenbahn, des Luftverkehrs und des Gassektors fest, dass sich alle diese Industriezweige sowohl zur Elektrizitätswirtschaft als auch untereinander in wesentlichen Punkten unterscheiden.

Auf der anderen Seite äußerten Crandell und Ellig aber die Vermutung, dass gerade aufgrund der bestehenden technischen und branchenspezifischen Besonderheiten bestimmte Ergebnisse oder Entwicklungen, die als Folge der Deregulierung in allen Wirtschaftszweigen in ähnlicher Form erkennbar sind, auch in der Elektrizitätswirtschaft auftauchen müssten.[227] Sie konnten mit dieser Vorgehensweise zusätzliche Argumente liefern, dass die Liberalisierung der Stromwirtschaft zur Senkung der Verbraucherpreise und Effizienzsteigerung führe.[228]

---

[224] Vgl. IEA (2001c), S. 10.

[225] Vgl. Hensing; Pfaffenberger; Ströbele (1998), S. 112 und IEA (1999), S. 68.

[226] Vgl. Kasperk (1997), S. 99 und Crandall; Ellig (1998), S. 12.

[227] Vgl. Crandall; Ellig (1998), S. 13.

[228] Vgl. Crandall; Ellig (1998), S. 15 ff. Die Ergebnisse korrelieren hierbei mit einer vergleichbaren Analyse der IEA (1999) für die Bereiche der Telekommunikation und des Luftverkehrs in den USA. Vgl. IEA (1999), S. 68 ff.

Erfahrungen von anderen, ehemals regulierten Industriebranchen zeigen somit zwar, dass Wettbewerb der effizienteste Weg ist, um Kosten und Preise zu senken.[229] Auf der anderen Seite lässt sich aber hieraus nur sehr begrenzt eine Strategie für die richtige Vorgehensweise ableiten. Die vielfältigen Schwierigkeiten und Restriktionen, die hierbei u. a. zu beachten sind, seien abschließend am Beispiel Deutschland verdeutlicht:
Denn hier existierte zu Beginn der Liberalisierung des Telekommunikationsmarktes nur ein Unternehmen als Staatsmonopol, während der Stromsektor durch eine Vielzahl privater Unternehmen und Stadtwerke mit genau abgegrenzten Gebietsmonopolen geprägt war.[230] Ähnliche Unterschiede in den Marktstrukturen gegenüber der Elektrizitätswirtschaft bestanden durch die Monopolstellung der Lufthansa und der Deutschen Bundesbahn auch im Flugverkehr und Eisenbahnwesen. Erfahrungen aus dem Gassektor konnten darüber hinaus zum Zeitpunkt der Entscheidung über die richtige Vorgehensweise gänzlich nicht genutzt werden, da hier der Prozess der Liberalisierung noch gar nicht begonnen hatte.

2.4.2.4 „Big-bang" vs. langsamer Transformationsprozess

Auch wenn die Entscheidung für eine Deregulierung der Stromwirtschaft gefallen ist, bleibt darüber hinaus die sehr wichtige Frage noch offen, mit welcher Geschwindigkeit die Marktöffnung vorgenommen werden soll? Denn Argumente sprechen sowohl für eine schrittweise Deregulierung als auch für einen „Big-bang", d. h. vollkommene Marktöffnung in einem einzigen Schritt zu einem bestimmten Zeitpunkt.

Im Fokus steht hierbei die Frage nach der Erstattung von „stranded costs". Hierunter werden Investitionskosten von Erzeugungsanlagen zusammengefasst, deren Bau zwar in der Vergangenheit aufgrund regulatorischer Vorgaben rational war, die aber unter den veränderten Bedingungen eines liberalisierten Marktes nicht mehr wettbewerbsfähig sind. Es entstehen somit für die betroffenen EVU ab dem Zeitpunkt der Marktöffnung erhebliche finanzielle Belastungen.[231]

Andererseits zeigt sich aber, dass das hier angesprochene Problem durch die Schaffung von Übergangsfristen und einer schrittweisen Öffnung der Märkte deutlich entschärft werden kann. Denn hierdurch haben die EVU die Möglichkeit, durch Festlegung von entsprechenden Strompreisen für noch nicht zum Wettbewerb zugelassene Kunden, die durch „stranded costs" gefährdeten Anlagen zu amortisieren. Als zusätzliches Argument für eine schrittweise Liberalisierung der Strommärkte kann dabei angeführt werden, dass dadurch in einem begrenzten Marktsegment zunächst Erfahrungen etwa in Bezug auf die Vorschriften der Netzöffnung gesammelt werden können, die später bei der Erweiterung des Kreises der

---

[229] Vgl. IEA (2001c), S. 22.
[230] Vgl. Böge (2000), S. 887.
[231] Vgl. Meller (1999), S. 6 und IEA (2001c), S. 65.

zugelassenen Kunden nützlich sind. Unternehmerische und juristische Reibungsverluste würden auf diese Art eingeschränkt werden.[232]

Gleichwohl gibt es trotz der offensichtlichen Prägnanz der Schaffung von Übergangsfristen auch Argumente, das Konzept der stranded costs generell in Frage zu stellen. So wird in der Literatur auf das Problem verwiesen, dass sich stranded costs häufig nicht exakt quantifizieren lassen. Es bestünde vielmehr sogar die Gefahr, dass EVU auch rentable Einrichtungen als stranded costs deklarieren würden.[233] Obendrein werden insbesondere bei einer vollen Anrechnung von stranded costs die positiven Effekte einer Deregulierung in Form von Preissenkungen für Endkunden deutlich verringert.[234]

2.4.3 Deregulierungsmodelle der Stromwirtschaft

Im vorangegangenen Kapitel wurden die Gründe dargelegt, warum der optimale Ansatz zur Deregulierung nicht ohne weiteres bestimmt werden kann. Die Öffnung und Angleichung der nationalen Elektrizitätswirtschaften innerhalb der Europäischen Union stellte somit eine echte Herausforderung dar. Es ist daher nicht verwunderlich, dass seit Ende der 80er Jahre eine Fülle von unterschiedlichen Ideen und Modellen entwickelt worden sind, die alle mehr oder weniger ihre Vorzüge besitzen.
Im Folgenden werden die drei wichtigsten Deregulierungsmodelle erläutert und bewertet.

2.4.3.1 Ausschreibungswettbewerb

Dieses Modell basiert im Wesentlichen auf den in Kapitel 2.2.2.3 bereits dargestellten Ansatz des „Monopol-Franchising". Der Grundgedanke der Ausschreibung ist die Vergabe von Rechten durch staatliche Stellen.[235] Hierbei wird implizit unterstellt, dass viele Unternehmen dieses Recht erlangen wollen und ihre Gebote nicht etwa durch gegenseitige Absprachen verfälschen.[236] Folgende drei Arten der Ausschreibung werden dabei in der Literatur unterschieden:[237]

- Ausschreibung der **Stromerzeugung**, gemessen am Verbrauch für ein bestimmtes Versorgungsgebiet;
- Ausschreibung der **Bedarfsdeckung** von Versorgungsgebieten durch Verteilungsnetz-Betreiber (regionale oder lokale Weiterverteiler), gemessen an der Deckung der Last in ihrem Gebiet;

---

[232] Vgl. Kumkar (1997), S. 82 - 83.
[233] Vgl. IEA (2001c), S. 66.
[234] Vgl. Navarro (1996), S. 114.
[235] Vgl. Liebing (1999), S. 212.
[236] Vgl. Lammers (1992), S. 145.
[237] Vgl. Klopfer (1993), S. 11 ff und Kasperk (1997), S. 112.

- Ausschreibung von **Versorgungsgebieten**, was neben der Bedarfsdeckung zusätzlich die Übernahme der Verteilungsanlagen beinhaltet.

Darüber hinaus kann im Rahmen der Ausschreibung zusätzlich vertraglich vereinbart werden, dass eine bestimmte Anzahl neuer Kapazitäten erstellt wird.[238]

Bei einer Bewertung des Ausschreibungswettbewerbs ergeben sich zunächst zwei wesentliche Kritikpunkte aus den im Rahmen der Analyse des Monopol-Franchisings bereits allgemein diskutierten Problemen.
Zum einen besteht die Schwierigkeit, nach Ablauf der Lizenz die Netze und Erzeugungsanlagen richtig zu bewerten. Denn sofern ein EVU eine niedrige Bewertung der von ihm getätigten Investitionen erwartet, wird es während der Lizenzlaufzeit mitunter zu wenig investieren, um ausreichende Kapazitäten zur Verfügung zu stellen. Im umgekehrten Fall könnte ein EVU hingegen Gefahr laufen, in „stranded costs" zu investieren.[239]
Zum anderen stellt sich die Frage nach der optimalen Länge der Lizenzlaufzeit. Auf der einen Seite sollte nämlich die Lizenzdauer einen bestimmten Zeitraum nicht unterschreiten, um dem EVU eine gewisse Planungssicherheit für Investitionen zu geben. Anderseits steigt aber mit der Länge der Vertragslaufzeit die Wahrscheinlichkeit, dass sich durch Änderungen der zum Zeitpunkt der Lizenzvergabe bestandenen ökonomischen Rahmenbedingungen die Notwendigkeit einer Neuverhandlung der Lizenzbedingungen ergibt. Als Ursachen für diese Entwicklung können u. a. Technischer Fortschritt, Nachfrageverschiebungen oder Änderungen der Inputpreise angeführt werden.[240]

Darüber hinaus ergeben sich aus den Besonderheiten der Elektrizitätswirtschaft einige bedeutende zusätzliche Kritikpunkte an den hier dargestellten Vorgehensweisen. So ist das Verfahren der „Ausschreibung der Stromerzeugung" nur zielführend, wenn auch der Netzzugang befriedigend geregelt ist. Denn anderenfalls hat ein Stromerzeuger keine Möglichkeit, sich am Ausschreibungswettbewerb in entfernten Gebieten zu beteiligen. Der Wettbewerb wird dann auf den Zubaubedarf eines einzelnen EVU begrenzt. Kosten, die erst nach der Ausschreibung erkennbar werden, können wegen der fehlenden Wahlmöglichkeit der Letztverbraucher direkt auf diese überwälzt werden.[241]
Bei der „Ausschreibung der Versorgungsgebiete" ist ferner zu erwarten, dass nur EVU als potenzielle Bewerber in Betracht kommen, da alleine diese über das erforderliche Know-how

[238] Als Beispiele können hierfür so genannte „Built-Operate-Transfer (BOT)" Modelle angeführt werden, bei denen ein privater Investor mit der finanziellen Absicherung einer vertraglich festgelegten Garantie des Stromabsatzes ein Kraftwerk errichtet (built), betreibt (operate) und nach Ablauf der Konzession an den Konzessionsgeber überträgt (transfer). Vgl. Liebing (1999), S. 212.
[239] Vgl. Kasperk (1997), S. 113.
[240] Vgl. Lammers (1992), S. 146.
[241] Vgl. Klopfer (1993), S. 14 ff und Hoster (1998), S. 6.

auf mehreren Stufen der Prozesskette verfügen. Unabhängige oder industrielle Erzeuger beziehungsweise Stromhändler dürften das Nachsehen haben.[242]

Ferner ist zu vermuten, dass aufgrund der speziellen Anforderungen in der Elektrizitätswirtschaft das Verfahren des Ausschreibungswettbewerbs generell wieder zu einer wachsenden Regulierung führen dürfte. Denn es sind sehr aufwendige organisatorische Arbeiten zu bewerkstelligen, um die Ausschreibungen durchzuführen, die Verfahren zur Bewertung der „Auktion" festzulegen, sowie den Auswahlprozess und die Einhaltung der abgeschlossenen Verträge zu kontrollieren. Die entsprechenden Kosten für die Regulierungsbehörde dürften demnach beachtlich sein.[243]

2.4.3.2 Durchleitungswettbewerb (Negotiated Third Party Access (NTPA))

Diesem Modell liegt die Idee zu Grunde, die Übertragungs- und Verteilungsstufe als Monopolbereiche weiter bestehen zu lassen, während in der Stromerzeugung und im Stromhandel bzw. -verkauf Wettbewerb zugelassen wird.[244] Der jeweilige Übertragungsnetzbetreiber muss dabei die Rolle eines „Systemoperators" übernehmen, so dass zumindest für diesen Bereich gewisse Regulierungen unvermeidbar sind.[245] Die Betreiber der Übertragungs- und Verteilungsnetze werden aber andererseits verpflichtet, Dritten den Netzzugang zu ermöglichen.[246] Die Konditionen für den Netzzugang können dabei zwischen den betroffenen Parteien frei verhandelt werden. Gegenüber dem Netzbetreiber kann lediglich ein Durchleitungsrecht aber keine Durchleitungspflicht geltend gemacht werden.[247]

Voraussetzung für die Durchleitung von Strom ist hierbei, dass ein Erzeuger gegen die Zahlung eines „angemessenen" Durchleitungsentgeltes an einen Gebietsversorger eine bestimmte Strommenge in dessen Netz einspeist und zeitgleich ein Weiterverteiler oder Verbraucher innerhalb des Versorgungsgebietes dieselbe Strommenge aus dem Netz entnimmt.[248] Grundlage bildet hierzu der Abschluss eines Vertrages zwischen dem Netzbetreiber, dem Erzeuger und dem Endkunden. Dieser muss zur Planungssicherheit des

---

[242] Vgl. Hoster (1998), S. 7.

[243] Im Einzelnen sind u. a. folgende Fragen bei der Durchführung eines Ausschreibungswettbewerbs vorab zu klären:

- Wer schreibt aus?
- Wer kann an der Ausschreibung teilnehmen?
- Nach welchen Regeln erfolgt die Auswahl von Angeboten?
- Wie sind die Vertragsformen und -bedingungen zu gestalten?
- Wie kann eine Integration in die Preis- und Kartellaufsicht gewährleistet werden?

Vgl. Klopfer (1993), S. 11 ff.

[244] Vgl. Henzelmann (1997), S. 54.

[245] Vgl. Bäumerich; Siemens (1997), S. 596.

[246] Vgl. Kasperk (1997), S. 115.

[247] Vgl. Bräuer (1997), S. 106. An dieser Stelle liegt auch der wesentliche Unterschied zum daraus entwickelten und von der europäischen Kommission im Jahre 1992 vorgeschlagenen „Common-Carrier-Modell". Dieses beinhaltet nämlich in Ergänzung zum Gedanken des Durchleitungswettbewerbs, transparente und uniforme Rationierungsmechanismen für die Nutzung knapper Ressourcen. Vgl. Kumkar (1997), S. 52.

[248] Die hier beschriebene wettbewerbsbegründete Stromdurchleitung ist zu unterscheiden vom „Stromtransit". Denn während sich bei der Durchleitung die Stromerzeugung aus der Sicht des Gebietsversorgers um den Betrag der durchgeleiteten Menge reduziert, liegt beim Stromtransit lediglich eine Netznutzung des Gebietsversorgers vor. Vgl. Klopfer (1993), S. 21 und Hoster (1998), S. 7.

Netzbetreibers hinsichtlich der Netzauslastung genaue Angaben über Einspeise- und Entnahmepunkte enthalten.[249]

Eine leicht abgewandelte Variante zum Negotiated Third Party Access bildet das Modell des Single-Buyer. Der wesentliche Unterschied besteht darin, dass bei diesem Reformansatz kein wirklicher Wettbewerb um die Endkunden stattfindet. Der Netzbetreiber ist als Single-Buyer der einzige Marktpartner für Erzeuger, Weiterverteiler und Großkunden.[250]

Die Hauptkritik am Verfahren des Negotiated Third Party Access richtet sich auf das in Kapitel 2.3.2.2 beschriebene Problem, dass das Kraftwerk des Erzeugers nicht synchron dem Lastgang des Verbrauchers folgen kann. Der Erzeuger muss daher mit dem zuständigen Netzbetreiber zusätzliche Verträge abschließen für den Fall, dass Überschussstrom in das Netz eingespeist bzw. Zusatzstrom in Anspruch genommen wird. Darüber hinaus ist gegebenenfalls auch ein Vertrag für die Bereitstellung von Reservestrom bei (un)geplanten Stillstandszeiten des Kraftwerks zu schließen.[251]
Eine zusätzliche Schwierigkeit entsteht, wenn bei der Durchleitung zwischen Erzeuger und Endkunde mehrere Spannungsebenen tangiert werden. Denn für den Fall einer solchen „multiplen Durchleitung" müssen für alle in Anspruch genommenen Spannungsebenen die zuvor dargestellten Verträge separat ausgehandelt werden mit der Folge, dass die Transaktionskosten rasant ansteigen.[252] Das hier aufgezeigte hohe Maß an bürokratischen Regelungen wird darüber hinaus noch weiter verstärkt durch die Tatsache, dass in jedem Einzelfall geprüft werden muss, ob freie Netzkapazitäten vorhanden sind.[253]
Zudem ist leicht einzusehen, dass zwischen Netzbetreiber und Netznutzer Interessenskonflikte vorgegeben sind hinsichtlich der Frage, wie die „Angemessenheit" der Durchleitungsentgelte determiniert werden kann.[254]

Gleichwohl ist andererseits zu erwarten, dass mit dem hier dargestellten Modellansatz der Wettbewerb im Erzeugungsbereich stark intensiviert wird, da auch Großabnehmer die Möglichkeit haben, Stromlieferungen von unabhängigen Erzeugern zu erhalten.[255]

---

[249] Vgl. Kasperk (1997), S. 116.
[250] Vgl. Liebing (1999), S. 213.
[251] Vgl. Hoster (1998), S. 8.
[252] Hierbei ist ferner zu bedenken, dass die Durchleitungen durch die einzelnen Netze komplementäre Güter zueinander darstellen und somit die physische Erfüllung erst erfolgen kann, wenn *alle* erforderlichen Verträge zwischen dem Erzeuger und den einzelnen Netzbetreibern vorliegen. Vgl. Klopfer (1993), S. 29.
[253] Vgl. Hoster (1998), S. 9 und Klopfer (1993), S. 24.
[254] Von der ökonomischen Theorie stehen mit der „Efficient Component-Pricing Rule" und der „Incremental Cost Rule" prinzipiell zwei verschiedene Ansätze zur Verfügung. Beide Verfahren berücksichtigen dabei die direkt durch den Netzzugang verursachten Kosten wie etwa Mess- und Abrechnungsaufwendungen oder Kosten für die Organisation der Zusammenschaltung der Netze. Der wesentliche Unterschied zwischen beiden Vorgehensweisen liegt hingegen darin, dass bei der „Efficient Component-Pricing Rule" auch die Opportunitätskosten des etablierten Netzbetreibers aus entgangenen Deckungsbeiträgen berücksichtigt werden. Vgl. Schmidtchen (1997), S. 56 ff und die dort angegebene Literatur.
[255] Vgl. Kasperk (1997), S. 116.

2.4.3.3 Pool-Modell

Idee des Pool-Modells ist es, das homogene Gut Strom an speziellen Börsen zu handeln. Der Pool bildet sich dabei in regelmäßigen Zeitabständen durch die Bündelung der Gesamtnachfrage der Stromverbraucher und des Gesamtangebots der Stromerzeuger. Dem Angebotspreis der Erzeuger werden dabei zusätzlich die Grenzkosten für Übertragungsverluste und Erzeugungsengpässe in Rechnung gestellt.[256] Der Pool ermittelt daraus dann den markträumenden Preis, zu dem alle eingespeisten und entnommenen Strommengen abgerechnet werden.[257] Die Grundlage für diesen Mechanismus bilden standardisierte Regeln in Bezug auf die Bewertung der Angebote und die Zahlungsbedingungen.[258]

Als zugangsberechtigt zum Pool gelten dabei alle Akteure, die eine gewisse vorher festgelegte Mindestmenge anbieten oder nachfragen. Es können somit dort neben den bisherigen Gebietsversorgern auch Kraftwerksbetreiber, Weiterverteiler und Großverbraucher sowie spezielle Stromhändler auftreten. Der große Vorteil des Pool-Systems liegt somit darin, dass Wettbewerb um die Einspeisung in den Pool entsteht. Sogar Kleinkunden können über Stromhändler einen mittelbaren Zugang zum Pool erhalten.[259]

Eine vermeintliche Schwäche des Ansatzes ergibt sich durch den Umstand, dass sowohl bei der Marktüberwachung als auch beim diskriminierungsfreien Zugang und Ausbau des Netzes weiterhin ein Mindestbedarf an staatlicher Regulierung erforderlich ist.[260] Denn vor allem der Ausbau und Betrieb des Übertragungsnetzes müssen weiterhin unter eine einheitliche Leitung gestellt werden.[261]

Eine weitere wesentliche Voraussetzung zur Implementierung des Pool-Modells ist eine Aufhebung der vertikalen Integration von Stromerzeugung und Stromhandel bzw. -verkauf von der Stromübertragung.[262]

Darüber hinaus kann als eine zusätzliche Schwäche des Ansatzes angeführt werden, dass im Marktgleichgewicht ohne regulatorische Eingriffe zusätzliche Kosten, z. B. für die Reservehaltung, nicht berücksichtigt werden.[263]

2.4.4 Empirische Erfahrungen im Ausland

In Kapitel 2.4.2.2 wurden bereits die prinzipiellen Schwierigkeiten angesprochen, Erfahrungen von anderen Staaten zu nutzen, die bereits vorher mit der Marktöffnung

---

[256] Vgl. Henzelmann (1997), S. 57 - 58.
[257] Vgl. Hoster (1998), S. 10.
[258] Vgl. Kasperk (1997), S. 118.
[259] Vgl. Klopfer (1993), S. 37, Hoster (1998), S. 10 und Liebing (1999), S. 215.
[260] Vgl. Liebing (1999), S. 216.
[261] Vgl. Klopfer (1993), S. 48.
[262] Vgl. Henzelmann (1997), S. 57.
[263] Vgl. Kasperk (1997), S. 119.

begonnen hatten. Gleichwohl enthielten eine Reihe dieser Ansätze durchaus wichtige Hinweise für die Europäische Kommission, wie der Rahmen einer Öffnung des gesamten europäischen Strommarktes ausgestaltet werden müsste. Von besonderer Bedeutung sind dabei die Reformansätze der USA, als dem bedeutendsten Strommarkt in der Welt, sowie jener Mitglieder der Europäischen Union gewesen, die bereits bis Mitte der 90er Jahre mit Schritten der Deregulierung des Strommarktes begonnen hatten.[264]
Im Folgenden werden daher die wesentlichen Elemente der Strommarktöffnung in den USA, England sowie dem skandinavischen Raum skizziert, die zum Zeitpunkt der Entscheidungsfindung innerhalb der Europäischen Kommission bereits umgesetzt waren.

- **USA**

Den Ausgangspunkt für die Liberalisierung stellt in den USA der „Public Utility Regulatory Act" (PURA) aus dem Jahre 1978 dar.[265] In diesem Gesetz werden die traditionellen Versorger verpflichtet, Strom aus erneuerbaren Energiequellen und Kraft-Wärme-Kopplung (so genannten „Qualifying Facilities") von unabhängigen Erzeugern einzuspeisen. Die Einspeisevergütung wird dabei auf der Basis der vermiedenen Kosten kalkuliert.[266] Im Jahre 1992 wurde darauf aufbauend durch den „Energy Policy Act" (EPACT) der Wettbewerb im Großhandelsmarkt eingeführt. Hierdurch war es der „Federal Energy Regulatory Commission" (FERC) zwar fortan möglich gewesen, Durchleitungen im Großhandelsmarkt gegen eines von der FERC festgesetzten Entgeltes anzuordnen, gleichwohl blieb aber die (De)regulierung des Endkundenmarktes weiterhin in der Hoheit der einzelnen Bundesstaaten.
Besonders hervorzuheben ist, dass die FERC auch Regelungen zur Erstattung von stranded costs ausgearbeitet hat. Durch einen staatlich festgelegten Zuschlag auf den Strompreis wird eine so genannte „Competition Transmission Charge" (CTO) erhoben, die bis zu 3 Cent/kWh beträgt bei einer Laufzeit von 4-7 Jahren. Die Umsetzung der einzelstaatlichen Reformen ist hierbei mit Kalifornien, sowie den New-England-Staaten und New York vor allem dort schnell vorangekommen, wo zu Beginn der Liberalisierung die höchsten Strompreise zu verzeichnen waren.[267]
Die Entwicklung der Liberalisierung des Strommarktes in den USA weist somit zwei Besonderheiten auf: Zum einen sind die Unterschiede der Ausprägung in den einzelnen Bundesstaaten sehr viel größer als bei vergleichbaren föderativen Staaten wie z. B. in

---

[264] Weitere interessante praktische Erfahrungen zur Liberalisierung des Strommarktes lagen Mitte der 90er Jahre u. a. aus Chile vor, wo bereits im Jahre 1982 Großkunden erlaubt wurde, ihren Anbieter frei zu wählen und den Preis auszuhandeln. Vgl. IEA (2001c), S. 29.

[265] In diesem Zusammenhang sei darauf hingewiesen, dass der relativ frühe Beginn der Liberalisierungsansätze in den USA wahrscheinlich nicht zufällig ist, sondern auf die vergleichsweise hohe Ineffizienz der Regulierung zurückzuführen ist. So zeigt nämlich eine Untersuchung der im Hinblick auf die Ausgangsbedingungen vergleichbaren Strommärkte in den USA und Japan, dass eine Übertragung der vormals in den USA implementierten Regulierungsbedingungen auf Japan, dort zu Strompreiserhöhungen von rd. 30 % geführt hätte. Vgl. Navarro (1996), S. 114.

[266] Vgl. Schnabel (1995), S. 158.

[267] Vgl. Meller (1999), S. 6

Australien. Zum anderen erfolgte die Marktöffnung in den einzelnen Bundesstaaten in der Regel in einem einzigen Schritt bzw. sehr kurzen Zeiträumen.[268]

- **England**

Ausgehend von dem Entschluss der britischen Regierung, die seit 1948 verstaatlichte Elektrizitätswirtschaft zu privatisieren, wurde im Juli 1989 der so genannte „Electricity Act" erlassen, der u. a. Schritte zur Liberalisierung vom Erzeugungs- und Großhandelsmarkt bis hin zum Endkundenmarkt vorsah. Ein erster wichtiger Schritt hierzu war im Jahre 1990 das Unbundling des „Central Electricity Generation Board" (CEGB) in die „National Grid Company plc" (NGC) sowie die Kraftwerksbetreiber National Power plc, PowerGen plc und Nuclear Electric plc. Darüber hinaus wurden die 12 Verteilergesellschaften (Regional Electricity Companies (REGs)) dazu verpflichtet, bis spätestens Dezember 1995 ihre Anteile an der NGC verkauft zu haben.[269]

Der Wettbewerb im Großhandelsmarkt erfolgt hierbei im Wesentlichen auf der Grundlage des in Kapitel 2.4.3.3 dargestellten Pool-Modells.[270] Demnach sind die Erzeuger dazu verpflichtet, Strom aus Kraftwerken mit einer Nettoleistung von mehr als 100 kW über den Electricity Pool zu verkaufen. Zur Belieferung von Endkunden müssen hierbei die Stromhändler zusätzlich entsprechende Transportdienstleistungen von der NGC sowie den REGs erwerben.[271]

Die neu errichtete Regulierungsbehörde „Office of Electricity Regulation (OFFER) überwacht u. a. die Netzzugangsregulierung einschließlich der Transportentgelte (Transmission Use of System Charge) sowie den Verbraucherschutz.[272] Die Verteilungsnetzentgelte beinhalten dabei keine entfernungsabhängige Komponente. Ausgenommen von der Regulierung sind die direkten Kosten der Systemsteuerung, sowie Aufwendungen für Netzdienstleistungen und Netzverluste, die über den Electricity Pool abgerechnet werden.[273]

- **Skandinavien**

Im Jahre 1991 führte Norwegen analog dem englischen Modell ebenfalls ein Pool-System ein. In Kooperation mit Schweden wurde hieraus im Jahre 1996 der so genannte „Nordpool" gegründet, der mittlerweile um Dänemark und Finnland erweitert wurde. Im Zuge dieser

---

[268] Vgl. IEA (2001c), S. 45.

[269] Vgl. Riechmann (1999), S. 65 - 66. Besonders hervorzuheben ist in diesem Zusammenhang, dass sich der Reformansatz im Wesentlichen auf England und Wales beschränkte und somit die Elektrizitätsversorgung in Schottland und Nordirland hiervon nicht berührt wurde. Vgl. Schnabel (1995), S. 150.

[270] Lieferungen außerhalb des Pools sind allenfalls in Form von finanziellen Absicherungsgeschäften möglich. Vgl. Pfaffenberger (1999), S. 48.

[271] Kraftwerkseinsatzplanung, Abrechnung und Zahlungsausgleich an der Strombörse erfolgen dabei auf der Grundlage von halbstündigen Messwerten. Die NGC veröffentlicht einen Tag im Voraus die Lastprognose, worauf wiederum die Erzeuger bis spätestens 10.00 Uhr ihre Preisgebote für den Folgetag abgeben. Darauf aufbauend wird dann vom Electricity Pool die Kraftwerksvorrangordnung (Merit Order) ermittelt. Vgl. Riechmann (1999), S. 66 - 68.

[272] Vgl. Riechmann (1999), S. 66.

[273] Vgl. Riechmann (1999), S. 74 und S. 77.

Entwicklung wurden u. a. in Norwegen (1991), Schweden (1996), und Finnland (1997) der Markt für alle Endkunden geöffnet.[274]
Markant für den Nordpool ist, dass er unter allen Handelsmärkten in Europa mit die größte Preisvolatilität besitzt. Insbesondere nach der Einführung wurden diese Effekte durch extreme Witterungslagen sogar soweit verstärkt, dass sich infolgedessen eine Reihe von Handelsunternehmen vom Markt zurückziehen musste.[275]

Ähnlich wie in England wurde auch in Schweden, das staatliche Unternehmen „Vattenfallswerk", das einen Marktanteil von 50 % hatte, in „Vattenfall AB" (Erzeugung) und „Svenska Kraftnät" (400 und 220 kV Hochspannungsnetz) aufgespalten. Der regionale Großhandel wird in Schweden über 10 Verteiler organisiert, die über eigene Niederspannungsnetze verfügen.[276] Mit Ausnahme bei der Errichtung von Kernenergieanlagen gibt es keine Investitionskontrollen.[277]

In Norwegen wurden hingegen weder eine Privatisierung noch Entflechtung der Energieversorger vorgenommen.[278] Die Verteilerunternehmen sind gleichwohl dazu verpflichtet, Dritten den Netzzugang zu gewähren unter der Einschränkung, dass freie Kapazitäten vorhanden sind. Darüber hinaus ist insbesondere der Marktzugang zu den überwiegend in öffentlicher Hand befindlichen Erzeugungskapazitäten (rd. 99 % Wasserkraft!) als sehr restriktiv anzusehen, da der Erwerb durch private oder gar ausländische Investoren bislang nahezu undenkbar ist.[279]
Besonders hervorzuheben ist obendrein, dass eine wesentliche Wettbewerbsintensität im Haushaltssektor trotz der relativ frühen Marktöffnung erst nach der Abschaffung der Gebühr für den Versorgerwechsel im Jahre 1997 stattgefunden hat.[280]

---

[274] Vgl. IEA (2001c), S. 29 ff.
[275] Vgl. VDEW (1998), S. 16.
[276] Vgl. Pfaffenberger (1999), S. 52.
[277] Vgl. VDEW (1998), S. 6.
[278] Vgl. Pfaffenberger (1999), S. 50.
[279] Vgl. VDEW (1998), S. 5 und S. 9.
[280] Vgl. Fritz; König (2000), S. 14.

3 Die deutsche Elektrizitätswirtschaft nach der Marktöffnung

Im vorangegangen Kapitel 2.4 sind die wesentlichen theoretischen Modellansätze, sowie relevanten empirischen Erfahrungen dargestellt worden, auf deren Grundlage die Europäische Union bei der Entwicklung einer einheitlichen Vorgehensweise zur Öffnung der Strommärkte zurückgreifen konnte.
Die Schwierigkeit lag hierbei darin, dass insbesondere zu Beginn der Diskussion die Annahmen der Modellansätze empirisch kaum überprüft werden konnten. Darüber hinaus stieß auch der nahe liegende Ansatz, Erfahrungen zu nutzen aus bereits früher liberalisierten Strommärkten oder Wirtschaftszweigen mit einer ähnlichen Leitungsgebundenheit wie die Elektrizitätswirtschaft aus den bereits dargelegten Argumenten sehr schnell an seine Grenzen. Da es somit kaum übertragbare Erfahrungen für eine Deregulierung der leitungsgebundenen Energiewirtschaften innerhalb der Europäischen Union gab, mussten größtenteils vollkommen neue Wege beschritten werden.

Andererseits bestand aber weitgehend Konsens darüber, dass vor allem folgende Elemente wesentlich für eine erfolgreiche Umsetzung der Deregulierung der Stromwirtschaft in den einzelnen europäischen Staaten sind:[281]

- Regulierung des Netzzugangs und vertikale Trennung von Erzeugung und Netz (Unbundling), um einen diskriminierungsfreien Netzzugang zu ermöglichen
- Abschaffung eventueller Demarkationsverträge und Auschließbarkeitsbindungen in Konzessionsverträgen
- Einführung eines „Wholesale-Markets" (Pool) zur Steigerung der Wettbewerbsintensität
- Anpassung des institutionellen und gesetzlichen Rahmens an die weitere Veränderung der Marktbedingungen

Auch wenn auf der Grundlage dieser Eckpfeiler konkrete Reformvorschläge durch die europäische Kommission erarbeitet werden konnten, stellte sich spätestens bei der praktischen Umsetzung in den einzelnen Mitgliedsstaaten heraus, dass bei allen bisherigen Überlegungen eine entscheidende Größe offensichtlich nur unzureichend berücksichtigt worden war. Es wurde die Dynamik der Kausalität unterschätzt, dass der Rückzug der staatlichen Einflussnahme infolge der Deregulierung z.B. auf Preis, Qualität und Marktzutritt gleichzusetzen ist mit einer Erweiterung der Strategiemenge der Marktteilnehmer um diese Parameter.
Denn insbesondere auch die etablierten EVU nutzten von Anfang an gerade die durch die Deregulierung neu gewonnene unternehmerische Freiheit dahingehend aus, sich durch die

---

[281] Vgl. u. a. Klopfer (1993), S. 9 ff, Kasperk (1997), S. 287 und IEA (2001c), S. 69 ff.

Umsetzung von teilweise vollkommen neu entwickelten Strategieoptionen den veränderten Marktbedingungen anzupassen.
Da die Anwendung dieser neuen Strategieoptionen andererseits wiederum nicht ohne Rückwirkungen auf den Markt blieb, entstand alsbald ein stetig an Rasanz zunehmender iterativer Prozess, der in Teilbereichen zu Entwicklungen auf dem liberalisierten Strommarkt führte, die ex ante nicht für möglich gehalten wurden.

Im Folgenden wird, ausgehend von den Vorgaben der Europäischen Union, zunächst der für den deutschen Strommarkt umgesetzte Reformansatz dargelegt und diskutiert. Anschließend werden auf einer Analyse der Entwicklung des deutschen Strommarktes nach der Liberalisierung aufbauend, die veränderten Strategieoptionen der etablierten EVU untersucht.

3.1 Der rechtliche Rahmen nach der Öffnung des Strommarktes

Die Schaffung des rechtlichen Rahmens für die Liberalisierung des deutschen Strommarktes vollzog sich in mehreren Schritten. Denn das für den deutschen Strommarkt seit 1998 gültige neue Energiewirtschaftsgesetz (EnWG) basiert auf Vorgaben der „Binnenmarktrichtlinie Elektrizität (Richtlinie 96/92/EG)", die Rahmenbedingungen, Zeitplan und Mindestanforderungen zur Gestaltung des nationalen Rechts der einzelnen Mitgliedsstaaten der Europäischen Union vorgab.[282] Darüber hinaus erfolgten für die im EnWG nicht näher bestimmten Netzzugangsbedingungen und -entgelte weitere wichtige Regelungen durch entsprechende Vereinbarungen des Bundesverbandes der Deutschen Industrie (BDI), des Verbandes der industriellen Energie- und Kraftwirtschaft (VIK) und durch die Vereinigung Deutscher Elektrizitätswerke (VDEW).[283]
Im Folgenden werden zunächst die Entwicklung, Zielsetzung und wesentlichen Elemente der Binnenmarktrichtlinie Elektrizität und die daraus abgeleiteten Änderungen des EnWG dargestellt. Danach werden die für die Elektrizitätswirtschaft seit der Öffnung des deutschen Strommarktes wichtigsten energiepolitischen Entwicklungen und judikativen Entscheidungen dahingehend analysiert, inwieweit der Staat nach wie vor über die Festlegung der Rahmendaten auf die Handlungsoptionen der Marktteilnehmer einwirkt.

3.1.1 Binnenmarktrichtlinie Elektrizität (Richtlinie 96/92/EG)

3.1.1.1 Entwicklung und Zielsetzung der Binnenmarktrichtlinie Elektrizität

Ziel der Binnenmarktrichtlinie Elektrizität ist es, die bislang vorherrschende Monopolwirtschaft durch marktwirtschaftliche Strukturen zu ersetzen und somit einen wichtigen Schritt zur Vollendung des Energiebinnenmarktes zu leisten. Das Binnenmarktkonzept der Europäischen Kommission ist dabei in erster Linie auf eine Effizienzsteigerung entlang der

---
282 Vgl. Zander (2000), S. 91.
283 Vgl. Zander (2000), S. 97.

gesamten Wertschöpfungskette ausgerichtet, unter gleichzeitiger Stärkung der Versorgungssicherheit und der Wettbewerbsfähigkeit der europäischen Wirtschaft sowie Wahrung des Umweltschutzes.[284]
Ein besonderes Augenmerk liegt dabei auf dem Abbau bislang vorherrschender physischen und technischen Barrieren für Anbieter und Abnehmer von Energie.[285] Denn in Anlehnung an die in Kapitel 2.4 dargelegten Ziele der Deregulierung soll der hierdurch entstehende Wettbewerbsdruck die Anbieter zwingen, den Prozess von Erzeugung, Transport und Verteilung elektrischer Energie zu optimieren. Die Unternehmen sollen gleichsam zu einem ökonomisch rationalen Verhalten in Form einer optimalen Faktorallokation, einer flexiblen Anpassung von Produkten und Produktionskapazität an außenwirtschaftliche Daten (Anpassungsflexibilität) sowie der Verwirklichung neuer Produkte und/ oder Produktions- und Absatzmethoden (technischer Fortschritt) veranlasst werden.[286]

Die Angleichung der nationalen Strommärkte innerhalb der EU stellte dabei eine nicht zu vernachlässigende Herausforderung dar. Zu unterschiedlich waren die historisch gewachsenen energiewirtschaftlichen Strukturen in den einzelnen Mitgliedsstaaten aufgrund der nationalen Verfügbarkeit an Primärenergieträgern und den nationalen Zielen der Energiepolitik in der Vergangenheit.[287] Zur Lösung dieses Problems wählte die europäische Kommission daher das Konzept der Richtlinie, eine Art Rahmengesetzgebung mit der Prämisse, diese in den einzelnen Ländern in nationales Recht umzusetzen.[288]
Die Richtlinie 96/92/EG wurde schließlich am 19. Dezember 1996 erlassen und trat am 19. Februar 1997 in Kraft mit der Maßgabe, dass die Mitgliedsstaaten diese innerhalb von zwei Jahren in nationales Recht umsetzen mussten.[289]

In diesem Zusammenhang sei darauf hingewiesen, dass am 26. Juni 2003 das europäische Parlament und der Rat der Europäischen Union die Richtlinie 2003/54/EG (Beschleunigungsrichtlinie) erlassen haben, die gemäß Artikel 29 die bestehende Richtlinie 96/92/EG zum 1. Juli 2004 ablösen wird. Bei der nachfolgenden Darstellung der Elemente und Besonderheiten wird aber gleichwohl nur auf die Richtlinie 96/92/EG eingegangen, da diese nach wie vor maßgeblich ist für die bestehende Rechtsordnung in der deutschen

---

284 Vgl. insbesondere Erwägungsgrund 1-4 der Präambel der Binnenmarktrichtlinie Elektrizität.
285 Vgl. Eßer (1994), S. 1.
286 Vgl. Eßer (1994), S. 94.
287 Eine ausführliche Darstellung und Bewertung der unterschiedlichen Ausgangspositionen befindet sich u. a. in: Eßer (1994), S. 22 ff und Kumkar (1997), S. 11 ff.
288 Vgl. Pfaffenberger (1999), S. 31. Eine vertiefende Darstellung des „langen Wegs“ zur Schaffung und endgültigen Verabschiedung der Richtlinie findet sich u. a. in: Hoster (1996), S. 12 ff und Kumkar (1997), S. 44.
289 Gemäß Artikel 27 Abs. 2 der Binnenmarktrichtlinie konnten Belgien, Griechenland und Irland aufgrund der technischen Besonderheiten ihres Elektrizitätssystems zusätzliche Fristen in Anspruch nehmen.

Elektrizitätswirtschaft und damit auch für den Beobachtungszeitraum der Analysen im Rahmen der vorliegenden Arbeit.[290]

3.1.1.2 Elemente und Besonderheiten der Binnenmarktrichtlinie Elektrizität

Bei einer genaueren Analyse und Gegenüberstellung der wesentlichen Bestimmungen der Binnenmarktrichtlinie Elektrizität mit den in Kapitel 2.4 diskutierten Reformansätzen wird sehr schnell deutlich, dass der Gesetzgeber an mehreren Stellen Wahlmöglichkeiten implementiert hat. Im Einklang mit der EU-Leitlinie des Subsidaritätsprinzips geben die Formulierungen der Richtlinie auch bei Kernelementen genügend Spielraum bei der einzelstaatlichen Umsetzung. Die Richtlinie stellt somit letztendlich einen Kompromiss der unterschiedlichen Interessen der einzelnen Mitgliedsstaaten dar.[291] Kritiker wiesen in diesem Zusammenhang darauf hin, dass in der Festlegung von Mindeststandards anstatt eines allgemein verbindlichen Regulativs ein Konstruktionsfehler der Binnenmarktrichtlinie im Hinblick auf die Vollendung des europäischen Strommarktes bestehe.[292]

Unter Berücksichtigung der als wesentlich erachteten Elemente für eine erfolgreiche Umsetzung der Deregulierung wurde die Richtung des Reformansatzes durch folgende drei Vorgaben determiniert:[293]

- **Netzzugang Dritter**

Die wichtigste Reformvorgabe bildet der Netzzugang. Die europäische Union hat hierzu sowohl das Modell des verhandelten Netzzugangs (Artikel 17) als auch das Modell des „Single-Buyer“ (Artikel 18) zugelassen.

- **Unbundling**

Um einen diskriminierungsfreien Netzzugang zu gewährleisten und Quersubventionen auszuschließen, fordert die Richtlinie gemäß Artikel 14 Abs. 3, dass integrierte Elektrizitätsversorgungsunternehmen die Bereiche Erzeugung, Verteilung und Übertragung buchhalterisch so voneinander trennen, als wenn diese Tätigkeiten von separaten Unternehmen ausgeführt würden. Ziel ist es, eine erhöhte Transparenz bei der Berechnung von Preisen für Netznutzungsentgelte und Verteilungsdienstleistungen zu gewährleisten. So darf insbesondere ein Lieferant, der gleichzeitig Netzbetreiber ist, gegenüber anderen

---

[290] Wesentliche Ergänzungen und Änderungen der Richtlinie 2003/54/EG gegenüber der bestehenden 96/92/EG sind:

- Verbindliche Entflechtung von Verteilnetzbetreibern für Unternehmen mit mehr als 100.000 angeschlossenen Kunden gemäß Artikel 15.
- Vollständige Marktöffnung für den Bereich der Nicht-Haushaltskunden zum 1. Juli 2004 und für alle Kunden zum 1. Juli 2007 gemäß Artikel 21.
- Einrichtung von nationalen Regulierungsbehörden für Strom und Gas ab 1. Juli 2004 gemäß Artikel 23.

[291] Vgl. Klopfer (1993), S. 71 und Zander (2000), S. 91.

[292] Vgl. Sereinig (1999), S. 40.

[293] Hierbei ist zu bedenken, dass die wettbewerbliche Wirkung des Vorschlages nur über das Zusammenspiel der verschiedenen Vorgaben erreicht werden kann. Vgl. Klopfer (1993), S. 53.

Lieferanten bei der Netznutzung nicht bevorzugt werden.[294] Verzichtet hat der Gesetzgeber hingegen auf weitergehende Forderungen nach einer personellen, organisatorischen oder gar eigentumsrechtlichen Entflechtung der Funktionsbereiche.[295]

- **Marktöffnung für Endkunden**

Der freie Marktzugang möglichst vieler Endkunden ist die wesentliche Voraussetzung für die Schaffung von Wettbewerb. So verlangt die Binnenmarktrichtlinie gemäß Art. 19 zumindest eine schrittweise Marktöffnung. Der Mindestgrad der Marktöffnung wird dabei bestimmt durch die „durchschnittliche Gemeinschaftsquote" bzw. der daraus abgeleiteten „Marktquote", welche die europäische Kommission aufgrund der übermittelten Informationen der Mitgliedsstaaten über die Endverbraucher mit einem Jahresverbrauch von mehr als 40 GWh berechnet. Gemäß Artikel 19 Abs. 2 musste diese Schwelle bereits bis zum Jahre 2000 auf Kunden über 20 GWh und zum Jahre 2003 auf Kunden über 9 GWh abgesenkt werden. Nach Art. 26 sollen schließlich neun Jahre nach In-Kraft-Treten der Richtlinie, also im Jahre 2006, das europäische Parlament und der Rat auf der Grundlage der gesammelten Erfahrungen prüfen, ob der europäische Strommarkt weiter geöffnet werden kann.

Zwar korreliert das Prinzip der Festlegung von Mindestgraden der Marktöffnung stark mit dem bereits angesprochenen EU-Grundsatz der Subsidarität, gleichwohl ist mit dieser Vorgehensweise aber andererseits auch bewirkt worden, dass Geschwindigkeit und Ausmaß der Marktöffnung in den einzelnen Mitgliedsstaaten beträchtliche Unterschiede aufweisen. Während nämlich Großbritannien, Schweden und Finnland aufgrund des dort bereits zuvor durchgeführten Liberalisierungsprozesses schon zum Zeitpunkt der Verabschiedung im Jahre 1997 die Vorgaben der Richtlinie erfüllt hatten, haben andere Staaten selbst Mitte 2003 allenfalls die Mindestvorgaben erfüllt gehabt. Die daraus entstandenen Verzerrungen hinsichtlich der wechselseitigen Liefermöglichkeiten an Endkunden lassen sich in nachfolgendem Bild sehr gut ablesen.

Es fällt insbesondere auf, dass Italien und Frankreich, die bezogen auf Stromerzeugung und -verbrauch zu den bedeutendsten Strommärkten innerhalb der EU zählen, eher eine zögerliche Marktöffnungsentwicklung vollzogen haben.

---

[294] Vgl. Hensing; Pfaffenberger; Ströbele (1998), S. 174 und Zander (2000), S. 23.

[295] Vgl. Fritz; König (2000), S. 8.

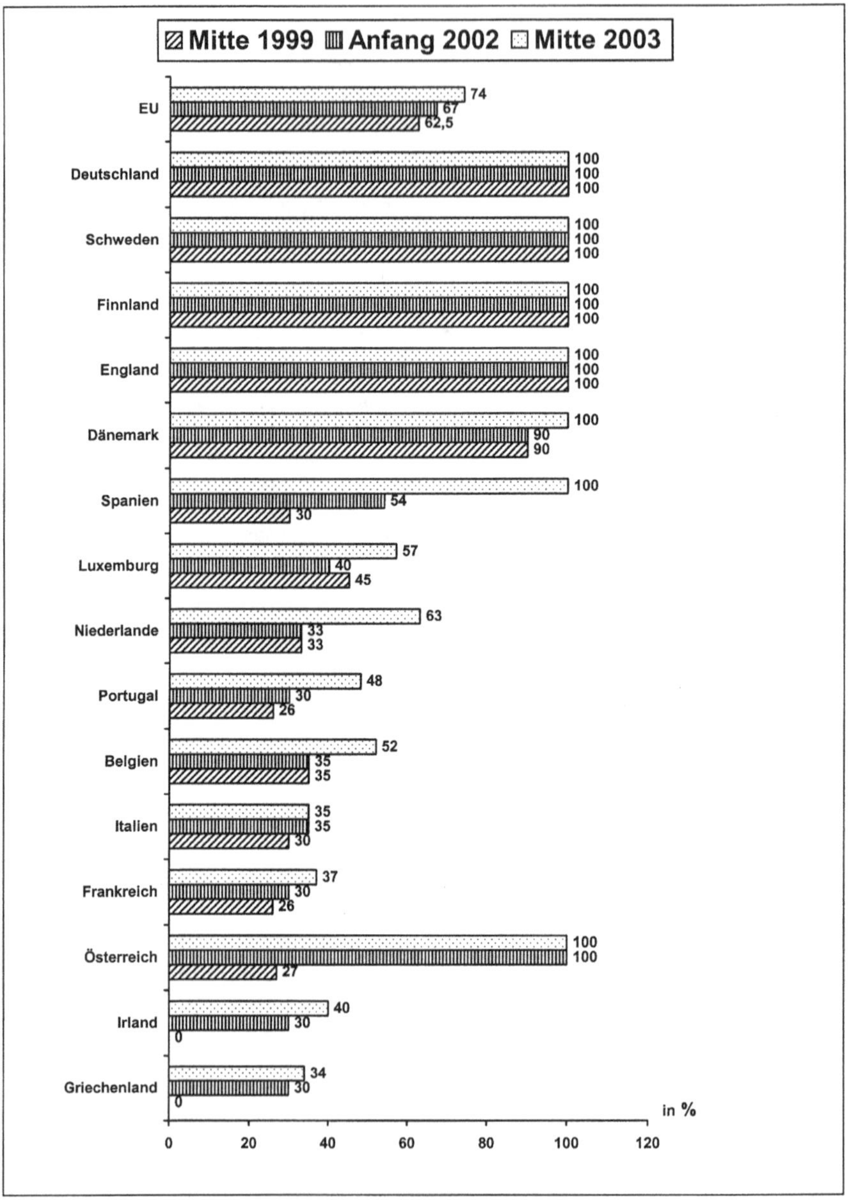

Bild 2: Grad der Marktöffnung innerhalb der EU [296]

[296] Quelle: VDEW (1999), S. 65, VDEW (2002b), S. 27 und VDEW (2003), S. 26.

3.1.2 Das neue Energiewirtschaftsgesetz (EnWG)

3.1.2.1 Entwicklung und Zielsetzung des EnWG

Der Verabschiedung des neuen Energiewirtschaftsgesetzes (EnWG) gingen lange Verhandlungen und parlamentarische Debatten voraus, bevor es mit der Verkündung im Bundesgesetzblatt am 28. April 1998 in Kraft trat. Eine entscheidende Voraussetzung war gemäß Artikel 2 des „Gesetzes zur Neuregelung des Energiewirtschaftsrechts" die Aufhebung der § 103 und 103a des GWB (alt), die bis dahin die kartellrechtliche Freistellung von Versorgungsunternehmen der Energiewirtschaft erlaubten.[297]
Im Einklang mit der Binnenmarktrichtlinie Elektrizität ist das Hauptziel der Novellierung des EnWG, eine Effizienzsteigerung entlang der gesamten Wertschöpfungskette zu erreichen, um insbesondere niedrigere Strompreise im Endkundenbereich zu realisieren.[298] Die Zielsetzung des EnWG ist ferner dahingehend erweitert worden, dass in § 1 EnWG neben der Forderung nach Sicherheit und Preisgünstigkeit eine umweltverträgliche Energieversorgung als eigenständiges Ziel mit aufgenommen wurde.[299]

3.1.2.2 Elemente und Besonderheiten des EnWG

In nachfolgender Tabelle sind die wesentlichen Elemente des für den deutschen Strommarkt gewählten Reformansatzes den zuvor erwähnten Vorgaben der Binnenmarktrichtlinie Elektrizität gegenübergestellt.
Bei einer genaueren Analyse des Inhalts des EnWG fällt zunächst auf, dass Deutschland die Binnenmarktrichtlinie im Vergleich zu anderen europäischen Staaten frühzeitig vollständig umgesetzt hat und sich dabei nicht an den in der Richtlinie niedergelegten Mindestkriterien für die Marktöffnung orientierte, sondern den Markt in einem einzigen Schritt liberalisierte.

Für die Bereiche Erzeugung, Übertragung, Verteilung sowie Aktivitäten außerhalb des Elektrizitätsbereiches sind gemäß § 9 Abs. 2 EnWG getrennte Konten der Buchführung anzulegen. Obendrein ist das Übertragungsnetz gemäß § 4 Abs. 4 EnWG als eigene Betriebsabteilung zu führen.

---

[297] An dieser Stelle sei erwähnt, dass das neue EnWG formal sowohl für den Strom- als auch für den Gassektor entsprechende Regelungen enthält. Letztere sind aber für den Gegenstand der Untersuchung dieser Arbeit ohne Bedeutung und werden daher im Folgenden nicht weiter analysiert.
Ferner sei darauf hingewiesen, dass die Novellierung des EnWG streng genommen nur das wesentliche Element des etwas umfassenderen so genannten „Gesetz zur Neuregelung des Energiewirtschaftsrechts" darstellt. Dieses strukturiert sich in folgende fünf Artikel:
1. Gesetz über die Elektrizitäts- und Gasversorgung (Energiewirtschaftsgesetz - EnWG),
2. Änderungen des Gesetzes gegen Wettbewerbsbeschränkungen,
3. Änderungen sonstiger Gesetze (Gerätesicherheitsgesetz und Stromeinspeisegesetz),
4. Übergangsvorschriften,
5. In-Kraft-Treten, Außer-Kraft-Treten.

[298] Vgl. Zander (2000), S. 93.

[299] Gemäß § 2 Abs. 4 EnWG bedeutet dabei eine umweltverträgliche Energieversorgung, dass „(...) die Energieversorgung den Erfordernissen eines rationellen und sparsamen Umgangs mit Energie genügt, eine schonende und dauerhafte Nutzung von Ressourcen gewährleistet und die Umwelt möglichst wenig belastet. Der Nutzung von Kraft-Wärme-Kopplung und erneuerbaren Energien kommt dabei besondere Bedeutung zu."

Markant ist ferner, dass das neue EnWG mit dem verhandelten Netzzugang (§ 6 Abs. 1 EnWG), dem geregelten Netzzugang auf der Basis einer Netzzugangsverordnung (§ 6 Abs. 2 EnWG) und dem Alleinabnehmersystem (§ 7 EnWG) grundsätzlich drei Netzzugangsmöglichkeiten vorsieht. Das von Politik, Verbänden und EVU favorisierte Verfahren stellt dabei der verhandelte Netzzugang dar, dessen Modalitäten durch die im folgenden Kapitel noch näher erläuterte „Verbändevereinbarung" geregelt sind.

	Binnenmarktrichtlinie	**EnWG**
Markt-öffnung	Stufenplan gemäß Artikel 19	100 % Marktöffnung in einem einzigen Schritt
Unbundling	Buchhalterische Trennung der Bereiche Erzeugung, Verteilung und Übertragung gemäß Artikel 14, Abs. 3.	Buchhalterische Trennung der Bereiche Erzeugung, Verteilung, Übertragung und sonstige Aktivitäten außerhalb des Elektrizitätsbereiches gemäß § 9 Abs. 2 EnWG. Führung des Übertragungsnetzes als eigene Betriebsabteilung gemäß § 4 Abs. 4 EnWG.
Netzzugang	Zwei Netzzugangsmöglichkeiten sind zugelassen: • verhandelter Netzzugang (Artikel 17) • Single Buyer (Artikel 18)	Grundsätzlich drei Netzzugangsmöglichkeiten: • verhandelter Netzzugang (§ 6 Abs. 1), • geregelter Netzzugang auf der Basis einer Netzzugangsverordnung (§ 6 Abs. 2), • Alleinabnehmersystem (§ 7).

Tabelle 2: Vergleich Binnenmarktrichtlinie Elektrizität und EnWG [300]

Hervorzuheben ist darüber hinaus, dass gemäß § 10 EnWG auch nach der Abschaffung des rechtlichen Gebietsschutzes durch das GWB die EVU für die Gemeindegebiete, in denen sie die allgemeine Versorgung von Letztverbrauchern durchführen, jedermann an ihr Versorgungsnetz anschließen müssen. Begründet wird der Fortbestand der „Allgemeinen Anschluss- und Versorgungspflicht" mit der Auffassung, dass auch nach der Liberalisierung die Kunden in einem bestimmten Gebiet faktisch nur durch ein als Monopolist agierendes Unternehmen versorgt werden.[301] Auf der Grundlage einer analogen Argumentation unterliegen ferner, trotz des Grundsatzes einer Stärkung des Wettbewerbs, die Tarife und Versorgungsbedingungen für Tarifkunden gemäß § 11 EnWG weiterhin der

[300] Quelle: Eigene Erstellung
[301] Vgl. Böwing (1999), S. 184.

Genehmigungspflicht durch das Bundeswirtschaftsministerium. Die Bundestarifordnung Elektrizität (BTOElt) wird somit durch die Novellierung des EnWG nicht beeinträchtigt.[302]

Hingegen sind die bisher geltenden Bestimmungen, wonach Gemeinden ohne Zustimmung des Vertragspartners Grundstücke zum Zwecke der Energieversorgung einem Dritten nicht überlassen durften, durch die Aufhebung der kartellrechtlichen Freistellung nichtig geworden. Zwar stellen gemäß § 13 Abs. 1 und § 14 EnWG die Gemeinden nach wie vor durch den Abschluss eines entsprechenden Vertrages und gegen Zahlung einer Konzessionsabgabe ihre öffentlichen Verkehrswege für den Betrieb von Leitungen zur unmittelbaren Versorgung von Letztverbrauchern im Gemeindegebiet zur Verfügung, die Auswahl der Vertragspartner hat dabei aber diskriminierungsfrei zu erfolgen. So kann insbesondere der parallele Leitungsbau nur dann untersagt werden, wenn der Straßenkörper zusätzliche Leitungen nicht mehr aufnehmen kann.[303]
Aufgehoben sind überdies die bis zur Reform des EnWG geltenden Bestimmungen zur Investitionskontrolle, da diese nach Auffassung des Gesetzgebers den Handlungsspielraum der Unternehmen in einem liberalisierten Umfeld zu stark einengen würden.[304]

Eine wichtige Regelung des Gesetzes zur Neuregelung des Energiewirtschaftsrechtes stellt ferner die Reziprozitätsklausel dar, die im Artikel 4 § 2 geregelt ist. Demnach können EVU bis zum 31. Dezember 2006 „(...) den Netzzugang für Elektrizität, die aus dem Ausland geliefert werden soll, ablehnen, soweit der zu beliefernde Abnehmer dort nicht ebenfalls durch Dritte beliefert werden könnte.“ Artikel 4 § 3 sieht ferner auch einen zeitlich befristeten Schutz für eine ausreichend hohe Verstromung von Braunkohle aus den neuen Bundesländern vor.[305]

3.1.2.3 Verbändevereinbarung über Durchleitungsentgelte

Anders als in allen anderen Mitgliedsstaaten der Europäischen Union, wurde in Deutschland bei In-Kraft-Treten des neuen Energiewirtschaftsrechts keine Regulierungsbehörde zur Steuerung des Marktgeschehens und Kontrolle des weiterhin monopolistisch organisierten Netzbereiches eingerichtet. Vielmehr hegten Bundesregierung und Gesetzgeber die Erwartung, dass eine privatwirtschaftliche Vereinbarung für den Netzzugang die marktkonformere Lösung darstelle. Zur praktischen Umsetzung dieser Sichtweise, einigten sich daher in schwierigen Verhandlungen der Bundesverband der Deutschen Industrie (BDI), der Verband der industriellen Energie- und Kraftwirtschaft (VIK) und die Vereinigung

---

302 Vgl. Böwing (1999), S. 226 ff.
303 Vgl. Böwing (1999), S. 241 ff.
304 Vgl. Tegethoff (1998), S. 15.
305 Diese Regelung war notwendig geworden, da die Vereinigte Energiewerke AG, Berlin (VEAG) Mitte der 90er Jahre auf Drängen der Politik mit erheblichem Kapitalaufwand ihre Braunkohlekraftwerke modernisiert hatte. Es war daher zu befürchten, dass aufgrund des Preisverfalls nach dem Beginn der Liberalisierung diese Braunkohlekraftwerke möglicherweise bald als „Stranded costs“ zu verbuchen sein würden. Vgl. Informationszentrale der Elektrizitätswirtschaft (2000a), S. 5.

Deutscher Elektrizitätswerke (VDEW) Anfang April 1998 auf eine „Verbändevereinbarung über Kriterien zur Bestimmung von Durchleitungsentgelten (VV)".[306]
Diese erste Fassung war dabei stark von der Vorstellung eines tatsächlichen physischen Stromtransports von einem Einspeise- zu einem Entnahmepunkt im Netz geprägt. Die Höhe der Entgelte für die Netznutzung orientierte sich daher folgerichtig an dem Verbindungsweg zwischen diesen Punkten und den dabei „benutzten" unterschiedlichen Netzebenen.[307]
In der Praxis zeigte sich gleichwohl recht bald, dass das angewandte Verfahren allenfalls für begrenzte Geschäfte im Großhandelsbereich, aber keinesfalls für das Massenkundengeschäft geeignet war. Zu komplex und zeitaufwendig war die Vertragsgestaltung im Einzelfall. Auch erwies sich die entfernungsabhängige Höhe der Durchleitungsentgelte als hinderlich bei der Ausnutzung von Preisvorteilen zwischen räumlich getrennten Stromanbietern. Die so genannte „Verbändevereinbarung I (VV I)" wurde daraufhin nachgebessert.[308]
Mit der Unterzeichnung der „VV II" am 13. Dezember 1999 wurde die bis dahin vorherrschende transaktionsbezogene Berechnung der Durchleitungsentgelte durch einen Punkttarif ohne entfernungsabhängige Elemente ersetzt. Nach Aussage des damaligen Bundeswirtschaftsministers Werner Müller wurden hierdurch die Netznutzungsregeln und die Entgeltermittlung drastisch vereinfacht.[309] Eine wesentliche Voraussetzung für das Massenkundengeschäft wurde geschaffen.[310] Zudem ermöglichte das Punktmodell das Entstehen von Spotmärkten für Elektrizität. Gleichwohl wurden auch in der VV II keine Angaben über die Preise für die Netznutzung gemacht. Es gibt somit nach wie vor keine deutschlandweit einheitlichen Netznutzungsentgelte auf den verschiedenen Spannungsebenen.[311]

Eine wesentliche Neuerung im Zusammenhang mit der VV II stellt die Schaffung des Bilanzkreismodells dar, das Lieferanten und Händlern erlaubt, alle tatsächlich physisch vorgenommenen Einspeisungen und Entnahmen innerhalb eines Regelgebietes zu saldieren.[312]
Eine wichtige Erleichterung für die praktische Umsetzung der VV II vor allem in Bezug auf die Abwicklung des Massenkundengeschäfts stellt obendrein die Einführung der VDEW-Lastprofile dar. Mit ihrer Hilfe ist es nunmehr möglich, an Hand von repräsentativen

---

[306] Vgl. Fritz; König (2000), S. 9 ff und Meller (2001a), S. 142.
[307] Der im Juli 1998 von der DVG in seiner ersten Fassung veröffentlichte „Grid-Code" regelte ergänzend zur VV Detailfragen des Netzzugangs wie Anmeldung, Genehmigung, Ablehnung, Modifikation und Durchführung von Durchleitungen. Vgl. Fritz; König (2000), S. 17 - 18.
[308] Ein Teil der Kritikpunkte an der VV I konnte schon zuvor durch den im Mai 1999 veröffentlichten „Distribution Code" als dem Pendant zum Grid-Code für die Verteilungsnetze zufrieden stellend beseitigt werden. Vgl. Fritz; König (2000), S. 18.
[309] Zitiert in: Donnerbauer (2000), S. 17.
[310] Vgl. VDEW (2000), S. 56.
[311] Vgl. Brunekreeft; Keller (2000), S. 156 ff.
[312] Vgl. Zander (2000), S. 115.

Lastverläufen ohne aufwändige Messtechnik, die physikalischen und damit ökonomischen Verschiebungen eines Versorgerwechsels zu bestimmen.[313]

Den vorläufigen Abschluss dieser Entwicklung stellt die seit 1. Januar 2002 in Kraft getretene „VV II plus" dar, die über die bisherigen Regelungen hinausgehend ein spezielles Instrumentarium zum Vergleich der Netznutzungsentgelte geschaffen hat. Grundlage für den Vergleich der Daten bilden dabei Strukturmerkmale wie Einwohnerdichte, Verkabelungsgrad sowie die Situation in Ost- und Westdeutschland. Obendrein sind durch die VV II plus die Voraussetzungen geschaffen worden, dass Stromhändler auch kurzfristig am jeweiligen Tag Netzkapazitäten buchen können.[314] Ferner wurde für den Bereich der Haushalts- und Kleingewerbekunden das von den Kartellbehörden als diskriminierend eingestufte „Doppelvertragsmodell" im Falle des Lieferantenwechsels abgeschafft. Als zusätzliche positive Entwicklung kann schließlich angeführt werden, dass die Verweigerung des Netzzugangs inzwischen die Ausnahme darstellt.[315]

3.1.3 Politische Sonderlasten in Deutschland

Mit dem In-Kraft-Treten des neuen Energiewirtschaftsgesetzes ist formal die bis dahin praktizierte Regulierung des deutschen Strommarktes aufgehoben worden. Gleichwohl bedeutet dies aber nicht, dass der Staat dieses Feld nun vollkommen den Kräften des Marktes überlassen hätte.

Man könnte es sogar fast als eine Ironie bezeichnen, dass aufgrund des energiepolitischen Kurswechsels der Koalition aus SPD und Bündnis 90/ Die Grünen nach dem Gewinn der Bundestagswahl im September 1998 eine Reihe von Sonderregelungen und gesetzlichen Maßnahmen für die Stromwirtschaft erst nach dem In-Kraft-Treten des neuen Energiewirtschaftsgesetzes erlassen wurden.

Eine Berücksichtigung dieser in der Literatur üblicherweise unter dem Begriff „politische Sonderlasten" zusammengefassten Gesetze und Vereinbarungen ist demnach unerlässlich, um zum einen die Strategiemenge eines EVU im liberalisierten deutschen Strommarkt vollständig zu bestimmen und zum anderen den deutschen Reformansatz bewerten zu können. Folgende politische Sonderlasten sind hierbei vor allem maßgebend:

---

[313] Üblicherweise wird dabei zwischen dem analytischen und dem synthetischen Lastprofilverfahren unterschieden. Während bei Letzterem das abzurechnende Lastprofil bereits vor der Lieferung bekannt ist, wird dieses bei dem analytischen Verfahren erst im Nachhinein berechnet. Vgl. VDEW (2000), S. 57.

[314] Vgl. o. V. (2002c), S. 6.

[315] Vgl. BMWA (2003), S. 6 und S. 9.

- **Erneuerbare Energien Gesetz (EEG)**

Eine deutliche Belastung für die Stromwirtschaft stellt das zum 1. April 2000 in Kraft getretene Erneuerbare Energien Gesetz (EEG) dar, welches das seit dem 1. Januar 1991 gültige Stromeinspeisungsgesetz (StrEG) ablöste.[316]

Ein Vergleich der Vergütungssätze in nachfolgender Tabelle zeigt, dass diese im EEG zum Teil deutlich erhöht wurden.

Erzeugungsart	Leistung	StrEG 1999	StrEG 2000 (bis 31.03.)	EEG 2000 (ab 01.04)
Wasserkraft, Klärgas,	bis 0,5 MW	14,69	14,34	15,00
Deponiegas	0,5 - 5MW	11,93	11,65	13,00
Biomasse	bis 0,5 MW	14,69	14,34	20,00
	0,5 - 5 MW	11,93	11,65	18,00
	5 - 20 MW	0	0	17,00
Wind	ab 0 MW	16,52	16,13	17,80
Sonne, Photovoltaik	ab 0 MW	16,52	16,13	99,00
Grubengas	bis 0,5 MW	0	0	15,00
	0,5 - 5 MW	0	0	13,00
Geothermie	bis 20 MW	0	0	17,50
	über 20 MW	0	0	14,00

Tabelle 3: Mindestvergütung nach StrEG und EEG in Pf/kWh[317]

Das Ziel der Bundesregierung ist es, bis zum Jahre 2010 den Anteil der erneuerbaren Energien an der Stromerzeugung zu verdoppeln.[318] Als erstes Zwischenfazit gut 3 Jahre nach In-Kraft-Treten kann festgestellt werden, dass der vom Gesetzgeber politisch beabsichtigte Ausbau der erneuerbaren Energien in Gang gekommen ist. So konnte zwischen 1999 und 2002 die Netto-Stromerzeugung einschließlich Einspeisung Dritter aus erneuerbaren Energien und Abfällen von 29,1 Mrd. kWh auf 45 Mrd. kWh gesteigert werden.[319] Gleichzeitig ist aber auch nicht auszuschließen, dass durch dieses Gesetz starke Mitnahmeeffekte induziert werden, und letztendlich der technische Fortschritt für eine größere Wirtschaftlichkeit der Stromerzeugung aus erneuerbaren Energiequellen verhindert wird.[320] Die EU hatte zudem erhebliche

---

[316] Am Stromeinspeisegesetz wurde u. a. folgende Kritik erhoben:

- Aufgrund der physikalisch bedingten ungleichen regionalen Verteilung werden die Kunden derjenigen Regionen am stärksten belastet, in denen die Einspeisung am höchsten ist.
- Die im Gesetz festgelegten Einspeisevergütungen sind willkürlich.
- Bei einer (europäischen) Öffnung des Strommarktes wirken regional bedingte Kosten wettbewerbsverzerrend.

Vgl. Hensing; Pfaffenberger; Ströbele (1998), S. 180.

[317] Quelle: VDEW (2000), S. 48.

[318] Vgl. Müller (2001), S. 16.

[319] Vgl. VDEW (2003), S. 76.

[320] Vgl. VDEW (2000), S. 6.

beihilferechtliche Bedenken angeführt, was die Höhe und die Dauer der Förderung anbelangt.[321]

- **Kraft-Wärme-Kopplungsgesetz**

Eine weitere Belastung der deutschen Stromwirtschaft stellt das am 17. Mai 2000 in Kraft getretene KWK-Vorschaltgesetz. Zweck des Gesetzes ist gemäß § 1 „(...) der befristete Schutz der Kraft-Wärme-Kopplung in der allgemeinen Versorgung im Interesse von Energieeinsparung und Umweltschutz". So soll durch den vermehrten Einsatz von Kraft-Wärme-Kopplung bis zu Jahre 2010 jährlich bis zu 23 Mio. t CO_2 eingespart werden.[322] Unter das KWK-Vorschaltgesetz fallen dabei aber gemäß § 2 Abs. 2 nur jene Energieversorger, deren KWK-Anteil an der installierten elektrischen Kraftwerksleistung mindestens 25 Prozent und an der eigenen Jahresstromerzeugung mindestens 10 Prozent betragen. Nach Schätzungen der VDEW sind durch das KWK-Vorschaltgesetz die Netznutzungsentgelte auf der Übertragungsnetzebene alleine im Jahre 2000 um 0,5 Pf/kWh gestiegen.[323]
Zum 1. April 2002 ist das umstrittene KWK-Vorschaltgesetz durch das „Gesetz für die Erhaltung, die Modernisierung und den Ausbau der Kraft-Wärme-Kopplung (Kraft-Wärme-Kopplungsgesetz (KWKG))" abgelöst worden. Die Neuregelung wird dabei aus dem Blickwinkel der meisten EVU als eine deutliche Verbesserung angesehen, da diese nicht mehr auf die Förderung von Kondensationsstrom aus KWK-Anlagen ausgerichtet ist, und somit nur noch „echter KWK-Strom" gefördert wird.[324] Die Erzeuger erhalten dabei bei alten Bestandsanlagen bis zum Jahre 2006 und bei neuen Bestandsanlagen sogar bis zum Jahre 2009 einen Zuschlag von 1,53 Cent/kWh.[325]

- **Konsensgespräche um Kernenergieausstieg**

In der Koalitionsvereinbarung vom 20. Oktober 1998 verabredeten die beiden Regierungsparteien SPD und Bündnis 90/ Die Grünen, „(...) den Ausstieg aus der Nutzung der Kernenergie innerhalb dieser Legislaturperiode umfassend und unumkehrbar gesetzlich zu regeln."[326] Sollte es innerhalb dieser Frist von einem Jahr zu keiner Einigung mit der Strombranche kommen, drohte die Koalition damit, die Laufzeiten der Kernkraftwerke gesetzlich festzulegen.[327]
Nach langen und zähen Verhandlungen zwischen der Stromwirtschaft und der Bundesregierung wurde schließlich am 11. Juni 2001 eine Vereinbarung zur geordneten

[321] Vgl. Kuhnt (2000), S. 443.
[322] Vgl. Müller (2001), S. 16.
[323] Vgl. VDEW (2000), S. 53.
[324] Grundlage für die Anerkennung von „echtem KWK-Strom" bildet das im KWK-Gesetz verankerte technische Regelwerk „AGFW-Richtlinie FW 308" Vgl. VDEW (2002b), S. 71.
[325] Betreiber von neu errichten Brennstoffzellen-Anlagen sowie Kleinanlagen bis zu einer elektrischer Leistung von 2 MW können sogar mit einer Förderung von bis zu 5,11 Cent/kWh rechnen. Vgl. VDEW (2002b), S. 71.
[326] Zitiert in: Schürmann (1999), S. 820.
[327] Vgl. Schürmann (1999), S. 820.

Beendigung der Nutzung der Kernenergie unterzeichnet und durch eine Novelle des Atomgesetzes rechtlich umgesetzt. Demnach werden die Kernkraftwerke, die zuvor mit 160-170 TWh rund ein Drittel der jährlichen Stromerzeugung sowie 50 % der Grundlast abdeckten, bis zum Jahre 2025 in mehreren Stufen vom Netz gehen.[328]

- **Ökosteuer**

Zum 1. April 1999 wurde im Rahmen der Reform der Ökosteuer erstmals auch eine Besteuerung des Stroms um 2 Pf/kWh zuzüglich Mehrwertsteuer eingeführt. Aufgrund der zweiten Stufe der Ökosteuerreform erhöhte sich die Stromsteuer ab 1. Januar 2000 bis 2003 jährlich um weitere 0,5 Pf/kWh zuzüglich Mehrwertsteuer.[329]

- **Hohe Umwelt- und Sicherheitsstandards**

Neben den zuvor genannten aktuellen Veränderungen seit der Bundestagswahl im Herbst 1998 sind auch schon zuvor vor allem im Bereich des Umweltschutzes eine Reihe von Gesetzen und Vorschriften für die Elektrizitätswirtschaft erlassen worden, welche die Strategiemenge eines EVU auf dem deutschen Strommarkt zusätzlich beeinflussen.
Denn einen wesentlichen Kostenfaktor der Stromerzeugung in der Bundesrepublik stellen die in den letzten Jahren eingeführten, bzw. deutlich verschärften Umwelt- und Sicherheitsstandards dar.[330] So hatten etwa die zu Beginn der 80er Jahre verschärften Grenzwerte in der Großfeuerungsanlagenverordnung als Reaktion auf die Diskussion um Waldschäden zur Folge, dass die Stromversorger in einem Kraftakt von rd. 22 Mrd. DM ihre Anlagen zur Rauchgasentschwefelung und Stickoxidminderung nachrüsteten.[331]

Darüber hinaus konnten durch getroffene Vorkehrungen zur Wirkungsgraderhöhung bei bestehenden Kraftwerken, den Zubau von Anlagen mit höherem Wirkungsgrad sowie der besseren Auslastung von Kernkraftwerken allein zwischen 1990 und 1999 die CO_2-Emissionen pro erzeugte Kilowattstunde um rd. 15 % verringert werden.[332]

Obendrein sind bei einer Bewertung der Umwelt- und Sicherheitsstandards auch die von der Bundesregierung in Erwägung gezogene Erhöhung der Deckungsvorgsorge im Rahmen der Nuklearvorsorge auf 5. Mrd. DM zu berücksichtigen. Denn ein Vergleich mit dem Ausland zeigt, dass der bereits heute geltende Deckungsbeitrag von 500 Mio. DM nur von sehr wenigen Staaten übertroffen wird.[333]

---

[328] Vgl. Müller (2001), S. 16.
[329] Zur Erhöhung der Kostentransparenz für den Verbraucher, weisen einige Versorger wie z. B. RWE in der Kundenabrechnung gesondert die Stromsteuer aus. Vgl. Donnerbauer (2000), S. 17 und Informationszentrale der Elektrizitätswirtschaft (2000a), S. 2.
[330] Vgl. Durach (1996), S. 26.
[331] Vgl. Informationszentrale der Elektrizitätswirtschaft (2000d), S. 5.
[332] Vgl. VDEW (2000), S. 58 ff.
[333] Vgl. Hohlefelder (2000), S. 148.

3.1.4 Bewertung des Reformansatzes in der deutschen Elektrizitätswirtschaft

Der Reformansatz in der deutschen Elektrizitätswirtschaft unterscheidet sich von demjenigen in den anderen Mitgliedsstaaten der EU vor allem durch zwei Elemente: 100 Prozent Marktöffnung in einem einzigen Schritt und Zulassung einer privatwirtschaftlichen Vereinbarung für den Netzzugang an Stelle einer Regulierungsbehörde.
Eine Zwischenanalyse rd. sechs Jahre nach der Marktöffnung zeigt hierbei, dass beide Elemente nicht unumstritten sind hinsichtlich ihres Beitrags zum Erreichen der Liberalisierungsziele.

Denn einerseits wird es in der politischen Diskussion zwar als unstrittig angesehen, dass die Entscheidung in Deutschland für eine sofortige vollständige Öffnung des Strommarktes auch als eine weitsichtige Standortpolitik verstanden werden kann. Begründet wird dies mit dem Argument, dass nicht zuletzt die Höhe der Energiekosten auch die Wahl des industriellen Standorts eines Unternehmens beeinflusst.[334] Andererseits hat die Bundesregierung bei ihrer Entscheidung für die Marktöffnung in einem einzigen Schritt offensichtlich außer Acht gelassen, dass die deutschen Stromversorger in einem europaweit liberalisierten Markt die zusätzlich entstehenden Kosten aufgrund der zuvor genannten zusätzlichen Steuern und Abgaben sowie dem Konsens um den Ausstieg aus der Kernenergie nicht mehr ohne Weiteres auf die Endkunden abwälzen können. Es ist nämlich leicht einzusehen, dass, sobald die Grenzen geöffnet werden, jene Stromerzeuger einen deutlichen Preisvorteil haben, in deren Land die niedrigsten Umwelt- und Sicherheitsstandards bestehen.[335]
Im Rahmen der europäischen Öffnung der Energiemärkte werden daher zusätzliche Anforderungen an die nationale Energiepolitik gestellt. Die Bundesregierung hat dafür zu sorgen, dass die internationale Liberalisierung der Energiemärkte gleichmäßig vorangetrieben wird und Wettbewerbsverzerrungen zu Lasten der nationalen Energieversorger vermieden werden. Mit einer Öffnung der europäischen Strommärkte ist es daher unvereinbar, die nationale Stromwirtschaft, wie in der Vergangenheit üblich, mit zusätzlichen Abgaben und Sonderlasten zur Umsetzung energiewirtschaftlicher Ziele zu missbrauchen.[336]
Diese zusätzlichen Belastungen stehen darüber hinaus im Widerspruch zu den Zielen der Liberalisierung, durch Verbilligung der elektrischen Energie den Standort Deutschland zu stärken und die Stromverbraucher finanziell zu entlasten. Denn die Sonderlasten für die Endkunden kletterten allein aufgrund von Öko-Steuer, Erneuerbare-Energiengesetz und Kraft-Wärme-Kopplungsgesetz zwischen 1999 und 2001 von 6 auf etwa 12,5 Milliarden DM. Der Wettbewerbsvorteil für die deutsche Industrie aufgrund sinkender Strompreise wurde hierdurch zum größten Teil wieder kompensiert. Noch gravierender stellt sich die Situation für die Haushaltskunden dar. Denn diese verloren allein im Jahre 2000 durch zusätzliche

[334] So haben z. B. in der Chemie, der Eisen-, Stahl- und Metallindustrie die Energiekosten einen Anteil von weit über 10 %, wovon wiederum Zweidrittel Stromkosten sind. Vgl. Kuhnt (2000), S. 440.
[335] Vgl. Durach (1996), S. 27.
[336] Vgl. Meller (1998), S. 6.

Belastungen von 3,4 Milliarden DM fast 85 % ihrer durch die Liberalisierung induzierten Einsparungen von rd. 4 Milliarden DM.[337]
Die hier angesprochene Größenordnung der politischen Sonderlasten für die Unternehmen werden bei einem Vergleich der für den Zeitraum von 1991 - 1999 ermittelten Mehrkosten durch das Stromeinspeisungsgesetz deutlich. Denn diese stiegen nach Angaben des VDEW von „nur" rd. 66 Mio. DM im Jahre 1992 auf rd. 685 Mio. DM im Jahre 1999.[338]

Auch der Sonderweg einer Verbändevereinbarung für den Netzzugang als das zweite charakteristische Element des deutschen Reformansatzes in der Elektrizitätswirtschaft ist nach wie vor nicht unumstritten. Der große Vorteil dieses Prinzips liegt einerseits darin, dass es mit einem Höchstmaß an Flexibilität schnell und unbürokratisch an veränderte Marktverhältnisse angepasst werden kann.[339] Der in der VV II festgelegte Grundsatz des „Briefmarkentarifs" hat darüber hinaus ein hohes Maß an Transparenz und Effizienz geschaffen. Der „Briefmarkentarif" ist relativ leicht zu implementieren und hat sich in Übereinstimmung mit Beobachtungen auf bereits vorher deregulierten Strommärkten bewährt.[340] Das Problem des deutschen Sonderweges liegt andererseits jedoch darin begründet, dass Vereinbarungen bzw. Absprachen zwischen Verbänden keine normative Rechtskraft beinhalten.[341] Sie sind daher nur bedingt geeignet, gesetzliche Regelungen zu ersetzen. So könnte etwa selbst der Verband der Elektrizitätswirtschaft (VDEW) als Mitunterzeichner der Verbändevereinbarung lediglich eine Empfehlung an seine Mitglieder abgeben. Die tatsächliche Einhaltung der Verbändevereinbarung liegt in der Entscheidung jedes einzelnen EVU. Gleichwohl hat die EU-Kommission inzwischen die VV II als einen „rechtsverbindlichen Akt der Selbstregulierung" bezeichnet, der zwar rechtlich unverbindlich, aber dennoch eine faktische Bindungswirkung besitzt.[342]
Von großer Bedeutung ist in diesem Zusammenhang auch die im Rahmen der 6. Novellierung des GWB erweiterte Missbrauchsaufsicht gemäß § 19 Abs. 4 Nr. 4 GWB (neu). In Anlehnung an die so genannte „essential facilities-doctrine" des US-Antitrustrechts leitet sich demnach die Berechtigung zu einem prinzipiellen Netzzugang aus der Überlegung heraus ab, dass einerseits der Zugang zu dieser Wertschöpfungsstufe als eine wesentliche Voraussetzung für die Geschäftstätigkeit des Petenten angesehen wird und andererseits eine Duplizierung der Netze gesamtwirtschaftlich gesehen nicht sinnvoll ist.[343] Eng verbunden ist hierbei auch die

---

[337] Vgl. Marquis (2001), S. 3.
[338] Vgl. VDEW (2000), S. 47.
[339] Vgl. Marquis (2001), S. 4.
[340] Vgl. IEA (2001c), S. 14.
[341] Vgl. Zander (2000), S. 41.
[342] Vgl. Müller (2001), S. 8.
[343] Die tatsächliche judikative Wirkung des § 19 Abs. 4 Nr. 4 GWB (neu) ist dabei gleichwohl nicht unumstritten. So vertritt etwa die Monopolkommission die Einschätzung, dass aufgrund der Unwirtschaftlichkeit einer Duplizierung der Netze nur mit Hilfe eines ex ante durchgeführten regulatorischen Eingriffes sichergestellt werden kann, dass ein Wettbewerber auf nachgelagerten Märkten die gleichen Wettbewerbschancen vorfindet wie der Netzbetreiber. Die Monopolkommission räumt hierbei zwar ein, dass auch eine ex ante Regulierung aufgrund von asymmetrischen Informationen zwischen Netzbetreiber und Regulierungsbehörde aller

implizite Forderung, dass vor allem im Übertragungsnetz genügend Leitungskapazitäten vorhanden sind, um elektrische Energie aus einer Region in eine andere übertragen zu können. Denn anderenfalls tritt das besondere Problem auf, dass einzelne Regionen netztechnisch als „isolierte Inseln" zu betrachten sind und daher der Marktmacht der lokalen Anbieter unterliegen. Der hier auftretende Effekt ist dabei nicht zu unterschätzen. Denn der nahe liegende Lösungsansatz, die Insellage durch den Bau zusätzlicher Übertragungskapazitäten aufzuheben, ist äußerst kostspielig und langwierig.[344]

Bei einer Bewertung des „deutschen Sonderweges" für den Netzzugang kann somit insgesamt das Fazit gezogen werden, dass die Rahmenbedingungen von den Marktteilnehmern weitgehend akzeptiert werden, auch wenn bei der praktischen Umsetzung von Verbändevereinbarung, Grid-Code und Distribution-Code noch vereinzelt Unklarheiten auftreten.[345] Die zentrale Frage ist hierbei, welche Methoden zur Festlegung angemessener Durchleitungsentgelte zum Zuge kommen sollten?[346]
Im Einklang mit dieser These steht auch die Einschätzung des BMWA in seinem Monitoring-Bericht vom 31. August 2003, wonach die Verbändevereinbarung in der Stromwirtschaft zusammen mit der kartellrechtlichen Missbrauchsaufsicht zu einem von Markteilnehmern und Wettbewerbsbehörden akzeptierten Marktzugangsmodell geführt habe. Insbesondere die abschließende VV II plus habe demnach die Grundlagen für einen funktionierenden Wettbewerb auf dem deutschen Strommarkt geschaffen. Anpassungsbedarf bestehe allerdings noch etwa hinsichtlich geeigneter Anpassungsmechanismen für die Kalkulation der Netznutzungsentgelte.[347]

Voraussicht nach zu suboptimalen Ergebnissen führen wird. Gleichwohl läge aber der große Vorteil einer ex ante Regulierung in der Transparenz der Netzzugangskosten sowie der schnellen Umsetzung von Netzzugangswünschen. Vgl. Monopolkommission (2002), S. 46 ff.

[344] Vgl. Borenstein; Bushnell (2000), S. 51.

[345] Vgl. Weck, Wellßow (2001), S. 22.

[346] So hatte die zuständige Beschlussabteilung des Bundeskartellamtes gegen 22 Netzbetreiber wegen des Verdachts missbräuchlich überhöhter Netznutzungsentgelte Voruntersuchungen eingeleitet und schließlich sogar gegen 10 Unternehmen ein förmliches Missbrauchsverfahren eröffnet. Dabei zeigte sich, dass das in der Praxis bislang angewandte Vergleichsmarktprinzip offensichtlich Schwächen aufweist und durch eine entsprechende Preiskontrolle ergänzt werden müsste. Anderenfalls sei nach Auffassung der Monopolkommission zu erwarten, dass die resultierenden Marktpreise grundsätzlich zu denen von monopolistischen Anbietern äquivalent sein würden. Vgl. Monopolkommission (2002), S. 23 ff und S. 46.

[347] Vgl. BMWA (2003), S. 31 und S. 34.

3.2 *Entwicklung des deutschen Strommarktes nach der Liberalisierung*

3.2.1 Ab heute ist Wettbewerb!

Bereits kurz nach dem In-Kraft-Treten des neuen Energiewirtschaftsgesetztes im April 1998 hat sich der deutsche Strommarkt zum wettbewerbsintensivsten innerhalb der Europäischen Union entwickelt.[348] Die Vorherrschaft der etablierten „Gebietsversorger" wurde allenthalben aufgebrochen.[349]
Die Folgen dieses rasanten Transformationsprozesses lassen sich hierbei gleichwohl auch einige Jahre nach der Liberalisierung des Strommarktes noch nicht in allen Zügen absehen. Denn die Faktoren scheinen komplex zu sein, voneinander abzuhängen, und teilweise sind sie offensichtlich sogar gegenläufig. Vieles was zu Beginn der Marktöffnung noch als Utopie oder Vision galt, ist bereits heute von der Realität eingeholt oder zum Teil sogar überholt worden. So gingen Schätzungen zu Beginn der Marktöffnung davon aus, dass am Ende dieses Prozesses von ehemals rund 1.000 EVU in Deutschland nur etwa 50 - 300 übrig bleiben werden.[350] Mittlerweile zeigt sich aber, dass zwar z. B. durch Fusionen die ursprüngliche Anzahl der etablierten EVU zurückgegangen ist, aber auf der anderen Seite diese Entwicklung durch neue Marktteilnehmer mehr als kompensiert wurde. So registrierte VDEW einerseits während der ersten drei Jahre nach der Liberalisierung 30 Fusionen mit insgesamt 71 beteiligten Unternehmen und rund 150 Kooperationsprojekte mit mehr als 650 beteiligten Unternehmen. Andererseits traten im selben Zeitraum mehrere hundert neue Player auf dem deutschen Strommarkt auf, wie z. B. in- und ausländische Stromhändler, Stromvertriebsgesellschaften, Ökostrom-Anbieter oder Energiedienstleister.[351]

Auch erwiesen sich Aussagen, dass überwiegend die großen EVU den Wettbewerb überstehen werden, bislang als unrichtig. Insbesondere Stadtwerke und regionale Weiterverteiler konnten sich ebenfalls recht gut positionieren, da sie gegenüber den großen Verbundunternehmen zwei entscheidende Vorteile besitzen: Kundennähe und in der Regel günstigere Kostenstrukturen im Netzbetrieb.[352] Darüber hinaus verfügen viele kleine Unternehmen über keine Eigenerzeugung und haben nunmehr die Möglichkeit, den preisgünstigsten Vorlieferanten frei auszuwählen und Strom an ihre Endkunden zu wettbewerbsfähigen Preisen anzubieten.[353]

[348] Vgl. VDEW (2000), S. 4.
[349] In diesem Zusammenhang sei darauf hingewiesen, dass Wettbewerb für die EVU nicht etwas gänzlich Neues war. Bereits vor der Novellierung des EnWG existierte im Bereich der Eigenerzeugung der Industrie ein virtueller Wettbewerb. Darüber hinaus gab es innerhalb des westeuropäischen Verbundsystems seit Jahrzehnten einen Spotmarkt für kurzfristige Stromlieferungen. Neu ist vielmehr die Schärfe des Wettbewerbs.
[350] Vgl. Hensing; Maier (1999), S. 24.
[351] Vgl. Marquis (2001), S. 5.
[352] Vgl. Kastner; Jarmer (1999), S. 41.
[353] Bei einer Gesamtbewertung der Position kleinerer EVU im Wettbewerb dürfen andererseits die gerade dort vielfach noch anzutreffenden Restriktionen des Gemeindewirtschaftsrechts nicht außer Acht gelassen werden. Denn kommunale Unternehmen sind durch das „Örtlichkeitsprinzip" in ihrer Tätigkeit auf das eigene Gemeindegebiet beschränkt, und können daher neue Kunden außerhalb des ursprünglichen

In Anlehnung an Beobachtungen auf anderen schon vorher deregulierten Strommärkten wurde sehr schnell deutlich, dass auch in Deutschland die Geschwindigkeit, mit der sich ein EVU an die neuen Rahmenbedingungen anpasst, den entscheidenden Faktor für ein erfolgreiches Bestehen darstellt. Allenthalben gilt die oft zitierte Aussage: „Nicht die Großen fressen die Kleinen, sondern die Schnellen die Langsamen!“[354]

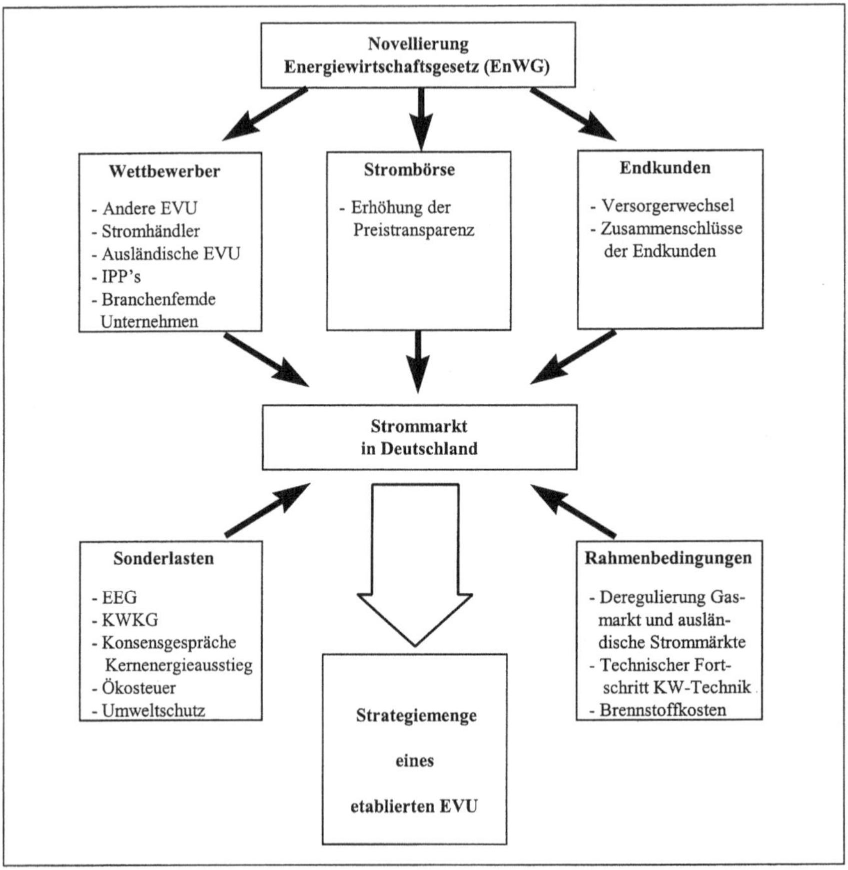

Bild 3: Einflussfaktoren auf die Strategiemenge eines etablierten EVU nach der Deregulierung[355]

Versorgungsgebietes nicht akquirieren. Der Beschluss der Wirtschaftsministerkonferenz im Juni 1999, den Entscheidungsspielraum kommunaler EVU „vorsichtig zu erweitern“, dürfte aber gleichwohl über kurz oder lang auch auf diesem Sektor zu einer größeren Chancengleichheit aller EVU im Wettbewerb führen. Vgl. Fritz; König (2000), S. 11 - 12.

[354] Vgl. Larsen; Lomi (1999), S. 154 und Pfaffenenberger (1999), S. 102.

[355] Quelle: Eigene Erstellung.

Es ist leicht einzusehen, dass als Folge der hier dargestellten Entwicklung vor allem auch aus dem Blickwinkel der etablierten Energieversorgungsunternehmen (EVU) die Komplexität der Entscheidungen auf dem deutschen Strommarkt deutlich zugenommen hat. Diese These kann insbesondere begründet werden mit der Tatsache, dass die bisher etablierten EVU nunmehr nicht nur untereinander im Wettbewerb stehen, sondern auch von neuen Akteuren auf dem Strommarkt, wie z. B. Stromhändler oder Unternehmen aus anderen Branchen, zusätzlich herausgefordert werden.[356] Darüber hinaus sind der im Wettbewerb erweiterte Entscheidungsraum der Endkunden, sowie die erhöhte Preistransparenz als Folge der Einführung einer Strombörse, zusätzlich in das Entscheidungskalkül mit einzubeziehen. Ferner war bereits im Kapitel 3.1.3 darauf hingewiesen worden, dass insbesondere nach der Liberalisierung die gesetzlichen Vorgaben für die Stromversorgung auf einigen Wertschöpfungsstufen erheblich ausgeweitet worden sind.
Nicht zu vergessen sind in diesem Zusammenhang wichtige sonstige Rahmenbedingungen, die auch unabhängig von dem Grad der Liberalisierung des deutschen Strommarktes unmittelbar auf den Entscheidungsraum der etablierten EVU einwirken. Hierzu zählen vor allem die Umsetzung der Binnenmarktrichtlinie Elektrizität in den anderen europäischen Staaten, die Deregulierung des Gasmarktes, die Entwicklung der Brennstoffkosten sowie der technische Fortschritt in der Kraftwerkstechnik.

In Bild 3 ist der Versuch unternommen worden, den hier dargestellten komplexer gewordenen Entscheidungsraum eines etablierten EVU im liberalisierten Strommarkt in eine systematische Übersicht zu bringen. Gleichwohl lassen sich aus diesen Wirkungszusammenhängen noch nicht die veränderten Strategieoptionen ableiten. Voraussetzung hierfür ist nämlich vorab eine detailliertere Darstellung der Entwicklung des deutschen Strommarktes nach der Liberalisierung.

Im Folgenden werden daher zunächst die Strategieoptionen und Zielsetzungen der „neuen" Wettbewerber und Endkunden sowie die Wirkungsweise und Entwicklung der Strombörse analysiert. Die bereits im Rahmen der vorliegenden Arbeit teilweise angesprochenen Rahmenbedingungen werden dabei nicht explizit untersucht, sondern nur, insoweit es zur Erläuterung hilfreich ist, an den entsprechenden Stellen herangezogen. Danach wird darauf aufbauend der Versuch unternommen, die sich abzeichnende Tendenz auf dem deutschen Strommarkt an Hand von einigen sehr markanten makro- und mikroökonomischen Beobachtungen zusammenzufassen. Ziel ist es, die wesentlichen Faktoren, welche die Strategiemenge eines etablierten EVU im liberalisierten Strommarkt bestimmen, darzulegen.

[356] Vgl. Larsen; Lomi (1999), S. 152.

3.2.2 Strategieoptionen und Zielsetzungen der „neuen" Wettbewerber

Als fatal erwies sich die Entscheidung der etablierten EVU auf dem deutschen Strommarkt, sich bei der Frage nach den künftigen Wettbewerbern auf die bereits anderen etablierten Anbieter zu fokussieren.[357] Denn schon bald drängten, abhängig von den jeweiligen Kundensegmenten, neben den „traditionellen" Marktteilnehmern auch neue Akteure, wie z. B. Stromhändler oder ausländische EVU, auf den deutschen Strommarkt. Im Folgenden werden die unterschiedlichen Gruppen dieser neuen Marktteilnehmer sowie ihre Strategieoptionen und Zielsetzungen kurz skizziert.

3.2.2.1 Stromhändler

Als neue, in dieser Form bisher nicht gekannte Wertschöpfungsstufe, entstand mit der Liberalisierung des Strommarktes der Stromhandel. Sowohl auf der Nachfrageseite zur Optimierung der Strombeschaffung als auch auf der Angebotsseite zur Unterstützung des Vertriebs erlangt diese neue Wertschöpfungsstufe zunehmend an Bedeutung.

Markant für die Tätigkeit eines Stromhändlers ist dabei, dass dieser nicht zwingend über eigene Kraftwerke und Netze verfügen muss. Er tätigt seine Handelsgeschäfte vielmehr über Stromhandelsmärkte durch Bezugs- und Dienstleistungsvereinbarungen mit den übrigen Marktteilnehmern.[358]

Die Tätigkeit des Stromhandels ist infolgedessen auch keineswegs auf die etablierten EVU beschränkt. Vielmehr treten insbesondere auch branchenfremde Unternehmen, wie etwa Banken und Versicherungen oder große Industriekonzerne, als Stromhändler am Markt auf.[359]

Der Begriff Stromhändler ist dabei im Hinblick auf die angebotenen Dienstleistungen und unterschiedlichen Ansprechpartner im Markt weiter zu differenzieren: Im engeren Sinne sind unter dem Begriff „Stromhändler" nur jene Käufer und Verkäufer von Strom zu verstehen, die nicht für Dritte, sondern im eigenen Namen und auf eigenes Risiko handeln. Sie sind von den „Brokern" abzugrenzen, die das Management der Stromlieferung einschließlich Beratung für einen oder mehrere Großkunden übernehmen. Broker unterscheiden sich wiederum von „Maklern" dadurch, dass Erstere ausschließlich an der Börse agieren.

Da Broker mit verschiedenen Händlern und Stromlieferanten in ständigem Kontakt stehen, verfügen diese über sehr gute Kenntnisse hinsichtlich Marktgeschehen und aktuellem Preisniveau.[360]

---

357 Vgl. Posch; Weilharter (1999), S. 21.

358 Vgl. Latcovic; Seiferth (1999), S. 20.

359 So plante u. a. die Frankfurter Flughafengesellschaft die Gründung einer Stromhandelsgesellschaft „Energy Air" mit dem Ziel, sowohl für den Standort Frankfurt am Main als auch für andere europäische Flughäfen den Stromeinkauf zu optimieren. Vgl. Informationszentrale der Elektrizitätswirtschaft (1999), S. 6.

360 Vgl. Zander (2000), S. 74 ff.

3.2.2.2 Ausländische EVU

Auf die deutschen Kunden entfielen im Jahre 2000 mit rund 500 TWh fast 22 Prozent des Stromverbrauchs innerhalb der EU.[361] Bezogen auf die verbrauchte TWh hat Deutschland damit den größten Strommarkt in Europa. Die zentrale geographische Lage und die vollkommene Marktöffnung in einem einzigen Schritt stellen aus dem Blickwinkel der europäischen Konkurrenz darüber hinaus wichtige Anreize für einen Eintritt in den deutschen Strommarkt dar.

Mit Electricité de France (EdF) aus Frankreich, Vattenfall aus Schweden sowie Electrabel aus Belgien konnten sich bislang vor allem drei bereits in ihren jeweiligen Heimatländern etablierte Unternehmen auf dem deutschen Strommarkt positionieren. Zumindest vorübergehend konnten ferner vor allem im Stromhandel auch Enron, TXU und Southern aus den USA sowie Fortum aus Finnland bedeutende Marktanteile erzielen.
Der strategische Vorteil dieser Unternehmen gegenüber den etablierten deutschen EVU liegt vielfach darin, dass sie aus Ländern kommen, die bereits früher als Deutschland mit der Liberalisierung des Strommarktes begonnen haben. Sie bringen daher wertvolle Erfahrungen mit im Hinblick auf die Anforderungen des eingesetzten Wettbewerbs und darauf aufbauend zum Ausbau der eigenen Marktposition.[362]

Mit dem Erwerb von Beteiligungen an deutschen EVU sowie dem Stromimport nach Deutschland stehen den ausländischen Unternehmen prinzipiell zwei wichtige Strategieoptionen zur Verfügung.
Der physische Stromtransport aus den Nachbarländern nach Deutschland hat sich hierbei gleichwohl auch nach der Liberalisierung nicht signifikant verändert. So stieg der Import im Zeitraum von 1997 bis 2001 lediglich von 37,8 TWh auf 43,45 TWh.[363] Neben bestehenden Leitungsengpässen scheint eine Ursache für diese mäßige Entwicklung die bereits in Kapitel 3.1.2.2 erläuterte „Reziprozitätsklausel" darzustellen, die offensichtlich für ausländische Stromanbieter ein nicht zu unterschätzendes Hindernis darstellt.

Es ist aber andererseits damit zu rechnen, dass im Zeitablauf die bislang abgeschotteten nationalen Strommärkte zunehmend miteinander verzahnt werden. Denn ähnlich wie ausländische Akteure auf dem deutschen Strommarkt eingetreten sind, haben im Gegenzug

---

[361] Vgl. Meller (2001a), S. 142.

[362] Die hier aufgezeigte These lässt sich recht anschaulich auch durch eine Analyse der Strommärkte Südamerikas bestätigen. Bekanntlich begann der Liberalisierungsprozess im Jahre 1982 in Chile bevor in den Folgejahren u. a. Argentinien, Kolumbien und Teile Brasiliens folgten. Ende der 90er Jahre zeigte sich hierbei, dass die chilenischen Elektrizitätsunternehmen in allen später deregulierten Strommärkten Südamerikas tätig waren, während im Gegenzug keinem einzigen Unternehmen dieser Länder der Markteintritt in Chile gelungen war! Vgl. Larsen; Lomi (1999), S. 155.

[363] Vgl. VDEW (2002b), S. 34 und VDN (2002).

vor allem die großen deutschen EVU in diversen europäischen Staaten Beteiligungen erworben oder nehmen zumindest dort aktiv am Stromhandel teil.[364]
Die wachsende Bedeutung ausländischer Stromanbieter darf obendrein als ein sicheres Indiz für die hohe Wettbewerbsintensität auf dem deutschen Strommarkt bewertet werden.[365]

3.2.2.3 Independent Power Producers (IPP)

Als Independent Power Producers (IPP) werden in der Literatur unabhängige Erzeuger bezeichnet, die über kein eigenes Netz verfügen. In der Regel handelt es sich dabei um Kraft-Wärme-Kopplungs- oder Wasserkraftanlagen.[366]
Der strategische Vorteil von IPP liegt dabei in der Möglichkeit eines ausgeprägten „Rosinenpickens" attraktiver Großkunden, insbesondere in der Form des Baus von Direktleitungen.[367] Begünstigt wird die wachsende Bedeutung von IPP obendrein durch die Tatsache, dass in einem liberalisierten Strommarkt durch die Schaffung eines diskriminierungsfreien Netzzugangs auch kein signifikanter Nachteil mehr gegenüber integrierten Versorgungsunternehmen besteht, die neben Erzeugungsanlagen auch über eigene Netze verfügen.[368]
Als hinderlich kann sich andererseits für IPP erweisen, dass diese in der Regel nur über wenige und gering diversifizierte Erzeugungsanlagen verfügen und daher der Unternehmenserfolg stärker den Schwankungen von Absatz, Preis und Beschaffungskosten unterliegt. Ein Ansatz zur Minimierung des hier aufgezeigten Risikos liegt gleichwohl im Abschluss von Langfristverträgen.[369]

Besonders interessant ist die hier aufgezeigte Strategieoption für Unternehmen, die bereits aus ihren bisherigen Geschäftsfeldern über ein gewisses Maß an Know-how verfügen. Die Hersteller von Kraftwerken können nämlich diese auch selbst betreiben und den erzeugten Strom vermarkten.[370] Aber auch Versorgungsunternehmen der Öl- und Gassparte können als IPP ihr Produktangebot um Strom ergänzen.[371]

3.2.2.4 Branchenfremde Unternehmen

Die Strommarktöffnung hat auch zu vollkommen neuen Geschäftsmöglichkeiten für Marktteilnehmer aus anderen Wirtschaftszweigen geführt. Spätestens mit dem Beginn des Wettbewerbs um die Massenkunden Mitte 1999 haben daher auch branchenfremde Unternehmen vermehrt auf den deutschen Strommarkt gedrängt, etwa durch den Verkauf von

---

[364] Vgl. Sturbeck (2001), S. 414.
[365] Vgl. Meller (2001a), S. 143.
[366] Vgl. Zander (2000), S. 80.
[367] Vgl. VDEW (1997a), S. 15 und S. 22.
[368] Vgl. Informationszentrale der Elektrizitätswirtschaft (1999), S. 6.
[369] Vgl. Zander (2000), S. 80.
[370] Vgl. Informationszentrale der Elektrizitätswirtschaft (1999), S. 6.
[371] Vgl. VDEW (1997a), S. 22.

Stromversorgungsverträgen in Warenhäusern oder an Tankstellen.[372] Eine genauere Analyse der nach sechs Jahren Wettbewerb bislang vertretenen Branchen zeigt, dass neben bekannten Markennamen aus der Konsumgüterindustrie und Versandhäusern vor allem auch Unternehmen aus der Finanz- und Versicherungswirtschaft einen „Ausflug" in den liberalisierten Strommarkt gewagt haben. Der wirtschaftliche Erfolg ist in den meisten Fällen gleichwohl eher mäßig gewesen. Nirgendwo ist es einem branchenfremden Unternehmen gelungen, als ernst zu nehmende zusätzliche Konkurrenz zu den Vertriebsbereichen der etablierten EVU dauerhaft aufzutreten. Es bleibt abzuwarten, ob sich zumindest mittel- bis langfristig Erwartungen bestätigen werden, dass sich wenigstens Unternehmen, die schon in anderen Branchen einen großen Bekanntheitsgrad erlangt hatten, ebenfalls auf dem deutschen Strommarkt positionieren können.[373]

Die hier dargestellte Entwicklung darf dabei nicht alleine auf die Liberalisierung des Strommarktes zurückgeführt werden. Vielmehr führen Globalisierung, die Fortschritte in der Informationstechnologie und die sich stetig verändernden Konsumgewohnheiten zu schrumpfenden Margen auch in zahlreichen Branchen außerhalb der Stromwirtschaft. Für viele Unternehmen ist es daher eine lukrative Strategieoption, jenseits der etablierten Kerngeschäfte zu expandieren. Sie werden hierbei von der Vision geleitet, dass Strom als „normales" Konsumgut auch in Supermärkten oder an Tankstellen gekauft werden kann.[374]

3.2.3 Wirkungsweise und Entwicklung der Strombörse

Ein wesentliches Kennzeichen für die infolge der Liberalisierung entstandenen Stromhandelsmärkte ist, dass diese einer rasanten Entwicklung und einem stetigen Wandel unterliegen. Ursachen hierfür sind die Tendenz zu großen Handelsmengen mit niedrigeren Margen, sich verkürzende Vertragslaufzeiten, zunehmende Preisvolatilitäten und eine steigende Anzahl von Marktteilnehmern.[375]

In Analogie zu den Entwicklungen auf bereits früher liberalisierten Strommärkten bildete sich hierbei auch in Deutschland zunächst ein rein physischer Terminmarkt auf der Basis von bilateralen „Over-the-Counter (OTC)"-Geschäften. Seit dem Jahre 2000 hat sich gleichwohl neben dem physikalischen auch zunehmend ein derivater Stromhandel etabliert, der die insbesondere bei kurzfristigen Geschäften zum Teil sehr hohen Schwankungsbreiten ausnutzt.[376]

Voraussetzung hierfür war gewesen, dass zur Absicherung des damit gestiegenen Risikos auch geeignete Instrumente zum Hedging für alle Markteilnehmer verfügbar sind. In

[372] Vgl. Fritz; König (2000), S. 15.
[373] Vgl. Gebhard (2000), S. 52.
[374] Vgl. Sereinig (1999), S. 39.
[375] Vgl. Latcovic; Seiferth, (1999), S. 21.
[376] Vgl. VDEW (2000), S. 29 und Waffel; Kunze (2001), S. 146.

Anlehnung an Handelsgeschäfte aus anderen Branchen haben daher Termingeschäfte auf der Basis von Optionen, Futures und Forwards stark an Bedeutung gewonnen.[377]
Die Größe des gehandelten Volumens hat dabei eine ex ante nicht erwartete Entwicklung genommen. Unter Einschluss sowohl finanzieller als auch physischer kurz- und langfristiger Verträge, wurden nach Schätzungen bereits im Jahre 2001 ein dem gesamten Stromverbrauch in Deutschland vergleichbares Volumen von rd. 500 TWh gehandelt.[378]
Begünstigt wird diese Entwicklung des Stromhandels vor allem dadurch, dass Strom physikalisch gesehen ein homogenes Gut darstellt und sich daher in Form einer standardisierten Ware hervorragend für Handelsgeschäfte eignet.[379]

Eine folgerichtige Konsequenz der hier aufgezeigten wachsenden Bedeutung der Stromhandelsmärkte ist die Einrichtung eines zentralen Handelsplatzes in der Form einer Strombörse gewesen. Denn hierdurch können zum einen die Transaktionskosten durch die Standardisierung der Stromhandelskontrakte beispielsweise hinsichtlich Lieferperiode, Lieferort und Leistung bzw. der Festlegung von Basiswerten gesenkt werden. Der große Vorteil der Standardisierung liegt obendrein darin, dass bereits abgeschlossene Geschäfte zu jeder Zeit von Dritten übernommen werden können. Zum anderen garantiert die Börse durch das so genannte „Clearing-Verfahren" aber auch, dass alle Verpflichtungen erfüllt werden, was wiederum die Risiken des Stromhandels reduziert.[380]
Der wesentliche Unterschied zwischen OTC- und Börsengeschäften ist, dass bei Letzteren die Marktpartner anonym bleiben. Eventuelle Hemmschwellen, wie sie beim Wechsel des Vertragspartners auf dem OTC-Markt auftreten können, werden hierdurch abgebaut.[381]
Obendrein ist es an einer Börse leichter, einen „passenden" Anbieter oder Nachfrager zu finden, um zum anvisierten Verhältnis aus Preis und entsprechender Menge zu kaufen oder verkaufen. Auf der anderen Seite bedeutet die Einführung einer Börse aber nicht, dass die Funktion von OTC-Geschäften gänzlich aufgehoben wäre. Vielmehr führt gerade die Standardisierung an Börsen dazu, dass zur Erfüllung von individuellen Bedürfnissen, wie z. B. lange Vertragslaufzeiten oder spezielle Preisanpassungsklauseln, ein großer Teil des Handelsvolumens nach wie vor außerhalb der Börse abgewickelt wird. [382]
Ferner gilt zu bedenken, dass zur Teilnahme an der Börse eine Reihe von Voraussetzungen zu erfüllen sind. Denn ein Unternehmen, das diesen Schritt beabsichtigt, muss zum einen die notwendige Infrastruktur einschließlich eines Risikomanagements aufbauen. Zum anderen sind aber auch die Erfüllung zusätzlicher Anforderungen, wie eine angemessene Eigenkapitalausstattung, Händlerprüfung oder die Entrichtung banküblicher Sicherheiten,

377 Eine umfassende Übersicht verschiedener Hedging-Instrumente befindet sich u. a. in Zander (2000), S. 51.
378 Vgl. Waffel; Kunze (2001), S. 146.
379 Vgl. VDEW (2000), S. 28.
380 Vgl. VDEW (2000), S. 29 und Zander (2000), S. 83.
381 Vgl. Budde (2000), S. 58.
382 Vgl. Zander (2000), S. 83 ff.

nachzuweisen. Ein Unternehmen hat daher vorab die Vor- und Nachteile der Teilnahme am Börsenhandel sehr genau abzuwägen.[383]

Anfangs waren für den deutschen Strommarkt mit der APX (Amsterdam Power Exchange), LPX (Leipzig Power Exchange) und der Frankfurter EEX (European Energy Exchange) drei Strombörsen aktiv.[384] Im Jahre 2002 haben LPX und EEX zur EEX in Leipzig mit dem Ziel fusioniert, die Liquidität deutlich zu erhöhen.
Vergleichbar mit dem Nordpool für Skandinavien oder Börsen für andere commodities haben hierbei auch die in Deutschland aktiven Strombörsen in einem hohen Maß zu Preistransparenz geführt.[385] Darüber hinaus erfüllt der Börsenpreis auch eine wichtige Informationsfunktion für OTC-Geschäfte.[386] Es ist zu erwarten, dass vollkommen neue Handelsprodukte wie „Green Certificates", „Weather Derivatives" und „Emission Trading" schon in absehbarer Zeit zusätzliche Märkte entstehen lassen, und somit die Bedeutung der Strombörse weiter ausbauen.[387] Nicht zu unterschätzen ist in diesem Zusammenhang die zunehmende Konvergenz des Strom- und Gasmarktes und der damit verbundenen Möglichkeit, Preisdifferenzen auszunutzen. Erfahrungen aus Skandinavien zeigen, dass hierbei vor allem den so genannten „Spark Spreads" eine wachsende Bedeutung zukommen wird.

3.2.4 Strategieoptionen und Zielsetzungen der Endkunden

Durch die vollständige Liberalisierung in einem einzigen Schritt hatten alle Kunden in Deutschland von Anfang an prinzipiell die Möglichkeit, ihren Versorger zu wechseln und somit ihre Rolle als „Captive Customer" zugunsten einer vollen Konsumentensouveränität aufzugeben.[388] Anfänglichen Schwierigkeiten in der praktischen Abwicklung konnten u. a. durch die bereits in Kapitel 3.1.2.3 dargestellte „VV II" und die Einführung der VDEW-Lastprofile zufrieden stellend gelöst werden.
Der wichtigste Anreiz für einen Versorgerwechsel ist dabei für alle Kundengruppen der günstigere Strompreis. Für Großkunden stellen das Angebot an Systemdienstleistungen und für Tarifkunden das Bedürfnis nach Strom aus besonders umweltfreundlichen Energiequellen wichtige zusätzliche Motive dar.
Die Erweiterung der Strategiemenge infolge der Liberalisierung des deutschen Strommarktes haben dabei die einzelnen Kundengruppen mit recht unterschiedlicher Intensität genutzt.

Insbesondere große Weiterverteiler und Industrieunternehmen sind mittlerweile zum Teil dazu übergegangen, ihren Jahresstrombedarf in Form eines Portfolios aus unterschiedlichen

---

383 Vgl. Budde (2000), S. 58.
384 Vgl. VDEW (2000), S. 29.
385 Vgl. Waffel; Kunze (2001), S. 145.
386 Vgl. Budde (2000), S. 58.
387 Vgl. Waffel; Kunze (2001), S. 147.
388 Vgl. Meller (2001b), S. 26.

Bezugsquellen und Produkten zusammenzustellen. Denn diese Kundengruppen können in der Regel ihre Lastkurve relativ gut prognostizieren und somit entstehende Preisvorteile durch eine kombinierte Beschaffung aus Band- und Programmlieferungen mit Zusatzstrombezug gegenüber einer Vollstromversorgung nutzen.[389] Ein zusätzlicher Freiheitsgrad für die Unternehmen ergibt sich dabei aus der Option, die einzelnen Bestandteile des Portfolios nicht notwendigerweise für ein Jahr im Voraus beschaffen zu müssen.[390]
Die hierfür notwendigen Geschäfte können dabei entweder über den OTC-Markt oder an der Börse erfolgen. Es ist leicht ersichtlich, dass aus den bereits dargelegten Anforderungen für einen Börsengang nur größere Industrieunternehmen den direkten Weg an die Börse wählen. Kleine Industrie- und Gewerbekunden nehmen hingegen allenfalls indirekt über Stromhändler an der Börse teil.[391]

Die Bildung von Einkaufsgemeinschaften stellt insbesondere für klein- und mittelständische Betriebe eine zusätzliche wichtige Strategieoption im liberalisierten Markt dar. Diese verfügen nämlich nicht über die erforderliche Größe und selten über das Know-how, um mit den Stromversorgern intensiv verhandeln zu können. Sie können daher versuchen, durch eine Bündelung ihrer Nachfrage ähnlich günstige Konditionen von den Energieversorgern zu erhalten wie Großkunden. Die Gestaltung von Einkaufsgemeinschaften kann hierbei branchenbezogen oder -übergreifend erfolgen. Ferner sind bundesweite oder regionale Modelle denkbar.[392]
Aus dem gleichen Anreiz heraus können sich aber auch Unternehmen mit mehreren Dienstleistungs- oder Betriebsstellen, wie z. B. Banken, Versicherungen, Einzelhandelsketten, Restaurantketten oder Industrieunternehmen mit mehren Standorten zu so genannten Bündelkunden zusammenschließen. Das wesentliche Unterscheidungsmerkmal gegenüber Einkaufsgemeinschaften ist im Sprachgebrauch, dass bei Bündelkunden die Unternehmen gesellschaftsrechtlich miteinander verbunden sind.[393]

---

[389] Vgl. Eßer-Scherbeck (2000), S. 107 und Zander (2000), S. 67 ff.
Das wesentliche Merkmal einer „Vollstromversorgung" ist, dass der Kunde im Vorhinein keine Angaben über den zeitlichen Verlauf seiner Lastkurve machen muss und auch keine sonstigen technischen, rechtlichen oder wirtschaftlichen Kompetenzen benötigt. Die Vollstromversorgung ist gleichwohl in der Regel teurer als die freie Strombeschaffung am Markt.
Bei einer „Programmlieferung" bestellt der Kunde hingegen vorab eine bestimmte Leistung, die z. B. nach Tageszeiten und Wochentagen gestaffelt ist. Ein Sonderfall hiervon stellt die „Bandlieferung" dar, bei der die Leistung während der gesamten Vertragslaufzeit konstant ist.
Während der tatsächlichen physischen Lieferung können darüber hinaus Schwankungen der Lastkurve auftreten, die trotz der guten Prognostizierbarkeit nicht durch das Portfolio aus Band- und Programmlieferungen abgedeckt werden. Der Kunde wird hierzu in der Regel einen Vertrag für den „Zusatzstrombezug" mit dem örtlichen Netzbetreiber bzw. Versorger abschließen. Vgl. Zander (2000), S. 46 ff.

[390] Vgl. Eßer-Scherbeck (2000), S. 109.

[391] Vgl. Budde (2000), S. 58.

[392] VDEW (1997a), S. 21 und Zander (2000), S. 71 ff.

[393] Vgl. VDEW (1997a), S. 21 und Zander (2000), S. 70.

Das Potenzial, das in diesem Geschäftsfeld insgesamt steckt, lässt sich gegenwärtig allenfalls erahnen. Es ist nämlich durchaus denkbar, sogar den Strombedarf von Gewerbe-, Industrie- und Technologieparks, sowie von Wohngebieten zusammenzufassen.[394]
Sowohl für Bündelkunden als auch für Einkaufszusammenschlüsse gibt es obendrein auch zusätzliche Optionen in Bezug auf das Beschaffungsmanagement. Während nämlich für das einzelne klein- und mittelständische Unternehmen, unabhängig von der Struktur des Lastgangs, nur eine Vollstromversorgung in Frage kommt, kann die gebündelte Nachfrage in Analogie zu den bereits betrachteten Großkunden in eine kombinierte Beschaffung aus Band- und Programmlieferungen mit Zusatzstrombezug aufgeteilt werden. Denn bei der gebündelten Nachfrage wird eine größere Durchmischung der einzelnen Lastprofile erreicht, was wiederum zu einer besseren Prognostizierbarkeit der Lastkurve der Gesamtnachfrage führt. Letztendlich sind gleichwohl für jeden Einzelfall die Vor- und Nachteile für die Bildung von Einkaufszusammenschlüssen und Bündelkunden genau abzuwägen. So sind etwa die zu erwartenden Kosteneinsparungen als Folge der Größendegression, den zu erwartenden organisatorischen Mehraufwendungen beim Netzzugang, aufgrund der Vielzahl der Abnahmestellen, gegenüberzustellen.[395]

Tarifkunden haben hingegen bislang die Vollversorgung beibehalten, da es für diese Kundengruppe unter Kostengesichtspunkten kaum einen Anreiz für eine flexible Strombeschaffung mit unterschiedlichen Marktpartnern gibt.[396]
Für das Segment der Tarifkunden zeigt sich ferner, dass bislang nur ein vergleichsweise sehr geringer Prozentsatz seinen bisherigen Stromanbieter gewechselt hat.[397] Ob daraus allerdings die Schlussfolgerung gezogen werden kann, dass der eingeschlagene Weg zur Liberalisierung des deutschen Strommarktes in diesem Kundensegment nicht wirksam ist, wird im Rahmen der vorliegenden Arbeit noch detailliert zu analysieren sein.

3.2.5 Preisverfall in einem stagnierenden Markt

Es gilt in der Literatur als unstrittig, dass für eine Beschreibung der Übergangsphase vom Monopol- zum Wettbewerbsmarkt vor allem die Preisentwicklung eine sehr große Rolle spielt.[398] Denn in Kapitel 2.4.1 war bereits dargestellt worden, dass sinkende Strompreise, neben verbesserten Service- und Dienstleistungen, das Hauptmotiv für die Einleitung von konkreten Schritten zur Deregulierung darstellten. Im Folgenden werden daher die Preisentwicklung für verschiedene Kundensegmente auf dem deutschen Strommarkt seit der Liberalisierung sowie deren Ursachen analysiert.

---

394 Vgl. Laker; Herr (1998), S. 12.
395 Vgl. Zander (2000), S. 70 ff.
396 Vgl. Zander (2000), S. 61.
397 Vgl. Meller (2001a), S. 142.
398 Vgl. u. a. VDEW (1998), S. 21.

In der Zeit geschlossener Versorgungsgebiete war es für die etablierten EVU problemlos möglich gewesen, Kosten für den Aufbau zusätzlicher Reserveleistungen auf die Endkunden zu überwälzen. Es ist leicht nachzuvollziehen, dass hierdurch mit dem Argument der Erhöhung der Versorgungssicherheit bisweilen auch deutliche Reserve(über)kapazitäten geschaffen wurden.[399] Als Folge dieser zu Monopolzeiten vorherrschenden Randbedingungen und Investitionsstrategien ist der deutsche Strommarkt auch einige Jahre nach der Liberalisierung nach wie vor durch hohe Überkapazitäten in der Erzeugung geprägt. Verstärkt wird dieser Druck auf der Erzeugerseite noch durch den Versuch, vor allem von osteuropäischen Kraftwerksbetreibern, Strom nach Deutschland zu exportieren.[400]

Ein vollkommen anderes Bild ergibt sich auf der Absatzseite. Seit Mitte der 80er Jahre ist der Anstieg des Stromverbrauchs in Deutschland niedriger als das wirtschaftliche Wachstum. Im Gegensatz zum bereits früher liberalisierten Telekommunikationsmarkt stagniert daher der Verbrauch auf dem deutschen Strommarkt seit Jahren.[401]
An dieser Entwicklung wird sich hierbei auch in der nahen Zukunft nur wenig ändern. Zwar ist damit zu rechnen, dass zukünftig Energiedienstleistungen auf der Basis von Strom weiter zunehmen werden. Auf der anderen Seite werden aber durch Verbesserung der Effizienz der eingesetzten Techniken entgegengesetzte Effekte auftreten, die insgesamt auch weiterhin zu abnehmenden Grenzsteigerungen des Pro-Kopf-Verbrauchs für Strom führen dürften.[402]

Aus dem Blickwinkel eines bereits etablierten EVU ist es hierbei entscheidend, dass sich die Bewertung der hier beschriebenen Marktsituation durch die Liberalisierung grundlegend verändert hat. Denn ein EVU gewinnt nunmehr die zusätzliche Strategieoption, vorhandene Überkapazitäten durch Akquisition neuer Kunden außerhalb des ehemaligen Versorgungsgebietes zu decken. Gleichzeitig haben neue Marktteilnehmer im beginnenden Wettbewerb die Möglichkeit, durch drastische Preissenkungen Kunden aus dem angestammten Versorgungsgebiet der etablierten EVU herauszubrechen.
Auf dem deutschen Strommarkt hat somit seit der Liberalisierung im Jahre 1998 ein Übergang vom Käufer- zum Verkäufermarkt stattgefunden, auf dem beim Kampf um den einzelnen Kunden auch drastische Preisnachlässe billigend in Kauf genommen werden.[403] Die Folge ist ein scharfer Verdrängungswettbewerb auf einem Preisniveau, auf dem teilweise keine ausreichenden Deckungsbeiträge mehr erzielt werden können. Es ist leicht einzusehen, dass dieses Preisniveau zumindest langfristig nicht aufrechterhalten werden kann. Die entscheidende Frage in diesem Zusammenhang ist dann aber, wie die vorhandenen

---

[399] Vgl. Markewitz; Vögele (2002), S. 39.
[400] So kostete z. B. Strom aus polnischen Erzeugungsanlagen Anfang 2001 nur 2 Pf/kWh und lag damit konkurrenzlos unterhalb des Preisniveaus deutscher Anlagen. Vgl. Waffel; Kunze (2001), S. 145.
[401] Vgl. Informationszentrale der Elektrizitätswirtschaft (2000a), S. 2 und Meller (2001a), S. 142.
[402] Vgl. Gattinger; Voigtländer (1999), S. 427.
[403] Vgl. Jäger (2000), S. 1.

Überkapazitäten von fast 10.000 MW auf dem deutschen Strommarkt abgebaut werden können.[404]

Als logische Konsequenz der hier dargestellten Entwicklung sind die Durchschnittserlöse der EVU über alle Kundensegmente hinweg deutlich gesunken.

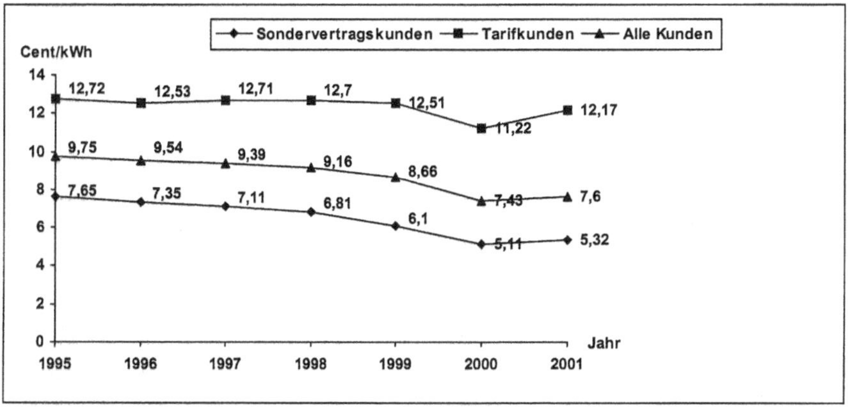

Bild 4: Durchschnittserlöse der EVU aus der Stromabgabe in Deutschland[405]

Profitierten von den durch diese Marktsituation ausgelösten Preissenkungen zunächst nur industrielle Großkunden, entbrannte spätestens ab Mitte 1999 auch der Kampf um mittelständische Betriebe und Privathaushalte.[406] Lässt man die in Kapitel 3.1.3 bereits dargestellten Sonderlasten außer Acht, so sanken im Jahre 1999 als Folge von Preissenkungen von bis zu 40 % die Stromrechnungen allein für Industrie- und Gewerbekunden um insgesamt rd. elf Milliarden DM. Für kleinere Kunden und Haushalte sank die Stromrechnung noch immerhin um 10 - 15 Prozent, was zu Einsparungen von rd. 4 Mrd. DM im Jahre 1999 und sogar rd. 15 Mrd. DM im Jahre 2000 führte.[407]

Auch wenn seit Mitte 2001 wieder ein leichter Anstieg zu beobachten ist, scheinen insbesondere im Marktsegment der Großkunden die Margen für die EVU dauerhaft verloren zu sein.[408]

---

[404] Ein entscheidender Schritt hierzu könnte die Ankündigung von E.ON gewesen sein, Erzeugungskapazitäten von 4.800 MW stilllegen zu wollen. Vgl. Waffel; Kunze (2001), S. 145.

[405] Quelle: Statistisches Bundesamt, zitiert in: VDEW (2002b), S. 21.

[406] Vgl. Donnerbauer (2000), S. 12.

[407] Vgl. VDEW (2000), S. 4 und. Meller (2001b), S. 28.
An dieser Stelle sei kurz auf ein weit verbreitetes Missverständnis aufmerksam gemacht, dass vom Preisverfall lediglich die großen Kunden profitieren. Dies ist darauf zurückzuführen, dass die Preisfälle sehr oft prozentual angegeben werden. Da aber die Preise für Haushaltskunden üblicherweise über denen der Sondervertragskunden und Großkunden liegen, profitieren Letztere bei absolut gesehen gleichen Beträgen prozentual mehr. Vgl. Crandall; Ellig (1998), S. 14.

[408] Vgl. Hannemann (2001), S. 26.

3.2.6 Tendenzen auf dem Strommarkt vs. Strategiemenge der etablierten EVU

Es ist schwierig, aufgrund der in den Kapiteln zuvor gemachten Analysen das anvisierte Ziel zu erreichen, eine detailliertere Darstellung der Entwicklung des deutschen Strommarktes nach der Liberalisierung zu präsentieren, um darauf aufbauend die Strategiemenge der etablierten EVU abzuleiten.

Denn die Untersuchung etwa der Strategieoptionen und Zielsetzungen der „neuen" Wettbewerber und Endkunden oder der Preisentwicklung haben die anfangs bereits aufgestellte These bestätigt, dass die Entscheidungsräume der einzelnen Marktteilnehmer komplex und zueinander interdependent sind. Die Wahl der Strategieoption der einzelnen Markteilnehmer bleibt daher nicht ohne Rückkopplung auf die Entwicklung des deutschen Strommarktes.

Gleichwohl können an Hand der im Rahmen der vorliegenden Arbeit bereits durchgeführten Untersuchungen einige markante makro- und mikroökonomische Tendenzen für den deutschen Strommarkt abgeleitet werden, die wiederum entscheidende Hinweise für die Strategiemenge der etablierten EVU geben.

Aus dem Blickwinkel eines etablierten EVU ist demnach gut 6 Jahre nach dem Beginn der Liberalisierung in der deutschen Stromwirtschaft ein Markt entstanden, der durch folgende Elemente und Entwicklungen charakterisiert werden kann:

- Starker **Wettbewerbsdruck** aufgrund hoher Erzeugungskapazitäten und neuer Wettbewerber bei gleichzeitig stagnierender Nachfrage;
- Steigende **Preistransparenz** durch die Einführung der Strombörsen;
- Anhaltender **staatlicher Einfluss** vor allem im Erzeugungsbereich infolge neuer und erweiterter Gesetze;
- Erhöhte **Komplexität der Entscheidungen** der Akteure;
- Verstärkte **Interdependenzen** zu anderen europäischen Strommärkten.

3.3 *Erweiterung der Strategiemenge eines etablierten EVU im Wettbewerb*

Die zuvor beschriebenen Entwicklungen auf dem deutschen Strommarkt nach der Liberalisierung haben zwangsläufig auch zu starken Veränderungsprozessen bei den bisher etablierten EVU geführt. Unabhängig von ihrer Größe, geographischen Lage und Geschäftsfeldern sind alle EVU gezwungen gewesen, ihre bisherige Strategiemenge zu überdenken.

Die große Herausforderung lag hierbei in der Frage, um welche einzelnen Strategien die Strategiemenge konkret zu ergänzen sei zum Erreichen der angestrebten Ziele im liberalisierten Markt?

Der nahe liegende Ansatz, Erfahrungen von Unternehmen zu nutzen aus bereits früher liberalisierten Strommärkten oder Wirtschaftszweigen mit einer ähnlichen Leitungsgebundenheit, stößt nämlich aus vergleichbaren Gründen wie die in Kapitel 2.4.2 dargestellte Suche nach dem optimalen Ansatz zur Deregulierung recht schnell an seine Grenzen. Denn auch eine Strategie, die sich beim Übergang vom Monopol- zum Wettbewerbsmarkt als optimal für ein Unternehmen in einer bestimmten Region oder Branche erweist, kann nicht ohne Weiteres auf ein Unternehmen in einer anderen Branche oder Region übertragen werden.

Als ein zusätzliches Problem erweist sich in diesem Zusammenhang die geringe Anzahl von Erfahrungswerten im Verhältnis zu möglichen Entwicklungspfaden. So gab es etwa zu Beginn des Deregulierungsprozesses innerhalb der Europäischen Union kaum einen Stromversorger in dieser Region, der über ausreichend Erfahrung verfügte hinsichtlich der optimalen Positionierung unter Wettbewerbsbedingungen auf einem global ausgerichteten Energiemarkt, und folglich als „Vorbild“ für andere Unternehmen herhalten konnte. Ferner gibt es auch ein intertemporales Problem, da Strategieoptionen, die sich in der Vergangenheit für bestimmte Problemfelder als richtig erwiesen haben, nicht ohne weiteres auf die Gegenwart übertragen werden können.[409]

Die etablierten EVU waren somit dazu gezwungen, ihre Strategiemenge an die neuen Rahmenbedingungen des liberalisierten Strommarktes anzupassen, ohne hierbei umfassend auf empirische Erfahrungen zurückgreifen zu können. Auch der Einsatz von geeigneten Management-Techniken als Hilfe zur Entscheidungsfindung musste sich an diesen Vorgaben orientieren.[410] Es ist daher nicht verwunderlich, dass die EVU die durch die Deregulierung neu gewonnene unternehmerische Freiheit bislang auf recht unterschiedliche Weise nutzen.

---

[409] Vgl. Larsen; Lomi (1999), S. 156 und die dort aufgeführten Beispiele.

[410] Ein sehr guter Überblick über die wichtigsten Management-Techniken befindet sich u. a. in: Schierenbeck (1989), S. 136 ff.
Lomi und Larsen (1999) schlagen unter der Bezeichnung „Learning without experiences“ zwei Vorgehensweisen vor, um speziell die hier aufgezeigten Probleme zu umgehen. Der Ansatz des „simulating hypothetical histories“ basiert dabei auf der Verwendung von Szenariotechniken. Mit Hilfe von plausiblen Erklärungsansätzen über die zukünftige Entwicklung des Strommarktes soll der Versuch unternommen werden, gegenwärtige Handlungszwänge vorauszusehen.

Im Folgenden wird der Versuch unternommen, die als Folge der Liberalisierung empirisch beobachtbaren Strategieoptionen der etablierten EVU systematisch zu ordnen und als unmittelbare Reaktion auf die veränderten Rahmenbedingungen darzustellen.

Eine Auflistung und Bewertung der verschiedenen Strategieoptionen zeigt hierbei, dass viele etablierte EVU bereits im Vorfeld zur Marktöffnung damit begonnen hatten, durch drastische Kostensenkung ihre Wettbewerbsfähigkeit zu verbessern.[411] Die unter dem Oberbegriff „Kostensenkung" zusammengefassten Strategieoptionen stellen daher auch im Zeitablauf gesehen die erste bedeutende Erweiterung der Strategiemenge eines etablierten EVU im liberalisierten Strommarkt dar.

In Kapitel 3.2.5 war bereits dargestellt worden, dass schon bald nach der Liberalisierung ein Übergang vom Käufer- zum Verkäufermarkt auf dem deutschen Strommarkt stattgefunden hat. Die konsequente Ausrichtung auf Kunden und Märkte im Sinne der Elemente des Marketingmix und die daraus abgeleiteten Strategieoptionen stellen daher insbesondere auch für die etablierten EVU einen zusätzlichen entscheidenden Erfolgsfaktor dar.[412] Fehlende oder nicht ausreichende Funktionen entlang der Wertschöpfungsstufen wie z. B. Marketing, Vertrieb oder Stromhandel wurden rasch aufgebaut.[413]
Die unter dem Oberbegriff „Akquisition und Kundenbindung" zusammengefassten Strategieoptionen stellen folglich eine zweite wesentliche Erweiterung der Strategiemenge dar.

Neben Maßnahmen zur Kostensenkung und stärkerer Kundenorientierung stellt darüber hinaus schließlich die strategische Neupositionierung der Unternehmen eine dritte wichtige Ausdehnung der Strategiemenge im deregulierten Strommarkt dar.[414]

Es ergeben sich somit die in der nachfolgenden Abbildung dargestellten drei Säulen von Erweiterungen der Strategiemengen eines etablierten EVU im liberalisierten Strommarkt, die in den folgenden Kapiteln näher analysiert werden.

Der Ansatz des „historical non-events" beruht hingegen auf der systematischen Sammlung und Auswertung von Entscheidungssituationen und Ereignissen des eigenen Unternehmens in der Vergangenheit. Vgl. Larsen; Lomi (1999), S. 158 ff.

[411] Vgl. Fritz; König (2000), S. 15.

[412] Vgl. Meller (1998), S. 6.

[413] Vgl. Meller (2001b), S. 26.

[414] Vgl. VDEW (1997a), S. 25 und Donnerbauer (2000), S. 12.

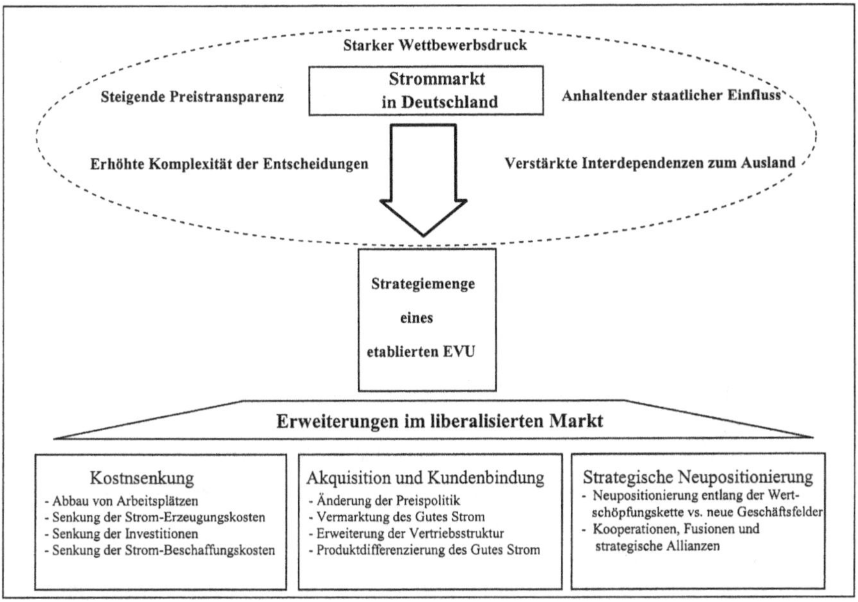

Bild 5: Erweiterung der Strategiemenge eines etablierten EVU nach der Deregulierung[415]

3.3.1 Kostensenkung

Ein grundlegender Wandel, den der Wettbewerb mit sich gebracht hat, betrifft das Verhältnis zwischen Preisen und Kosten. In der Vergangenheit war die Preiskalkulation der etablierten EVU von der Vorstellung beherrscht, die Kosten bestimmen die Preise. Bedingt durch die bereits angesprochenen Überkapazitäten in der Erzeugung sowie des wachsenden Drucks durch ausländische Anbieter, setzte andererseits gleich zu Beginn der Marktöffnung ein intensiver Preiswettbewerb ein.[416] Insbesondere die Preise der meisten neuen Anbieter lagen dabei zu Beginn deutlich unter dem bisherigen Niveau.[417] Es zeigte sich somit, dass nunmehr die am Markt erzielten Preise die Kosten bestimmen!

Da sich in der Stromversorgung darüber hinaus auf den ersten Blick kaum eine Produktdifferenzierung erreichen lässt, können bereits geringe Kostenunterschiede entscheidend für den unternehmerischen Erfolg sein.[418]

---

[415] Quelle: Eigene Erstellung.

[416] Vgl. Hensing; Maier (1999), S. 24.

[417] So hatte etwa „Yello-Strom“ zu Beginn seines Markteintritts im August 1999 mit seinem Angebot von 19 Pf/kWh das bestehende Preisniveau um durchschnittlich 7 Pf/kWh, oder rd. 23 Prozent, unterboten. Vgl. Drake; Ohler; Röthel (2000), S. 286.

[418] Vgl. Liebing (1999), S. 49. Inwieweit sich eine Produktdifferenzierung u. U. doch erreichen lässt, wird noch in Kapitel 3.3.2.5 analysiert werden.

Der in Kapitel 3.2.5 aufgezeigte Preisverfall in einem stagnierendem Markt zwang daher die EVU spätestens mit Beginn der Liberalisierung zu einem umfangreichen und straffen Kostenmanagement, das mit weit reichenden Restrukturierungsmaßnahmen verbunden war und ist. Abhängig von der bisherigen Bedarfsdeckung durch Eigenerzeugung lassen sich dabei vor allem durch folgende Strategieoptionen Kostensenkungspotenziale realisieren:

- Abbau von Arbeitsplätzen
- Senkung der Strom-Erzeugungskosten
- Senkung der Investitionen
- Senkung der Strom-Beschaffungskosten

3.3.1.1 Abbau von Arbeitsplätzen

Als erste Reaktion auf die sich verändernden Marktbedingungen und den damit verbundenen umfangreichen Anstrengungen zur Kostensenkung haben fast alle etablierten EVU bereits vor der Liberalisierung intensive Maßnahmen zur Reduzierung der Personalkosten eingeleitet.
Die Zahl der Mitarbeiter in der Strombranche sank infolgedessen allein in den ersten vier Jahren seit der Einführung des EnWG im Jahre 1998 um rd. 23 Prozent und seit dem Beginn der Debatten hinsichtlich der Liberalisierung des Strommarktes Anfang der 90er Jahre sogar um rd. 40 Prozent. Gleichzeitig nahm aber aufgrund dessen die Produktivität der EVU deutlich zu. So stieg zwischen 1991 und 1999 die verkaufte Menge Strom je Beschäftigter von knapp 2 auf 3,1 Millionen kWh.[419]

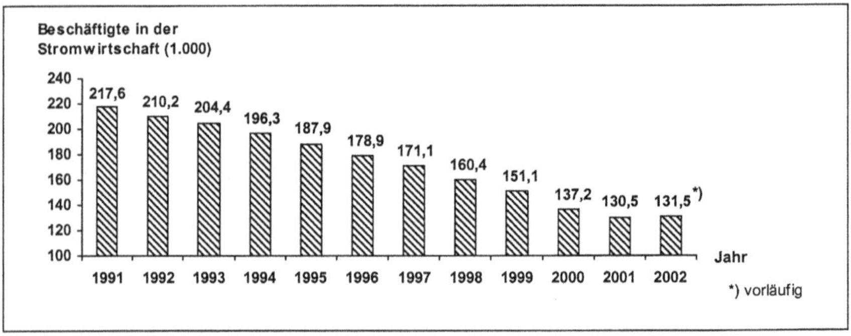

Bild 6: Entwicklung der Beschäftigung in der Elektrizitätswirtschaft[420]

Bei einer Analyse der absoluten Höhe des Personalabbaus ist aber gleichwohl zu bedenken, dass ein Teil des Personals z. B. in die Reparatur- und Service - Dienstleistungen nur ausgelagert wurden. Darüber hinaus ist durch die Erhöhung des Kundenservices z. B. in der Form von Call-Centern eine zusätzliche Nachfrage nach Arbeitskräften durch die

[419] Vgl. o. V. (2000e), S. 8.
[420] Quelle: VDEW (2003), S. 6.

Liberalisierung des Strommarktes erst entstanden. Es liegt daher die Vermutung nahe, dass sich analog zu Beobachtungen in anderen ehemals monopolisierten Bereichen auch in der Elektrizitätswirtschaft der Stellenabbau nicht ohne weiteres im vollen Umfang in der Arbeitslosenstatistik widerspiegelt.[421] In den einzelnen Geschäftsbereichen der Elektrizitätswirtschaft liegen somit offensichtlich gegenläufige Effekte vor, deren langfristige Auswirkungen auf die Beschäftigungsentwicklung sich gegenwärtig noch nicht quantifizieren lassen.

Entscheidend für eine Bewertung dieser Strategieoption ist aber, dass der Prozess der Kostenreduzierung über den Arbeitsplatzabbau sehr bald an Grenzen stoßen wird, da eine zu starke Personalreduzierung auch zu einer Verminderung der Qualität führt.[422] Programme zur Kosteneinsparung auf der Basis von Personalabbau lassen sich somit in der Regel nicht beliebig wiederholen.

Als fatal erwies es sich in diesem Zusammenhang, dass die EVU in einzelnen Sachfragen und Beratungsdienstleistungen auch nicht mehr im gewünschten Umfang auf die Verbände der Elektrizitätswirtschaft, wie z. B. dem Verband der Elektrizitätswirtschaft (VDEW), zurückgreifen können, da diese als Folge eines von den Mitgliedsunternehmen überwälzten Kostendrucks ebenfalls gezwungen waren, Personal und damit Leistungen abzubauen.

3.3.1.2 Senkung der Strom-Erzeugungskosten

Die verschiedenen Alternativen zur Erzeugung von elektrischem Strom können u. a. unterschieden werden nach der Höhe der spezifischen Investitionen, dem zu erreichenden Wirkungsgrad und den Kosten für die einzusetzenden Primärenergieträger.[423]

Investoren auf liberalisierten Märkten treffen ihre Entscheidungen hierbei gleichwohl nach anderen Kriterien als auf regulierten Monopolmärkten. Denn neben der Forderung nach höchster Wirtschaftlichkeit erhalten die Kriterien kurze Abschreibungsdauer und Bauzeit zunehmendes Gewicht.[424] Es existieren ferner viel stärkere Anreize, auch den optimalen Brennstoffmix unter Kostengesichtspunkten sowie logistischen Restriktionen festzulegen, was wiederum Rückwirkungen auf die Wahl der Erzeugungsanlagen hat.[425]

Die Betreiber versuchten daher in erster Linie sowohl bei konventionellen als auch nuklearen Erzeugungsanlagen die Kosten zu senken. Dabei sind bei Letzteren aus Sicherheitsgründen sehr enge Grenzen gesetzt. Gleichwohl haben die vorhandenen Kernkraftwerke auch auf dem liberalisierten Strommarkt nach wie vor Kostenvorteile.[426]

---

421 Vgl. VIK (1999), S. 110.

422 Vgl. Pfaffenberger (1999), S. 76.

423 Vgl. Hensing; Pfaffenberger; Ströbele (1998), S. 117. Für eine weitergehende Analyse zu diesem Thema vgl. u. a. Müller (1998), S. 177 ff und Drasdo et al. (1998), S. 31 und die dort angegebene Literatur

424 Letztendlich wird somit die Wahl der Erzeugungstechnologie über den Marktpreis entschieden. Vgl. König (1999), S. 464 - 465.

425 Vgl. IEA (1999), S. 38.

426 Vgl. Hohlefelder (2000), S. 148.

Für die bisher in Deutschland bedeutende Kernenergie ergeben sich somit unabhängig von den in Kapitel 3.1.3 bereits dargestellten politischen Entscheidungen zwei gegenläufige Effekte: Wegen der relativ hohen Kapitalbindung und den besonderen Anforderungen der Reaktorsicherheit kommt es zu einer Verdrängung der Kernenergie auf liberalisierten Strommärkten, während die Aspekte CO_2-Reduktion und Ressourcenschonung zu gegenläufigen Schlussfolgerungen führen.[427]

Gegenwärtig gilt daher unter Abwägung aller Gesichtspunkte fast weltweit der Einsatz von gasgetriebenen Kraftwerken als die wirtschaftlichste Art der Stromerzeugung.[428] Dabei können prinzipiell folgende zwei Arten von technischen Konzepten unterschieden werden:[429]

- In einem *Gasturbinenkraftwerk* wird Verbrennungsluft angesaugt, in einem Verdichter komprimiert und der Brennkammer zugeführt. Der beim Verlassen der Brennkammer auf über 1.000 Grad erhitzte Luftstrahl treibt dann die Schaufelräder auf der Turbinenwelle an und wird über einen Wärmetauscher und Schalldämpfer wieder abgeführt. Der hier beschriebene Prozess kann dabei am Effizientesten auf der Basis des hochwertigen Brennstoffes Gas erfolgen.
  Die gegenüber konventionellen Dampfkraftwerken deutlich niedrigeren Investitionskosten beruhen insbesondere darauf, dass Gasturbinenkraftwerke weder Kühltürme noch aufwendige Anlagen zur Rauchgasreinigung brauchen. Da die Leistung innerhalb weniger Minuten verfügbar ist, eignen sich Gasturbinenkraftwerke hervorragend zur Deckung von Lastspitzen.
- In einer *Kombinierten Anlage* wird die Abwärme der Gasturbine zusätzlich dem Dampfkessel einer Dampfkraftanlage zugeführt. Der Wirkungsgrad des so entstehenden Gesamtprozesses erhöht sich dabei beträchtlich. Je nach Art und Nutzung der Gasturbinenabgase werden hierbei mit dem „Kombiblock“, dem „Gas- und Dampf-Kraftwerk (GuD-Kraftwerk)“ und dem „Verbundblock“ drei Verfahren unterschieden.[430]

Eine genauere Analyse der Anwendungspraxis der hier vorgestellten Techniken zeigt, dass vor allem GuD-Kraftwerke für den gegenwärtig empirisch beobachtbaren starken Anstieg von gasgetriebenen Erzeugungsanlagen verantwortlich sind. Denn wegen ihrer kurzen Bauzeiten, sowie relativ niedrigen spezifischen Investitionen und damit auch schnellen Amortisations-

[427] So würde je nach Wirkungsgrad und eingesetztem Brennstoff eine Substitution des Anteils der Kernenergie in Deutschland an der Stromerzeugung aus fossil befeuerten Anlagen zu einer Erhöhung der Co2-Emissionen um 130-160 Millionen Tonnen führen. Vgl. König (1999), S. 464 ff.

[428] Vgl. IEA (1999), S. 12, König (1999), S. 464, Europäische Kommission (2000), S. 96 ff und IEA (2001b), S. I.7.

[429] Vgl. Müller (1998), S. 242 ff und Informationszentrale der Elektrizitätswirtschaft (o. J.), S. 7.

[430] Markant für GuD-Kraftwerk ist hierbei, dass die Abgase der Gasturbine noch zusätzlich durch einen Dampferzeuger ohne Zusatzfeuerung befördert werden. Vgl. Müller (1998), S. 244.

zeiten wird das Risiko des Investors im besonderen Maße verringert.[431] So konnte allein zwischen 1987 und 1997 der Brennstoffverbrauch aufgrund von technologischen Fortschritten im Metallbereich um rd. 10 % gesenkt werden. Die Investitionskosten für GuD-Anlagen sanken im selben Zeitraum wegen des eingesetzten Anlagen-Booms sogar um rd. 40%![432]
Es ist daher leicht einzusehen, dass unter den zuvor dargestellten Bedingungen eines deregulierten Marktes der Anteil der GuD-Kraftwerke an der Stromerzeugung fast überall nach Beginn der Liberalisierung stetig zugenommen hat.[433]

Dieser Trend wird obendrein durch den Umstand weiter gefördert, dass der Bau von Freileitungen zunehmend auf heftigen (politischen) Widerstand stößt. Gegenüber dem Stromtransport über weite Entfernungen von großen zentralen Kraftwerken an Endkunden stellt daher die Lieferung von Erdgas an kleine dezentrale GuD-Kraftwerke die bessere Alternative dar.[434]
Darüber hinaus ist zu erwarten, dass die mittelfristig niedrigen Erdgaspreise bedingt durch das Überangebot vor allem aus den Niederlanden, Norwegen, Großbritannien und Russland, sowie die zu erwartenden zusätzlichen Preissenkungen für den Brennstoff Erdgas aufgrund der Deregulierung des Gasmarktes die Entwicklung generell hin zu gasgetriebenen Kraftwerken weiter beschleunigen werden.[435] Gegenwärtig noch vollkommen offen ist hingegen, inwieweit der Ausstieg aus der Kernenergie in Deutschland zu einer zusätzlichen Verschiebung der Erzeugungsstruktur führen wird. Denn wie bereits in Kapitel 2.3.2.2 erwähnt, wird Kernenergie als Grundlast eingesetzt, während gasgetriebene Anlagen zumindest in der Vergangenheit lediglich zur Deckung von Lastspitzen eingesetzt wurden.

3.3.1.3 Senkung der Investitionen

Die Höhe der erforderlichen Investitionen wird in der Elektrizitätswirtschaft im Wesentlichen durch den Bedarfszuwachs, das Alter der bestehenden Anlagen, erforderliche Rationalisierungsmaßnahmen und gesetzliche Auflagen bestimmt.[436] Eine genauere Analyse des Investitionsverhaltens in der deutschen Elektrizitätswirtschaft über einen längeren Zeitraum zeigt hierbei, dass zu Beginn der 90er Jahre der Anstieg des Stromverbrauchs als die bis dahin treibende Kraft durch das Motiv „Ersatzbedarf" als wichtigstes Entscheidungskriterium abgelöst wurde.[437]

---

[431] Dabei versprechen weiterentwickelte GuD-Anlagen mit integrierter Kohlevergasung oder druckaufgeladener Wirbelschicht zukünftig sogar eine weitere Erhöhung des Wirkungsgrades und Reduzierung von Schadstoffemissionen. Vgl. Gattinger; Voigtländer (1999), S. 430 ff.
[432] Vgl. Timm (1998), S. 450.
[433] Entsprechende empirische Beobachtungen können u. a. gemacht werden auf den bereits früher liberalisierten Strommärkten in den USA, Chile und England. Vgl. Timm (1998), S. 451 und Moja (2002), S. 576.
[434] Vgl. Rider (1999), S. 15 und Hirst; Kirby (1999), S. 63.
[435] Vgl. VDEW (1997a), S. 19 und Timm (1998), S. 450 - 451.
[436] Vgl. Müller (1998), S. 314.
[437] Vgl. Karl (1999), S. 23.

Wenngleich dieses Entscheidungskalkül auch nach der Liberalisierung gilt, hat sich die Gewichtung der Kriterien untereinander weiter verschoben. Denn als unmittelbare Folge des neu entstandenen Wettbewerbs sind die Unternehmen nunmehr dazu gezwungen, bei ihrer Investitionsentscheidung strengere Rentabilitäts- und Risikoprüfungen vorzunehmen.[438] Das Ausnutzen jeglicher Rationalisierungsmaßnahmen steht folgerichtig im Mittelpunkt der Investitionsentscheidung.

Darüber hinaus hat sich aber in einem liberalisierten Strommarkt auch die Strategiemenge für Investitionen auf den verschiedenen Wertschöpfungsstufen verändert. So kann es im Wettbewerb für einen Netzbetreiber unter Umständen rational sein, anstehende Investitionen aufzuschieben oder gänzlich aufzuheben, wenn er durch vorhandene Netzengpässe zusätzliche Margen generieren kann.[439] Ferner sind aufgrund des gesetzlich vorgeschriebenen Unbundling Entscheidungen über Investitionen auf den verschiedenen Wertschöpfungsstufen nicht mehr zueinander substituierbar. Ein integriertes EVU kann nämlich z. B. zur Befriedigung einer gestiegenen Nachfrage in einer bestimmten Region entweder ein neues Kraftwerk am Ort oder ein zusätzliches Übertragungsnetz zu einem nicht ausgelasteten Kraftwerk außerhalb der Region bauen. Die Strategiemenge eines reinen Netzbetreibers enthält hingegen lediglich die Option, den anstehenden Engpass durch den Bau einer zusätzlichen Leitung zu beheben.[440] Zudem haben die vor allem zu Beginn der Liberalisierung bestehenden Unsicherheiten über die weitere Ausgestaltung der VV oder das EEG zu einem negativen Investitionsklima in der Branche geführt.

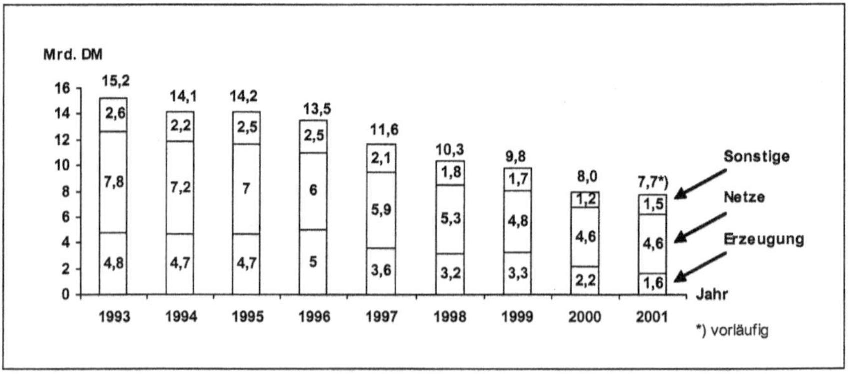

Bild 7: Entwicklung der Investitionen in der deutschen Elektrizitätswirtschaft [441]

[438] Vgl. Karl (1999), S. 29.
[439] Vgl. IEA (2001c), S. 113.
[440] Vgl. IEA (2001c), S. 73.
[441] Quelle: VDEW (1999), S. 76 und VDEW (2002a), S. 3; Daten für 2001 aus VDEW (2003), S. 2.

Die Auswirkungen der hier dargestellten veränderten Entscheidungssituation der etablierten EVU auf das Investitionsverhalten sind dabei gravierend. Allein in den ersten drei Jahren nach der Öffnung des Strommarktes haben die Elektrizitätsunternehmen ihre Investitionen im gesamten Bundesgebiet um rd. 31 Prozent (!) verringert (Vgl. Bild 7). Eine nachhaltige Trendwende ist zumindest kurzfristig nicht abzusehen.[442]

Bei einer Bewertung der hier aufgezeigten Entwicklung ist gleichwohl zu berücksichtigen, dass der Rückgang der Investitionen aufgrund von Rationalisierungsmaßnahmen auch durch eine Reihe von Effekten überlagert wird, deren tatsächlicher Einfluss sich nur sehr schwer quantifizieren lässt.
Im Abschnitt zuvor konnte etwa dargelegt werden, dass es für ein EVU im liberalisierten Strommarkt rational ist, Kraftwerkstypen mit den geringsten spezifischen Investitionskosten zu bauen. Es ist daher nicht auszuschließen, dass der Rückgang im Bereich der Erzeugung zum Teil auf diesen Effekt zurückzuführen ist.

Von besonderer Bedeutung sind überdies die Sondereffekte der Modernisierungsinvestitionen in den neuen Bundesländern nach der Wiedervereinigung im Jahre 1991.[443] So lag etwa im Jahre 1995 die Investitionsquote in den neuen Bundesländern mit 27,1 Prozent fast drei mal so hoch wie in Westdeutschland.[444] Es ist daher zu vermuten, dass ein Teil des Investitionsrückgangs nach der Liberalisierung auch auf den Abschluss von Modernisierungsmaßnahmen in den neuen Bundesländern zurückzuführen ist. Eine genauere Analyse der Investitionen für die alten Bundesländer zeigt gleichwohl, dass diese etwa für den Zeitraum von 1992 - 1995 sowohl absolut als auch für die einzelnen hier betrachteten Kategorien zum Teil deutlich höher waren als die Investitionen für Gesamtdeutschland im Jahre 2000!

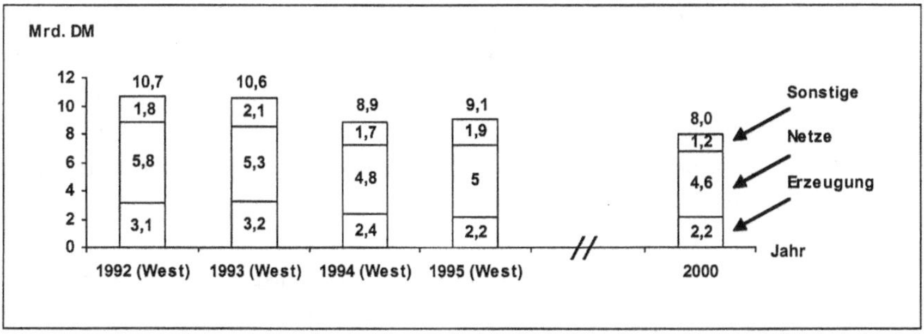

Bild 8: Investitionen in der (west-)deutschen Elektrizitätswirtschaft nach der Wiedervereinigung [445]

[442] Vgl. zur Einschätzung dieser These auch u. a. Karl (1999), S. 28 und Seeliger (1999), S. 42.
[443] Vgl. Seeliger (1999), S. 44.
[444] Vgl. VDEW (1996), S. 10.
[445] Quelle: VDEW (1996), S. 9 und VDEW (2002a), S. 3.

Ferner ist zu vermuten, dass die hier betrachteten Zeitreihen auch durch Investitionszyklen überlagert werden. Deren Einfluss wird in der Elektrizitätswirtschaft gleichwohl eher als gering angesehen.[446] Eine Analyse der Investitionen in der öffentlichen Elektrizitätsversorgung während der letzten Jahrzehnte zeigt demnach zwar teilweise zyklische Muster, deren tatsächliche Einflussgrößen sind aber im Wesentlichen singuläre Erscheinungen. So basieren etwa die hohen Investitionen Mitte der 80er Jahre auf den erheblichen Umrüstungen der Anlagen nach Umweltgesichtspunkten, während der vergleichbare Investitionsverlauf Mitte der 90er Jahre auf den bereits zuvor dargestellten Effekt der Modernisierung in den neuen Bundesländern zurückzuführen ist.[447]

Zusammenfassend kann somit das Fazit gezogen werden, dass der durch den Wettbewerb induzierte Kostendruck zu einem signifikanten Rückgang des Investitionsvolumens in der deutschen Elektrizitätswirtschaft bereits geführt hat und möglicherweise weiter führen wird. Der tatsächliche Einfluss lässt sich gleichwohl aufgrund der Überlagerung einer Reihe von Sondereffekten nur sehr schwer quantifizieren.

3.3.1.4 Senkung der Strom-Beschaffungskosten

Eine weitere profitable Strategieoption zur Kostenreduzierung ergibt sich in einem liberalisierten Strommarkt vorwiegend für jene EVU, die über keinen nennenswerten Anteil an Eigenerzeugung verfügen. Denn diese EVU haben nunmehr die Möglichkeit, sich aus den langfristigen Verträgen mit ihren Vorlieferanten zu lösen und ihren Strombedarf, zum Teil sogar europaweit, auszuschreiben.[448] Das Motiv für diese Strategieoption liegt dabei sowohl in den drastischen Preisunterschieden unter den deutschen Stromanbietern als auch zwischen Deutschland und seinen Nachbarländern.
Auslöser hierfür war das viel beachtete Urteil des Landgerichts Mannheim vom 16. April 1999, wonach sich Weiterverteiler aus langfristigen Energiebezugsverträgen lösen können, die vor der Marktöffnung abgeschlossen worden sind. Als Begründung gab das Gericht an, dass derartige Verträge eine Einschränkung des Wettbewerbs im Sinne des § 1 GWB (neu) bewirkten.[449] Ferner hatte das Gericht in diesem Zusammenhang auch klar gestellt, dass im Gegensatz zur Automobilbranche im Strom - und Gasbereich eine Gebietsabschottung durch Vertragshändlerverträge und Ausschließlichkeitsklauseln unzulässig ist.[450]

Bei einer Bewertung dieser Strategieoption gilt aus dem Blickwinkel eines EVU aber auch zu bedenken, dass es die bereits in Kapitel 3.2.4 angesprochenen Vor- und Nachteile seines

---

[446] Vgl. IEA (2001c), S. 94.
[447] Vgl. Seeliger (1999), S. 44.
[448] Vgl. Brunekreeft; Keller (2000), S. 163.
[449] Vgl. Ebel (1999), S. 75 und S. 77.
[450] In so genannten „Vertragshändlerverträgen" verpflichtet sich der Automobilhersteller, in einem dem Vertragshändler zugesicherten Vertragsgebiet nur diesen zu beliefern (Alleinvertrieb). Im Gegenzug verpflichtet sich der Vertragshändler, außerhalb seines Versorgungsgebietes keinen aktiven Wettbewerb zu betreiben, Niederlassungen zu gründen oder Auslieferungslager zu unterhalten. Vgl. Ebel (1999), S. 75.

bisherigen „Vollstromvertrages" abwägen muss. Denn diese Vertragsgestaltung zeichnete sich dadurch aus, dass ein EVU an seinen Vorlieferanten einen von verbrauchter Menge und zeitlichem Lastverlauf weitgehend unabhängigen Preis zu entrichten hat. Anderenfalls muss ein EVU das Risiko schwankender Preise sowie von Bilanzabweichungen aus prognostizierter und tatsächlich verbrauchter Last in sein Kalkül mit einbeziehen.[451] Bei einer Auflösung des bisherigen Vollstromvertrages sollte das EVU daher vorab sicherstellen, dass es über ausreichende Daten hinsichtlich seines Lastverlaufs verfügt.[452]

3.3.2 Akquisition und Kundenbindung

3.3.2.1 Paradigmenwechsel vom Abnehmer zum Kunden

In Analogie zu den bereits in Kapitel 2.4.1 dargelegten Argumenten für eine Deregulierung des Strommarktes erhofften sich die Kunden in Deutschland hierdurch vor allem eine Senkung der Preise und Verbesserung der Dienstleistungen (Vgl. Bild 9). Es ist somit leicht ersichtlich, dass mit der Marktöffnung die Preisdifferenz und die „Vernachlässigung durch den bisherigen Monopolversorger" insbesondere für Massenkunden die beiden Hauptmotive für einen Versorgerwechsel darstellen.[453]
Die etablierten EVU erkannten wiederum recht schnell, dass es zielführend ist, die hier dargestellte Erwartungshaltung der Endkunden in ihr Entscheidungskalkül mit einzubeziehen. Denn aus den in Kapitel 3.2.5 dargestellten Gründen hatte sich der deutsche Strommarkt parallel zur Marktöffnung in einen Käufermarkt verwandelt, in dem vor allem die Großkunden von Beginn an Druck auf die Stromanbieter ausübten.[454]
Spätestens mit Beginn der Liberalisierung des Strommarktes und der damit verbundenen Möglichkeit zum Versorgerwechsel für Endkunden waren daher die etablierten EVU gezwungen, Instrumente zur Akquisition und Kundenbindung gezielt einzusetzen.

Auf der anderen Seite waren aber die Vertriebsstrukturen der etablierten EVU während der Monopolzeit über Jahrzehnte hinweg lediglich für die „Weitergabe und Verteilung des Stroms" zuständig gewesen. Die EVU standen somit vor der Herausforderung, die Kundenbeziehung an die veränderten Rahmenbedingungen anzupassen und dafür insbesondere die Funktionen Marketing und Vertrieb schnellstmöglich aufzubauen bzw. weiter zu entwickeln.[455] Ein Paradigmenwechsel vom „Abnehmer" zum „Kunden" wurde eingeleitet.

---

[451] Vgl. Zander (2000), S. 46 ff und Kremp; Rosen (2002), S. 48 ff.
[452] Ein Überblick zu verschiedenen Vorgehensweisen bei der Ableitung einer möglichst genauen Vertriebslastprognose befindet sich u. a. in: Kremp; Rosen (2002), S. 50.
[453] Vgl. Posch; Weilharter (1999), S. 24.
[454] Auch wenn sich die etablierten EVU im ersten Jahr nach der Marktöffnung zunächst nur mit den Segmenten der Großkunden und der Bündelkunden intensiv auseinandersetzen mussten, lag bereits frühzeitig die Vermutung nahe, dass spätestens mit der Schaffung der operativen Voraussetzung eines einfachen Versorgerwechsels auch der Wettbewerb um Tarifkunden deutlich zunehmen würde. Vgl. Posch; Weilharter (1999), S. 20.
[455] Vgl. Meller (2001b), S. 26.

Bild 9: Erwartungen der Stromkunden [456]

Diesem veränderten Entscheidungskalkül folgend, haben fast alle etablierten EVU Strategieoptionen zur Akquisition und Kundenbindung in den Mittelpunkt ihrer Marketing- und Vertriebsaktivitäten gestellt. Die Auswahl und Gewichtung der einzelnen Strategieoptionen zueinander wird dabei mittlerweile von der allgemeinen Auffassung vorangetrieben, dass es rd. 6-7 mal teurer ist, einen neuen Kunden zu gewinnen als einen alten zu halten.[457] Als Begründung für diese These kann u. a. angeführt werden, dass mit zunehmender Laufzeit die auf die individuelle Vertragsbeziehung bezogenen Transaktionskosten sinken, da ein EVU die Kundenbedürfnisse besser einschätzen und befriedigen kann.[458]

[456] Quelle: Institut der deutschen Wirtschaft (2000), S. 8.
[457] Vgl. Seiferth (1999), S. 388 und Schoenheit; Niedergesäß (1999), S. 464.
[458] Vgl. Seiferth (1999), S. 386.

Infolgedessen gewinnen auch die mit der Kundenbindung eng verknüpften Faktoren wie Kundenorientierung und Kundenloyalität zunehmend an Bedeutung.[459] Ziel ist es dabei, insbesondere die „emotionale" Kundenbindung und damit die Bereitschaft des Kunden zu erhöhen, Leistungen des EVU „freiwillig" in Anspruch zu nehmen. Als Wertmaßstab gilt hierfür wiederum die so genannte „Kundenzufriedenheit", die durch die Erfüllung bzw. sogar Übererfüllung der Erwartungen determiniert wird. Relevante Bereiche hierfür sind etwa die Versorgungsqualität, Schnelligkeit der Auftragsabwicklung, Erreichbarkeit und die Zufriedenheit mit dem Preis-Leistungs-Verhältnis.[460] Darüber hinaus spielt auch das Image eines EVU eine entscheidende Rolle.[461]

Die hier beschriebene konsequente Ausrichtung auf Kunden und Märkte wird dabei operativ im Wesentlichen durch die Elemente des Marketingmix unterstützt. Aufbauend auf diesen Elementen verfolgen die etablierten EVU bislang vor allem die in nachfolgender Tabelle aufgeführten Strategieoptionen, um die Beziehungen zu ihren Kunden weiter zu verbessern:[462]

Elemente des Marketingmix	Strategieoptionen der etablierten EVU
• Kontrahierungspolitik	⇒ Änderung der Preispolitik
• Kommunikationspolitik	⇒ Vermarktung des Gutes Strom
• Distributionspolitik	⇒ Erweiterung der Vertriebsstruktur
• Produkt- und Sortimentspolitik	⇒ Produktdifferenzierung des Gutes Strom

Tabelle 4: Elemente des Marketingmix vs. Strategieoptionen der etablierten EVU [463]

Wie in anderen Branchen ist dabei auch in der Elektrizitätswirtschaft der Aufbau einer Marketing-Forschung eine wesentliche Voraussetzung für einen optimalen Einsatz der Marketinginstrumente.[464] Umfang und Qualität der Informationen über Kunden und Märkte werden zukünftig den unternehmerischen Erfolg eines EVU entscheidend beeinflussen. Denn

---

[459] Kundenorientierung bedeutet hierbei: „ (...) umfassende, kontinuierliche Ermittlung, Analyse und Auswertung der leistungsbezogenen Kundenerwartung sowie deren interne und externe Umsetzung in unternehmerische Leistungen mit dem Ziel, langlebige stabile Kundenbeziehungen zu schaffen." Als Kundenloyalität bezeichnet man hingegen: „(...) Bereitschaft des Kunden, sich an einen Lieferanten im Sinne einer intensiven und über eine gewisse Zeit dauernden Geschäftsbeziehung zu binden (...)". Zitiert in: Seiferth (1999), S. 383.

[460] Erfahrungen aus bereits früher liberalisierten Strommärkten zeigen dabei, dass zur Erreichung der Kundenzufriedenheit der Phantasie der EVU keine Grenzen gesetzt sind. So garantiert etwa der britische Stromversorger „Midlands Electricity" seinen Kunden, dass diese bei Fragen zu ihrer Stromrechnung eine Antwort innerhalb von 5 Werktagen erhalten. Anderenfalls erhalten sie umgerechnet rd. 60 DM. Vgl. Laker; Herr (1998), S. 13.

[461] Vgl. Schoenheit; Niedergesäss (1999), S. 466.

[462] Die im Rahmen der vorliegenden Arbeit verwendete Systematisierung der Marketinginstrumente orientiert sich an: Schierenbeck (1989), S. 237 ff und der dort angegebenen Literatur.

[463] Quelle: Eigene Erstellung.

[464] Die Marketing-Forschung dient hierbei der Gewinnung und Analyse folgender Informationen: Volkswirtschaftliche Rahmendaten, Absatzmöglichkeiten, Verhalten der anderen Marktteilnehmer und interne Unternehmenssituation. Vgl. Schierenbeck (1989), S. 239.

insbesondere auch bei der Suche nach neuen Geschäftsmöglichkeiten sind das Sammeln von Informationen z. B. über Preise, Verbrauch und Lastkurven und die Widerspiegelung dieser Daten an den Anforderungen der Endkunden ein entscheidender strategischer Vorteil. Die weitere Entwicklung des Internet sowie eine Absenkung der Informationskosten werden hierbei den Ausbau der daraus resultierenden Geschäftsmöglichkeiten forcieren.[465]

Als Folge dieses Paradigmenwechsels der Kundenbeziehung entwickelte sich auf dem deutschen Strommarkt zunächst ein intensiver Preiswettbewerb, der aber schon bald von einem Leistungs- und Qualitätswettbewerb überlagert wurde. Unternehmen, die zusätzlich zum günstigen Stromtarif Dienstleistungen wie Versorgungssicherheit, Kompetenz und Service anbieten und auch vermarkten, konnten ihre Wettbewerbsposition weiter ausbauen.[466] Denn es hat sich gezeigt, dass ein reiner Preiswettbewerb sehr schnell zu einer Nivellierung zwischen den Konkurrenten führt. Der Übergang zur nächsten Phase der Marktentwicklung, der so genannten Markenbildung, wurde eingeleitet.[467]

3.3.2.2 Änderung der Preispolitik

Vor der Liberalisierung des Strommarktes wurden die „Abnehmer“ von EVU in Bezug auf die Preispolitik lediglich in die beiden Gruppen „Tarifkunden“ und „Sondervertragskunden“ unterteilt.[468] Dennoch waren die etablierten EVU aber gezwungen, sich bereits frühzeitig mit den veränderten Anforderungen an die Kontrahierungspolitik auseinanderzusetzen. Denn der massive Preisverfall auf dem deutschen Strommarkt unmittelbar nach dem Beginn der Liberalisierung zeigt, dass offensichtlich zunächst der Preis die entscheidende Rolle bei den Verhandlungen zwischen EVU und Kunden spielte. Die etablierten EVU standen dabei vor der Frage, wie das Optimum aus Preis und Absatzmenge in einem sich dynamisch veränderten Strommarkt zu determinieren sei.

Als folgenschwer erwies es sich, dass viele EVU zu Beginn der Liberalisierung versuchten, durch Preissenkungen ihre eigenen Marktanteile weiter zu erhöhen. Denn empirische Untersuchungen über das Wechselverhalten in einem liberalisierten Strommarkt zeigten bereits zu Beginn der Marktöffnung, dass die Kunden zu einem Markenneuling in der Regel nur wechseln, wenn dieser die Preise des ursprünglichen Anbieters deutlich unterbietet.[469] Erwartungen wurden bestätigt, wonach die offensichtlich auf dem deutschen Strommarkt vorherrschende geringe Preiselastizität der Nachfrage dazu führt, dass durch eine Preissenkung in der Regel keine signifikanten Marktanteile gewonnen werden konnten.[470]

---

[465] Vgl. Budhraja (1999), S. 55.

[466] Diese Beobachtung korreliert dabei mit Erfahrungen aus früher deregulierten Strommärkten und anderen Branchen. Vgl. VDEW (2000), S. 4.

[467] Vgl. Meller (1998), S. 6.

[468] Vgl. Erläuterungen zur „Strompreisaufsicht“ in Kapitel 2.3.3.2.

[469] Vgl. Brunekreeft; Keller (2000), S. 159 und die dort angegebenen Quellen.

[470] Vgl. Bäumerich; Siemens (1997), S. 597.

Vielmehr mussten die EVU durch diese Strategiewahl zusätzliche Einschränkungen billigend in Kauf nehmen, da fortan die notwendigen finanziellen Mittel für dringend anstehende Investitionen etwa in kundenorientierte Abrechnungssysteme, in verbesserte Serviceleistungen sowie für die Entwicklung neuer Produkte und Dienstleistungen fehlten.[471]

Im Preis liegt daher zunächst ein strategischer Vorteil eines etablierten EVU gegenüber seinen Wettbewerbern. Gleichwohl wäre es fatal, wenn sich die etablierten EVU auf diesen Umstand alleine verlassen würden. Denn gerade die lukrativen Großkunden machen ihre Entscheidung über einen Versorgerwechsel auch zunehmend vom Angebot an zusätzlichen Dienstleistungen abhängig. Darüber hinaus sind Großkunden bezogen auf die zu erzielenden Margen und der damit verbunden Kosten aus dem Blickwinkel eines Wettbewerbers äußerst attraktiv.
Infolgedessen gibt es für Wettbewerber einen starken Anreiz, Großkunden durch eine Strategie des „Rosinenpickens“ mit einem besseren Gesamtpaket aus Preis und Service aus den bestehenden Verträgen „herauszubrechen“. Die Folgen dieser Strategiewahl sind bereits in Kapitel 3.2.5 dargelegt worden: Insbesondere bei den äußerst profitablen Sondervertragskunden hat der Preissenkungsprozess früh und massiv eingesetzt und zu einem erblichen Margenverfall bei den EVU geführt.[472] Das bislang auf dem deutschen Strommarkt beobachtbare „Rosinenpicken“ kann daher beschrieben werden als ein einzelwirtschaftlich rationaler Markteintritt, der gesamtwirtschaftlich ineffizient ist.[473]

Aus dem Blickwinkel eines EVU ist es daher zielführend, alle Instrumente zur Preisdifferenzierung aufeinander abzustimmen, um einen optimalen Deckungsbeitrag bzw. Gewinn erzielen zu können.[474]
Als ein entscheidender Schritt zur Anpassung der Preispolitik an die veränderten Rahmenbedingungen kann die mittlerweile bei fast allen EVU beobachtbare Ausweitung des Tarifsystems angesehen werden. So werden u. a. spezielle Tarife für „Single-Haushalte“ und „Familien“ angeboten, da unterschiedliche Gruppen in Abhängigkeit von ihrem Verbrauch auch verschiedene Präferenzen hinsichtlich der Gewichtung zwischen dem konstanten Arbeitspreis und den variablen Bestandteilen der Stromrechung haben.[475] Obendrein gibt es die Möglichkeit, für bestimmte Branchen und Gewerbebetriebe mit markanten Lastprofilen, wie z. B. Bäckereien oder Winterhotels, spezielle „Branchentarife“ einzuführen. Die EVU sind dabei gleichwohl gut beraten, Fehler, z. B. von Unternehmen der Telekommunikation, zu

[471] Vgl. Hannemann (2001), S. 26.
[472] Vgl. Czakainski (1999), S. 461.
[473] Vgl. Krug (1997), S. 6.
[474] Eine umfassende Übersicht über Instrumente zur Preisdifferenzierung für ein EVU im Wettbewerb befindet sich in: Laker; Herr (1998), S. 10 ff.
[475] Der Phantasie sind hierbei keine Grenzen gesetzt wie etwa ein Blick auf den Strommarkt in den USA zeigt. Denn hier werden inzwischen sogar spezielle Angebote für Nichtraucher und religiöse Gruppierungen angeboten. Vgl. Meller (1999), S. 8.

vermeiden und nicht durch eine unüberschaubare Preis- und Vertragsstruktur mit teilweise kryptischen Kürzeln für die einzelnen Tarife ihr Marktpotenzial zu gefährden.[476]
Ferner haben die EVU bei der Änderung der Preispolitik zu bedenken, dass bei Tarifkunden aufgrund des höheren Anteils an öffentlichen Abgaben (z. B. Ökosteuer) die Spielräume für Preissenkungen vergleichsweise geringer sind als bei Sondervertragskunden.[477]

3.3.2.3 Vermarktung des Gutes Strom

Zu Beginn der Liberalisierung waren der Einsatz von Instrumenten des Marketings bei den meisten EVU recht unterentwickelte Bereiche. Selbst im Frühjahr 1999 hatten erst zwei Drittel aller EVU eine Marketingabteilung eingerichtet und nur jedes zehnte Unternehmen verfügte über eine Marktforschung. Um einiges weiterentwickelt waren gleichwohl die Kapazitäten zur Eigendarstellung des Unternehmens. So hatten zum selben Zeitpunkt bereits zwei Drittel aller EVU hierfür eine eigenständige Abteilung eingerichtet.[478]
Diese Entwicklung ist darauf zurückzuführen, dass die zuvor aufgezeigte Verbesserung der Kundenbeziehung von Anfang an durch eine Strategie der Markenbildung und Werbung unterstützt wurde. Denn wie in allen anderen Industriezweigen ist auch in der Stromwirtschaft ein entscheidender Faktor zum Unternehmenserfolg, ob es gelingt, das Entscheidungsverhalten der Kunden zu beeinflussen.[479]

Als Folge hiervon verzeichneten die EVU seit 1998 riesige Wachstumsraten bei Werbeausgaben, während diese im vergleichbaren Zeitraum in vielen anderen Bereichen der Konsumgüterindustrie eher stagnierten oder sogar zurückgefahren wurden. Alleine im Jahre 1999 gaben die Energieversorger für die Werbung in Printmedien, TV und Hörfunk fast 400 Mio. DM aus, was im Vergleich zum Vorjahr fast eine Verdreifachung der Ausgaben bedeutete![480] Der Erfolg dieser Maßnahmen ist hingegen umstritten. So wusste selbst im Herbst 1999 noch immer ein Viertel der Bevölkerung nicht, dass der Stromanbieter gewechselt werden kann.[481] Es kann daher nicht verwundern, dass Werbung bislang vielfach als ein teurer und ineffizienter Weg zum Aufbau einer Produktmarke angesehen wird.[482]

Die Herausforderung lag dabei darin, dass es sich beim elektrischen Strom um ein homogenes Gut handelt. Es ist dem Kunden vollkommen egal, woher er seinen Strom bezieht. Strom ist ein „Low-Interest-„ bzw. „Low-Involvement-Product". Die Begegnung mit Strom ist kurz und beschränkt sich in der Regel auf alltägliche Vorgänge wie dem Einschalten eines Lichtschalters oder Fernsehapparates. Die Leistungen eines EVU werden infolgedessen

[476] Vgl. Laker; Herr (1998), S. 12 und S. 16.
[477] Vgl. Kuhnt (2000), S. 441.
[478] Vgl. Keller; Matzke (2000), S. 42 ff.
[479] Vgl. Almquist; Piotroski (1999), S. 83.
[480] Vgl. VDEW (2000), S. 38.
[481] Vgl. Keller; Matzke (2000), S. 46.
[482] Vgl. Almquist; Piotroski (1999), S. 87.

insbesondere von Tarifkunden nicht wahrgenommen oder nur für den Fall, dass etwa eine Störung auftritt.[483]

Der Konflikt für die Strategiewahl eines EVU liegt daher darin, dass der Kunde einerseits das Produkt physikalisch nicht unterscheiden kann und folglich zunächst alleine der Preis das Entscheidungsverhalten des Kunden bestimmt.[484] Andererseits konnte aber bereits im vorangegangenen Kapitel die Schlussfolgerung gezogen werden, dass viele EVU nicht dauerhaft zu den billigsten Anbietern gehören können.

Der Lösungsansatz für dieses Dilemma liegt in dem „Zauberwort" Markenbildung. Hierunter verbirgt sich der Versuch vieler EVU, mit der Schaffung einer Marke ihren Bekanntheitsgrad zu erhöhen und die „Einzigartigkeit" der von ihnen angebotenen Produkte und Servicedienstleistungen zu kommunizieren. Die Bildung einer Marke stellt somit einen Mehrwert dar, den der Kunde auch durch eine höhere Zahlungsbereitschaft und stärkere Bindung honorieren soll. Die Generierung des Markenwertes muss dabei konsequent durch alle Instrumente des Marketing-Mix unterstützt werden.[485] Es ist daher nicht verwunderlich, dass zur Umsetzung dieses Ansatzes die etablierten EVU vielfach „Experten" aus anderen Unternehmen der Konsumgüterindustrie verpflichtet haben, auch wenn diese, wie bereits in vorher liberalisierten Strommärkten beobachtbar, zunächst Probleme mit der Vermarktung des homogenen Gutes „Strom" hatten.[486]

Von der bundesweiten Bekanntheit her übertraf „Yello-Strom" Mitte 2000 alle anderen Strommarken bei weitem. Nach Werbeaufwendungen von rd. 70 Mio. DM alleine zwischen Juli und November 1999 kannten rd. 65% der Bundesbürger diese Marke.[487] Der finanzielle Erfolg der Werbeaufwendungen ist gleichwohl nur sehr schwer zu quantifizieren. So konnte Yello zwar nach eigenen Angaben Mitte 2000 wöchentlich rd. 5.000 neue Kunden akquirieren, auf der anderen Seite mussten aber hierfür zwischen 700 - 1.000 DM je Kunde aufgewendet werden.[488] Obendrein kommt eine Verbrauchsstudie zu dem Ergebnis, dass der aggressive Auftritt einer neuen Strommarke wie z. B. „Yello" eher als Gegensatz zu der von

---

483 Vgl. Seiferth (1999), S. 388, Schoenheit; Niedergesäß (1999), S. 465, Liebing (1999), S. 199 und Keller; Matzke (2000), S. 44.

484 Vgl. Rider (1999), S. 19 und Donnerbauer (2000), S. 12.

485 Vgl. Hannemann (2001), S. 26.

486 Vgl. Almquist; Piotroski (1999), S. 83.

487 Im Herbst 2000 kannten bei einer durch die Gesellschaft für Konsumforschung (Gfk) durchgeführten Umfrage sogar 97 % gestützt und 73 % ungestützt den Namen „Yello". Eine ähnliche Bekanntheit hatte zu diesem Zeitpunkt mit 76 % gestützt und 57 % ungestützt allenfalls die Marke „E.ON" zu verbuchen. Der rasche Erfolg des nach der Fusion von VEBA und VIAG neu kreierten Namens E.ON beruhte dabei in erster Linie auf der Originalität der Werbekampagnen. Vgl. VDEW (2000), S. 38 und o. V. (2000a), S. 14.

488 Trotz des hier dargelegten Missverhältnisses von Aufwand und Ertrag vertrat der damalige Vorstandsvorsitzende von EnBW, Gerhard Goll, die These, dass die von Yello verfolgte Akquisitionsstrategie verhältnismäßig günstiger sei als der unmittelbare Kauf von Stadtwerken und Weiterverteilern. Vgl. o. V. (2000b), S. 11.

Seriosität und Vertrauen gekennzeichneten Beziehung zum ortsansässigen EVU aufgefasst wird.[489] Denn der zu Zeiten geschlossener Versorgungsgebiete bereits aufgebaute Markenwert stellt generell einen bedeutenden Vorteil der etablierten Unternehmen gegenüber potenziell neu auftretenden Wettbewerbern dar.[490] Sie genießen in ihrem angestammten Versorgungsgebiet einen hohen Bekanntheitsgrad. Die schon vorher vorhandene kontinuierliche Präsenz in den lokalen und regionalen Medien suggeriert dem Kunden ein Gefühl der Vertrautheit und Versorgungssicherheit.[491] Die etablierten EVU sind unter diesem Aspekt gut beraten, die Einführung eines neuen Markenlabels nicht vollkommen losgelöst von den bisherigen Produkt- oder Unternehmensnamen vorzunehmen.[492]
Auf der anderen Seite ist es wiederum für ein etabliertes EVU äußerst schwierig, die eigene Marke außerhalb des bisherigen Versorgungsgebietes erfolgreich zu positionieren.[493] Es ist deshalb leicht einzusehen, dass bei kleineren EVU eher Marketingmaßnahmen zur Haltung der vorhandenen Kunden als zur Akquisition neuer Kunden über das ehemalige Versorgungsgebiet hinaus angewendet werden.[494]

3.3.2.4 Erweiterung der Vertriebsstruktur

In Analogie zum dritten Element des Marketing-Mix versuchen die etablierten EVU auf dem deutschen Strommarkt auch durch alternative Vertriebskanäle den Kundenzugang zu verbessern.[495] Im Mittelpunkt des Interesses stehen hierbei vor allem Unternehmen aus anderen Branchen, die entweder über ein weites Netz von Filialen und/oder entsprechende logistische Möglichkeiten zum flächendeckenden Vertrieb besitzen. Denn hierdurch ist es vielen etablierten EVU bereits gelungen, in relativ kurzer Zeit weit über das ehemalige Versorgungsgebiet hinaus Produkte und Leistungen anzubieten. So verkaufte z. B. RWE zwischenzeitlich seine Marke „Avanza" auch über das zum Konzern gehörende Tankstellennetz von DEA. EnBW kaufte hingegen gezielt die Schuhkette „Salamander", um auch bundesweit über deren Filialen „Yello-Strom" anzubieten. Der in der Regel teure Kauf der Vertriebskette ist dabei nicht zwingend. Vielfach erweist sich aus dem Blickwinkel der etablierten EVU bereits die bloße Kooperation als eine sehr erfolgreiche Strategie.[496] Der

---

[489] Vgl. Studie zur „Wechselbereitschaft von Stromkunden" des Kölner Forschungsinstitut „ifm Wirkungen und Strategien". Quelle: o. V. (1999a), S. 2.
[490] Dieser gestattet einem EVU mitunter sogar, einen zusätzlichen Preis zu verlangen. Vgl. Almquist; Piotroski (1999), S. 83.
[491] Vgl. Hannemann (2001), S. 28.
[492] Als ein gutes Beispiel hierfür können die neu eingeführten Produkte „HEWclassic" oder „HEWfuture" angesehen werden, die eine enge Assoziation zum bereits aus der Monopolzeit bekannten Namen HEW AG haben. Vgl. Kassebohm (2000), S. 914.
[493] Vgl. Almquist; Piotroski (1999), S. 87.
[494] Vgl. Keller; Matzke (2000), S. 59.
[495] Vgl. Posch; Weilharter (1999), S. 22.
[496] Die HEAG Versorgungs AG, Darmstadt und der Haarmittelkonzern Wella AG, Darmstadt schlossen beispielsweise einen Kooperationsvertrag, wonach Außendienstmitarbeiter der Wella AG neben dem Friseurbedarf auch Strom der HEAG vertreiben. Bis Mitte September 2000 hatten davon bereits über 300 Friseure Gebrauch gemacht.

Anreiz für den Eigentümer des Filialnetzes zur Kooperation mit den EVU kann hierbei wiederum in einer besseren Auslastung liegen.[497]
Neben der Nutzung von Filialsystemen gibt es auch die Möglichkeit, Strom per Katalog z. B. durch „Otto" oder „Quelle" anzubieten und somit die logistischen Möglichkeiten großer Versandhäuser zum flächendeckenden Vertrieb einzusetzen.[498]

Ein bislang nur in den weiterentwickelten Strommärkten von Norwegen und Großbritannien beobachtbarer Kundenzugang stellt der „Stromeinkauf per Chipkarte" dar. Hierbei kann der Kunde eine bestimmte Strommenge im Supermarkt oder Tankstelle per Chipkarte kaufen und durch Einstecken derselben in den heimischen Zähler eine entsprechende Gutschrift erlangen.[499]

Verschiedene Möglichkeiten einer vollkommen neuen Art des Kundenzugangs bietet darüber hinaus zunehmend das Internet. Denn online ist es u. a. möglich, Information für bestimmte Kundengruppen gezielter zu erfassen und aufzubereiten und den Zahlungsverkehr oder Lieferantenwechsel zu vereinfachen.[500] Viele Unternehmen bieten ferner mittlerweile Stromhandelsplätze im Internet an. Diese Art des Stromhandels unterscheidet sich hierbei von der im Kapitel 3.2.3 beschriebenen Strombörse vor allem durch die Art der anfallenden Kosten: Anders als an der Strombörse kann der Betreiber der Internetbörse mit dem Nutzer eine Zahlung vereinbaren, die entweder in Form einer festen Jahresnutzungsgebühr unabhängig vom Handelsvolumen ist, oder eine vom Handelsvolumen abhängige Provision darstellt. Da obendrein keine Mindestgrößenanforderungen für Stromkontingente bestehen, können hierdurch auch kleinere Energieversorgungsunternehmen sowie gewerbliche und industrielle Kunden die Vorteile des Stromhandels ausnutzen. Für eine Teilnahme sind neben der Anmeldung beim Anbieter lediglich ein ausreichender PC, Browser und Internetzugang erforderlich.[501]

Ein wichtiger Faktor zur allgemeinen Verbesserung des Kundenzugangs haben schließlich auch die mittlerweile vielfach implementierten „Call-Center", wo u. a. An- und Abmeldung sowie Auskünfte zu Zählerständen oder Kontoguthaben vorgenommen werden.[502] Weitere

---

Stromverträge mit den Mainkraftwerken können hingegen seit Mitte 2000 auch über die Filialen der Taunussparkassen abgeschlossen werden. Der Vorteil für Letztere liegt nach eigenen Angaben darin, ihr Immobiliengeschäft abzurunden. Vgl. o. V. (2000d), S. 2.
Die RWE Energie AG schloss wiederum einen Kooperationsvertrag mit verschiedenen Kaufhausketten wie Karstadt oder Hertie. Die Kunden können somit zusätzlich zum Elektrogerät auch den „dazugehörigen" Strom kaufen. Vgl. Kassebohm (2000), S. 913.

[497] Aus dieser Motivation heraus schloss z. B. die Deutsche Post AG, Bonn, im September 2001 entsprechende Kooperationsverträge mit fünf Energieversorgern. Vgl. o. V. (2001b).
[498] Vgl. Keller; Matzke (2000), S. 52.
[499] Vgl. Latcovic; Seiferth (1999), S. 25.
[500] Vgl. Posch; Weilharter (1999), S. 24.
[501] Vgl. VIK (2000), S. 70 ff.
[502] Vgl. Kassebohm (2000), S. 913.

Entwicklungsmöglichkeiten der Call-Center liegen darüber hinaus in der Akquisition von Massenkunden etwa durch Direct Telemarketing oder Mail Marketing.[503]

3.3.2.5 Produktdifferenzierung des Gutes Strom

Aufgrund der bereits erläuterten begrenzten Möglichkeiten zur Vermarktung des homogenen Gutes Strom versuchen die etablierten EVU zunehmend auch durch eine veränderte Produkt- und Sortimentspolitik zusätzliche Marktmöglichkeiten zu nutzen und die Kundenbindung weiter auszubauen.[504]

Im Folgenden liegt dabei der Fokus zunächst auf der Produktpolitik, da die Strategieoptionen der Sortimentspolitik wie Programmerweiterung bzw. -variation vielfach über das bisherige Kerngeschäft der etablierten EVU hinausgehen. Diese Ansätze werden daher im Abschnitt „Strategische Neupositionierung" gesondert untersucht.

Eine weitergehende Analyse der zur Ausgestaltung der veränderten Produktpolitik eingesetzten Instrumente zeigt, dass vor allem der Produktdifferenzierung bislang eine entscheidende Rolle zukommt. Das mit Abstand bedeutendste Beispiel hierfür bilden die mittlerweile in den unterschiedlichsten Formen sehr weit verbreiteten Angebote von grünem Strom. Denn mit der Liberalisierung des Energiemarktes und der damit verbundenen freien Wahl des Energieversorgers ergaben sich vollkommene neue Möglichkeiten für diese Art von Anbieter.[505] So ergab etwa eine Studie Ende der 90er Jahre über das Wechselverhalten der Endkunden in Pennsylvania, dass die Zertifizierung als grüner Strom neben dem Preis das bedeutendste Kriterium darstellt. Eine zeitgleiche Studie für den kalifornischen Strommarkt zeigte wiederum, dass der Anteil der gewechselten Haushaltskunden eher klein war, darunter aber der Anteil derjenigen, die einen „grünen" Anbieter gewählt hatten, sehr hoch gewesen war.[506]

Wenngleich die Ausschöpfung des hier beschriebenen Marktpotenzials bislang nur zu einem sehr geringen Teil erfolgt ist, vermag das Ergebnis dieser Analysen nicht zu überraschen. Denn ähnlich wie bei anderen „grünen Produkten" z. B. in Bezug auf Nahrungsmittel oder

---

503 Vgl. Posch; Weilharter (1999), S. 22 und Keller; Matzke (2000), S. 52.

504 Aus dem Blickwinkel eines etablierten EVU sind hierbei folgende Strategieoptionen der Produkt- und Sortimentspolitik prinzipiell von Bedeutung:

- Produktvariation: Änderung der bereits im Markt eingeführten Produkte;
- Produktdifferenzierung: Angebot einer zusätzlichen Modifikation zum bereits im Markt eingeführten Produkt;
- Programmerweiterung: Ergänzung von Produktlinien;
- Programmvariation: Veränderung der Sortimentsbreite und -tiefe;
- Diversifikation: Aufnahme zusätzlicher Produkte bzw. Eintritt in neue Märkte.

Die im Rahmen der vorliegenden Arbeit verwendete begriffliche Definition zur Produkt- und Sortimentspolitik folgt hierbei der Darstellung in: Schierenbeck (1989), S. 267 ff.

505 Bereits vor der Liberalisierung wurde seit Mitte der 90er Jahre vereinzelt grüner Strom angeboten, der sich aber fast ausschließlich auf das Versorgungsgebiet des jeweiligen Energieversorgers beschränkte. So boten bereits u. a. das Bayernwerk in München im Jahre 1993 und die Stadtwerke Konstanz im Jahre 1994 Beteiligungsmodelle für Photovoltaikanlagen an. Vgl. Weller (1998), S. 58 und Gemeroth (1999), S. 14.

506 Vgl. Glaser (1999), S. 32.

Verpackungsmaterial gibt es auch in der Stromversorgung eine nicht zu vernachlässigende Kundengruppe, die mit ihrer Produktwahl einen persönlichen Beitrag zum Umweltschutz leisten will.[507] Für Industrie- und Gewerbekunden sowie Weiterverteiler kann die Verbesserung des Images sogar einen zusätzlichen Anreiz bieten, den teureren grünen Strom zu beziehen.[508]
Folgende unterschiedliche Vertriebskonzepte für grünen Strom werden in der Praxis angewendet:[509]

- Ein Kunde bezieht einen Teil oder seinen gesamten Strombedarf aus erneuerbaren Energien und zahlt dem Betreiber der Anlagen einen entsprechenden Aufschlag gegenüber dem Standardtarif. Die Abrechnung zwischen Erzeuger und Kunde kann dabei entweder über eine „Jahresmengenbilanz" oder eine eindeutige vertragliche Zuordnung vom Einspeisepunkt bis hin zum Ortsnetz erfolgen, wo der Kunde „seinen" Ökostrom bezieht. Die Höhe des Aufschlags richtet sich bei dem hier beschriebenen „Verbrauchsprinzip" vor allem danach, inwieweit neue Anlagen subventioniert werden müssen bzw. bereits vorhandene Kapazitäten vermarktet werden können, und aus welchen Erzeugungsquellen sich der grüne Strom zusammensetzt.
- Beim so genannten „Investitionsprinzip" kann ein Kunde entweder durch die Zahlung des Aufschlags gegenüber dem Standardtarif oder durch eine Einmalzahlung zusätzlich auch Anteile an der Anlage zur Stromerzeugung aus erneuerbaren Energien erwerben. Er wird infolgedessen am Ertrag der Anlage beteiligt.
- Hiervon ist wiederum das „Spendenprinzip" abzugrenzen, bei dem der Kunde in einen Fonds einzahlt, der zur Errichtung vor allem von Demonstrationsanlagen zur Stromerzeugung aus erneuerbaren Energien verwendet wird. Der Kunde wird weder Eigentümer noch am Ertrag beteiligt.

Um sicher zu stellen, dass grüner Strom kein reines Nischenprodukt für ein sehr kleines Kundensegment bleibt, muss die Vermarktung neben den ökologischen auch die ökonomischen Aspekte sowie die Präferenzen der Kunden berücksichtigen. Ferner ist zu gewährleisten, dass das Messen und Abrechnen leicht zu bewerkstelligen sind, und mit dem Abschluss eines Vertrags für grünen Strom der Strombedarf des Kunden vollständig gedeckt ist.[510]

Als eine zweite wichtige Ausprägung der Produktdifferenzierung kann man das vor allem von großen EVU angebotene und von Großkunden oder Weiterverteilern nachgefragte

---

[507] Auch wenn ein einzelner Haushalt mit seiner Wahl keinen nennenswerten Beitrag zum Anstieg des Anteils der erneuerbaren Energien liefert, darf seine Entscheidung doch als rational angesehen werden. Schließlich hat er die Hoffnung, dass möglichst viele andere Haushalte seinem Beispiel folgen werden und dadurch einen Wandel in der Stromversorgung bewirken. Vgl. Glaser (1999), S. 33 ff.
[508] Vgl. Zander (2000), S. 58.
[509] Vgl. Weller (1998), S. 59 und Gemeroth (1999), S. 14.
[510] Vgl. Truffer (2001), S. 887.

Portfoliomanagement bezeichnen. Während zu Monopolzeiten Strom nur als ein einziges Produkt auf dem dazugehörigen Markt verkauft wurde, wird dieser nunmehr in unterschiedlichen Formen auf verschiedenen Märkten angeboten. Die Produktpalette reicht dabei von „day-ahead", „hour-ahead" bis hin zu den dazugehörigen Servicedienstleistungen. Die wachsende Bedeutung dieser Art der Produktdifferenzierung kann hierbei auch an Hand von Untersuchungen in bereits früher liberalisierten Strommärkten bestätigt werden.[511]

3.3.3 Strategische Neupositionierung

In den vorangestellten Kapiteln sind die Möglichkeiten zur Kostensenkung sowie einer verbesserten Beziehung zum Endkunden diskutiert worden. Daneben stellt aber insbesondere unter den Bedingungen eines stagnierenden Marktes die Veränderung der bisherigen Unternehmensstruktur im Sinne einer strategischen Neupositionierung eine dritte bedeutende Säule von Strategieoptionen dar. Verschiedene Unternehmensbeispiele von deregulierten Strommärkten aus dem In- und Ausland zeigen dabei, dass die hierbei entstehende Dynamik zu den sichtbarsten Veränderungen im Vergleich zur Monopolzeit führt.[512]

Zur Umsetzung dieses Ansatzes lassen sich zwei wesentliche Strategieoptionen unterscheiden, die im Folgenden analysiert werden:

- Neupositionierung entlang der Wertschöpfungskette vs. neue Geschäftsfelder
- Fusionen, Kooperationen und strategische Allianzen

3.3.3.1 Neupositionierung entlang der Wertschöpfungskette vs. neue Geschäftsfelder

Das neue Energiewirtschaftsgesetz legt den Unternehmen lediglich die Verpflichtung auf, eine rechnungsmäßige Trennung der einzelnen Wertschöpfungsbereiche vorzunehmen.[513] Mittlerweile zeigt sich gleichwohl, dass einige EVU über diese gesetzlichen Vorgaben sogar hinausgehen und durch Gründung rechtlich eigenständiger Gesellschaften unter einer gemeinsamen Holding eine Separierung nach Wertschöpfungsbereichen vorgenommen haben.[514] So haben etwa eine Reihe von EVU weitgehend selbständige Vertriebs- und Handelsgesellschaften als Tochterunternehmen gegründet, die teilweise sogar zu anderen Bereichen im Konzern in Konkurrenz stehen. Bekanntestes Beispiel hierfür ist die schon an

---

[511] Vgl. Budhraja (1999), S. 56 und Goett; Hudson; Train (2000), S. 3.

[512] Bill Dahlberg, Chairman der Southern Company, beschrieb etwa den rapiden Wandel seines Unternehmens vom kleinen Regionalversorger zum größten Elektrizitätserzeuger der USA folgendermaßen: „We were a regional utility with a handful of international projects. Now we are an international energy company with a handful of regional utilities around the globe." Vgl. Larsen; Lomi (1999), S. 152.

[513] Dabei sind prinzipiell alle Varianten von der getrennten Kontenführung bis hin zu juristisch selbständigen Unternehmen möglich. Vgl. Doll; Schäfer; Verstege (1999), S. 28.

[514] Vgl. Fritz; König (2000), S. 14.

anderer Stelle erwähnte Yello-Strom GmbH, Köln als 100 % Tochter der EnBW Energie Baden Württemberg AG, Karlsruhe.[515]

Nicht zuletzt aufgrund des stagnierenden Stromabsatzes verfolgen aber viele Unternehmen mittlerweile zum Teil einen entgegengesetzten Ansatz in der Form eines „Multi-Utility“ oder „Multi- Energy“. Letzterer steht dabei für die Beschaffung, Umwandlung und Verteilung der verschiedenen Energieträger wie Kohle, Öl, Gas und Strom. Der Multi-Utility-Ansatz besagt hingegen, dass den Endkunden neben der Energie auch innovative Dienstleistungen angeboten werden.[516]
Die hier dargestellten Produkte werden bisweilen auch als „Paketangebote“ bezeichnet, und eignen sich hervorragend zur Unterstützung der bereits in Kapitel 3.3.2.1 dargestellten langfristigen Kundenbindung. Denn für den Kunden ergibt sich ein zusätzlicher Anreiz aus einem deutlich niedrigeren administrativen Aufwand, da er dann nur noch eine Rechnung, einen Vertrag und einen Ansprechpartner hat. Die Stromversorger können ihrerseits die Wertschöpfung je Kunden erhöhen. Eine vergleichbare Strategieoption stellen die so genannten „Komplettangebote“ dar. Diese eignen sich vor allem beim Bau von Eigenerzeugungsanlagen, Anlagen zur Erzeugung von Prozesswärme oder Energieverteilungsanlagen. Neben Planung, Projektierung, Bau, Inbetriebnahme, Betrieb, Wartung und Instandhaltung kann ein Komplettangebot auch die Finanzierung und schließlich die Entsorgung beinhalten.[517] Es ist leicht einzusehen, dass sich auch hieraus eine starke und langfristige Kundenbindung ergibt.[518]
Die hier dargestellten Strategieoptionen können dabei in Analogie zur im Abschnitt zuvor beschriebenen Produktdifferenzierung als Programmerweiterung bzw. -variation bezeichnet werden.

Eine weitere wichtige Programmerweiterung der Produktlinie „Strom“ stellt die Strategieoption dar, Strom mit Systemdienstleistungen zu veredeln. Dieser Ansatz basiert auf dem empirisch beobachtbaren Trend, dass der Kunde neben der reinen Stromlieferung auch zunehmend bestimmte Anforderungen bezüglich Qualität (z. B. konstante Frequenz, stabile Spannung, etc.) und Zuverlässigkeit stellt.[519] Vom Ansatz her eng verknüpft ist hierbei auch die Programmvariation, das Kerngeschäft Strom durch die unmittelbar die

---

[515] Vgl. Kassebohm (2000), S. 911 - 912.
[516] Vgl. Jäger (2000), S. 1.
[517] Vgl. Laker; Herr (1998), S. 13 ff.
[518] In eine vergleichbare Richtung ging der Ansatz der EnBW-Tochtergesellschaft Yello, durch Kooperationen mit Unternehmen auf der Wertschöpfungsstufe „jenseits der Steckdose“ neue Kunden zu gewinnen. Yello versuchte zusammen mit dem Hausgerätehersteller Bauknecht Kühlschränke, Geschirrspüler, Waschmaschinen und Wäschetrockner an private Haushalte zu vermieten. Das All-inklusive-Angebot umfasste dabei für 36 DM je Gerät pro Monat u. a. die Anlieferung, Installation, Entsorgung des alten Gerätes sowie Reparaturen durch Bauknecht während der Laufzeit des Vertrages. Vgl. o. V. (2001a).
[519] Bei der Bewertung der Marktfähigkeit von Systemdienstleistungen ist entscheidend, ob das EVU bzw. in der Regel der Netzbetreiber diese einem einzelnen Kunden zuordnen kann. Ferner muss eine monetäre Bewertung der jeweiligen Systemdienstleistung möglich sein. Vgl. Doll; Schäfer; Verstege (1999), S. 30.

Versorgungsfunktion betreffende Energiedienstleistungen, wie z. B. Energieberatung oder Energiemanagement, zu unterstützen.[520]

Schließlich haben die etablierten EVU unter der zunehmenden Erkenntnis, dass Wachstum in den Kerngeschäftsfeldern immer schwieriger wird, die Möglichkeit, sich im Rahmen einer Diversifikation auch in vollkommen neuen Geschäftsfeldern zu positionieren. Im Fokus dieser Strategieoption steht dabei bislang neben der Entsorgung vor allem der gesamte Bereich der Telekommunikation, von der einfachen Sprachübermittlung bis hin zur Möglichkeit, Daten über Stromleitungen zu übertragen. Letzteres wird als „Power-line-courier" bezeichnet und basiert auf dem Umstand, dass Stromnetze bis zu jeder Steckdose in allen Haushalten führen und infolgedessen ohne des zusätzlichen Aufbaues eines Parallelnetzes alternativ zum Telefonnetz genutzt werden können.[521] An dieser Stelle sei gleichwohl darauf hingewiesen, dass trotz aller Anfangseuphorien ein flächendeckendes Angebot von Power-line-courier bislang nirgendwo realisiert werden konnte. Einige EVU haben sogar ihre Arbeit auf diesem Gebiet inzwischen wieder eingestellt.
Als ein zukunftsträchtiges neues Geschäftsfeld gilt aber das Facility-Management. Die EVU übernehmen hierbei in Analogie zu den bereits erwähnten Komplettangeboten das gesamte technische Management von Gebäuden eines industriell-gewerblichen Kunden oder der öffentlichen Hand.[522]
Voraussetzung für eine erfolgreiche Diversifikation ist hierbei stets, dass im Gegensatz zur Monopolzeit eine klare Definition der neuen Geschäftsfelder unter Rentabilitätsgesichtspunkten und Marktchancen erfolgt. Es sind somit insbesondere in der Vergangenheit beobachtbare Fälle zu vermeiden, wo mitunter die Kläranlage einer Gemeinde nur deshalb übernommen wurde, um den Konzessionsvertrag nicht zu gefährden.[523] Ferner haben die EVU zu bedenken, dass das wirtschaftliche Risiko steigt, je weiter das neue Geschäftsfeld von dem bisherigen energiewirtschaftlichen Kernbereich abweicht.[524] Der Vorteil dieser Strategieoption liegt auf der anderen Seite aber darin, dass das klassische Angebot der EVU mit den neuen Geschäftsfeldern auch zu „Kombi-Produkten" zusammengeführt werden kann, um die Kundenbindung zusätzlich zu erhöhen.[525]

3.3.3.2 Kooperationen, Fusionen und strategische Allianzen

Zwei Megafusionen haben die Anbieterstrukturen auf dem deutschen Strommarkt im Herbst 1999 nachhaltig verändert. Am 27. September 1999 verkündeten VIAG und VEBA ihre Fusion und schufen zunächst durch die parallele Fusion ihrer Töchter PreussenElektra und

---

[520] Vgl. Pfaffenberger (1999), S. 83.
[521] Vgl. Kuhnt (2000), S. 442.
[522] Vgl. Pfaffenberger (1999), S. 86.
[523] Vgl. Hensing; Maier (1999), S. 25.
[524] Vgl. Pfaffenberger (1999), S. 85.
[525] Ein bekanntes Beispiel hierfür ist etwa die „Schutzengel-Card" der Kieler Stadtwerke, die neben dem Versicherungsschutz auch bestimmte Preisvorteile für den Kunden beinhaltet. Vgl. Donnerbauer (2000), S. 16 und Meller (2001b), S. 26.

Bayernwerk unter dem neuen Namen „E.ON" den größten Stromversorger in Deutschland mit einer Erzeugungskapazität von 30.000 MW, einem Leitungsnetz von fast 35.000 km sowie rd. 12 Millionen Endkunden.[526] Am 21. Oktober desselben Jahres wurde bereits ein größeres Unternehmen auf dem deutschen Strommarkt geschaffen, als die Aufsichtsräte von RWE und VEW die Fusion bekannt gaben.[527] Als dritte Kraft am deutschen Strommarkt konnte sich alsbald Electricité de France (EDF) durch die Beteiligung an der EnBW Energie Baden Württemberg AG etablieren. Durch die Übernahme des schwedischen Versorgers Sydkraft und PowerGen plc. in England konnte E.ON im Jahre 2002 wiederum die Spitzenposition erreichen.

Parallel bildete sich unter der Führung der schwedischen Muttergesellschaft Vattenfall durch den Zusammenschluss der drei Verbundunternehmen Bewag, HEW und VEAG mit der Laubag zu „Vattenfall Europe" die so genannte „vierte Kraft" auf dem deutschen Strommarkt. Als Folge hiervon blieben von den ehemals 9 Verbundunternehmen, die vor der Liberalisierung im Jahre 1997 auch die 9 größten deutschen Stromversorger gemessen an der nutzbaren Stromabgabe waren, bis zum Jahre 2002 nur noch vier übrig!

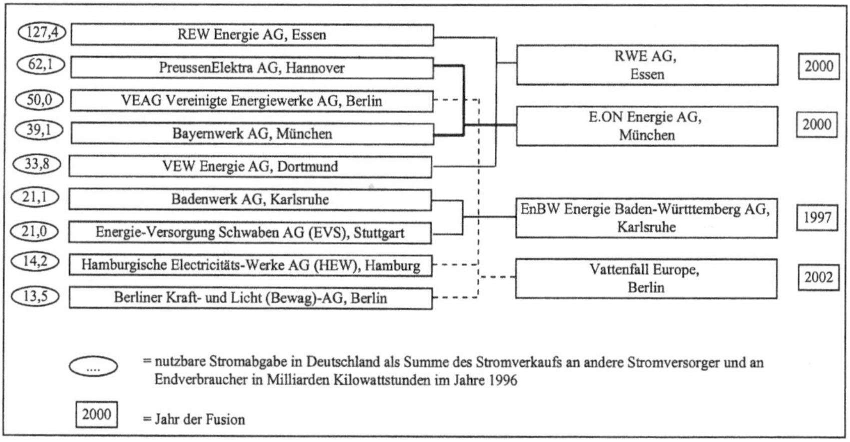

Bild 10: Entwicklung der Verbundunternehmen zwischen 1997 und 2002[528]

Neben diesen spektakulären Fusionen gab es aber auch unter regionalen Versorgern und Stadtwerken eine ganze Reihe von bedeutenden strategischen Allianzen, Kooperationen und Fusionen. Alleine in Ostdeutschland waren aufgrund von Fusionen von ehemals 15 Regionalversorgern, die nach der Wende aus den ehemaligen Energiekombinaten der DDR hervorgegangen waren, bereits Anfang des Jahres 2000 nur noch 7 Unternehmen übrig geblieben.[529]

[526] Vgl. Waffel; Kunze (2001), S. 144.
[527] Vgl. Schürmann (1999), S. 816.
[528] Quelle: Eigene Erstellung. Daten für die nutzbare Stromabgabe aus: VDEW (1997c).
[529] Vgl. Informationszentrale der Elektrizitätswirtschaft (2000a), S. 6.

Die zunehmende Anzahl der Kooperationen, Fusionen und strategischen Allianzen ist hierbei ein Ausdruck dafür, dass im eingesetzten Wettbewerb die eigene Größe, die eigenen Kernkompetenzen und die eigenen finanziellen Möglichkeiten nicht mehr ausreichen. Durch die Auflösung der geschlossenen Versorgungsgebiete entstehen vollkommen neue Marktregeln. Das überwiegend regional oder lokal ausgerichtete Stromgeschäft hat quasi über Nacht für viele Unternehmen eine nationale oder sogar internationale Dimension erreicht. Mittlerweile herrscht in der Branche allgemeiner Konsens, dass diese Strategieoptionen äußerst wichtige Bausteine zum Markterfolg darstellen. Denn die Vorteile von Fusionen sind leicht einzusehen und liegen im Wesentlichen in Größen- und Verbundvorteilen. Auf der anderen Seite sind aber auch die Nachteile etwa in Form von steigenden Kontroll- und Informationskosten in das Entscheidungskalkül einzubeziehen.[530] Nicht zu unterschätzen sind obendrein auch die vor allem auf kommunaler Ebene auftretenden Schwierigkeiten bei Fusionen, die sich durch spezifische Probleme aus der unterschiedlichen Mentalität und Tradition der zu fusionierenden Unternehmen ergeben.[531]

Kooperationen können gleichwohl nicht uneingeschränkt als unmittelbare Folge der Liberalisierung aufgefasst werden, da es bereits vorher stets Ansätze zur Zusammenarbeit von vor allem räumlich benachbarten Unternehmen gegeben hat. Denn in Kapitel 2.3.2.2 war bereits erläutert worden, dass in der leitungsgebundenen Energiewirtschaft die Zusammenarbeit der EVU eine wesentliche Voraussetzung für die Funktionsfähigkeit des Verbundsystems darstellt. Neu ist vielmehr die Rasanz und Größenordnung der eingesetzten Entwicklung.

Die möglichen Aktivitäten für Kooperationen und auch strategische Allianzen sind dabei recht vielfältig. Denkbar sind u. a. die Bündelung des Stromeinkaufs oder gemeinsame Kraftwerksbauten bis hin zu der bereits dargestellten Möglichkeit, vor allen mit branchenfremden Unternehmen, die Vertriebskanäle gemeinsam zu nutzen.
Interessant war in diesem Zusammenhang die zwischenzeitliche Idee von VEW, als Gegenstück zur Fusion von VEBA und VIAG die so genannte „Deutsche Energie Union (DEU)“ zu gründen. Dabei sollten die interessierten Kommunen in Form einer Genossenschaft ihre Energiebeteiligungen einbringen und unternehmensübergreifende Dienste wie Einkauf, Abrechnung oder Einsatzplanung zentral vorgehalten werden. Als wesentlicher Vorteil gegenüber den großen EVU wurde die beibehaltende regionale Präsenz gegenüber den Endkunden angesehen.[532]

---

530 Vgl. Monopolkommission (2000), S. 46.

531 Als ein Musterbeispiel für diese These können die letztendlich wohl an diesen spezifischen Problemen gescheiterten Fusionsverhandlungen zwischen dem südhessischen Regionalversorger HEAG und der Energieversorgung Offenbach (EVO) angeführt werden.

532 Als Haupteigentümer der DEU war neben westfälischen Kommunen auch das amerikanische Unternehmen Texas Utilities, Dallas, vorgesehen. Vgl. o. V. (1999b).

Im internationalen Umfeld können Fusionen und Übernahmen obendrein in zwei Richtungen erfolgen. So konnten etwa die französische Electricité de France (EdF) durch ihre Beteiligung an EnBW und die schwedische Vattenfall durch die Bildung der „vierten Kraft" ihre Position auf dem deutschen Strommarkt ausbauen und festigen. Umgekehrt versuchen vor allem die größeren deutschen EVU durch den Erwerb von Beteiligungen an der Stromwirtschaft in Nord- und Osteuropa ihre Position und Wettbewerbsfähigkeit in einem gesamteuropäischen Rahmen zu stärken.[533] Der hier beschriebene Prozess wird dabei zukünftig aller Voraussicht nach noch weiter zunehmen. Denn die zunehmende Liberalisierung der europäischen Strommärkte öffnet quasi parallel auch die Möglichkeit für Kapitalinvestitionen in die Strombranchen der jeweiligen Staaten.[534]

Der Anreiz für diese Handlungsoption ist leicht einzusehen. Denn insbesondere außerhalb Europas liegen beträchtliche Marktchancen, da die Verschiebung der Stromnachfrage parallel verläuft zur Verlagerung der globalen Wirtschaftsmärkte von den traditionellen Industrieländern hin zu den aufstrebenden Schwellenländern. Für ein EVU wäre es daher kurzsichtig, seine strategischen Überlegungen nur auf Deutschland zu fokussieren.[535] Unterstützt wird diese Strategieoption darüber hinaus durch den „Follow-the-Customer-Ansatz", bei dem vor allem große EVU den Industrieunternehmen mit bedeutendem Strom- und Wärmebedarf ins Ausland folgen.[536]

Die Schwierigkeiten zur Umsetzung der hier dargestellten Strategieoptionen liegen gleichwohl darin, dass sich in der Regel ein international bislang wenig operativ tätiges Unternehmen innerhalb kürzester Zeit mit den Besonderheiten, Chancen und Risiken eines „fremden" Strommarktes vertraut machen muss. Hohe Finanzmittel alleine reichen für ein dauerhaftes Bestehen im internationalen Wettbewerb nicht aus. Vielmehr muss ein globales Denken in den Unternehmen verankert werden.[537]

---

533 Vereinzelt wird diese Strategieoption auch von kommunalen Unternehmen gewählt. Die MVV Energie AG, Mannheim erwarb beispielsweise Ende 1999 eine Beteiligung von 49 % am Fernwärmeunternehmen der polnischen 50.000 Einwohner-Stadt Skarzysko-Kamienna. MVV war damit nach eigenen Angaben das erste ausländische Unternehmen in Polen, dem es gelungen war, an einem kommunalen polnischen Fernwärmeunternehmen eine maßgebliche Beteiligung zu erwerben. Vgl. o. V. (2000c), S. 5

534 Vgl. IEA (2001c), S. 15.

535 Vgl. Maier; Lukas (1999), S. 362 ff.

536 Vgl. Jäger (2000), S. 1.

537 Vgl. Maier; Lukas (1999), S. 366.

4 Probleme der Deregulierung in der Elektrizitätswirtschaft

4.1 Probleme der Deregulierung vs. Re-Regulierung

Das zentrale Problem einer Deregulierung ist, dass sich die hierdurch induzierten Auswirkungen auf Marktstruktur, Preise, etc. aufgrund der bereits angesprochenen sehr komplexen Zusammenhänge in einem liberalisierten Elektrizitätsmarkt kaum vorhersagen lassen. Erschwerend kommt hinzu, dass der Beginn der Deregulierung der Strommärkte in der überwiegenden Mehrzahl der Staaten erst wenige Jahre zurückliegt. Belastbare Aussagen über die mittel- und langfristigen Auswirkungen liegen daher nicht vor.[538] Dieses Manko ist dabei andererseits auch nicht überzubewerten. Denn in Analogie zur Auswahl der richtigen Instrumente für eine Deregulierung wäre ein Vergleich mit Strommärkten in anderen Ländern ohnehin kaum hilfreich, um Aussagen über die Auswirkungen einer gewählten Strategie zur Deregulierung in einem bestimmten Land zu treffen.

Gravierender ist in diesem Zusammenhang der Umstand, dass die Deregulierung des Strommarktes keinen stationären Zustand darstellt, sondern vielmehr einen laufenden Prozess. Viele Studien, die auch erst in jüngster Zeit zu diesem Thema geschrieben wurden, sind daher von der weiteren Entwicklung bereits wieder überholt worden.[539]

Eine wesentliche Ursache für diesen Tatbestand liegt darin, dass den etablierten EVU nunmehr eine Fülle von neuen Strategieoptionen zur Verfügung stehen, die überwiegend in einem „Trial and Error-Prozess“ erst im Zeitablauf nach der Marktöffnung entwickelt worden sind und noch immer werden. Der im Abschnitt 3.3 gemachte Versuch einer Systematisierung der Strategiemengenerweiterung eines etablierten EVU auf dem deregulierten deutschen Strommarkt hat daher folgerichtig gezeigt, dass die neu gewonnene Freiheit eine Welle von unternehmerischen Erfindungsgeist induziert hat, der ex ante nicht für möglich gehalten wurde.[540] Allenthalben wird die oft zitierte Aussage bestätigt: „Die Liberalisierung des deutschen Strommarktes stellt für alle Akteure eine spannende Entdeckungsreise dar“.

Auf der anderen Seite liegt aber gerade in dieser offensichtlich nicht „steuerbaren“ weiteren Entwicklung des deutschen Strommarktes die Gefahr, dass wesentliche Ziele der ursprünglichen Deregulierung nicht erreicht werden bzw. im Zeitablauf zusätzliche Probleme auftauchen, die im Vorhinein nicht bedacht wurden.

Es ist daher nicht verwunderlich, dass von unterschiedlichen Seiten eine Novellierung des bestehenden Energiewirtschaftsgesetzes (EnWG) bzw. sogar Re-Regulierung von

---

538 Allenfalls kann bei einer Bewertung der verschiedeneren Reformansätze das Zwischenfazit gezogen werden, dass die kurzfristigen Erwartungen, die in die Liberalisierung der Strommärkte gesetzt wurden, in den meisten Staaten bislang in Erfüllung gegangen sind. Neben der Verringerung der Überkapazitäten in der Erzeugung konnten vor allem die Senkung der Strompreise für alle Kundengruppen als (erwartete) positive Effekte verbucht werden. Vgl. Fritz; König (2000), S. 14 und IEA (2001c), S. 10.

539 Vgl. IEA (2001c), S. 140.

540 Die hier gemachte Beobachtung korreliert dabei mit anderen Strommärkten und Wirtschaftszweigen, die schon früher mit Ansätzen zur Deregulierung begonnen hatten. Vgl. Crandall; Ellig (1998), S. 16.

Teilbereichen des Strommarktes gefordert werden. Als Argumente werden dabei aber neben offensichtlich vorhanden Problemen auf dem deutschen Strommarkt vielfach Erfahrungen von anderen deregulierten Strommärkten angeführt, wie etwa die Krisen in Kalifornien im Jahre 2000 oder New-York im Jahre 2003. Letztere Begründung erweist sich hierbei gleichwohl als nicht besonders stichhaltig, da aufgrund der bereits mehrfach angesprochenen begrenzten Vergleichbarkeit von nationalen Strommärkten, Probleme der Deregulierung in einem bestimmten Land oder Region nicht überall auftreten müssen.

Bei der Diskussion um eine Novellierung des EnWG stellt sich daher die ökonomisch gesehen interessante Frage, ob und inwieweit der Staat im Falle des Auftretens von Problemen der Deregulierung durch eine „Re-Regulierung" überhaupt erneut intervenieren sollte.

Zu Beantwortung dieser Frage kann zunächst ohne Zweifel festgestellt werden, dass es aufgrund der in Kapitel 2.3.1 bereits dargelegten wirtschaftlichen Bedeutung der Elektrizitätswirtschaft geradezu fatal wäre, wenn sich der Staat nach dem einmal erfolgten Start der Liberalisierung für alle Zeiten vollkommen zurückziehen würde und den weiteren Prozess alleine den Kräften des Marktes überlassen würde. Er hat vielmehr nach wie vor generell die Aufgabe, den Wettbewerb zu überwachen und illegale Machenschaften der Marktteilnehmer zu unterbinden.[541] Hierbei hat der Staat insbesondere auch die Pflicht, den durch den Wettbewerb ausgelösten kontinuierlichen Veränderungsprozess stetig zu beobachten und möglicherweise auch in Marktbereiche einzugreifen, die zu Beginn der Liberalisierung als eher unkritisch angesehen wurden. Denn es ist leicht einzusehen, dass ein Strukturwandel dieses Ausmaßes von einer konsistenten Energiepolitik flankiert werden sollte.[542]

Die hier gestellte Anforderung an den Staat korreliert dabei mit Beobachtungen in Ländern wie Großbritannien, Chile oder Argentinien, die schon recht früh mit der Liberalisierung des Strommarktes begonnen hatten und mittlerweile auf der Basis der gewonnenen Erfahrungen den eingeschlagenen Weg zur Deregulierung weiterentwickelt haben.[543]

Darüber hinaus ist zu berücksichtigen, dass auch unabhängig vom Prozess der Deregulierung neue Herausforderungen, etwa im Bereich des Umweltschutzes, auf die Elektrizitätswirtschaft zukommen werden. Aufgrund der hohen Verantwortung der Elektrizitätswirtschaft gegenüber der Gesellschaft ist es daher gesamtwirtschaftlich gesehen zielführend, wenn sich der Staat für derartige exogene Veränderungen der Rahmenbedingungen auch zukünftig eine Reihe von Optionen zur Marktintervention, wie z. B. den Einsatz von umweltpolitischen Instrumenten, offen hält.

---

[541] Vgl. Morgan; Sioshansi (1999), S. 24.
[542] Vgl. Meller (2001b), S. 29.
[543] Vgl. IEA (1999), S. 66, Steeg (1999), S. 119 und Moya (2002), S. 580 ff.

Durch die hier zugedachte Rolle des Staates ist zwar dessen Verantwortung für den nachhaltigen Erfolg der Deregulierung hinlänglich beschrieben, gleichwohl aber die Frage, welche Probleme der Deregulierung eine Re-Regulierung rechtfertigen, noch nicht abschließend beantwortet. Es können hierfür lediglich eine Reihe von Kriterien als Voraussetzung angeführt werden, die zwar jede für sich genommen nicht hinreichend sind, aber in ihrer Gesamtheit einen erneuten staatlichen Eingriff auch nach der Deregulierung notwendig erscheinen lassen.

Das wichtigste Kriterium stellt hierbei der Nachweis dar, dass ein aufgetretenes Problem zu **bedeutenden** gesamtwirtschaftlichen Wohlfahrtsverlusten führen könnte. Die Schwierigkeit ist hierbei gleichwohl, dass eine Quantifizierung der zu erwartenden Wohlfahrtsverluste ex ante nur sehr schwer durchzuführen ist. Vielmehr ist in der Regel nur auf der Grundlage einfacher Plausibilitätsargumente zunächst zu vermuten, dass die Voraussetzungen zur Erfüllung dieses Kriteriums vorliegen. Die tatsächliche Bestätigung für die jeweilige These wird mitunter erst im Zeitablauf aufgrund des dann vorliegenden empirischen Datenmaterials zweifelsfrei zu bestätigen sein.
Eng verknüpft sind hiermit die in Kapitel 2.2 dargelegten Anforderungen an eine staatliche Regulierung, die selbstverständlich auch für eine Re-Regulierung uneingeschränkt Gültigkeit besitzen und daher als ein zusätzliches Kriterium angeführt werden können. Demnach ist eine Re-Regulierung nur dann gerechtfertigt, wenn der Wettbewerb aufgrund der in der Literatur beschriebenen Fälle des Marktversagens als Kontroll- und Steuerungsmechanismus ausfällt, und gesamtwirtschaftlich gesehen die Kosten der Re-Regulierung den Nutzen nicht übersteigen.

Ein drittes elementares Kriterium für eine Re-Regulierung stellt die Forderung dar, dass hierdurch kein Vertrauensverlust in die politische Kontinuität entstehen darf. So zeigte sich nämlich im Zusammenhang mit der „stetigen" Diskussion um die Weiterentwicklung der Verbändevereinbarung (VV), dass in der Vergangenheit mitunter EVU in Erwartung der VV II keine Verträge mehr auf der Grundlage der VV I abgeschlossen haben und sich somit die Entwicklung des Wettbewerbs verzögert hatte. Aus vergleichbaren Argumenten ist es in diesem Zusammenhang auch nicht zielführend, dass aus der Politik heraus schon des Öfteren mit dem Regulator für den Netzzugang gedroht wurde.

Darüber hinaus ist zu bedenken, dass jene Wirtschaftssubjekte, die aus der Regulierung einen besonderen Nutzen gezogen haben, in der Regel durch die Deregulierung Verluste hinnehmen müssen.[544] Der Staat hat daher als viertes Kriterium für eine Re-Regulierung genau zu prüfen, dass vermeintliche Probleme der Deregulierung nicht in Anlehnung an die „positive Theorie der Regulierung" bewusst durch bestimmte Marktakteure vorgeschoben werden.

---

[544] Vgl. Deregulierungskommission (1991), S. 11.

Schließlich ist der Fokus der vorliegenden Arbeit auf jene Problemfelder gelegt worden, die durch die im Wettbewerb zusätzlich erlangten Strategieoptionen der EVU induziert werden. Ausgeklammert werden demnach etwa „Stranded Costs“, deren eigentliche Ursache in der vom Staat vorgegebenen Übergangsphase begründet liegt. Dieses Kriterium stellt dabei gleichwohl lediglich eine Einschränkung für die weiteren Analysen dieser Arbeit dar. Seine Erfüllung ist daher generell nicht zwingend, um eine Re-Regulierung zu rechtfertigen.

Auf die hier beschriebenen Voraussetzungen für eine Re-Regulierung aufbauend, können nunmehr in einem weiteren Schritt gezielt Probleme der Deregulierung ausgewählt werden, wo auf der Grundlage einfacher Plausibilitätsargumente und leicht nachvollziehbarer Wirkungszusammenhänge zunächst vermutet werden kann, dass diese die zuvor genannten Kriterien erfüllen.
Folgende vier Thesen sind demnach mögliche „Kandidaten“ für eine Re-Regulierung, deren tatsächliche jeweilige Rechtfertigung gleichwohl im Rahmen dieser Arbeit in den nachfolgenden Kapiteln noch detailliert zu prüfen ist:

- Der Rückgang an Investitionen und der Abbau von Arbeitsplätzen kann dazu führen, dass dauerhaft ein volkswirtschaftlich gesehen optimales Niveau an Versorgungsqualität in der Stromversorgung nicht gewährleistet werden kann.
- Die Anzahl und Größenordnung der auf dem deutschen Strommarkt beobachtbaren Kooperationen, Fusionen und strategischen Allianzen können zu oligopolistischen Strukturen auf der Anbieterseite führen.
- Ein Kunde kann zwar nunmehr seinen Stromversorger frei auswählen, muss aber gleichzeitig aufgrund des bislang praktizierten Einsatzes der Marketinginstrumente durch die EVU unvoll*ständige* Informationen über die Höhe der Kosten eines Versorgerwechsels sowie unvoll*kommene* Informationen der Erzeugungsart des von ihm gekauften Stroms billigend in Kauf nehmen. Es besteht die Gefahr, dass viele Kunden deshalb einen Versorgerwechsel unterlassen und infolgedessen das Potenzial der Wettbewerbsintensität auf dem deutschen Strommarkt nicht ausgeschöpft wird.
- Die bisher empirisch beobachtbaren Strategieoptionen zur Senkung der Stromerzeugungs- und Beschaffungskosten können zum einen dazu führen, dass aufgrund des vermehrten Einsatzes von gasgetriebenen Kraftwerken die Ressourcenabhängigkeit Deutschlands von Erdgas weiter ansteigt. Zum anderen besteht durch Stromimporte die Gefahr, dass die in Deutschland geltenden hohen umwelt- und sicherheitstechnischen Standards und Auflagen umgangen werden.

Die prinzipielle Argumentationskette und Vorgehensweise zur weiteren Analyse ist in nachfolgender Abbildung noch einmal zusammengefasst dargestellt. Ziel der vorliegenden Arbeit ist es hierbei, mit Hilfe der in Kapitel 2 dargestellten Ursachen und Instrumenten staatlicher Regulierung die jeweilige Notwendigkeit einer Re-Regulierung für die einzelnen Problemfelder zu bewerten und mögliche Lösungsansätze für einen staatlichen Eingriff zu entwickeln. Die Ansätze für eine Re-Regulierung werden dabei stets aus dem Blickwinkel der normativen Theorie diskutiert und entwickelt. Gleichwohl ist bei der praktischen Umsetzung stets auch die Möglichkeit eines Versagens der Regulierungsbehörde im Sinne der positiven Theorie der Regulierung zusätzlich in das Entscheidungskalkül mit einzubeziehen.

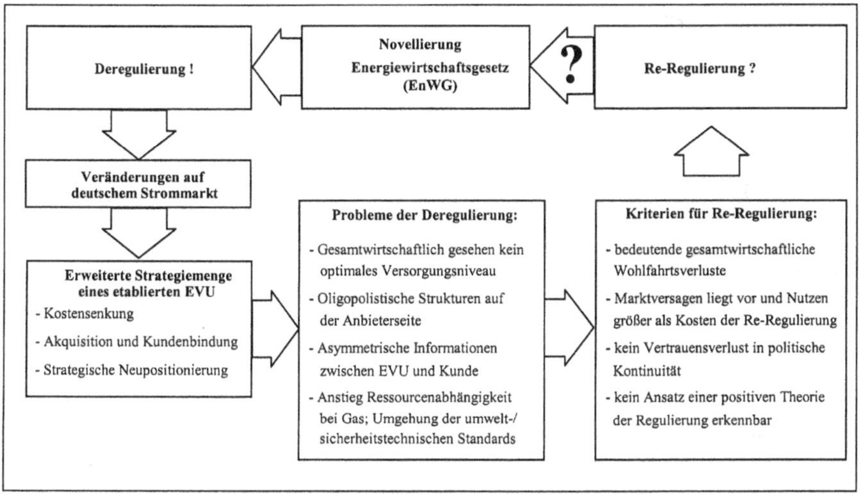

Bild 11: Probleme der Deregulierung vs. Re-Regulierung[545]

[545] Quelle: Eigene Erstellung.

4.2 *Absenkung der Versorgungsqualität*

4.2.1 Problemstellung

Bereits in Kapitel 2.3.2 war darauf hingewiesen worden, dass die Elektrizitätsversorgung vor allem im Bereich Kraftwerke und Leitungsnetze durch einen hohen Kapitaleinsatz bestimmt wird. Gleichwohl wurden stets hohe Anforderungen an die Zuverlässigkeit und Versorgungsqualität gestellt. Zu Monopolzeiten spielten dabei Kosten für die Energieversorgungsunternehmen (EVU) nur eine nachgeordnete Rolle. Denn solange eine Struktur geschlossener Versorgungsgebiete vorlag, konnte jedes technisch realisierbare Zustandsniveau erreicht werden, da die dafür anfallenden zusätzlichen Kosten auf die Verbraucher im jeweiligen Versorgungsgebiet abgewälzt werden konnten. Die Investitionsentscheidungen für die unterschiedlichen Wertschöpfungsstufen Erzeugung, Transport und Verteilung wurden alleine durch die Stromerzeuger bestimmt.[546] Als Folge hiervon wurden etwa im Netzbereich Investitionen in einem Umfang vorgenommen als müssten diese für eine Betriebsdauer von 100 Jahren ausgelegt werden.[547]

Unter Wettbewerbsbedingungen ist dieser Aspekt vollkommen anders zu bewerten. Denn das neue Energiewirtschaftsgesetz (EnWG) fordert weder die Maximierung der Versorgungssicherheit noch die Minimierung der Netzpreise, sondern nur die Einhaltung eines gewissen Maßes an Versorgungsqualität zu angemessenen Preisen. In § 1 EnWG wird mit der Forderung nach einer möglichst sicheren, preisgünstigen und umweltverträglichen Versorgung mit Elektrizität somit lediglich ein Zieldreieck aufgespannt. Ähnlich wie beim „magischen Viereck der Stabilitätspolitik“ findet dabei im EnWG die Verfolgung eines Ziels seine Grenzen in der Beeinträchtigung der jeweils anderen.[548]

Trotz dieser Absichten durch den Gesetzgeber, ist es aber andererseits für ein EVU in einem liberalisierten Strommarkt rational, nur dann in eine zusätzliche Kraftwerkseinheit oder in die Verbesserung der Netzinfrastruktur zu investieren, wenn die Endkunden bereit sind, die damit verbundenen Kosten für die im Gegenzug erhaltene zusätzliche Sicherheit zu tragen. Vielmehr kann es für ein EVU sogar zielführend sein, bestehende Anlagen und Netze zurückzubauen oder den Personalbestand in der Instandhaltung und Störungsbehebung zu senken. Denn anderenfalls muss ein EVU nämlich befürchten, dass ein Kunde aufgrund der aus seinem Blickwinkel überhöhten Kosten z. B. für Durchleitungsentgelte zu einem Konkurrenten wechselt. Die Investitionsentscheidung wird somit im Gegensatz zur Monopolzeit nunmehr durch die Überlagerung der Einflüsse aus Kundenwünschen, Entscheidungsspielraum der Netzbetreiber und politischen Rahmenbedingungen determiniert.[549]

---

[546] Vgl. Budhraja (1999), S. 55.
[547] Vgl. Blechschmidt (1998), S. 38.
[548] Vgl. Böwing (1999), S. 41 und Stamer (2000), S. 4.
[549] Vgl. Handschien (2000), S. 20.

Es stellt sich daher die Frage, ob unter diesen Voraussetzungen auch nach der Marktöffnung genügend in die deutsche Elektrizitätswirtschaft investiert wird, um dauerhaft ein volkswirtschaftlich gesehen optimales Niveau an Versorgungsqualität bzw. Ausfallhäufigkeit der Stromversorgung zu gewährleisten.[550]
Denn die Diskussion in Kapitel 3.3.1.3 hat bereits dargelegt, dass das veränderte Entscheidungskalkül der etablierten EVU in einem liberalisierten Strommarkt offensichtlich zu einer signifikanten Senkung des Investitionsvolumens geführt hat, wenngleich eine exakte Quantifizierung dieses Rückgangs aufgrund sich überlagernder Effekte äußerst schwierig ist.

Im Folgenden werden zur Untersuchung dieser Problemstellung zunächst die Entscheidungsparameter eines EVU in einem liberalisierten Strommarkt für das Niveau der Versorgungsqualität beschrieben. Danach wird der in der Literatur favorisierte Ansatz zur Bestimmung eines volkswirtschaftlich gesehen optimalen Niveaus der Versorgungsqualität im Wettbewerb dargestellt und kritisch bewertet. Anschließend werden darauf aufbauend verschiedene Lösungsansätze entwickelt und diskutiert.
Der Fokus dieser Analyse liegt dabei auf dem Bereich der Netze, da vor dem Hintergrund des nach wie vor bestehenden Überangebots an Kraftwerksleistung und damit bereitstellbarer Energie, zumindest kurz- und mittelfristig die Versorgungsqualität der Stromversorgung in Deutschland durch diese definiert wird.[551]

4.2.2 Analyse des Gutes „Versorgungsqualität" im liberalisierten Strommarkt

4.2.2.1 Druck zur Kostensenkung vs. Versorgungsqualität

Durch die Entwicklung hin zur Informationsgesellschaft hat der Qualitätsbegriff in der Elektrizitätswirtschaft für alle Bereiche des Lebens stark an Bedeutung gewonnen. Insbesondere bei elektronischen Prozesssteuerungen, Datenverarbeitungsanlagen u. ä. können bereits kleine Unregelmäßigkeiten der Versorgungsspannung zu Störungen führen.[552] Die materiellen Schäden eines Ausfalls können dabei weit reichend sein. Alleine für die Halbleiter und Kunststoffindustrie sowie für viele Bereiche der Informationstechnik können z. B. durch temporäre Spannungseinbrüche bereits sehr schnell wirtschaftliche Verluste von mehreren Millionen EUR entstehen.[553] Aber auch Banken und Versicherungen haben ein großes Interesse an einer weiterhin hohen Versorgungsqualität, da hier plötzliche Spannungseinbrüche zu Datenverlusten führen können.[554]

---

[550] Die Deregulierungskommission wies in ihrem Bericht im Jahre 1991 bereits prinzipiell auf dieses Problem hin, ohne jedoch einen klaren Lösungsansatz aufzuzeigen. Sie führte lediglich die These an, dass auch unter Wettbewerbsbedingungen die Versorgungssicherheit gewährleistet ist, sofern „(...) die Versorgungsverantwortung klar zugeordnet ist und über die Zuschaltung von Reservekapazitäten zentral entschieden wird." Vgl. Deregulierungskommission (1991), S. 71

[551] Vgl. Stamer (2000), S. 10.

[552] Vgl. VDEW (1997b), S. 3.

[553] Vgl. Schmitt; Häusler; Buchholz; Weinhold (2001), S. 17.

[554] Vgl. Richter (2001), S. 20.

Bei der Bewertung der Versorgungsqualität ist daher neben dem Ausfallrisiko auch die Qualität der Stromversorgung zu analysieren. So dient etwa eine Frequenzstabilität von +/- 0,1 Hz als ein entscheidendes Qualitätsmerkmal des Netzes, weil anderenfalls elektronisch gesteuerte Prozesse nachhaltig gestört werden können. Als Folge hiervon hätte eine Frequenzschwankung heutzutage etwa vergleichbare gravierende Auswirkungen wie früher ein Blackout.[555] Die Netzbetreiber versuchen daher ihrerseits die Störgrößen auf die Versorgungsspannung zu minimieren, etwa durch Netzausbau bei steigender Netzlast, automatischer Netzführung, Einsatz leistungsfähigerer Betriebsmittel sowie der Reduzierung der Rückwirkung störender Kundengeräte.[556]

Andererseits kann es aber in Analogie zu anderen technischen Systemen eine hundertprozentige Zuverlässigkeit der Stromversorgung nicht geben. So lassen sich etwa die Folgen von Großstörungen aufgrund extrem widriger Wetterverhältnisse, wie z. B. Eisregen oder Stürme, mit wirtschaftlich vertretbarem Aufwand nicht gänzlich vermeiden. Vielmehr kann allenfalls aufgrund der hohen Qualität der Mitarbeiter und ihrer Betriebsmittel ein hohes Maß an Versorgungsqualität gewährleistet werden.[557] Es ist darüber hinaus weder technisch möglich, noch gesamtwirtschaftlich gesehen rational, eine Netzstruktur aufzubauen, die auch den speziellen Anforderungen von wenigen Kunden Rechnung trägt, die etwa über besonders empfindliche elektronische Geräte verfügen. Zum Schutz dieser Geräte wird man vielmehr auf dezentrale Maßnahmen zurückgreifen.[558]

Es kann aber eine Versorgungsqualität definiert werden, deren Einhaltung entsprechende Aufwendungen gegenüberstehen. Ein höheres Niveau der Versorgungsqualität bedingt hierbei zwangsläufig höhere Investitionen z. B. in die Netzinfrastruktur und vice versa. Der Kraftwerks- oder Netzbetreiber kann wiederum durch die Festlegung des Niveaus der Versorgungsqualität eine maximale Ausfalldauer bzw. eine definierte Ausfallarbeit vorgeben, die im Störungsfall nicht überschritten werden darf.[559]

Die Festlegung des Niveaus der aus den Komponenten Versorgungszuverlässigkeit und Spannungsqualität zusammengesetzten Versorgungsqualität erweist sich dabei in der Praxis gleichwohl als äußerst schwierig.[560] Zu unterschiedlich sind die Interessen von

---

[555] Vgl. Pfaffenberger (1999), S. 25.

[556] Vgl. VDEW (1997b), S. 3.

[557] Vgl. Windmöller (1998), S. 18.

[558] Vgl. VDEW (1997b), S. 3.

[559] Vgl. Stamer (2000), S. 10.

[560] Die hier verwendeten Begriffe werden dabei in der Literatur nicht einheitlich verwendet. Bisweilen wird zur Bewertung der Versorgungsqualität als drittes Kriterium auch die Frequenzstabilität genannt, die an der Regelung und Höhe der Reserveleistung der Kraftwerke gemessen wird. Vgl. Kox (1998), S. 5.
Im Folgenden soll unter dem Begriff „Spannungsqualität" eine Größe verstanden werden, die sich an den kurzen Unterbrechungen der Versorgungsspannungen, den Spannungseinbrüchen und den transienten Überspannungen messen lässt. Die Versorgungszuverlässigkeit beschreibt hingegen Häufigkeit und Dauer von Versorgungsunterbrechungen durch Fehler im Netz. Vgl. Weck, Wellßow (2001), S. 23.
Die Gewährleistung der Versorgungsqualität kann darüber hinaus noch um die Forderung nach einer ausreichenden Versorgung mit Primärenergieträgern für die Stromerzeugung zur so genannten „Versorgungssicherheit" erweitert werden. Vgl. Deregulierungskommission (1991), S. 71.

Netzbetreibern, Herstellern und Geräteanwendern. Die Folge hiervon ist, dass aufgrund dieses Interessenskonfliktes bislang kein geschlossener Kreis von Normen entwickelt wurde, der von den Eigenschaften der elektrischen Energieversorgungsnetze über die zulässigen Störungen von Verbrauchseinrichtungen bis hin zu der erforderlichen Störfestigkeit der angeschlossenen Geräte reicht. Eine Einigung ist hierbei auch weiterhin nicht in Sicht, obwohl für einen optimalen Betrieb Störfestigkeit und Störaussendungen von Kundeneinrichtungen und Versorgungsnetz aufeinander abgestimmt sein sollten.[561]
Die Lösung dieser Frage stellt aber trotz allem für die Netzbetreiber eine dringende Aufgabe dar. Denn gemäß § 4 EnWG und unter Berücksichtigung von Artikel 10 der Binnenmarktrichtlinie Elektrizität sind diese auch nach der Marktöffnung für den ordnungsgemäßen Betrieb der Netze verantwortlich.[562]

Die Entscheidungsparameter eines EVU im liberalisierten Strommarkt haben sich somit dahingehend verändert, dass ein EVU nach wie vor die Verantwortung für die Versorgungsqualität zu tragen hat, aber gleichzeitig die notwendigen Kosten zur Erreichung des angestrebten Niveaus der Versorgungsqualität nicht mehr ohne Weiteres auf die Endkunden überwälzen kann. Denn diese besitzen in einem nunmehr liberalisierten Strommarkt auch die Strategieoption zum Versorgerwechsel. Die EVU sind daher dazu angehalten, bei der Festlegung der Höhe der (Re-)Investitionen sowie des Personalbestands zur Störungsbeseitigung und Instandhaltung, die Präferenzen der Endkunden zu berücksichtigen. Da Letztere wiederum unter Umständen ein niedrigeres Niveau der Versorgungsqualität präferieren, stellen Personalabbau und Rückgang an Investitionen aus einzelwirtschaftlicher Sicht eines EVU mitunter rationale Strategieoptionen dar.
Wesentliches Ziel eines EVU im liberalisierten Strommarkt ist daher die Senkung der Anlagenkosten, ohne dass dadurch das Versorgungsqualitätsniveau signifikant absinkt. Gleichzeitig sind die Instandhaltungsaufwendungen durch den Einsatz wartungsarmer Betriebsmittel auf ein Minimum zu begrenzen.[563] Es stellt sich daher bei jeder Instandhaltungsmaßnahme die Frage, ob nicht durch eine Vereinfachung der Netzstruktur Kosten gespart werden können, auch unter Inkaufnahme einer geringeren Versorgungsqualität.[564]
In der Literatur wird es dabei als unstrittig angesehen, dass Einsparmaßnahmen im Übertragungsnetz durch eine Optimierung der Netz- und Schaltanlagenkonzeption erreicht werden können. Etwas anders sind die Strategieoptionen im Verteilungsnetz zu bewerten, auch wenn gerade hier die Aufwendungen zur Instandhaltung den wesentlichen Kostenbestandteil für den Betrieb darstellen.[565] Bedingt durch die einfachere Netzstruktur ist

---

561 Vgl. Weck, Wellßow (2001), S. 22 und Wellßow (2001), S. 38.
562 Vgl. Müller (2001), S. 11.
563 Vgl. Windmöller (1998), S. 21 und Müller (2001), S. 11.
564 Vgl. Donnerbauer (2000), S. 17.
565 Vgl. Müller (2001), S. 10.

nämlich das Einsparpotenzial auf die Anwendung kostengünstiger Alternativen wie z. B. die Verwendung von „Abzweigmuffen mit Stichversorgung des Kunden" begrenzt.[566] Ferner können für Leitungen mit kurzer Lebensdauer wieder vermehrt Freileitungen oder isolierte Leitungen auf einfachen Holzmasten eingesetzt werden.[567]

Als Folge des hier dargestellten Entscheidungskalküls eines EVU im liberalisierten Strommarkt ist daher damit zu rechnen, dass durch Sparmaßnahmen im Netzbau und -betrieb mehr Störungen als heute auftreten werden.[568] Gesamtwirtschaftlich gesehen können sich daher die zuvor genannten Strategieoptionen negativ auf das Niveau der zukünftigen Versorgungsqualität für den deutschen Strommarkt auswirken.
Diese Aussage korreliert hierbei mit Beobachtungen aus bereits früher deregulierten Strommärkten. So zeigen etwa empirische Untersuchungen des amerikanischen Strommarktes, dass die durch den neuen wettbewerblichen Rahmen bedingte Verringerung von Instandhaltungsinvestitionen und Ausbauplänen zu einer deutlichen Erhöhung von Stromausfällen geführt hat.[569] Ähnliche Aussagen lassen sich auch für Norwegen und Schweden treffen. Hier zeigt in nachfolgender Abbildung eine Gegenüberstellung der Werte für 1999 mit dem jeweiligen Durchschnitt für die 90er Jahre, dass die aufgetretenen Fehler auf den verschiedenen Wertschöpfungsstufen nach der Liberalisierung in der Regel signifikant angestiegen sind.

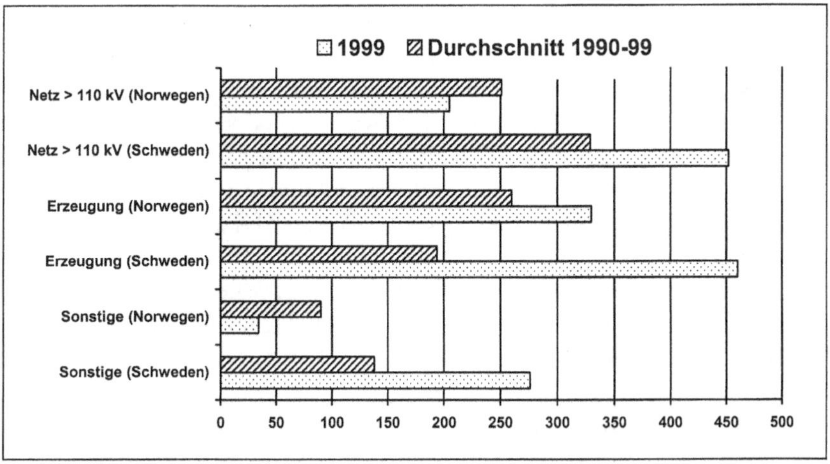

Bild 12: Anzahl der aufgetretenen Fehler in Norwegen und Schweden[570]

[566] Vgl. Weck, Wellßow (2001), S. 23.
[567] Vgl. Blechschmidt (1998), S. 38.
[568] Vgl. Müller (2001), S. 11.
[569] Vgl. Sereinig (1999), S. 40.
[570] Quelle: Nordel (2000), S. 40.

Analysen in England und Wales führen zwar zu dem überraschenden Ergebnis, dass dort nach der Marktöffnung zumindest die Versorgungszuverlässigkeit tendenziell eher besser geworden ist.[571] Dieser offensichtliche Widerspruch zur Argumentation zuvor dürfte jedoch insbesondere darauf zurückzuführen sein, dass England zu Beginn der Liberalisierung ein sehr niedrigeres Niveau der Versorgungszuverlässigkeit hatte. Ein von der „Union Internationale des Producteurs et Distributeurs d' Energie Electrique (UNIPEDE)" durchgeführter internationaler Vergleich der Versorgungszuverlässigkeit belegt nämlich, dass die Unterbrechungshäufigkeit und -dauer in England auch Ende der 90er Jahre noch durchschnittlich um mindestens den Faktor drei höher gewesen sind als in Deutschland.[572] Es ist daher zu vermuten, dass die Marktöffnung in England auch zu einer Verbesserung der Service- und Dienstleistungen etwa in Form einer schnelleren Behebung von Störungen geführt hat, was wiederum die zuvor genannten negativen Aspekte überlagert.

Zum gegenwärtigen Zeitpunkt scheint es gleichwohl noch zu früh zu sein, um bereits empirische Zusammenhänge zwischen einem veränderten Investitionsverhalten im Wettbewerb und einer Reduzierung der Versorgungsqualität quantitativ herstellen zu können. Denn Investitionen in Netzstruktur sind vielfach auf mehrere Jahrzehnte angelegt. Ein verändertes Investitionsverhalten als Folge der Liberalisierung kann sich daher spürbar mitunter erst mittel- bis langfristig negativ auswirken.[573] Es wäre gleichwohl andererseits fatal, sich auf dieser in der Literatur vielfach vertretenen Argumentation in Sicherheit zu wähnen. Zwar existieren nur sehr rudimentäre Statistiken und Alterungsmodelle über die zu erwartende Anlagenverfügbarkeit, anderseits wird es aber in der Literatur als unstrittig angesehen, dass die derzeitige Reinvestitionsquote zu niedrig ist.[574] Denn bedingt durch die starke Bautätigkeit in den 60er und 70er Jahren liegt das durchschnittliche Alter der Netzanlagen in Deutschland bereits heute bei rd. 30 Jahren.[575] Ferner hat sich die Gesamtlänge des Netzes in den letzten Jahren nicht mehr weiter erhöht.[576] Größere Investitionen in die Erhaltung und Modernisierung scheinen daher in den kommenden Jahren unvermeidlich.
Viel gravierender ist darüber hinaus bereits jetzt der Abbau von qualifiziertem Personal zu bewerteten. Es ist nämlich zu erwarten, dass sich hierdurch bereits in naher Zukunft die durchschnittliche Zeit bis zur Behebung einer Störung erheblich verlängern wird.[577]

Abschließend kann daher das Zwischenfazit gezogen werden, dass es einen signifikanten Zusammenhang zwischen dem Personalabbau bzw. dem veränderten Investitionsverhalten der

---

[571] Vgl. Stamer (2000), S. 11.
[572] Vgl. Weck, Wellßow (2001), S. 23.
[573] Vgl. Windmöller (1998), S. 17.
[574] Vgl. u. a. Wellßow (2001), S. 42.
[575] Vgl. Müller (2001), S. 10.
[576] Vgl. Karl (1999), S. 27.
[577] Vgl. Donnerbauer (2000), S. 17.

Netzbetreiber und der Versorgungsqualität gibt. Es wird weitgehend als unstrittig angesehen, dass die Qualität der Stromversorgung im liberalisierten deutschen Strommarkt langfristig abnehmen wird.[578]

Offen ist allerdings die entscheidende Frage, auf welchem Niveau sich die Versorgungsqualität einpendeln wird, und ob dieses dann gesamtwirtschaftlich gesehen ein Optimum darstellt.

4.2.2.2 Normversorgung vs. Individualversorgung

Die Ausführungen im vorangegangen Abschnitt haben gezeigt, dass ein technisch gesehen höchstmögliches Maß an Versorgungsqualität unter den Bedingungen eines liberalisierten Strommarktes keine Selbstverständlichkeit mehr ist.

Als Lösungsansatz für dieses Dilemma wird in der Literatur bislang eine Segmentierung der Kunden gemäß ihrer Präferenzen zur Versorgungsqualität vorgeschlagen. Demnach soll ein EVU die Gewährleistung eines gewissen Mindeststandards der Versorgungsqualität als „Normversorgung" anstreben und darüber hinausgehende Maßnahmen im Rahmen einer „Individualversorgung" nur dann durchführen, wenn ein individueller Kunde bereit ist, diese zu bezahlen.[579] Das optimale Niveau der Versorgungsqualität kann nämlich aus dem Blickwinkel eines Endkunden auch in einer gezielten Verringerung derselben bei gleichzeitiger Strompreissenkung liegen. Im Gegenzug sind Kunden mit hoch sensiblen Produktionsprozessen und hohen Ausfallkosten unter Umständen sogar bereit, für eine höhere Versorgungsqualität mehr zu bezahlen.[580] Die Entscheidung über Instandhaltungs- bzw. Baumaßnahmen erfolgt somit nicht mehr wie in der Vergangenheit nur unter technischen Gesichtspunkten, sondern wird um den Aspekt des wirtschaftlichen Wertes der damit erreichten Versorgungsqualität erweitert.[581]

Technisch stehen hierbei bereits heute eine ganze Reihe von Maßnahmen zum Aufbau einer dezentralen, an den individuellen Bedürfnissen des einzelnen Kunden orientierten, Versorgungsqualität zur Verfügung. Für einen entsprechend höheren Preis kann z. B. ein Notstromaggregat im Sinne einer „zweiseitigen Versorgung" bereitgestellt werden. Ferner können etwa Netzrückwirkungen wie Oberschwingungen oder Flicker durch den Einsatz aktiver Filter unterdrückt werden. Mit Hilfe von USV-Anlagen mit Batterien oder den zurzeit noch in der Erprobung befindlichen USV-Systemen mit Energiespeichern auf der Basis von supraleitenden magnetischen Energie- oder Schwungmassenspeichern können ebenfalls Versorgungsunterbrechungen wirksamer behoben werden.[582] Der Vorteil derartiger „Distributed Technologies Solutions" liegt obendrein darin, dass diese keine langen Planungs-

---

[578] Vgl. Müller (2001), S. 11.
[579] Vgl. u. a. Windmöller (1998), S. 21 und Gerch; Kaendler; Pfeiffer (2000), S. 517 ff.
[580] Vgl. Schmitt; Häusler; Buchholz; Weinhold (2001), S. 16.
[581] Vgl. Hirst; Kirby (1999), S. 63 ff und Müller (2001), S. 10.
[582] Vgl. Blechschmidt (1998), S. 39, Laker; Herr (1998), S. 13 und Handschien (2000), S. 22.

und Genehmigungsverfahren voraussetzen und daher, auf die speziellen Kundenwünsche zugeschnitten, relativ kurzfristig zum Einsatz kommen können.[583]

Der hier dargestellte Ansatz stellt dabei genau genommen keine echte Neuerung dar. Denn auch zu Monopolzeiten wurde bisweilen auch auf dezentrale Lösungen für einzelne Kunden mit speziellen Anforderungen an die Versorgungsqualität zurückgegriffen. Neu ist hingegen vielmehr der Umstand, dass das bisherige Niveau der Normversorgung prinzipiell in Frage gestellt wird. Die ökonomisch gesehen interessante Frage ist nämlich, wie hoch unter den veränderten Rahmenbedingungen des deregulierten Marktes der Mindeststandard an Versorgungsqualität bzw. das optimale Niveau der Normversorgung N_v^{opt} (mit $0 \leq N_v^{opt} \leq 100$ %) bemessen sein sollte, damit es den Präferenzen der Kunden auf dem deutschen Strommarkt entspricht.

Bisher sind in erster Linie hohe Anforderungen an die Zuverlässigkeit gestellt worden, wobei aber objektive Kriterien zur Zuverlässigkeitsbewertung nur unzureichend herangezogen werden konnten. Die Dimensionierung der Verteilungsnetze erfolgte in der Regel anhand der Betrachtung der Jahreshöchstlasten. Zur Bemessung der Reservekapazitäten wurde hierbei das so genannte „(n - 1)-Kriterium“ zu Grunde gelegt.[584] Die Mindestanforderungen an die Zuverlässigkeit des Hoch- und Höchstspannungsnetzes sind bislang in den Netz- und Systemregeln der Übertragungsnetzbetreiber festgelegt, die ebenfalls auf dem „(n - 1)-Kriterium“ basieren.[585]

Für die Qualität der Versorgungsspannung in Verteilnetzen kann zusätzlich die Europanorm EN 50160 „Merkmale der Spannung in öffentlichen Energieversorgungsnetzen“ herangezogen werden. Diese Norm gibt u. a. Höchstwerte für langsame Spannungsänderungen, Flickerstärke, Spannungsunsymmetrie und Oberschwingungspannungen an, die für mindestens 95 % der Zeit eines Wochenintervalls nicht überschritten werden dürfen.[586] Darüber hinaus sind in der Norm „IEC1000-2-2“ bzw. in der Europanorm „ENV61000-2-2“ Pegel für die elektromagnetische Verträglichkeit in Niederspannungsnetzen angegeben.[587]

---

[583] Vgl. Budhraja (1999), S. 57 ff.

[584] Die Erfüllung des (n-1)-Kriteriums verlangt, dass ein Netz, für eine beliebige, technisch mögliche und betrieblich sinnvolle Ausgangssituation, den Ausfall eines Betriebsmittels ohne unzulässige Einschränkung seiner Funktion übersteht. Eine unabdingbare Forderung ist dabei, dass nach einem Ausfall eines Betriebsmittels die vorübergehend verlorene (n-1)-Sicherheit in angemessener Zeit wiederhergestellt werden kann. Vgl. Haß; Leusden; Schwarz; Zimmermann (1981), S. 923 ff.

[585] Vgl. Windmöller (1998), S. 17 und Gerch; Kaendler; Pfeiffer (2000), S. 517 - 518.
Darauf aufbauend werden mittlerweile auch Instrumente der probabilistischen Netzplanung eingesetzt, die differenziertere Aussagen über die Zuverlässigkeit von Anlagen und Netzkonzepten erlauben. Vgl. Müller (2001), S. 10.

[586] Hierbei werden aber keine Vorgaben hinsichtlich der absoluten Höchstwerte während der verbliebenen Zeit des Wochenintervalls gemacht. Die Norm betont ferner, dass aufgrund der unterschiedlichen Netzstrukturen und divergierenden sonstigen Einflüssen keine quantitativen Größen über die aus der Dauer und Häufigkeit von Unterbrechungen resultierenden Versorgungszuverlässigkeit angegeben werden können. Vgl. Wellßow (2001), S. 38 ff.

[587] Vgl. Wellßow (2001), S. 39.

Da diese Normen und Vereinbarungen aber keinen echten Charakter eines Naturgesetzes besitzen, können sie nicht ohne weiteres auf die Bedingungen eines deregulierten Marktes übertragen werden. Das optimale Niveau der Normversorgung N_v^{opt} ist vielmehr so zu bemessen, dass es gesamtwirtschaftlich gesehen ein Optimum über alle jeweiligen Präferenzen der unterschiedlichen Kunden darstellt. Die individuelle Präferenz eines bestimmten Kunden entspricht hierbei gerade jenem Niveau der Versorgungsqualität, bei dem der Grenznutzen des Kunden genau den zu zahlenden Grenzkosten entspricht.

Gleichwohl stellt dieser Ansatz noch keine zufrieden stellende Lösung dar. Denn es knüpft sich unmittelbar die Frage an, was in diesem Zusammenhang als „gesamtwirtschaftliches Optimum" zu verstehen ist?
In Anlehnung an den Begriff der Pareto-Effizienz müsste das optimale Niveau der Normversorgung N_v^{opt} wohl dahingehend festgelegt werden, dass bei gegebenen Ausgangsbedingungen kein Kunde eines EVU eine höhere Versorgungsqualität erlangen kann, sofern nicht mindestens bei einem anderen Kunden höhere Kosten anfallen als diejenigen, die zum Erreichen dessen gewünschter Versorgungsqualität erforderlich sind. N_v^{opt} bildet sich demnach aus der Aggregation der individuellen Zahlungsbereitschaften aller Kunden.

Eine Fortführung dieses Gedankens führt in der Praxis gleichwohl zu zwei Problemfeldern:

Ein EVU kennt nicht die jeweiligen Präferenzen seiner Kunden hinsichtlich des Niveaus einer Normversorgung. A priori hat es daher zum Zeitpunkt seiner Investitionsentscheidung keine Informationen hinsichtlich der Bereitschaft der Endkunden, für die Kosten z. B. zum Bau einer zusätzlichen Leitung oder Kraftwerkseinheit aufzukommen.[588] Hieraus kann sich für das EVU ein zusätzliches Investitionsrisiko ergeben mit der Folge, dass auf dem deutschen Strommarkt zu wenig in das Niveau einer Normversorgung investiert wird. Es sind daher Instrumente zu entwickeln, damit das EVU die Präferenzen seiner Kunden determinieren kann.

Ein zweites Problem ergibt sich aus der Tatsache, dass die Netzkosten zur Instandhaltung und Erweiterung, abhängig von landschaftlichen Begebenheiten und der Siedlungsdichte, innerhalb einer sehr großen Spannbreite liegen. Da es aber auf der anderen Seite für ein EVU mit hohen Netzkosten rational ist, keinen höheren Preis von seinen Kunden zu verlangen als ein Konkurrent, wird es ceteris paribus auch nicht mehr in das Niveau einer Normversorgung investieren können. Die Folge wäre aber dann, dass sich auf dem deutschen Strommarkt unterschiedliche Niveaus einer Normversorgung herausbilden würden. Physikalisch gesehen sind aber andererseits die verschiedenen Verteilungsnetze in Deutschland über das Hoch- und Höchstspannungsnetz miteinander verbunden. Die Verteilungsnetze stellen daher in der

[588] Vgl. IEA (1999), S. 55.

Summe ein komplexes System dar, bei dem die meisten Netzinvestitionen nicht nur lokal wirken, sondern auch einen unmittelbaren Einfluss auf benachbarte Netze haben.[589] Ein niedrigeres Niveau einer Normversorgung im Verteilungsnetz eines EVU hätte somit Auswirkungen auf die Verteilungsnetze benachbarter EVU. Das bislang erfolgreich praktizierte „Prinzip des Verbundnetzes" wäre in Frage gestellt.

4.2.3 Instrumente zur Gewährleistung der Versorgungsqualität

Die Ergebnisse im vorangegangen Abschnitt haben gezeigt, dass es durchaus zweifelhaft ist, ob durch die von den EVU im liberalisierten Strommarkt angestrebte Segmentierung der Kunden das gesamtwirtschaftlich gesehene optimale Niveau der Normversorgung erreicht werden kann.

Ein auf den ersten Blick sehr viel versprechender Ansatz zur Lösung der hier aufgezeigten Probleme könnte sein, dass durch eine entsprechende Ergänzung im Energiewirtschaftsgesetz das volkswirtschaftlich gesehene optimale Niveau der Normversorgung N_v^{opt} (mit $0 \leq N_v^{opt} \leq 100\ \%$) gesetzlich festgelegt wird. Gleichwohl würde dann aber auch der Gesetzgeber vor der schwierigen Frage stehen, wie hoch das optimale Niveau der Normversorgung N_v^{opt} bemessen sein sollte, da er die Präferenzen der Kunden nicht kennt. Gesamtwirtschaftlich gesehen könnten Fehlallokationen als Folge von zu hohen Investitionen entstehen.

Aus vergleichbaren Argumenten heraus ist auch der in der Literatur vorgeschlagene Ansatz nicht zielführend, wonach der Regulator eine „Pönalzahlung" des Netzbetreibers an den Endkunden festlegen solle für den Fall, dass die vereinbarte Versorgungsqualität unterschritten werde. Zwar hat die Höhe der Pönale einen unmittelbaren Einfluss auf die Investitionsentscheidung des Netzbetreibers und damit wiederum auf die Versorgungsqualität. Andererseits ist leicht die Schwierigkeit für den Regulator ersichtlich, die Höhe der Pönale gerade so festzusetzen, dass N_v^{opt} erreicht wird.[590]

Im Folgenden werden daher Lösungsansätze zu den nachstehenden drei Fragen entwickelt und diskutiert:

- Kann ein EVU vollständige Informationen über die Präferenzen seiner Kunden zur Festlegung des optimalen Niveaus der Normversorgung erhalten?
- Können sich die EVU durch eine Koalitionen auf ein optimales Niveau der Normversorgung N_v^{opt} festlegen?
- Gibt es Maßnahmen zur Risikominimierung bei einem EVU oder Endkunden bei gleichzeitiger Kostenreduzierung?

[589] Vgl. Schmitt; Häusler; Buchholz; Weinhold (2001), S. 17.

[590] Trotz der hier dargelegten Schwierigkeiten ist dieses Instrument aber in einigen Ländern durch den jeweiligen Regulator bereits eingesetzt worden. So muss etwa in Norwegen der Netzbetreiber an den kommerziellen Kunden eine Pönale von 6,25 EUR/kWh bezahlen, sofern eine nicht angekündigte Versorgungsunterbrechung auftritt. Vgl. Wellßow (2001), S. 42.

4.2.3.1 Analyse der Offenbarung der wahren Kundenpräferenzen

Ein zunächst sehr nahe liegender Ansatz ist es, dass ein EVU einfach seine Kunden hinsichtlich ihrer Präferenzen zum Niveau der Normversorgung befragt.

Zur Illustration und Analyse dieser Vorgehensweise sei angenommen, dass ein EVU durch den Bau einer zusätzlichen Hochspannungsleitung von einem Kraftwerk in sein Versorgungsgebiet das bisherige Niveau der Normversorgung N_v^{alt} auf N_v^{neu} erhöhen kann. Die Kosten für den Bau dieser zusätzlichen Hochspannungsleitung sind C_{HSP}.

Als Vereinfachung sei angenommen, dass in dem Versorgungsgebiet nur eine Fabrik zur Herstellung von Eiscreme FE, eine Bäckerei B und ein Haushalt HH existieren. Die tatsächlichen Präferenzen zum Niveau der Normversorgung dieser drei Kunden betragen N_v^{FE}, N_v^{B} und N_v^{HH}. Diese Nutzenbewertung kann dabei auch als individuelle Zahlungsbereitschaft der jeweiligen Kunden interpretiert werden. Es wird ferner angenommen, dass bei einem Stromausfall die Fabrik FE durch die dadurch induzierte Produktionsunterbrechung den größten Schaden aller drei Kunden im Versorgungsgebiet erleiden würde. Die Bäckerei B würde wiederum einen höheren Verlust hinnehmen müssen als der Haushalt HH.

Es gilt daher:

$$N_v^{FE} > N_v^{B} > N_v^{HH} \quad \text{und} \quad 0 \leq N_v^{i} \leq 100\% \quad \text{mit } i \in \{FE; B; HH\} \qquad (4.2.3.1)$$

Die zusätzliche Hochspannungsleitung wird in jedem Fall gebaut, wenn die Summe der Zahlungsbereitschaften aller Kunden größer ist als die zu veranschlagenden Kosten. Formal:

$$\Sigma N_v^{i} > C_{HSP} \qquad \text{mit } i \in \{FE; B; HH\} \qquad (4.2.3.2)$$

Für alle Kunden im Versorgungsgebiet gilt andererseits aber physikalisch bedingt, dass sie unabhängig von ihrer zuvor geäußerten Zahlungsbereitschaft den vollen Nutzen der zusätzlichen Hochspannungsleitung erhalten, sofern diese gebaut wird. Es ist somit für jeden einzelnen Kunden des EVU rational, die wahre Zahlungsbereitschaft zu untertreiben und darauf zu hoffen, dass die Summe der übrigen Zahlungsbereitschaften ausreicht.

Wir stehen somit vor dem Ergebnis, dass aus dem Blickwinkel des EVU eine Befragung der Kunden nicht zu verwertbaren Aussagen im Sinne einer Reduzierung des ursprünglich fokussierten Investitionsrisikos führt. Vielmehr taucht ein Dilemma auf, das als mustergültiger Fall des in Kapitel 2.1.4 dargestellten „Trittbrettfahrer-Problems" bei öffentlichen Gütern aufgefasst werden kann. Denn das Gut Versorgungsqualität ist in der Elektrizitätswirtschaft offensichtlich dadurch gekennzeichnet, dass weder Konsumrivalität auftritt, noch ein Kunde aus technischen oder ökonomischen Gründen von der Nutzung ausgeschlossen werden kann.

Das Marktversagen ergibt sich aus der Tatsache, dass das EVU als Folge hiervon weniger investiert als die Kunden gesamtwirtschaftlich bereit wären zu zahlen. Es ist daher zu prüfen, ob mit den in der Literatur beschriebenen gängigen Verfahren zur Präferenzermittlung für öffentliche Güter das hier dargestellte Marktversagen umgangen werden kann.

Auch wenn keine näheren Angaben darüber vorliegen, inwieweit die drei Kunden die dem „Groves-Mechanismus" zu Grunde liegende dominante Strategie tatsächlich erkennen, ist zu vermuten, dass dieses Verfahren unter den hier vorgegebenen Prämissen prinzipiell zum Erfolg führen müsste. Gleichwohl erweist sich aber eine Übertragung dieses Lösungsansatzes auf die Praxis als äußerst schwierig. Denn im Netzgebiet eines EVU befinden sich in der Regel deutlich mehr Kunden als die im hier betrachteten Modell angenommene Anzahl von drei. Es ist daher mit erheblichen Kosten zur Informationsbeschaffung zu rechnen. Ein in der Literatur angeführter wesentlicher Kritikpunkt an der praktischen Anwendung des „Groves-Mechanismus" kommt daher für den hier betrachteten Fall voll zum Tragen.[591]

Ein weiterer Lösungsansatz könnte daher sein, dass das EVU seine Kunden nach verschiedenen Kriterien, die objektiv das Niveau der individuellen Normversorgung determinieren, in Klassen einteilt. Das bedeutendste Kriterium für diesen Ansatz stellen dabei die Folgekosten der Versorgungsunterbrechung dar, für die in der Literatur bereits praktisch anwendbare und kosteneffiziente Verfahren diskutiert worden sind. Untersuchungen in den USA zeigen etwa, dass die Folgekosten einer Versorgungsunterbrechung für Industrie und Gewerbekunden ein deutlich breiteres Spektrum aufweisen als für Haushaltskunden. Darüber hinaus ist die absolute Höhe bei ersteren auch durchschnittlich wesentlich höher. Sullivan, Vardell, Johnson (1997) entwickelten auf diesen Erkenntnissen aufbauend ein Regressionsmodell, das abhängig von Eingangsgrößen, wie z. B. Verbrauch, Eigenerzeugungskapazitäten und Art der Fertigungsverfahren, relativ exakte Vorhersagen über die Folgekosten einer Versorgungsunterbrechung für unterschiedliche Gruppen von Industrie und Gewerbekunden liefert. Der Vorteil dieses Ansatzes liegt darin, dass auf der Grundlage einer kleinen Stichprobe die übrigen Werte geschätzt werden können. Das Verfahren ist daher sehr kosteneffizient. Als Nachteil erweist sich die Tatsache, dass eine Übertragbarkeit der Ergebnisse auf die Kunden eines benachbarten EVU nicht ohne weiteres möglich ist.[592] Obendrein gilt es zu bedenken, dass die Klassifizierung der Kunden in der Regel nicht trivial ist. So zeigen nämlich vertiefende Untersuchungen etwa für den deutschen Strommarkt, dass die akzeptierten Spannungsbänder zwischen „sensiblen" und „sehr sensiblen" Kunden bereits deutliche Abweichungen aufweisen.[593]
Darüber hinaus liegt eine besondere Schwäche des hier dargestellten Verfahrens darin, dass lediglich eine Verteilung der zu erwartenden Zahlungspräferenzen ermittelt wird. Das

---

[591] Vgl. Ausführungen hierzu in Kapitel 2.2.5.
[592] Vgl. Sullivan, Vardell, Johnson (1997), S. 1448 ff.
[593] Vgl. Handschien (2000), S. 20.

optimale Niveau der Normversorgung wird noch nicht bestimmt. Zwar kann das EVU im oben betrachteten Beispiel auf derartige Analysen aufbauend argumentieren, dass der Eishersteller und die Bäckerei die möglichen Folgekosten einer Versorgungsunterbrechung als unternehmerisches Risiko zu tragen haben in Analogie etwa zum plötzlichen Ausfall eines Zulieferers. Das optimale Niveau der Normversorgung N_v^{opt} müsste demnach kleiner sein als N_v^B und damit auch N_v^{FE}. Gleichwohl sind derartige Entscheidungsregeln aber nicht intersubjektiv nachvollziehbar.

Zusammenfassend kann somit das Fazit gezogen werden, dass ein EVU wohl kaum die wahren Präferenzen seiner Kunden zur Festlegung des optimalen Niveaus der Normversorgung erhalten kann. Zur Unterstützung dieser These kann als zusätzliches Argument angeführt werden, dass vor allem Haushaltskunden eine hohe Versorgungsqualität in der deutschen Elektrizitätswirtschaft bislang als eine Selbstverständlichkeit betrachteten, mit der sie sich nicht weiter befassen müssen.[594] Da andererseits die prognostizierte Senkung der Versorgungsqualität zum gegenwärtigen Zeitpunkt noch nicht spürbar ist, dürften sich erst vergleichbar wenige Haushaltskunden mit ihrer Präferenz zum Niveau der Normversorgung auseinandergesetzt haben. Ein wie auch immer gestalteter Dialog zwischen EVU und Haushaltskunden zu diesem Thema wird daher wohl zu keinen verwertbaren Aussagen führen.

4.2.3.2 Bildung von Koalitionen der Verbundnetzbetreiber

Aufgrund der physikalischen Interdependenz zwischen den einzelnen Verteilungsnetzen gibt es für ein EVU einen Anreiz, dass sich die Normversorgung in einem benachbarten Verteilungsnetz nicht wesentlich von der eigenen unterscheidet. Es stellt sich daher die Frage, ob sich unter diesen Voraussetzungen zumindest etwa die Verbundunternehmen in Deutschland auf das optimale Niveau der Normversorgung N_v^{opt} (mit $0 \leq N_v^{opt} \leq 100$ %) für das 380 kV-Netz im Rahmen einer Vereinbarung einigen können.

Die hier beschriebene Fragestellung kann dabei sehr gut als ein Koalitionsspiel aufgefasst werden, bei dem einzelne EVU versuchen, gemeinsam eine Stimmenmehrheit zu erlangen.
Bei einem Vergleich der in der Literatur als Lösungskonzepte für Koalitionsspiele üblicherweise dargestellten Indizes erweist sich dabei der „Public-Good-Index“ als der beste Ansatz zur Analyse der vorliegenden Fragestellung. Denn im Kapitel zuvor konnte bereits dargelegt werden, dass die Versorgungsqualität offensichtlich den Charakter eines öffentlichen Gutes hat. Der „Public-Good-Index“ zeichnet sich aber wiederum im Gegensatz zu den bekannteren „Shaply-Wert“ und „Deegan-Packel-Index“ gerade dadurch aus, dass er den Koalitionsertrag v(K) als öffentliches Gut betrachtet.[595] Eine der beiden wesentlichen Annahmen zur Beschreibung des „Public-Good-Index“ stellt nämlich die

---

[594] Vgl. Weck, Wellßow (2001), S. 22.

[595] Ein Vergleich der Eigenschaften und Anwendungsmöglichkeiten der verschiedenen Indizes bei Koalitionsspielen befindet sich u. a. in: Holler; Packel (1983), S. 21 ff und Holler; Illing (1996), S. 315 ff.

„Kollektivgutannahme" dar. Diese beinhaltet, dass jedes Mitglied i der Gewinn-Koalition K den Koalitionsertrag v(K) konsumieren kann, ohne den Konsum des Spielers j ($i, j \in K$) zu beeinflussen.
Die zweite wesentliche Annahme zur Beschreibung des „Public-Good-Index" ist die Beschränkung auf „Minimumgewinnkoalitionen". Dieser liegt die Vermutung zu Grunde, dass es für ein Mitglied i der Koalition K nur dann rational ist, die Koalition **nicht** zu verlassen, wenn (a) der Koalitionsertrag v(K) größer ist als die privaten Kosten und (b) die Mitgliedschaft von i kritisch ist, d. h. K eine Gewinn- und K - {i} eine Verlustkoalition darstellt.[596]

Formal gilt somit zur Darstellung des auf 1 normierten „Public-Good-Index" $h_i(v)$ des Spielers i für das Spiel v:[597]

$$h_i(v) = \frac{c_i}{\sum_{i=1}^{n} c_i(v)} \qquad \text{mit} \quad \sum_{i=1}^{n} h_i = 1 \qquad (4.2.3.3)$$

und

$$c_i = \sum_{K \ni i,\, K \in M(v)} v(K), \qquad (4.2.3.4)$$

und

$$M(v) = \{K \text{ von } N \mid v(K) = 1 \text{ und } v(L) = 0, \text{ wenn } L \text{ echte Teilmenge von } K\} \qquad (4.2.3.5)$$

Zur weiteren Anwendung des Public-Good-Index auf das Problem der Festlegung des optimalen Niveaus der Normversorgung N_v^{opt} muss zunächst ein Maß zur Gewichtung der einzelnen Verbundunternehmen gefunden werden. Als sehr gut geeignet erweist sich dabei die Stromkreislänge für das 380 kV-Netz, da diese proportional zum Einfluss des einzelnen Verbundunternehmens auf das Gesamtnetz ist.[598]

Im Folgenden werden nunmehr zwei unterschiedliche Fälle von Mehrheitsentscheidungen untersucht. Zum einem soll der Vorschlag für das optimale Niveau der Normversorgung N_v^{opt} bei einfacher Mehrheit (Abstimmungsregel d = 50,1 %) angenommen werden, zum anderen wird eine qualifizierte Mehrheit (Abstimmungsregel d = 66,7 %) vorausgesetzt.
Ferner war in Kapitel 3.3.3.2 bereits dargelegt worden, dass sich die Anzahl der Verbundunternehmen seit der Liberalisierung drastisch reduziert hat Die jeweilige

---

[596] Vgl. Holler; Illing (1996), S. 313.
[597] Vgl. Holler; Illing (1996), S. 314. Eine genauere Herleitung befindet sich in: Holler; Packel (1983), S. 22 ff.
[598] Der Zusammenhang zwischen Stromkreislänge und der Länge der Trasse kann durch folgendes Beispiel verdeutlicht werden: Wenn auf einem Freileitungsgestänge für Hochspannungsleitungen zwei Drehstromsysteme für 380 kV aufgelegt sind und die Trasse eine Länge von 25 km hat, so beträgt die Stromkreislänge der 380 kV-Systeme 2 x 25 km = 50 km.

Entscheidungssituation wird daher auch nach den Zeitpunkten 1999, 2000 und 2002 gesondert differenziert.

Unter Verwendung der sich daraus ergebenden Gewichtung ergeben sich für die hier betrachteten 6 unterschiedlichen Fälle die in den nachfolgenden Tabellen dargestellten Minimumsgewinnkoalitionen und Public-Good-Indices $h_i(v)$:

EVU	Strom-kreis-länge [km]	Ge-wich-tung	$K \ni i; K \in M$ d = 50,1 % Jahr: 1999	$h_i(v)$
Bayernwerk AG (BAG), München	1.926	10,1 %	{BAG, VEAG, EnBW} {BAG, RWE, PE}	$\frac{2}{13}$
Bewag AG, Berlin	55	0,3 %	-	0
EnBW Energie Baden-Württemberg, Karlsruhe	1.787	9,3 %	{EnBW, VEAG, BAG} {EnBW, RWE, PE}	$\frac{2}{13}$
Hamburgische Electricitäs-Werke AG (HEW), Hamburg	356	1,9 %	-	0
PreussenElektra AG, Hannover	3.558	18,7 %	{PE, VEAG} {PE, RWE, BAG} {PE, RWE, EnBW}	$\frac{3}{13}$
RWE Energie AG, Essen	4.278	22,4 %	{RWE, VEAG} {RWE, PE, BAG} {RWE, PE, EnBW}	$\frac{3}{13}$
VEAG Vereinigte Energiewerke AG, Berlin	6.210	32,6 %	{VEAG, RWE} {VEAG, PE} {VEAG, BAG, EnBW}	$\frac{3}{13}$
VEW Energie AG, Dortmund	892	4,7 %	-	0
Σ	**19.062**	100 %		1

Tabelle 5: Public-Good-Index bei 8 Verbundunternehmen im Jahre 1999 (Entscheidungsregel d = 50,1 %)[599]

[599] Quelle: Eigene Erstellung. Daten für die Stromkreislänge aus: DVG (2000), S. 47.

EVU	Strom-kreis-länge [km]	Ge-wich-tung	K ∋ i; K ∈ M d = 66,7 % Jahr: 1999	$h_i(v)$
Bayernwerk AG (BAG), München	1.928	10,1 %	{BAG, VEAG, RWE, EnBW} {BAG, VEAG, RWE, VEW} {BAG, VEAG, RWE, HEW} {BAG, VEAG, PE, EnBW} {BAG, VEAG, PE, VEW, HEW} {BAG, RWE, PE, EnBW, VEW, HEW}	$\frac{6}{39}$
Bewag AG, Berlin	55	0,3 %	-	0
EnBW Energie Baden-Württemberg, Karlsruhe	1.787	9,3 %	{EnBW, VEAG, RWE, BAG} {EnBW, VEAG, RWE, VEW} {EnBW, VEAG, PE, BAG} {EnBW, VEAG, PE, VEW, HEW} {EnBW, RWE, PE, BAG, VEW, HEW}	$\frac{5}{39}$
Hamburgische Electricitäts-Werke AG (HEW), Hamburg	356	1,9 %	{HEW, VEAG, RWE, BAG} {HEW, VEAG, PE, BAG, VEW} {HEW, VEAG, PE, EnBW, VEW} {HEW, RWE, PE, BAG, EnBW, VEW}	$\frac{4}{39}$
PreussenElektra AG, Hannover	3.558	18,7 %	{PE, VEAG, RWE} {PE, VEAG, BAG, EnBW} {PE, VEAG, BAG, VEW, HEW} {PE, VEAG, EnBW, VEW, HEW} {PE, RWE, BAG, EnBW, VEW, HEW}	$\frac{5}{39}$
RWE Energie AG, Essen	4.278	22,4 %	{RWE, VEAG, PE} {RWE, VEAG, BAG, VEW} {RWE, VEAG, BAG, HEW} {RWE, VEAG, BAG, EnBW} {RWE, VEAG, EnBW, VEW} {RWE, PE, BAG, EnBW, VEW, HEW}	$\frac{6}{39}$
VEAG Vereinigte Energiewerke AG, Berlin	6.210	32,6 %	{VEAG, RWE, PE} {VEAG, RWE, BAG, VEW} {VEAG, RWE, BAG, HEW} {VEAG, RWE, BAG, EnBW} {VEAG, RWE, EnBW, VEW} {VEAG, PE, BAG, EnBW} {VEAG, PE, BAG, VEW, HEW} {VEAG, PE, EnBW, VEW, HEW}	$\frac{8}{39}$
VEW Energie AG, Dortmund	989	4,7 %	{VEW, VEAG, RWE, BAG} {VEW, VEAG, RWE, EnBW} {VEW, VEAG, PE, BAG, HEW} {VEW, VEAG, PE, EnBW, HEW} {VEW, RWE, PE, BAG, EnBW, HEW}	$\frac{5}{39}$
Σ	**19.062**	100 %		1

Tabelle 6: Public-Good-Index bei 8 Verbundunternehmen im Jahre 1999 (Entscheidungsregel d = 66,7 %)[600]

[600] Quelle: Eigene Erstellung. Daten für die Stromkreislänge aus: DVG (2000), S. 47.

EVU	Strom-kreis-länge [km]	Ge-wich-tung	$K \ni i; K \in M$ d = 51 % Jahr: 2000	$h_i(v)$	$K \ni i; K \in M$ d = 66,7 % Jahr: 2000	$h_i(v)$
Bewag	55	0,3 %	-	0	{Bewag, E.ON, RWE, EnBW, HEW}	$\frac{1}{14}$
EnBW	1.787	9,4 %	-	0	{EnBW, E.ON, VEAG} {EnBW, RWE, VEAG} {EnBW, E.ON, RWE, HEW, Bewag}	$\frac{3}{14}$
E.ON	5.392	28,4 %	{E.ON, VEAG} {E.ON, RWE}	$\frac{1}{3}$	{E.ON, RWE, VEAG} {E.ON, VEAG, EnBW} {E.ON, RWE, EnBW, HEW, Bewag}	$\frac{3}{14}$
HEW	360	1,9 %	-	0	{HEW, E.ON, RWE, EnBW, Bewag}	$\frac{1}{14}$
RWE	5.081	26,8 %	{RWE, VEAG} {RWE, E.ON}	$\frac{1}{3}$	{RWE, E.ON, VEAG} {RWE, VEAG, EnBW} {RWE, E.ON, EnBW, HEW, Bewag}	$\frac{3}{14}$
VEAG	6.310	33,2 %	{VEAG, E.ON} {VEAG, RWE}	$\frac{1}{3}$	{VEAG, E.ON, RWE} {VEAG, E.ON, EnBW} {VEAG, RWE, EnBW}	$\frac{3}{14}$
Σ	**18.985**	100 %		1		1

Tabelle 7: Public-Good-Index bei 6 Verbundunternehmen im Jahre 2000[601]

EVU	Strom-kreis-länge [km]	Ge-wich-tung	$K \ni i; K \in M$ d = 51 % Jahr: 2002	$h_i(v)$	$K \ni i; K \in M$ d = 66,7 % Jahr: 2002	$h_i(v)$
EnBW	1.787	9,4 %	-	0	{EnBW, E.ON, Vf} {EnBW, RWE, Vf}	$\frac{2}{9}$
E.ON	5.392	28,4 %	{E.ON, Vf } {E.ON, RWE}	$\frac{1}{3}$	{E.ON, RWE, Vf} {E.ON, Vf, EnBW}	$\frac{2}{9}$
RWE	5.081	26,8 %	{RWE, Vf } {RWE, E.ON}	$\frac{1}{3}$	{RWE, E.ON, Vf} {RWE, Vf, EnBW}	$\frac{2}{9}$
Vatten-fall (Vf)	6.725	35,4 %	{Vf, E.ON} {Vf, RWE}	$\frac{1}{3}$	{Vf, E.ON, RWE} {Vf, E.ON, EnBW} {Vf, RWE, EnBW}	$\frac{3}{9}$
Σ	**18.985**	100 %		1		1

Tabelle 8: Public-Good-Index bei 4 Verbundunternehmen im Jahre 2002[602]

601 Quelle: Eigene Erstellung. Daten für die Stromkreislänge aus: DVG (2001), S. 35.

602 Quelle: Eigene Erstellung. Daten für die Stromkreislänge aus: DVG (2001), S. 35; eigene Berechnungen.

Eine Analyse der dargestellten Public-Good-Indices $h_i(v)$ zeigt für die Abstimmungsregel d = 50,1 % ein wenig überraschendes Ergebnis. Die jeweils großen Player bestimmen alleine das Abstimmungsergebnis. Bemerkenswert ist hierbei, dass trotz unterschiedlicher Stromkreislängen sowohl für das Jahr 2000 als auch 2002 die jeweils drei größten EVU den gleichen Indexwert $\frac{1}{3}$ erhalten, während alle übrigen EVU nur $h_i(v) = 0$ erreichen.

Ein stark differenziertes Bild ergibt sich, wenn man anstatt eines einfachen Mehrheitsbeschlusses eine Zweidrittelmehrheit (d = 66,7 %) verlangt. Denn nun ist auch die Mitgliedschaft der kleineren Verbundunternehmen kritisch für eine Reihe von Koalitionen. Es kommt daher zu dem auf den ersten Blick überraschenden Ergebnis, dass etwa im Jahre 2000 auch EnBW mit ihrer relativ kleinen Gewichtung denselben Indexwert erhält wie die drei großen Player. Selbst der Verbleib der beiden kleinen Verbundunternehmen HEW und Bewag ist jetzt für einige Koalitionen in den Jahren 1999 und 2000 kritisch. Hierbei fällt auf, dass der Indexwert für HEW aufgrund der Fusionen zwischen 1999 und 2000 sinkt, wohingegen der Wert für Bewag sogar steigt!

Die interessante Frage ist nunmehr gleichwohl, ob eine wie auch immer zusammengesetzte Koalition bei der hier ermittelten Verteilung der Indexwerte überhaupt realisiert werden kann. In der Literatur findet sich zur weiteren Analyse hauptsächlich die Aussage, dass Spieler mit einem höheren Indexwert in der Regel eher ihre Präferenzen durchsetzen werden.[603]
Eine Übertragung dieser Argumentation auf das Ergebnis für die Abstimmungsregel d = 50,1 % lässt somit den Schluss zu, dass die weiteren Verhandlungen in einem „Patt" enden müssten. Denn vor allem für die Jahre 2000 und 2002 besitzen alle EVU den gleichen Indexwert und es lässt sich kein Argument finden, dass eine Koalition eher realisiert wird als eine andere.
Ähnlich sieht das Ergebnis für die Abstimmungsregel d = 66,7 % aus. Zwar ist nunmehr eine höhere Anzahl von Koalitionen möglich, gleichwohl ist es aber erneut nicht ersichtlich, dass ein EVU eher seine Präferenzen durchsetzen kann.

Es kann daher das Fazit gezogen werden, dass sich die Verbundunternehmen durchaus in Form von Abstimmungen auf das optimale Niveau der Normversorgung N_v^{opt} einigen können. Gleichwohl lassen sich aber vorab keine detaillierten Aussagen über das Abstimmungsergebnis treffen, da für alle hier betrachten Fälle die Indizes in der Regel nur gering voneinander abweichen. Der weitere Verlauf der Verhandlungen und das endgültige Ergebnis der Koalition wird daher sehr stark von der „Persönlichkeit" der Verhandlungspartner geprägt werden. Als kritisch darf angesehen werden, dass ohne

[603] Ein interessanter Ansatz besteht darin, die empirische Beobachtung, wonach einige Spieler eher eine Koalition bilden als andere, gesondert im Public-Good-Index zu berücksichtigen. Vgl. Holler; Illing (1996), S. 315 und S. 317 und die dort angegebene Literatur.

zusätzliche Informationen nicht ersichtlich ist, ob das Ergebnis der Einigung unter den Netzbetreibern gesamtwirtschaftlich gesehen ein Optimum der Normversorgung darstellt.

Trotz der an diesem Beispiel angeführten Argumente ist gleichwohl der Versuch, dass sich die Verbundunternehmen in Deutschland auf das optimale Niveau der Normversorgung in Form einer Vereinbarung einigen, prinzipiell der Einführung eines Regulators vorzuziehen. Der Erfolg dieser Vorgehensweise kann nämlich insbesondere auch an dem Verhandlungsergebnis der „VV II plus" aufgezeigt werden, wo sich die beteiligten Verbände in Ergänzung zur VV II inzwischen sogar auf einheitlich anzuwendende Preisfindungsprinzipien sowie einem Verfahren zur Ausgestaltung des so genannten „Vergleichsmarktkonzeptes" geeinigt haben.[604]

4.2.3.3 Maßnahmen zur Risikominimierung bei gleichzeitiger Kostenreduzierung

Bei der Problemstellung wurde die Argumentation dargelegt, dass das durch den Wettbewerb induzierte steigende Unternehmensrisiko zu einer Absenkung der Investitionen führt. Auf der anderen Seite ist aber auch zu bedenken, dass das gestiegene Risiko auch höhere Gewinne für den Investor in Aussicht stellt, und es ferner eine Reihe von Finanzierungsinstrumenten zur Absicherung von Investitionsrisiken gibt.[605] Es stellt sich daher die Frage, ob unter diesen Voraussetzungen nicht doch ein gesamtwirtschaftlich optimaler Investitionspfad eingeschlagen werden kann.

Eine weitergehende Analyse zeigt, dass das eigentliche Kernproblem erneut in einer physikalischen Besonderheit der Elektrizitätswirtschaft begründet ist. Während nämlich bei Differenzen zwischen Angebot und Nachfrage der meisten anderen Produkte durch entsprechende Produktionsausweitung bzw. -verringerung das Gleichgewicht relativ schnell wieder hergestellt werden kann, sind diesem Anpassungsmechanismus in der Elektrizitätswirtschaft - physikalisch bedingt - Grenzen gesetzt. Wie bereits in Kapitel 2.3.2.2 dargestellt, kann nämlich elektrische Energie nur im begrenzten Umfang gespeichert werden. Sofern die vorhandenen Kraftwerke und Leitungen an der Kapazitätsgrenze angelangt sind, kann eine zusätzliche Nachfrage allenfalls **längerfristig** durch den Bau neuer Erzeugungskapazitäten und Leitungen befriedigt werden.

Durch die Einführung von wettbewerblichen Strukturen auf dem Strommarkt wird diese physikalische Gesetzmäßigkeit gleichwohl nicht außer Kraft gesetzt. Es stellt sich vielmehr die Herausforderung, ein Verfahren zu entwickeln, das unter den hier genannten Besonderheiten das Risiko von Investitionsentscheidungen reduziert und gleichzeitig die bisherige Zuverlässigkeit gewährleistet.

---

[604] Demnach bildet sich der Preis auf der Basis der kalkulatorischen Kosten- und Erlösrechnung, dem handelsrechtlichen Jahresabschluss sowie der Entgelte strukturell vergleichbarer Netzbetreiber. Als Strukturmerkmale dienen hierbei Einwohner- bzw. Abnahmedichte, Verkabelungsgrad sowie die regionale Zugehörigkeit „Ost/West". Weiterführende Analysen konnten dabei zeigen, dass trotz gegenläufiger Effekte der Strukturmerkmale Abnahmedichte und Verkabelungsgrad die Netznutzungsentgelte mit zunehmender Abnahmedichte tendenziell abnehmen. Vgl. Katzfey; Nissen; David; Menhorn; Oberländer; Wittekindt (2002), S. 20 und S. 26.

[605] Vgl. Navarro (1996), S. 117 und IEA (1999), S. 55 ff.

Darüber hinaus ist es für ein EVU generell recht schwierig, im Vorhinein den optimalen Investitionspfad zu bestimmen, da Prognosen über die zukünftige Preis- und Nachfrageentwicklung nur sehr schwer getroffen werden können.[606] Als markantes Beispiel für diese These kann angeführt werden, dass durch den fortschreitenden Ausbau der Erdgasversorgung und die verstärkten Energiesparbemühungen die resultierende Netzlast von Haushaltskunden in den letzen Jahren sehr viel geringer ausgefallen ist als ursprünglich angenommen.[607]
In einem liberalisierten Strommarkt ist ferner aufgrund der erweiterten Strategiemenge der anderen Marktteilnehmer zu erwarten, dass aus dem Blickwinkel eines einzelnen EVU die Streuung der Parameter zur Bestimmung des optimalen Investitionspfades eher noch zunehmen wird. Obendrein können vermeintliche Fehlinvestitionen nicht mehr auf die Endkunden überwälzt werden, was wiederum zu einer Erhöhung der Risikoaversion in der Stromwirtschaft führen dürfte.
Diese Entwicklung kann dabei gleichwohl nicht als Argument gegen wettbewerbliche Strukturen in der Elektrizitätswirtschaft angeführt werden. Vielmehr ist hierdurch in Analogie zu anderen Branchen auch in der Elektrizitätswirtschaft das Investitionsrisiko von den Endkunden auf den Eigentümer das Kraftwerkes bzw. Netzes übergegangen.[608]

Viel bedeutender ist in diesem Zusammenhang, dass mitunter auch die marktkonformen Anpassungsmechanismen zur Risikoreduzierung von Investitionen nicht immer zu befriedigenden Ergebnissen führen. Denn einerseits ist zwar zu vermuten, dass sich im Falle von erwarteten Kapazitätsengpässen ein Markt für Reservekapazitäten herausbilden würde. Anderseits zeigen aber Erfahrungen in England, dass diese Reserven vornehmlich durch den Bau zusätzlicher gasgetriebener Erzeugungsanlagen geschaffen werden.[609] Das hieraus wiederum resultierende zusätzliche Risiko einer steigenden Ressourcenabhängigkeit wird im Rahmen der vorliegenden Arbeit noch detailliert zu untersuchen sein.

Gleichwohl sind aber in jüngster Zeit eine Reihe von Maßnahmen zur Risikominimierung für EVU und Endkunden bei gleichzeitiger Kostenreduzierung entwickelt worden, die im Folgenden an Hand von ausgewählten Beispielen erläutert und diskutiert werden. Es geht hierbei weniger um eine vollständige Auflistung aller in der Literatur dargestellten Verfahren als vielmehr um eine Bewertung der prinzipiellen Möglichkeiten der unterschiedlichen Ansatzpunkte.

Die Grundidee eines von Kirschen und Strbac (2000) entwickelten Ansatzes ist es, die Höhe der Reservehaltung als eine statistisch determinierte Größe zu betrachten: Je unzuverlässiger die Anlagen zur Stromerzeugung sind, desto größer muss die Reservehaltung sein und vice

[606] Vgl. Hirst; Kirby (1999), S. 63.
[607] Vgl. Stamer (2000), S. 8.
[608] Vgl. IEA (2001c), S. 95.
[609] Vgl. Morgan; Sioshansi (1999), S. 28.

versa. Bei bekannten Ausfallwahrscheinlichkeiten der einzelnen Kraftwerksblöcke lässt sich mit Hilfe stochastischer Verfahren die Wahrscheinlichkeit für eine gewünschte Gesamt-Kraftwerkskapazität angeben. Daraus abgeleitet kann wiederum die „wahrscheinlich benötigte" Reservehaltung bestimmt werden.[610]

Der Hauptkritikpunkt an dieser Vorgehensweise ist, dass hierbei die Präferenzen des Kunden nicht ausreichend berücksichtigt werden. Es wäre nämlich auch denkbar, dass ein Kunde eher einen Stromausfall billigend in Kauf nimmt als einen höheren Strompreis für die Errichtung von Reserveleistung zu zahlen. Aus dem Blickwinkel eines Kunden müsste daher die Reserveleistung nur insoweit vorgehalten werden, dass der Grenznutzen einer zusätzlichen Einheit den Grenzkosten entspricht. Dieser ökonomisch gesehen nahe liegende Ansatz, stößt gleichwohl wiederum auf das bereits zuvor betrachtete Problem bei der Errichtung einer zusätzlichen Hochspannungsleitung. Denn auch bei der Errichtung einer zusätzlichen Reserveeinheit zur Stromerzeugung werden aus vergleichbaren Gründen die wahren Präferenzen der unterschiedlichen Kunden kaum zu ermitteln sein.

Viel interessanter sind daher Verfahren, welche die Entscheidung über die Risikominimierung dem Endkunden überlassen. Ansätze hierzu liefern etwa die Electricité de France (EdF) oder die Allianz Versicherungs-AG, die mit dem „Contrat Emeraude" bzw. mit einer „Stromausfall- und Stromkaskoversicherung" zusätzliche Instrumente zur Minimierung des Risikos einer Versorgungsunterbrechung anbieten.[611] Wie bei anderen Versicherungen ist auch hier die Grundidee, dass sich der Kunde beim EVU oder Netzbetreiber für die Zahlung einer Prämie gegen das Risiko eines Stromausfalls versichern kann.

Das Problem liegt gleichwohl darin, die Zuverlässigkeit der Versorgung monetär zu bewerten. Ein Lösungsansatz auf diese Fragestellung stellt das von Sorg, Weber und Wellsow (2001) entwickelte Versicherungsmodell dar. Mit dessen Hilfe ist es aus dem Blickwinkel des Betreibers eines Mittelspannungsnetzes möglich, in Abhängigkeit von unterschiedlichen Risikofaktoren, die Höhe der Erstattungen beim Eintreten des Versicherungsfalls und daraus abgeleitet, die Prämien zu bestimmen. Ein bislang ungelöstes Problem dieses Ansatzes ist aber, dass er nicht immer zu einem optimalen Versorgungsniveau führt. Es ist nämlich auch eine Konstellation denkbar, dass der Kunde eine hohe Zuverlässigkeit wünscht, und der System Operator eher bereit ist, eine hohe Rückerstattung beim Eintreten des Versicherungsfalls zu zahlen als in die Netzstruktur zu investieren.[612]

Ferner ist es generell nicht trivial, die Folgekosten einer Versorgungsunterbrechung infolge unzureichender Reservekapazitäten oder eines Netzausfalls zu quantifizieren. Während nämlich ein eindeutiger Wirkungszusammenhang im Einzelfall noch nachgewiesen werden kann, lässt sich der tatsächliche Schaden in der Regel nicht bestimmen. So kann etwa der Zusammenhang zwischen der Versorgungsunterbrechung und dem plötzlichen Ausfalls aller

---

[610] Vgl. Kirschen; Strbac (2000), S. 34 ff und das dort dargestellte Rechenbeispiel.

[611] Vgl. Handschien (2000), S. 20

[612] Vgl. Sorg, Weber, Wellssow (2001), S. 1 ff.

Kühlschränke der Haushalte innerhalb eines Versorgungsgebietes noch begründet werden. Der eigentliche Schaden ergibt sich aber durch die nunmehr verdorbenen Lebensmittel in den Kühlschränken. Mit vertretbarem Aufwand ist es unmöglich, in der hierfür erforderlichen Detaillierung zuverlässige Daten zur Schadensabschätzung zu erhalten.

Neben stochastischen Verfahren zur Reservehaltung sowie den Versicherungsmodellen bilden schließlich Ansätze zur effizienten Instandhaltung eine dritte Gruppe von Maßnahmen zur Risikominimierung bei gleichzeitiger Kostenreduzierung.
Kox (1998) entwickelte hierzu ein rechnergestütztes Verfahren, das die Versorgungszuverlässigkeit einzelner Kunden durch eine zeitlich sequentielle Simulation der Störungsbeseitigung bewertet und darauf aufbauend die betrieblichen Freiheitsgrade von der Fehlermeldung, Alarmierung des Bereitschaftsdienstes und Fehlerortung bis hin zur Wiederversorgung optimiert. Ausgangspunkt für die Überlegungen war der technische Fortschritt in der Leittechnik infolge der Digitalisierung, Modularisierung und Sensortechnik. Es konnte dabei gezeigt werden, dass durch einen gezielten Einsatz von Leittechnik weitere Einsparungen auf Seiten der Primärtechnik sowie Rationalisierungsmaßnahmen in der Betriebsorganisation möglich sind bei gleich bleibendem Niveau der Versorgungszuverlässigkeit.[613]

In eine ähnliche Richtung können auch Instrumente der probabilistischen Netzplanung eingesetzt werden als Ersatz für die auf dem (n-1)-Kriterium basierenden klassischen qualitativen Planungen. Denn hierdurch ist es möglich, aufgrund von differenzierten Aussagen über die Zuverlässigkeit von Anlagen und Netzkonzepten, die wirtschaftlich relevanten Schwachstellen des Netzes zu identifizieren und gezielt zu beheben.[614]

Ein Quervergleich mehrerer Netzbetreiber kann darüber hinaus Einsparpotenziale bei der Instandhaltung und Erneuerung insbesondere von Mittel- und Niederspannungsnetzen offen legen. Egger et al. (2002) führten hierzu eine Untersuchung von sieben Netzbetreibern aus Deutschland, Österreich und den Niederlanden durch mit dem Ziel, die kritischen Größen für mögliche Einsparpotenziale zu determinieren. Ansatzpunkt war hierbei die Überlegung, dass die bisherigen Strategien zur Instandhaltungspraxis bei elektrischen Netzen oftmals aus der Unternehmenstradition oder dem persönlichen Expertenwissen des Betriebspersonals abgeleitet werden. Ein intersubjektiv nachvollziehbarer Vergleich ist hierdurch zwar nicht möglich. Es konnte aber u. a. gezeigt werden, dass bei technisch hochwertigen Maßnahmen eher auf Betriebspersonal zurückgegriffen werden sollte, während Maßnahmen an nicht technischen Einrichtungen tendenziell durch fremdes Personal kostengünstiger durchgeführt werden können. Als problematisch erwies sich, dass der Detaillierungsgrad der benötigten Daten bei den einzelnen Netzbetreibern recht unterschiedlich war.[615]

---

[613] Vgl. Kox (1998), S. 1 ff.
[614] Vgl. Müller (2001), S. 10.
[615] Vgl. Egger; Brouns; Katzfey; Obergünner; Vennegeerts (2002), S. 344 ff.

Zusammenfassend kann somit festgehalten werden: Der Vorteil aller hier genannten Ansätze ist, dass sich diese zum Teil in der Praxis bereits bewährt haben. Als problematisch erweist sich gleichwohl andererseits, dass die Festlegung der angestrebten Versorgungsqualität nur als Randbedingung dient bzw. keinen Einfluss auf das Ergebnis hat. Zur im Rahmen der vorliegenden Arbeit gestellten Frage nach dem optimalen Niveau der Normversorgung N_v^{opt} können daher derartige Verfahren keinen essenziellen Beitrag liefern.

4.2.4 Bewertung

In der vorliegenden Analyse konnte gezeigt werden, dass durch die veränderten Rahmenbedingungen des Wettbewerbs für die EVU eine veränderte Entscheidungssituation entstanden ist. Es ist nunmehr offensichtlich rational, weniger in die Erzeugungs- und Netzstrukturen zu investieren als gesamtwirtschaftlich gesehen notwendig.

Der zunächst nahe liegende Ansatz, durch eine Segmentierung der Kunden die Investitionskosten den individuellen Bedürfnissen zuzuordnen, legte die eigentliche Ursache des Marktversagens offen: Physikalisch bedingt hat die Versorgungsqualität den Charakter eines öffentlichen Gutes.

Zwar werden in der Literatur Verfahren zur Beseitigung des hier aufgetretenen Marktversagens dargestellt, gleichwohl sind aber berechtigte Zweifel angebracht, dass diese auch in der Praxis anwendbar sind.

Aber selbst für den Fall, dass durch eine Regulierung auch langfristig die Versorgungsqualität auf dem deutschen Strommarkt gewährleistet werden könnte, wäre das Problem nicht endgültig gelöst. Denn die Öffnung des deutschen Strommarktes geht einher mit dem Prozess der Liberalisierung auf anderen europäischen Strommärkten. Die große Herausforderung liegt daher darin, dass sich auf der Basis unterschiedlicher Standards sogar europaweit die einzelnen Versorgungsnetzbetreiber auf ein garantiertes Niveau der Versorgungsqualität vertraglich einigen müssen.[616] Erschwerend kommt hinzu, dass Erfassungsart und Auswertung für Häufigkeit und Dauer von Unterbrechungen innerhalb der Europäischen Union sehr unterschiedlich gehandhabt werden. Ein erster Schritt zur Lösung dieses Problems stellt der bereits 1993 von UNIPEDE begonnene Versuch dar, praxisnahe Merkmale und Kenngrößen für die Versorgungsqualität zu erarbeiten.[617] Gleichwohl lassen aber nationale und EU-Normen hierzu bislang viel zu große Spielräume für die Versorgungsqualität zu.[618] Selbst das bereits zuvor erwähnte und auch international anerkannte „(n - 1) - Kriterium" hat die systemimmanente Schwäche, dass es bei der praktischen Ausgestaltung der Netzplanung zu

---

[616] Vgl. Handschien (2000), S. 20.

[617] Vgl. Wellßow (2001), S. 40.

[618] So darf z. B. die Versorgungsspannung in Abhängigkeit von der Last um bis zu +5% oder -10% von der Nennspannung abweichen. Während sich für den Haushaltskunden derartige Spannungsschwankungen allenfalls im Flackern einer Glühbirne bemerkbar machen, können die Auswirkungen für den Produktionsprozess in der Industrie gravierend sein. Vgl. Richter (2001), S. 20.

viele Freiheitsgrade zulässt.[619] Die Folge hiervon lässt sich in nachfolgender Abbildung sehr gut erkennen. Unter den einzelnen Mitgliedstaaten der EU haben sich deutlich unterschiedliche Niveaus der Versorgungsqualität herausgebildet, wobei Deutschland wiederum bislang eine Spitzenstellung einnimmt.

Aufgrund der für den nationalen Bereich gemachten Erfahrungen des Koalitionsspiels in Kapitel 4.2.3.2 ist hierbei aber eine Einigung auf ein europaweit einheitliches, optimales Niveau der Normversorgung N_v^{opt} erst recht äußerst schwierig. Es ist zu vermuten, dass in Ländern mit bislang hoher Versorgungszuverlässigkeit die Netzstrukturen aus Kostengründen eher vereinfacht werden, wohingegen in Ländern mit niedriger Versorgungszuverlässigkeit eher entgegengesetzte Effekte zu beobachten sind. Insgesamt wird es somit zu einer Nivellierung auf einem „durchschnittlichen Niveau" kommen.[620] Die in der deutschen Stromwirtschaft in der Vergangenheit gesetzten Standards werden sich somit europaweit nicht durchsetzen können.

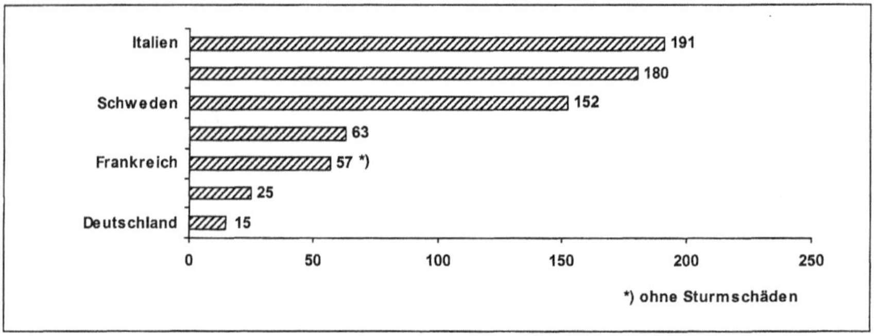

Bild 13: Durchschnittliche Unterbrechung der Stromversorgung je Kunde im Jahre 1999 in Minuten[621]

Eine weitergehende Betrachtung des hier angesprochenen Problems der europäischen Harmonisierung der elektrizitätswirtschaftlichen Randbedingungen wird im Rahmen der vorliegenden Arbeit noch im Zusammenhang mit den „Externen Effekten der Stromerzeugung" ausführlich zu analysieren sein.

Zusammenfassend kann somit das Fazit gezogen werden, dass zunächst dem Versuch der EVU und ihren Verbänden, sich auf das optimale Niveau der Normversorgung N_v^{opt} zu einigen, der Vorzug vor einer staatlichen Intervention gegeben werden sollte. Hierbei sollte den Verhandlungspartnern auch eine gewisse Zeitspanne zur praktischen Anwendung verschiedener Verfahren eingeräumt werden. Denn es ist leicht einzusehen, dass Unsicherheiten

[619] Vgl. Kox (1998), S. 7.
[620] Vgl. Wellßow (2001), S. 40.
[621] Quelle: Council of European Energy Regulators, VDEW; zitiert in: VDEW (2002b), S. 48.

über die (weitere) Ausgestaltung des regulatorischen Rahmens wiederum zu einer „zusätzlich" verminderten Investitionstätigkeit führen.[622] Die Politik sollte darüber hinaus dafür Sorge tragen, dass Projekte zur Aufrechterhaltung der Versorgungsqualität unter Wettbewerbsbedingungen sich nicht durch Einsprüche und langwierige Genehmigungsverfahren verzögern.[623]
Ferner sollte die Höhe der Durchleitungsentgelte so bemessen sein, dass der einzelne Netzbetreiber bei zukünftigem Bedarf auch zusätzliche Leitungen finanzieren kann.[624] Die vielfach geäußerte Forderung nach einer staatlichen Festlegung der Durchleitungsentgelte ist dabei aber eher kritisch zu bewerten. Denn in Analogie zur in Kapitel 2.2.2.2 dargestellten Price cap regulation dürfte diese Vorgehensweise zu suboptimalen Ergebnissen führen, da die Regulierungsbehörde in der Regel nur über unzureichende Informationen hinsichtlich der Kostenfunktion des zu regulierenden Netzbetreibers verfügt.

Als zusätzliches Argument für den vorläufigen Verzicht einer staatlichen Regulierung kann angeführt werden, dass die EVU aus Imagegründen auch ihrerseits ein großes Interesse daran haben, die hohe Versorgungsqualität in der deutschen Elektrizitätswirtschaft aufrechtzuerhalten. Denn bereits in Kapitel 3.3.2 war dargelegt worden, dass der strategische Vorteil der etablierten EVU im Hinblick auf Endkunden insbesondere auch in dem durch eine langjährige zuverlässige Versorgung aufgebautem Vertrauensverhältnis begründet liegt.

Aufgrund der Bedeutung der Versorgungsqualität für die gesamte Volkswirtschaft sollte sich der Staat aber das Recht vorbehalten, eventuell zu einem späteren Zeitpunkt regulierend einzugreifen.

---

622 Vgl. IEA (2001c), S. 11.

623 Die möglichen Auswirkungen der hier dargestellten Verzögerungspolitik können u. a. auf dem neuseeländischen Strommarkt beobachtet werden, wo es infolgedessen vom 20. Februar bis zum 16. März 1998 in Auckland zu einem „Black out" kam. Aber auch für den deutschen Strommarkt konnten bereits in der Vergangenheit vergleichbare Fälle angeführt werden. So propagierte etwa die Hessische Elektrizitäts-AG, Darmstadt bereits seit 1988 den Neubau des „Schalthaus Eberstadt", dessen Genehmigung sich trotz allem permanent verzögerte. Folgerichtig kam es am 1. August zum 1994 zum Ausfall des Schalthauses. Vgl. Blechschmidt (1999), S. 38.

624 Vgl. Morgan; Sioshansi (1999), S. 25.

4.3 Oligopolistische Strukturen auf der Anbieterseite

4.3.1 Problemstellung

In Kapitel 3.3.3.2 konnte gezeigt werden, dass Fusionen, Kooperationen und strategische Allianzen wichtige Strategieoptionen für die Energieversorgungsunternehmen darstellen, sich an die Veränderungen infolge der Liberalisierung des Strommarktes anzupassen. Ein Katalysator für diese Dynamik ist die weit verbreitete Überzeugung, dass im eingesetzten Wettbewerb die eigene Größe, die eigenen Kernkompetenzen und die eigenen finanziellen Möglichkeiten nicht mehr ausreichen.

Nicht zuletzt die beiden Megafusionen von VEBA/VIAG und RWE/VWE haben gleichwohl auf der anderen Seite zu wachsenden Befürchtungen geführt, dass auf dem deutschen Strommarkt oligopolistische Strukturen auf der Anbieterseite entstehen könnten. Analysen schienen sich zu bestätigen, die bereits zu Beginn der Liberalisierung vermuteten, dass schon bald einige wenige Konzerne den europäischen Strommarkt dominieren würden.[625] Die ursprüngliche Intention der Deregulierung, eine optimale volkswirtschaftliche Ressourcenallokation und damit verbunden sinkende Preise für den Endkunden zu erreichen, wäre in diesem Fall wohl zumindest mittel- und langfristig in Frage zu stellen.

Ob hierdurch bereits eine staatliche Intervention gerechtfertigt ist, muss gleichwohl sehr viel differenzierter betrachtet werden. Denn in Kapitel 3.2 konnte andererseits auch gezeigt werden, dass sich gut 6 Jahre nach dem Beginn der Liberalisierung eine Reihe neuer Akteure auf dem deutschen Strommarkt etablieren konnten. Ferner ist zu vermuten, dass die Endkunden vor allem durch ihre neuen Strategieoptionen „Versorgerwechsel“ und „Bündelung der Nachfrage“ eine zusätzliche Verhandlungsmacht erlangen konnten und somit letztendlich zur Steigerung der Wettbewerbsintensität beitragen.

Darüber hinaus ist es nicht einzusehen, dass die teilweise aus jahrhundertealten Gemeinde- und Kreisgrenzen abgeleiteten Demarkationsgrenzen bereits in der Vergangenheit zu einer optimalen Struktur der Versorgungsgebiete geführt haben.[626] Es ist daher zu erwarten, dass insbesondere durch Fusionen eine „Flurbereinigung“ durchgeführt wird, die wiederum zu gesamtwirtschaftlich gesehen wünschenswerten Ergebnissen führt.

Für die Beurteilung, ob der Staat in den gegenwärtig auf dem deutschen Strommarkt beobachtbaren Konzentrationsprozess eingreifen sollte, sind daher zwei Aspekte von Bedeutung:

- Worin unterscheidet sich die Bildung oligopolistischer Strukturen auf der Anbieterseite von Prozessen der Marktbereinigung als Folge der Deregulierung?

[625] Vgl. u. a. Rider (1999), S. 15.
[626] Vgl. Deregulierungskommission (1991), S. 70 und Makert (2000), S. 356.

- Wie kann auch bei einer hohen Unternehmenskonzentration durch exogene Einflussgrößen, etwa in Form neuer Marktteilnehmer, die Bildung eines dauerhaften Stromkartells verhindert werden?

Im Folgenden wird zunächst die Entwicklung der Unternehmenskonzentration nach dem Beginn der Deregulierung im Jahre 1998 dargestellt und analysiert. Danach wird ausgehend von einer veränderten Bewertung für Fusionen im liberalisierten Strommarkt der Frage nachgegangen, inwieweit dieser Prozess Anzeichen von ruinöser Konkurrenz aufweist oder Wettbewerb per se ausschließt. Denn hierdurch wäre eine Rechtfertigung für eine staatliche Regulierung von der wirtschaftstheoretischen Seite her gegeben. In Kapitel 4.3.3 wird darauf aufbauend analysiert, ob sich ein „Stromkartell" bei der gegenwärtig empirisch beobachtbaren Zunahme der Unternehmenskonzentration sowie den vorhandenen Einflussfaktoren auf die Wettbewerbsintensität dauerhaft in Deutschland etablieren könnte.

4.3.2 Bildung oligopolistischer Strukturen vs. Prozesse der Marktbereinigung

4.3.2.1 Entwicklung der Unternehmenskonzentration auf dem deutschen Strommarkt

Bereits vor der Marktöffnung sind für den deutschen Strommarkt eine Reihe von Messungen der Unternehmenskonzentrationen in der Literatur ausführlich dargestellt und diskutiert worden.[627] Bei dem Versuch, diese Messungen für den Zeitraum nach der Marktöffnung fortzuführen, taucht gleichwohl ein nicht zu unterschätzendes Hindernis auf.
Einerseits beruhen nämlich Konzentrationsmessungen größtenteils auf historischen Daten wie Erzeugung und Absatz. Sie sind daher lediglich eine Momentaufnahme und liefern keine Aussagen über die zukünftige dynamische Entwicklung etwa in Form sich verändernder Marktstrukturen, neuer Marktteilnehmer oder den Marktaustritt eines Akteurs.[628] Andererseits haben aber gerade die Analysen in Kapitel 3.2 gezeigt, wie rasant sich nach der Liberalisierung die Rahmenbedingungen auf dem deutschen Strommarkt gewandelt haben. Obendrein sind auf den verschiedenen Wertschöpfungsstufen neue Akteure aufgetreten, deren unumstritten vorhandene Marktmacht im Verhältnis zu den etablierten EVU sich bisher nicht eindeutig quantifizieren lässt.[629]

Als Folge hiervon können die in der Vergangenheit gewonnenen Erkenntnisse über die richtige Auswahl der Daten sowie die Methoden zur Datenerhebung nicht ohne weiteres auf

[627] Neuere Messungen und umfangreiche Analysen für den deutschen Strommarkt finden sich u. a auf der Grundlage der Daten von 1994 in Drasdo et al. (1998), S. 240 ff und auf der Grundlage der Daten von 1997 in Schuppe; Nolden (1999), S. 6 ff.

[628] Vgl. Borenstein; Bushnell; Knittel (1999), S. 66.

[629] Die Beobachtungen auf dem deutschen Strommarkt korrelieren hierbei mit der These von Borenstein; Bushnell; Knittel (1999), wonach insbesondere in der ersten Zeit nach der Liberalisierung in der Regel verschiedenartige Unternehmenstypen etwa in Bezug auf die Eigentumsstruktur vertreten sind, die mitunter unabhängig von ihrer Unternehmensgröße sehr unterschiedlich von den sich bietenden Möglichkeiten des Wettbewerbs Gebrauch machen. Vgl. Borenstein; Bushnell; Knittel (1999), S. 68.

die Zeit nach der Liberalisierung übertragen werden. Ein Datenvergleich zwischen Konzentrationsmessungen vor und nach der Liberalisierung ist daher stets kritisch zu hinterfragen.

Darüber hinaus werden in der Literatur folgende weitere Aspekte genannt, wonach Konzentrationsmessungen in der Elektrizitätswirtschaft, die nur auf Größe und Anzahl der Unternehmen basieren, generell nicht sehr aussagekräftig sind:[630]

- Die Möglichkeit eines Kunden zur Substitution eines Teils seines Stromverbrauchs ist bei der Bewertung des Konzentrationsmaßes zu berücksichtigen. Der Verlauf der Preiselastizität der Nachfrage kann hierbei wichtige Hinweise liefern.
- Leitungsengpässe können dazu führen, dass der Wettbewerb zwischen Regionen nur eingeschränkt möglich ist.
- Wettbewerb innerhalb der Stromwirtschaft wird dadurch erschwert, dass es unter den Marktteilnehmern keinen Wetteifer um Innovationen und Qualität, sowie nur geringe Möglichkeiten der Produktdifferenzierung gibt. Die mit Abstand wichtigste Stellgröße für den Wettbewerb ist daher der Preis.
- Zwar weisen die Erzeugungskosten in Abhängigkeit von der Nachfrage stunden- oder sogar minutenweise eine recht hohe Volatilität auf. Auf der anderen Seite wird aber ein einzelner Kunde nicht seinen Bedarf im Hinblick auf die auftretenden Preisschwankungen anpassen. Seine Nachfrage ist zumindest kurzfristig absolut unelastisch.[631] Das kombinierte Auftreten einer zumindest kurzfristig gesehen hohen Unelastizität sowohl auf der Angebots- wie der Nachfrageseite führt letztendlich dazu, dass der Markt äußerst anfällig gegen den Missbrauch von Marktmacht ist. Selbst Erzeuger mit geringem Marktanteil können durch das Vorhandensein von Kapazitätsengpässen profitieren.[632]

Schließlich ist der Umstand nicht zu vernachlässigen, dass mit Beginn der Liberalisierung auch die Beschaffung von Daten für die Konzentrationsmessungen sehr viel schwieriger geworden ist. Denn aus nachvollziehbaren Gründen sind die EVU insbesondere im Hinblick auf die Veröffentlichung von Unternehmens- und Vertriebskennzahlen sehr viel zurückhaltender geworden als etwa noch zu Monopolzeiten.

---

[630] Vgl. Borenstein; Bushnell; Knittel (1999), S. 68 für die Argumente 1 und 2, Monopolkommission (2000), S. 8 für Argument 3 und Borenstein; Bushell (2000), S. 48 für Argument 4.

[631] Es ist nicht anzunehmen, dass ein Endkunde in einer schwülen Sommernacht aufgrund der starken Stromnachfrage und der damit verbundenen hohen Erzeugungskosten seine Klimaanlage herunter regeln wird. Vgl. Borenstein; Bushell (2000), S. 48.

[632] Sogar für den Fall, dass eine atomisierte Anbieterstruktur vorhanden wäre, würde aufgrund der aufgezeigten Unelastizitäten das Auftreten einer Spitzenlast stets auch einen entsprechenden Preisausschlag nach sich ziehen. Vgl. Borenstein; Bushell (2000), S. 49.

Um trotz der hier angesprochenen Schwierigkeiten, „vergleichbare“ Daten für eine Bewertung der Entwicklung der Unternehmenskonzentration auf dem deutschen Strommarkt vor und nach der Liberalisierung zu bekommen, werden im Folgenden für die unterschiedlichen Wertschöpfungsstufen die Mitglieder der jeweiligen Verbände der Elektrizitätswirtschaft im Zeitablauf miteinander verglichen. Das zusätzliche Dilemma bei dieser Vorgehensweise liegt gleichwohl darin, dass sich parallel zur Branche auch in den Mitgliederstrukturen und sogar der Verbändelandschaft selbst deutliche Verschiebungen seit der Marktöffnung ergeben haben. Voruntersuchungen im Rahmen der vorliegenden Arbeit haben dabei gezeigt, dass als Folge hiervon auch die Auswahl des „richtigen“ Instruments zur Konzentrationsmessung maßgeblich beeinflusst wird. Denn insbesondere die Anwendung des in der Literatur vielfach favorisierten „Herfindahl-Index“ offenbarte hier aufgrund des unzureichenden Datenmaterials einige Schwächen.[633]
Zur weiteren Untersuchung können daher im Folgenden für die Wertschöpfungsstufen „Erzeugung“ sowie „Handel und Vertrieb“ im Wesentlichen nur qualitative Aussagen getroffen werden. Hingegen ist es bei der Analyse der Verbundunternehmen und Regionalversorger aufgrund des vorhandenen Datenmaterials zumindest möglich, die Konzentrationsrate CR_j anzugeben, die durch das Verhältnis der Teilsumme der j größten Merkmalswerte zur Merkmalssumme festgelegt ist. Formal:[634]

$$CR_j = \frac{\sum_{n=1}^{j} x_i}{\sum_{n=1}^{N} x_i} * 100\,\% \quad \text{mit: } j = 1,2,3.. \text{ und } x_1 \geq x_2 \geq x_3 \ldots\ldots x_j \geq \ldots\ldots \geq x_N \qquad (4.3.2.1)$$

Die Analysen im Rahmen der vorliegenden Arbeit erbrachten folgende Ergebnisse für die einzelnen Wertschöpfungsstufen:

Vor der Liberalisierung im Jahre 1997 hat der Anteil der Unternehmen der öffentlichen Elektrizitätswirtschaft an der deutschen Stromerzeugung bei rd. 90 % gelegen, während der restliche Anteil durch Kraftwerke der Industrie und der deutschen Bahn geleistet wurde. Innerhalb der öffentlichen Elektrizitätswirtschaft erbrachten wiederum die Verbundunternehmen zu diesem Zeitpunkt fast 80 % der Stromerzeugung.[635]

---

[633] Auch wenn sich der „Herfindahl-Index“ für den hier speziellen Fall der Elektrizitätswirtschaft nicht eignet, sind seine Vorteile bei der Messung von Konzentrationen gemeinhin unumstritten. Denn dieser zeichnet sich dadurch aus, dass er alle Unternehmen mit einbezieht und den großen Unternehmen obendrein ein besonderes Gewicht zukommen lässt. Zur vertiefenden Diskussion über die Vor- und Nachteile der verschieden Instrumente zur Konzentrationsmessung vgl. u. a. Bohley (1987), S. 149 ff und Olten (1998), S. 132 ff.

[634] Vgl. Bohley (1987), S. 151.

[635] Vgl. Schuppe, Nolden (1999), S. 6.

Zwar liegen keine vergleichbaren Daten für die Erzeugung der Verbundunternehmen nach der Liberalisierung vor. Gleichwohl ist aber aufgrund der bereits in Kapitel 3.3.3.2 dargestellten und im Folgenden an Hand des 380 kV-Netzes noch genauer quantifizierbaren Konzentrationszunahme der Verbundunternehmen die Schlussfolgerung zulässig, dass auch im Bereich der deutschen Stromerzeugung die Konzentration im vergleichbaren Umfang zugenommen hat. Ein leicht gegenläufiger Trend ergibt sich allenfalls durch den in den letzten Jahren beobachtbaren stetigen Ausbau unabhängiger Wasser-, Wind-, Photovoltaik- und Biomassekraftwerke.

Als Maßstab für die Berechnung der Konzentrationsrate CR_j im 380 kV -Übertragungsnetz kann sehr gut die Stromkreislänge herangezogen werden, da diese proportional zum Einfluss des einzelnen Verbundunternehmens auf das Gesamtnetz ist.[636] Es zeigt sich hierbei, dass CR_j im 380 kV -Übertragungsnetz vor allem zwischen 1999 und 2000 aufgrund der beiden Megafusionen von VEBA/VIAG und RWE/VWE deutlich zugenommen hat. Die Bildung der „vierten Kraft" im Jahre 2002 hat hingegen erwartungsgemäß zu keiner wesentlich stärkeren Konzentration geführt, da hierbei das größte mit den beiden kleinsten Unternehmen fusionierte.

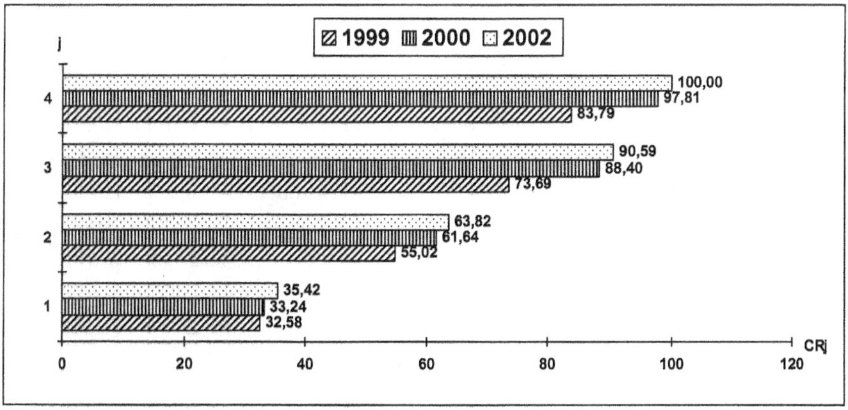

Bild 14: CR_j der Verbundunternehmen in Bezug auf die Stromkreislänge im 380 kV-Netz[637]

Etwas schwieriger gestaltet sich die Messung der Konzentrationsrate CR_j auf den nachgelagerten Spannungsstufen. Da nämlich einige Regionalversorger auf unterschiedlichen Spannungsstufen agieren, sind Vergleiche z. B. der Stromkreislängen für das 110 kV -Netz nicht aussagekräftig. Als Maßstab eignet sich vielmehr die Größe des jeweiligen Versorgungsgebietes, da hierdurch im Zeitablauf realisierte Fusionen deutlich zum Tragen kommen.

[636] Vgl. auch die Ausführungen in Kapitel 4.2.3.2.

[637] Quelle: Eigene Erstellung und Berechnungen. Daten für die Stromkreislänge aus: DVG (2000), S. 47 und DVG (2001), S. 35. Daten für 2002: Eigene Berechnungen auf der Grundlage der Daten von 2000.

Die Analyse der Mitgliedsunternehmen der „Arbeitsgemeinschaft Regionaler Energieversorgungsunternehmen e. V“ (ARE) zeigt, dass bei einem Vergleich des Kriteriums „Versorgungsgebiet in km²“ die Konzentration auf der Wertschöpfungsstufe der Regionalversorger für alle j deutlich zugenommen hat. Ursächlich für diese Entwicklung sind hierbei die große Anzahl von Fusionen, bei denen teilweise sogar 3 bis 4 Unternehmen gleichzeitig zu einem großen und leistungsstarkem Regionalversorger zusammengefasst wurden.[638]

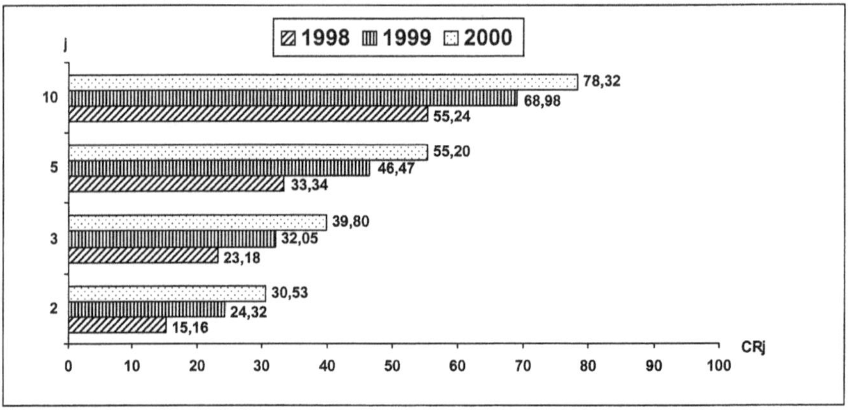

Bild 15: CR_j der Mitgliedsunternehmen der ARE in Bezug auf das Versorgungsgebiet in km²[639]

Als ausgesprochen schwierig erweisen sich Konzentrationsmessungen im Handel und Vertrieb, da vor allem hinsichtlich der neuen Markteilnehmer wie Stromhändler oder ausländischen EVU so gut wie keine vergleichbaren Daten vorhanden sind. Obendrein ist eine Bewertung dieser Wertschöpfungsstufe an Hand eines Konzentrationsmaßes ohnehin nicht ausreichend. Vielmehr wird nämlich die Wettbewerbsintensität auf dieser Wertschöpfungsstufe etwa durch die Möglichkeit des Endkunden determiniert, seinen Versorger zu wechseln. Im Mittelpunkt stehen somit Fragen des diskriminierungsfreien Netzzugangs oder der Verhandlungsmacht der Endkunden. Eine qualitative Analyse dieser Aspekte wird im Rahmen der vorliegen Arbeit in Kapitel 4.3.3 noch vorgenommen werden.

---

[638] Als Beispiele hierfür können u. a. folgende Fusionen genannt werden:

- Hanseatische Energieversorgung AG, Energieversorgung Müritz-Oderhaff AG, Märkische Energieversorgung AG und Oder-Spree-Energieversorgung AG mit Wirkung ab 01.01.99 zur e.dis Energie Nord AG.
- HASTRA Aktiengesellschaft, Überland-Zentrale Helmstedt AG und EVM Aktiengesellschaft mit Wirkung ab 01.01.99 zur Avacon AG.

[639] Quelle: Eigene Erstellung und Berechnungen. Daten für Versorgungsgebiet in km² aus: ARE (1999), ARE (2000) und ARE (2001). Neuere Daten waren nicht verfügbar, da diese durch den Nachfolger der ARE, „Verband der Verbundunternehmen und Regionalen Energieversorger in Deutschland - VRE - e. V:“, nicht mehr erhoben werden.

Für eine Bewertung der Konzentration im Handel und Vertrieb lassen sich aber qualitativ zwei gegenläufige Aspekte beschreiben. Zum einen hat die bereits für die vorgelagerten Wertschöpfungsstufen dargelegte Entwicklung der Verbund- und Regionalunternehmen parallel zu einer Zunahme der Konzentration im Handel und Vertrieb geführt. Denn viele der fusionierten Unternehmen verfügen direkt oder indirekt durch Kapitalbeteiligungen auch über einen Kundenzugang.
Zum anderen wird aber dieser Effekt in einer gegenläufigen Richtung überlagert durch die große Anzahl neuer Marktteilnehmer auf dieser Wertschöpfungsstufe. Vor allem Unternehmen wie Citiworks oder Trianel, die im Rahmen von Kooperationsvereinbarungen gezielt ihre Handels- und Vertriebsaktivitäten gebündelt haben, treten hierbei mittlerweile als starke Player auf. Diese These wird auch unterstützt durch den „Monitoring-Bericht" des BMWA im August 2003. Denn dort wird hinsichtlich neuer Anbieter ausgeführt, dass zwar inzwischen einige Unternehmen insbesondere im Haushaltskundenbereich ihre Aktivitäten eingestellt bzw. deutlich reduziert haben, aber sich andererseits rd. 20 Unternehmen dauerhaft als bundesweite Anbieter etabliert haben.[640]

4.3.2.2 Veränderte Sichtweise für Fusionen in der deutschen Elektrizitätswirtschaft

Der ehemalige Präsident des Bundeskartellamtes, Kurt Makert, erklärte gut zwei Jahre nach dem Beginn der Deregulierung auf dem deutschen Strommarkt, dass aufgrund der veränderten Marktverhältnisse eine andere Sichtweise in der Fusionskontrolle entstanden sei. Sogar die zuvor angesprochenen beiden Megafusionen von VEBA/VIAG und RWE/VWE sind daher prinzipiell nicht im Vorhinein abzulehnen. Voraussetzung hierfür sei gleichwohl, dass insbesondere die Frage der Durchleitung hinreichend geklärt ist.[641]

Wiederum nur zwei Jahre später urteilte aber Ulf Böge, Nachfolger von Makert als Kartellamtspräsident, dass insbesondere im Endkundengeschäft der Wettbewerb weitgehend zum Erliegen gekommen sei. Begründet wurde dies mit der Einschätzung, dass sich neben den beiden Markenführern E.ON und RWE kein vergleichbarer Wettbewerber etablieren konnte.[642]

An diesen vermeintlichen Widerspruch der Aussagen der beiden Präsidenten des Bundeskartellamtes knüpft sich eine interessante Frage an, die bislang in der Literatur nur unzureichend analysiert worden ist: Worin unterscheidet sich auf dem deutschen Strommarkt die Bildung oligopolistischer Strukturen auf der Anbieterseite von Prozessen der Marktbereinigung als Folge der Deregulierung?

---

[640] Vgl. BMWA (2003), S. 13.
[641] Vgl. Makert (2000), S. 355.
[642] Vgl. o. V. (2002b).

Zur weiteren Analyse dieser Frage ist zuerst einmal festzustellen, dass es bereits vor der Liberalisierung Fusionen auf dem deutschen Strommarkt gegeben hat. So nahm die Zahl der EVU in Deutschland auch in einem regulierten Umfeld drastisch ab von rd. 10.000 im Jahre 1936 über etwa 4.000 Mitte der 50er Jahre auf etwa 1.000 zu Beginn der Liberalisierung.[643]
Als Folge hiervon war der Konzentrationsgrad auf dem deutschen Strommarkt schon im Jahre 1998 nicht unerheblich, wie auch folgerichtig im Kapitel zuvor die Berechnungen der Konzentrationsraten für die einzelnen Wertschöpfungsstufen gezeigt haben.
Selbst der in den ersten 4 Jahren nach der Marktöffnung beobachtbare stark beschleunigte Konzentrationsprozess ist daher noch kein Indiz dafür, dass hier ein Problem der Deregulierung vorliegt. Dies könnte allenfalls damit begründet werden, dass der Konzentrationsprozess auf dem deutschen Strommarkt nicht effizient verläuft bzw. Anzeichen von ruinöser Konkurrenz aufweist. Ein derartiger Fall wäre möglicherweise dann gegeben, wenn die etablierten EVU nach der Marktöffnung die Preise auf die kurzfristigen Grenzkosten gesenkt hätten mit der Folge, dass Konkurrenten keine Gesamtkostendeckung erreichen könnten.[644]
Wie aber in Kapitel 2.1.2 andererseits dargelegt wurde, werden die Kriterien für das Vorliegen von ruinöser Konkurrenz in der Literatur nur sehr unpräzise definiert. Eine Spiegelung dieser Kriterien am Konzentrationsprozess auf dem deutschen Strommarkt nach der Liberalisierung lässt daher sehr viel Interpretationsspielraum. Insbesondere ist es dabei schwierig, die „wahren" Gründe für das Ausscheiden von Unternehmen präzise festzustellen. Es liegt sogar eine gewisse Ironie darin, dass sich eine Reihe von neuen Marktteilnehmern nicht aufgrund einer ruinösen Konkurrenz durch die etablierten EVU vom Markt zurückziehen mussten, sondern weil diese vielmehr selbst eine Preisunterbietung jenseits aller ökonomischen Leistungs- und Kostenkriterien vorgenommen haben, um möglichst schnell neue Kunden zu akquirieren.

Da somit der Aspekt der ruinösen Konkurrenz an dieser Stelle nicht weiterhilft, werden im Folgenden zur weiteren Analyse der Ausgangsfrage die Argumente für die veränderte Sichtweise in der Fusionskontrolle an Hand der Bewertung der beiden Megafusionen von VEBA/VIAG und RWE/VWE untersucht.[645]
Dabei gilt zunächst einmal anzumerken, dass sowohl das Bundeskartellamt als auch die EU-Kommission fast zeitgleich zu derselben Bewertung kamen, wonach durch diese Fusionen auf dem deutschen Strommarkt ein marktbeherrschendes Dyopol gebildet werde. Begründet wurde dies unter anderem damit, dass beide Unternehmen über die gesamte Wertschöpfungskette vertikal integriert sind, ähnliche Kostenstrukturen aufweisen und über etwa gleich große Erzeugungs- und Übertragungskapazitäten verfügen. Ferner gäbe es aufgrund der bereits angesprochenen Produkthomogenität und stagnierenden Nachfrage,

---

[643] Vgl. Müller (1998), S. 29.
[644] Vgl. Eßer (1994), S. 97.
[645] Zum generellen Verfahren der Fusionskontrolle vgl. u. a.: Fees (1997), S. 489 ff und Olten (1998), S. 179 ff.

sowie der Kostentransparenz in der Erzeugung für keines der beiden Unternehmen einen Anreiz, den jeweiligen Konkurrenten herauszufordern. Obendrein sei der Wettbewerb generell gefährdet aufgrund des geringen Marktanteils der übrigen Übertragungsnetzbetreiber und der limitierten Importmöglichkeiten ausländischer Konkurrenten aufgrund von Engpasskapazitäten zwischen dem deutschen und den angrenzenden Strommärkten.[646]
Trotz der hier dargelegten Argumente haben aber anderseits sowohl das Bundeskartellamt als auch die Monopolkommission schließlich beiden Fusionen zugestimmt mit der Maßgabe, gesellschaftliche Verflechtungen zwischen den Unternehmen zu beseitigen, die Durchleitungsbedingungen zu verbessern, sowie die ostdeutsche VEAG als ein unabhängiges Verbundunternehmen zu etablieren.[647]

Maßgeblich für diese Entscheidung waren dabei folgende Aspekte: Ein fundamentaler Wandel in der Betrachtungsweise, wonach sich der gesetzliche Rahmen für Fusionen in der Elektrizitätswirtschaft nach der Abschaffung der kartellrechtlichen Freistellung für Energieversorgungsunternehmen durch das GWB nicht mehr grundlegend unterscheidet von anderen Branchen in Deutschland, deren Mitglieder seit langem im Wettbewerb stehen.

Darüber hinaus setzte sich mehr und mehr die Überzeugung durch, dass bei der Umstrukturierung des ehemaligen Monopolbereiches gewisse Konzentrationsprozesse unvermeidlich und bis zur Marktbeherrschungsschwelle auch zu akzeptieren sind.[648] Sogar Megafusionen sind daher selbst unter gesamtwirtschaftlichen Gesichtspunkten nicht generell vorab negativ zu bewerten. Dies um so mehr, da zu erwarten ist, dass hierdurch stabile Unternehmen entstehen, die wiederum leistungssteigernde und damit wettbewerbsfördernde Effekte induzieren können.[649] Die empirisch beobachtbare generelle Zunahme der Konzentration ist daher allenfalls dann als bedenklich einzustufen, wenn sie zur Entstehung oder Verstärkung marktbeherrschender Stellungen führt.[650]

Schließlich wurde als drittes Argument für die veränderte Bewertung der beiden Megafusionen angeführt, dass die jeweils gegebene Marktsituation entscheidend ist für die Frage, ob der Zusammenschluss zweier Unternehmen zu einer Marktstruktur führt, die einen wirksamen Wettbewerb nicht mehr zulässt. Die absolute Größe des Unternehmens ist

---

[646] Vgl. Monopolkommission (2002), S. 27.
[647] Vgl. Monopolkommission (2002), S. 27.
[648] Sowohl nach deutschem als auch europäischem Fusionskontrollrecht gilt die Marktbeherrschungsschwelle als der Punkt, von dem ab die Marktkonzentration kritisch wird. Im Umkehrschluss folgt gleichwohl daraus, dass Zusammenschlüsse unterhalb dieser Schwelle aus wettbewerbspolitischer Sicht nicht zu untersagen sind. Vgl. Makert (2000), S. 356.
[649] Vgl. Monopolkommission (2000), S. 47 ff.
[650] Nach Einschätzung des amtierenden Präsidenten des Bundeskartellamtes, Ulf Böge, konnte durch wettbewerbsrechtliche Auflagen des Bundeskartellamtes sogar bei der Gründung von E.ON (VEBA/VIAG) bzw. der Fusion von RWE und VEW die Entstehung eines marktbeherrschenden Oligopols verhindert werden. Vgl. Böge (2000), S. 886.

demnach zu relativieren, wenn durch die Fusion auch die relevante Marktgröße zugenommen hat.[651] Folgerichtig hat daher das Bundeskartellamt etwa bei der Bewertung der Fusion von RWE und VEW in Abkehr von der bis dahin üblichen Praxis als räumlich relevanten Markt nicht mehr die Länge des jeweiligen Leitungsnetzes, sondern den gesamten deutschen Strommarkt betrachtet. Voraussetzung für diese veränderte Sichtweise war dabei vor allem die maßgebliche Verbesserung der Durchleitungsbedingungen aufgrund der VV II.[652]

Auch wenn die Argumente für diesen speziellen Fall leicht einzusehen sind, so sind die Folgen weit reichend. Denn eine konsequente Übertragung dieser veränderten Sichtweise bedeutet, dass generell gegen eine Senkung der Hürden für Fusionen in der deutschen Elektrizitätswirtschaft rechtlich nichts mehr einzuwenden ist. Zwar hatten alle lokalen und regionalen EVU innerhalb ihres jeweiligen Versorgungsgebietes eine marktbeherrschende Stellung, verfügen aber andererseits auf dem gesamten nationalen Strommarkt nur über geringe Marktanteile.[653] Einer Fusion etwa zwischen zwei regionalen EVU dürfte daher von Seiten des Bundeskartellamtes üblicherweise nichts im Wege stehen. Kritisch könnte hingegen sein, wenn die großen Verbundunternehmen ihre Anteile an Regionalversorgern und Stadtwerken ausbauen. Auf diese Argumentation aufbauend hat das Bundeskartellamt z. B. die Absicht von RWE untersagt, an der GEW Rhein-Energie AG eine Sperrminorität von 25,1 Prozent zu erwerben. RWE beschränkte daraufhin seine Beteiligung auf 20 Prozent.[654]

Aber selbst für den Fall, dass die bisher empirisch beobachtbaren Fusionen allesamt eher Prozesse der Marktbereinigung als Folge der Deregulierung darstellen, bleibt die Frage unbeantwortet, wie viele EVU auf dem deutschen Strommarkt mittel- und langfristig präsent sein sollten, um einen funktionierenden Wettbewerb zu garantieren?
In der Literatur wird vielfach die Auffassung vertreten, dass eine Atomisierung der Anbieterstruktur für einen adäquaten Entscheidungsraum der Endkunden nicht notwendig ist. Vielmehr seien bereits 4 -5 Anbieter ausreichend, die untereinander im Wettbewerb stehen.[655] Diese These wird dabei gestützt durch Erfahrungen in anderen Branchen wie der Chemischen Industrie oder des Fahrzeugbaus. Denn dort zeigt sich, dass auch bei wenigen Anbietern offensichtlich ein intensiver Konkurrenzdruck möglich ist, insbesondere wenn die Märkte zusätzlich nach außen geöffnet sind. Obendrein kann auch aus dem Blickwinkel der

[651] Vgl. Monopolkommission (2000), S. 47 ff.
Im Gegensatz zu dieser Argumentation hatte u. a. der Bundesgerichtshof noch im Jahre 1997 zwei Amtsverfügungen bestätigt, in denen Beteiligungen von RWE und der VEBA-Tochter HASTRA an relativ kleinen EVU untersagt worden waren. Vgl. Makert (2000), S. 355.
[652] Interessant ist in diesem Zusammenhang, dass die europäische Kommission eine EU-weite Marktbetrachtung durch die Umkehrung des hier dargelegten Argumentes bislang ablehnt. Sie begründete dies mit der geringen Importquote nach Deutschland, den limitierten Interconnectorenkapazitäten sowie den Cross-border-tariffs. Vgl. Monopolkommission (2000), S. 8 ff und Monopolkommission (2002), S. 26.
[653] Vgl. Monopolkommission (2002), S. 26.
[654] Vgl. o. V. (2002b).
[655] Vgl. IEA (2001c), S. 138.

Wirtschaftstheorie die Übernahme von lokalen und regionalen Energieversorgern durch die Verbundunternehmen sogar zu gesamtwirtschaftlich gesehen besseren Ergebnissen führen. Denn die Integration nacheinander gelagerter Monopole, wie sie die verschiedenen Netzebenen darstellen, ist sogar wohlfahrtsfördernd, da der Netzbetreiber dann nur einmal die Monopolrente abschöpfen kann.[656]

Auf der anderen Seite war aber in Kapitel 2.4.2.3 auch dargelegt worden, dass sich Erfahrungen aus anderen Branchen wie der Chemischen Industrie oder des Fahrzeugbaus nicht ohne weiteres auf die Besonderheiten eines liberalisierten Strommarktes übertragen lassen. Ferner waren im Kapitel zuvor auch eine Reihe von Aspekten angeführt worden, wonach mitunter im Gegensatz zu anderen Branchen besondere Anforderungen an Konzentrationsmessungen in der Elektrizitätswirtschaft gestellt werden.
Insbesondere mittel- und langfristig können sich daher in Abweichung zu Erfahrungen in der Chemischen Industrie oder des Fahrzeugbaus vollkommen andere Anbieterstrukturen auf dem deutschen Strommarkt als gesamtwirtschaftlich gesehen „optimal“ erweisen.

Zusammenfassend kann somit das Fazit gezogen werden, dass der bisher beobachtbare Konzentrationsprozess in der deutschen Elektrizitätswirtschaft seit Beginn der Marktöffnung wohl eher den Effekt einer Marktbereinigung darstellt und insbesondere auch aufgrund der Argumente für eine veränderte Sichtweise in der Fusionskontrolle keine Intervention durch den Staat zwingend erfordert.
Auf der anderen Seite hat sich aber in der hier dargelegten Diskussion auch gezeigt, dass der Grad zwischen Prozessen der Marktbereinigung und der Bildung oligopolistischer Strukturen offensichtlich sehr schmal ist. Insbesondere ist bislang nicht zweifelsfrei geklärt, wie viele Unternehmen auf dem deutschen Strommarkt unter den gegebenen Randbedingungen mittel- bis langfristig präsent sein sollten. Die Folge hiervon ist, dass Entscheidungen des Bundeskartellamtes oder sonstiger relevanter Institutionen insbesondere auch bei zukünftigen Urteilen zu gesamtwirtschaftlich suboptimalen Ergebnissen führen können.[657]

Für eine abschließende Bewertung des Konzentrationsprozesses ist daher zu prüfen, inwieweit die gegenwärtigen Marktbedingungen auf dem deutschen Strommarkt mittel- und langfristig zu Anbieterstrukturen führen können, die den Charakter eines „Stromkartells“ haben. Denn

---

[656] Vgl. Brunekreeft; Keller (2000), S. 163 und die dort angegebene Literatur für die theoretischen Grundlagen zu dieser These.

[657] Sehr schwierig ist darüber hinaus die wettbewerbspolitische Beurteilung von strategischen Allianzen als einem Sonderfall der Bildung oligopolistischer Strukturen. Während nämlich Fusionen durch das Verfahren der Fusionskontrolle eindeutig geregelt sind, fehlt bislang eine entsprechende abschließende Bewertung für strategische Allianzen. Die jeweiligen Aufsichtsbehörden haben abzuwägen zwischen den Vorteilen z. B. in Form von Ausnutzung steigender Skalenerträge und schnellerer Durchdringung von Technischem Fortschritt einerseits, und der Gefahr von Verhaltensabstimmungen und Marktaufteilungen andererseits. Vgl. Olten (1998), S. 126.

insbesondere dann wäre Wettbewerb per se ausgeschlossen und es wäre eine Problem der Deregulierung entstanden, das wiederum eine Re-Regulierung rechtfertigen würde.

4.3.3 Bewertung der Möglichkeiten zur Bildung eines Stromkartells

Zur weiteren Analyse der Frage, ob sich auf dem deutschen Strommarkt mittel- bis langfristig ein „Stromkartell" halten kann, sind die Faktoren, die im Wesentlichen die Wettbewerbsintensität beeinflussen, in zwei Kategorien zu unterteilen. Zum einen gibt es in Bezug auf die physikalischen Besonderheiten und die Produkteigenschaften des Gutes Strom eine Reihe von Randbedingungen, die bereits in der Monopolzeit Bestand hatten und nunmehr auch in einem liberalisierten Strommarkt weiter berücksichtigt werden müssen. Zum anderen gibt es neue Einflussfaktoren, die sich aus den veränderten Strategieoptionen der Marktteilnehmer nach der Deregulierung ergeben haben.

Da die zuerst genannten Faktoren bereits in den Kapiteln 2 und 3 hinreichend diskutiert worden sind, liegt im Folgenden der Fokus der weiteren Analyse auf der Frage, inwieweit die veränderten Strategieoptionen der Marktteilnehmer die Wettbewerbsintensität beeinflussen können. Hierzu wird anfänglich untersucht, ob es den etablierten EVU durch die wechselseitige Wahl entsprechender Strategien prinzipiell möglich ist, auch in einem liberalisierten Strommarkt die Abgrenzung der Versorgungsgebiete beizubehalten. Danach werden die Möglichkeit eines Markteintritts neuer Akteure sowie der Einfluss der Bildung von Konzentrationsprozessen auf der Nachfrageseite, z. B. durch die Bildung von Einkaufszusammenschlüssen, analysiert. Abschließend wird auf diesen Ergebnissen aufbauend die Stabilität eines potenziellen Angebotskartells auf dem deutschen Strommarkt mit Hilfe der aus der Literatur hinreichend bekannten Kriterien bewertet.

4.3.3.1 Können die etablierten EVU den Wettbewerb ausschließen?

Beim In-Kraft-Treten des neuen Energierechts gab es in Deutschland rund 1000 Unternehmen der öffentlichen Stromversorgung, die auf den verschiedenen Netzebenen jeweils genau abgegrenzte Versorgungsgebiete hatten.[658] In Kapitel 3.2 war andererseits bereits dargestellt worden, dass schon unmittelbar nach der Öffnung der Strommärkte auch viele etablierte EVU damit begonnen haben, in ehemals „fremden" Versorgungsgebieten Kunden zu akquirieren. Insbesondere um Großkunden wurde hierdurch ein intensiver Wettbewerb induziert. Die fortwährende Anwendung dieser Strategieoption durch die etablierten EVU liefert daher einen nicht unerheblichen Beitrag zur Aufrechterhaltung der Wettbewerbsintensität auf dem deutschen Strommarkt.

Es stellt sich daher die Frage, ob es den etablierten EVU durch die wechselseitige Wahl entsprechender Strategien prinzipiell möglich ist, auch in einem liberalisierten Strommarkt die Abgrenzung der Versorgungsgebiete etwa in Form von Absprachen beizubehalten.

---

[658] Vgl. Kapitel 2.3.3.2 zur Strukturentwicklung der deutschen Stromwirtschaft bis 1998.

Es sollen hierzu zwei EVU betrachtet werden, die in ihren Versorgungsgebieten eine bestimmte Anzahl von Endkunden beliefern. Es sei N die Anzahl der Kunden von EVU_A und M die Anzahl der Kunden von EVU_B. Es sei angenommen, dass für beide EVU weder der Gewinn eines zusätzlichen Kunden den Bau einer zusätzlichen Kraftwerkseinheit noch der Verlust eine entsprechende Stilllegung von Kapazitäten erfordert. Beide EVU erzeugen ihren Strom zu den konstanten Grenzkosten C.
EVU_A und EVU_B können somit in der Periode t_0 folgende Gewinne π erzielen:

$$\pi_{A0} = \sum_{n=1}^{N} (p_n - C)\, x_n, \qquad \text{bzw.} \qquad \pi_{B0} = \sum_{m=1}^{M} (p_m - C)\, x_m \tag{4.3.3.1}$$

mit:

p_n (p_m): Angebotspreis für Kunde n (m) pro verkaufte Einheit
x_n (x_m): Anzahl der verkauften Einheiten an Kunde n (m)

Es sei nun ferner angenommen, dass beide EVU in der darauf folgenden Periode t_1 darüber nachdenken, einen zusätzlichen Kunden aus dem Versorgungsgebiet des anderen EVU zu akquirieren. Für die Strategiemengen von EVU_A (S_A) und EVU_B (S_B) in der Periode t_1 gilt daher:

$$S_A(t) = \begin{pmatrix} S_{A1}(t)\text{: Gewinne } \textbf{keinen} \text{ neuen Kunden aus dem Versorgungsgebiet B} \\ S_{A2}(t)\text{: Gewinne } \textbf{einen} \text{ neuen Kunden aus dem Versorgungsgebiet B} \end{pmatrix} \tag{4.3.3.2}$$

$$S_B(t) = \begin{pmatrix} S_{B1}(t)\text{: Gewinne } \textbf{keinen} \text{ neuen Kunden aus dem Versorgungsgebiet A} \\ S_{B2}(t)\text{: Gewinne } \textbf{einen} \text{ neuen Kunden aus dem Versorgungsgebiet A} \end{pmatrix} \tag{4.3.3.3}$$

Aufgrund der in Kapitel 3.3.2 bereits untersuchten Einflussfaktoren auf das Entscheidungsverhaltens eines Kunden beim Wechsel seines Stromversorgers, sei im Folgenden unterstellt, dass allein der Strompreis darüber bestimmt, ob ein Kunde wechselt oder nicht. Zusätzliche Serviceleistungen eines EVU haben für das Entscheidungsverhalten des Kunden keine Relevanz. In Einklang mit den bereits erwähnten empirischen Untersuchungen wird dabei ferner angenommen, dass diese zum jeweils anderen EVU nur wechseln, wenn dieses die Preise des ursprünglichen Anbieters deutlich unterbietet.
Ein Kunde wird aus dem Blickwinkel des jeweiligen EVU nur wechseln, wenn gilt:

$$(p_{N+1} - C)\, x_{N+1} \ll (p_M - C)\, x_M \qquad \text{bzw.} \qquad (p_{M+1} - C)\, x_{M+1} \ll (p_N - C)\, x_N \tag{4.3.3.4}$$

Für die weitere Analyse der hier beschriebenen Entscheidungssituation ist dabei leicht einzusehen, dass beide EVU in der Periode t_1 denselben Gewinn erzielen wie in der Periode t_0, sofern wechselseitig die Strategieoption S_{i1} mit $i \in \{A,B\}$ gewählt wird. Formal:

$$\pi_{A1}(S_{A1}, S_{B1}) = \pi_{A0} \quad \text{und} \quad \pi_{B1}(S_{A1}, S_{B1}) = \pi_{B0} \qquad (4.3.3.5)$$

Sofern nunmehr angenommen wird, dass EVU_A unter den zuvor genannten Bedingungen einen Kunden aus dem anderen Versorgungsgebiet akquiriert und EVU_B auf eine analoge Strategiewahl verzichtet, würden beide EVU in der Periode t_1 folgenden Gewinn π erzielen:

$$\pi_{A1}(S_{A2}, S_{B1}) = \sum_{n=1}^{N+1} (p_n - C)\, x_n, \quad \text{bzw.} \quad \pi_{B1}(S_{A2}, S_{B1}) = \sum_{m=1}^{M-1} (p_m - C)\, x_m,$$

$$\text{mit:} \quad \pi_{A1}(S_{A2}, S_{B1}) > \pi_{A1}(S_{A1}, S_{B1}) \quad \text{und} \quad \pi_{B1}(S_{A2}, S_{B1}) < \pi_{B1}(S_{A1}, S_{B1}) \qquad (4.3.3.6)$$

Im umgekehrten Fall könnten EVU_A und EVU_B in der Periode t_1 folgenden Gewinn π erzielen:

$$\pi_{A1}(S_{A1}, S_{B2}) = \sum_{n=1}^{N-1} (p_n - C)\, x_n, \quad \text{bzw.} \quad \pi_{B1}(S_{A1}, S_{B2}) = \sum_{m=1}^{M+1} (p_m - C)\, x_m,$$

$$\text{mit:} \quad \pi_{A1}(S_{A1}, S_{B2}) < \pi_{A1}(S_{A1}, S_{B1}) \quad \text{und} \quad \pi_{B1}(S_{A1}, S_{B2}) > \pi_{B1}(S_{A1}, S_{B1}) \qquad (4.3.3.7)$$

Darüber hinaus ist auch die Konstellation denkbar, dass beide EVU versuchen, sich wechselseitig Kunden aus dem jeweils anderen Versorgungsgebiet abzujagen. Denn die Strategieoption S_{i2} mit $i \in \{A,B\}$ ist für beide EVU ceteris paribus insbesondere dann rational, sofern die jeweiligen zusätzlichen Erlöse größer sind als die Grenzkosten.[659]
Aufgrund der Gleichung 4.3.3.4 ist hierbei aber dann anzunehmen, dass für beide EVU die Beträge der zusätzlichen Erlöse durch den zusätzlichen Kunden geringer sind als die Beträge der Mindereinnahmen durch den jeweils verlorenen Kunden. Es gilt daher:

$$(p_{M+1} - C)\, x_{M+1} < (p_M - C)\, x_M \quad \text{bzw.} \quad (p_{N+1} - C)\, x_{N+1} < (p_N - C)\, x_N \qquad (4.3.3.8)$$

EVU_A und EVU_B würden daher im Falle „eines Austausches der Kunden" durch wechselseitige Strategiewahl S_{i2} mit $i \in \{A,B\}$ in der Periode t_1 folgenden Gewinn π erzielen:

$$\pi_{A1}(S_{A2}, S_{B2}) = (p_{N+1} - C)\, x_{N+1} + \sum_{n=1}^{N-1} (p_n - C)\, x_n,$$

---

[659] Die Forderungen nach $(p_{N+1} - C)\, x_{N+1} > 0$ bzw. $(p_{M+1} - C)\, x_{M+1} > 0$ stellen hierbei gleichwohl keine notwendigen Bedingung für die Strategieoption S_{i2} mit $i \in \{A,B\}$ dar. Denn für ein EVU kann es durchaus auch eine rationale Strategiewahl sein, kurzfristig unterhalb der Grenzkosten anzubieten, um etwa einen neuen Kunden zuerst einmal zu akquirieren. Erst die mittel- bis langfristigen (abdiskontierten) Erlöse müssen größer sein als die langfristigen (abdiskontierten) Kosten.

bzw. $$\pi_{B1}(S_{A2}, S_{B2}) = (p_{M+1} - C)\, x_{M+1} + \sum_{m=1}^{M-1} (p_m - C)\, x_m, \tag{4.3.3.9}$$

mit: $\pi_{A1}(S_{A1}, S_{B2}) < \pi_{A1}(S_{A2}, S_{B2}) < \pi_{A1}(S_{A1}, S_{B1}) < \pi_{A1}(S_{A2}, S_{B1})$

bzw. $$\pi_{B1}(S_{A2}, S_{B1}) < \pi_{B1}(S_{A2}, S_{B2}) < \pi_{B1}(S_{A1}, S_{B1}) < \pi_{B1}(S_{A1}, S_{B2}) \tag{4.3.3.10}$$

Zur Illustration dieses Ergebnisses sind in nachfolgender Auszahlungsmatrix konkrete Gewinne für EVU_A und EVU_B angegeben, die in ihren Relationen (4.3.3.10) entsprechen.

EVU$_B$ / **EVU**$_A$	S_{B1}	S_{B2}
S_{A1}	(3,3)	(-1,5)
S_{A2}	(5,-1)	(0,0)

Matrix 4.3.3.1

Eine nähere Analyse der Auszahlungen in Matrix 4.3.3.1 ergibt, dass das Strategiepaar (S_{A2}, S_{B2}) ein Gleichgewicht in (stark) dominanten Strategien darstellt, d. h. beide EVU werden, unabhängig von der Strategie des anderen, diese Strategie wählen. Formal:[660]

$$\pi_{j1}(S_{j2},S_{-ji}) > \pi_{j1}(S_{j1},S_{-ji}) \qquad \text{mit: } i \in \{1,2\}, j \in \{A,B\}, s_{ji} \in S_j \text{ und } s_{-ji} \in S_{-j} \tag{4.3.3.11}$$

Die hier dargestellte Auszahlungskonstellation wird in der Literatur üblicherweise als „Gefangenen-Dilemma" bezeichnet.[661] Denn für beide EVU stellt die Strategieoption S_1 keine individuell rationale Entscheidung dar, obwohl beide bei wechselseitiger Anwendung hierdurch eine größere Auszahlung erzielen könnten als beim Strategiepaar (S_{A2}, S_{B2}).

Das Dilemma liegt dabei in dem Umstand begründet, dass die EVU zwar bindende Absprachen treffen können, diese aber in Anlehnung an die realen Bedingungen auf dem deutschen Strommarkt im Falle einer „Vertragsverletzung" nicht exogen z. B. vor Gericht durchsetzen können.[662]

Die Lösung des hier betrachteten Spiels würde nämlich vollkommen anders aussehen, wenn die Errichtung eines Gebietskartells legitim wäre und Mittel des inneren Kartellzwangs wie z. B. Konventionalstrafen, Boykott durch die übrigen Mitglieder oder gemeinsame ruinöse Konkurrenz gegen den Ausbrecher in einem gesonderten Vertrag geregelt wären.[663] In diesem Fall ist es nämlich nicht auszuschließen, dass die jeweiligen zusätzlichen Erlöse durch die

[660] Vgl. Rasmusen (1990), S. 28.
[661] Vgl. zur näheren Ausführung u. a. Holler; Illing (1996), S. 2 ff und Dixit; Skeath (1999), S. 255 ff.
[662] Vgl. Holler; Illing (1996), S. 6.
[663] Eine Übersicht über die Instrumente des inneren Kartellzwangs befindet sich u. a. in: Olten (1998), S. 123.

Akquisition eines Kunden aus dem ehemals fremden Versorgungsgebiet nach Abzug der „Kartellstrafe“ sogar geringer sind als die Grenzkosten. Für beide EVU gäbe es dann wechselseitig einen starken Anreiz, die Strategieoption S_{i1} mit $i \in \{A,B\}$ zu wählen.

Bei einer Übertragung auf die realen Bedingungen des deutschen Strommarktes ist darüber hinaus ein entscheidender Aspekt, dass sich eine geplante Akquisitionsstrategie auch über mehrere Perioden erstrecken kann. Denn bei einer Wiederholung des zuvor dargestellten Spiels ergeben sich für beide EVU die Strategieoptionen σ_i mit $i \in \{A,B\}$ des Gesamtspiels aus einer Folge von Strategieoptionen S_{ijt} mit $i \in \{A,B\}$, $j \in \{1,2\}$ und $t \in \{1,2,3,..., T\}$ des Stufenspiels.[664]

Sofern aber eine Wiederholung zugelassen wird, können beide EVU versuchen, in Form so genannter „Trigger-Strategien“ die Einhaltung der kooperativen Lösung durchzusetzen. Beide EVU könnten etwa vereinbaren, jeweils die Strategieoptionen S_{i1} mit $i \in \{A,B\}$ in den einzelnen Perioden des Stufenspiels zu wählen, sofern sich beide Spieler an die Vereinbarung halten. Andererseits werden aber beide Spieler in allen kommenden Perioden die Strategieoptionen S_{i2} mit $i \in \{A,B\}$ wählen.

Es ist leicht einzusehen, dass es für beide Spieler unter diesen Voraussetzungen insbesondere dann rational ist, sich an die Vereinbarung zu halten, wenn zu einem beliebigen Zeitpunkt t* die abdiskontierten Verluste der angedrohten Strategieoptionen S_{i2t}, $t \in \{t^*,..., T\}$ größer sind als die zu erwartenden „Ein-Perioden-Gewinne“.[665]

Trotz der hier recht überzeugend dargestellten Argumente sind allerdings Zweifel angebracht, ob die EVU auch auf dem deutschen Strommarkt eine derartige Trigger-Strategie durchhalten könnten. Denn eine wesentliche Voraussetzung für die Einhaltung der kooperativen Lösung ist, dass das Stufenspiel unendlich wiederholt wird, da andererseits der in der Literatur als „Backward-Induction-Argument“ bezeichnete Effekt auftritt.[666] Die Forderung nach einem unendlichen Zeithorizont scheint gleichwohl bei einer Übertragung in die Realität nicht sehr

---

[664] Vgl. Holler; Illing (1996), S. 132 und Dixit; Skeath (1999), S. 258 ff.

[665] Vgl. Holler; Illing (1996), S. 134 ff.
Obendrein gibt es im Falle der Abweichung von der kooperativen Lösung durch Spieler A für Spieler B die Möglichkeit, solange die „Vergeltungsstrategie“ S_{B2} zu wählen bis Spieler A sein „Vergehen bereut“. A kann wiederum seine Reue dadurch zeigen, dass er in einer Periode S_{A1} wählt und somit Spieler B einen einmaligen Vorteil zugesteht. Danach würden beide Spieler wieder die Strategieoption S_{i1} mit $i \in \{A,B\}$ wählen. Vgl. Holler; Illing (1996), S. 154. Eine weitergehende Darstellung hierzu befindet sich in: Von Damme (1989), S. 206 ff.

[666] Das „Backward-Induction-Argument“ wird in der Literatur bisweilen auch als „The Chainstore Paradox“ bezeichnet und liegt folgender Überlegung zu Grunde: Bei einem endlichen Zeithorizont werden beide Spieler in der letzten Periode T auf keinen Fall kooperieren, da sie hieraus keinen Vorteil in den Folgeperioden ziehen können. In der Periode T-1 wäre wiederum die Kooperation nur dann eine rationale Strategie, wenn diese in der Folgeperiode belohnt werden würde. Da sich aber gerade auch in der Periode T aus den zuvor genannten Argumenten eine Kooperation nicht lohnt, stellt „nicht kooperieren“ auch in der Periode T-1 eine rationale Strategiewahl dar. Diese Argumentationskette kann nunmehr analog bis zum Zeitpunkt t = 0 fortgesetzt werden mit der Folge, dass eine entsprechende Kooperationsvereinbarung von Anfang an niemals eingehalten wird. Vgl. Rasmusen (1990), S. 88 und Holler; Illing (1996), S. 22.

plausibel, da die Entscheidungssituation eines EVU zur Festlegung der Akquisitionsstrategie maßgeblich durch die Mittelfristplanung mit einem maximalen Zeithorizont von 3 - 5 Jahren determiniert wird.

Es kann somit das Zwischenfazit gezogen werden, dass die etablierten EVU in einem liberalisierten Strommarkt die Abgrenzung der Versorgungsgebiete etwa in Form von Absprachen nicht aufrecht halten können. Denn insbesondere nach Aufhebung der §§ 103 und 103a GWB (alt) für Versorgungsunternehmen der Energiewirtschaft sind derartige Vereinbarungen nicht mehr legitim und könnten daher im Falle einer „Vertragsverletzung" nicht vor Gericht eingeklagt werden.

4.3.3.2 Markteintrittsbarrieren für neue Akteure auf dem deutschen Strommarkt

Es ist leicht einzusehen, dass die Strategieoptionen neuer Marktteilnehmer den im Abschnitt zuvor dargestellten Prozess des Preisverfalls und Wettbewerbsdrucks noch weiter beschleunigen. Da neue Akteure auf dem deutschen Strommarkt nämlich zum Zeitpunkt ihres Markteintritts über keine eignen Kunden verfügen, sind diese gezwungen, alle Instrumente der Akquisition voll auszuschöpfen. Sofern man aber wiederum annimmt, dass allein der Preis das Wechselverhalten beeinflusst, bedeutet dies, dass neue Markteilnehmer eine aggressive Strategie des Preis- und Margenverfalls verfolgen.

Die Möglichkeit des stetigen Eintritts neuer Marktteilnehmer trägt somit in erheblichem Maße zur Steigerung der Wettbewerbsintensität bei. Es stellt sich daher die Frage, welche Faktoren den Markteintritt begünstigen bzw. behindern? Für eine prinzipielle Bewertung des Markteintritts neuer Akteure auf dem deutschen Strommarkt sind insbesondere folgende Aspekte zu analysieren:

- Die Möglichkeit, einen berechtigten Netzzugang auf der Grundlage der Verbändevereinbarung (VV) durchsetzen zu können.
- Die Möglichkeit, ausreichende Erzeugungsmengen beschaffen zu können.
- Die Möglichkeit, eigene Assets wie Kraftwerke oder Netze errichten zu können.

Die Wirksamkeit der VV ist schon im Rahmen der Würdigung des „deutschen Sonderwegs" in Kapitel 3.1.4 hinreichend diskutiert worden. Es konnte dort das Zwischenfazit gezogen werden, dass sich die VV mittlerweile in der Praxis bewährt hat und insbesondere auch für neue Marktteilnehmer ein hohes Maß an Rechtssicherheit darstellt. Der Netzzugang stellt somit auf dem deutschen Strommarkt keine hohe Markteintrittsbarriere mehr dar.

Auch die Notwendigkeit zur Beschaffung ausreichender Erzeugungsmengen zur Erfüllung von Lieferverträgen dürfte für neue Akteure auf dem deutschen Strommarkt kein echtes Hindernis darstellen. Denn die nach wie vor vorhandenen Überkapazitäten in der Erzeugung in Deutschland sowie die bereits in Kapitel 3.2.3 dargestellte wachsende Liquidität an der Strombörse lassen den Schluss zu, dass neue Marktteilnehmer über ausreichende Möglichkeiten zur Strombeschaffung verfügen.

Etwas differenzierter ist der Aspekt zu bewerten, inwieweit neue Marktteilnehmer eigene Assets wie Kraftwerke oder Netze errichten können. Denn die Kapitalintensität in der Elektrizitätswirtschaft ist im Verhältnis zu anderen Branchen relativ hoch. Folgerichtig wurde diese in der Vergangenheit auch als ein wesentliches Argument angeführt, die Elektrizitätswirtschaft als einen wettbewerblichen Ausnahmebereich zu betrachten.[667] Auf der anderen Seite sind aber gerade durch die Deregulierung die geschlossenen Versorgungsgebiete und die damit verbundene gewisse Planungssicherheit für Investoren aufgehoben worden mit der Folge, dass etwa der Bau von Übertragungs- und Verteilungsnetzen ein zusätzliches Risiko beinhaltet.
Obendrein gilt es aus dem Blickwinkel neuer Markteilnehmer zu bedenken, dass mitunter Jahre vergehen können bis entsprechende Genehmigungen für die Errichtung von neuen Erzeugungs- oder Netzeinrichtungen vorliegen.[668]

Andererseits können aber Argumente angeführt werden, wonach die hier dargelegten Schwierigkeiten des Baus von eigenen Assets keine zwingende Markteintrittsbarriere für neue Akteure mehr darstellen. Denn aufgrund der zuvor vorgenommenen Bewertung des Netzzugangs und der Strombeschaffung ist der strategische Vorteil von eigenen Assets zu relativieren. Eigene Kraftwerke oder Netze sind demnach keine zwingende Voraussetzung mehr, um sich wirkungsvoll als Wettbewerber auf dem deutschen Strommarkt positionieren zu können.

Darüber hinaus ist zu erwarten, dass auch die zunehmende Tendenz zum Bau von dezentralen Erzeugungsanlagen in Form von GuD-Kraftwerken und erneuerbaren Energien die Wettbewerbsposition neuer Marktteilnehmer stärken wird, die bislang über keine eigenen Assets verfügen. Denn durch den vermehrten Bau von dezentralen Anlagen nimmt die Bedeutung des diskriminierungsfreien Netzzugangs im Hinblick auf eine Bewertung der Wettbewerbsintensität tendenziell eher ab, was wiederum ebenfalls zu einer Verminderung des strategischen Vorteils von Eigentum an Netzen führen dürfte. Ferner führen die geringeren Investitionskosten für den Bau von dezentralen Erzeugungsanlagen auch insgesamt zu einer geringeren Kapitalintensität in der Elektrizitätswirtschaft.[669]

---

[667] Vgl. Kapitel 2.3.2.3 für eine differenzierte Betrachtung dieses Arguments.
[668] Vgl. Borenstein; Bushnell (2000), S. 50.
[669] Die geringeren Investitionskosten leiten sich hierbei insbesondere auch aus dem Umstand ab, dass sich dezentrale Erzeugungssysteme schrittweise auf- oder abbauen lassen. Obendrein sind mittlerweile entsprechende Verfahren entwickelt worden, räumlich verteilte, dezentrale Erzeugungseinrichtungen in Form eines „virtuellen" Versorgungsunternehmens zusammenzufassen mit dem Ziel einer optimierten Leistungs- und Lastführung. Vgl. Jones; Petrie (2000), S. 6 ff.

Die Tendenz zur Errichtung von dezentralen Erzeugungsstrukturen wird somit zunehmend zum Abbau von Markteintrittsbarrieren beitragen. Es stellt sich daher abschließend allenfalls die Frage, ob unter den gegenwärtigen Rahmenbedingungen das Potenzial dieses Faktors auf die Wettbewerbsintensität in Deutschland bereits voll ausgeschöpft wird.

Hierzu kann zum einen auf die bereits in Kapitel 3.3.1.2 hinreichend dargelegten Argumente verwiesen werden, dass durch die veränderten Rahmenbedingungen nach der Deregulierung der Bau von gasgetriebenen Anlagen generell von Investoren bevorzugt wird. Eine zusätzliche staatliche Förderung ist daher für diesen Bereich wohl zu verneinen.
Das Ziel der Bundesregierung, bis zum Jahre 2010 den Anteil der erneuerbaren Energien an der Stromerzeugung zu verdoppeln und die hierzu bereits eingeleiteten Maßnahmen etwa in Form des EEG lassen obendrein den Schluss zu, dass auch diese Erzeugungsarten zunehmend einen wesentlichen Beitrag zur Errichtung dezentraler Erzeugungsstrukturen leisten werden. Als ein zusätzliches Hindernis wird in der Literatur gleichwohl angeführt, dass ein etabliertes EVU mitunter nur ungenügende Kompetenz zum Betrieb von erneuerbaren Energiequellen hat. Sofern diese These in der Praxis tatsächlich zutrifft, könnte sich das EVU dann aber darauf beschränken, in der Form eines Maklers grünen Strom von den diversen dezentralen Erzeugungsquellen aufzukaufen und an seine Kunden weiterzuverkaufen.[670]
Nicht zu vernachlässigen für die weitere Entwicklung dezentraler Erzeugungsstrukturen sind darüber hinaus die in jüngster Zeit beobachtbaren Fortschritte auf dem Gebiet der Brennstoffzelle. Denn diese könnten schon recht bald auch bei Industrie- und Privatkunden mit Grundlasten unter 5 kW zum Einsatz kommen.[671]

Zusammenfassend kann somit insgesamt das Fazit gezogen werden, dass der Markteintritt neuer Akteure auf dem deutschen Strommarkt nicht nachhaltig behindert wird. Insbesondere die Tendenz hin zu dezentralen Erzeugungsstrukturen wird hierbei bestehende Markteintrittsbarrieren im Zeitablauf weiter absenken.

4.3.3.3 Analyse der Marktmacht der Einkaufszusammenschlüsse

In Kapitel 3.2.4 wurde dargelegt, dass sich auf der Nachfrageseite vermehrt kleine und mittelständische Betriebe zu Einkaufsgemeinschaften zusammenschließen, um von den EVU ähnlich günstige Konditionen zu erhalten wie Großkunden. Gleichwohl lässt sich aber zum gegenwärtigen Zeitpunkt noch nicht absehen, welche Marktmacht Einkaufszusammenschlüsse wirklich erlangen können bzw. welche Faktoren ihre Durchsetzungskraft bestimmen.
Um diesen Aspekt weiter untersuchen zu können, wird im folgenden Modell das Verhältnis zwischen einem hinsichtlich seiner Größe nicht näher spezifizierten Kunden K und einem EVU im liberalisierten Strommarkt analysiert.

---

[670] Vgl. Weller (1998), S. 68.
[671] Das Prinzip der Brennstoffzelle basiert hierbei auf einem elektrochemischen Prozess, bei dem Wasserstoff und Sauerstoff in Strom, Wärme und Wasser umgewandelt werden. Vgl. Jones; Petrie (2000), S. 16.

Es wird hierbei angenommen, dass zunächst eine vertragliche Beziehung zwischen dem EVU_A und dem Kunden K besteht. Das EVU_A überlegt nunmehr, ob es zum Zeitpunkt T = 0 den Preis von $P_1(t)$ auf $P_2(t)$ absenken soll. In Anlehnung an den zuvor betrachteten Fall des Wettbewerbs zwischen etablierten EVU untereinander wird dabei implizit vorausgesetzt, dass EVU_A im gesamten Zeitraum nicht unterhalb seiner Grenzkosten C(t) anbietet. Vielmehr wird das Preisniveau $P_2(t)$ knapp oberhalb von C(t) liegen.[672] Es gilt:

$$P_1(t) > P_2(t) > C(t) > 0 \qquad \text{für} \qquad 0 \leq t \leq T \qquad (4.3.3.12)$$

Ferner wird nunmehr unterstellt, dass der Kunde K gleichzeitig zum Zeitpunkt T_1 über einen Wechsel zum benachbarten EVU_B nachdenkt, das seinen Strom zu denselben Grenzkosten C(t) erzeugt. EVU_B würde hierbei den Kunden gerne beliefern, sofern eine gewisse Gewinnmarge zu erwarten ist. Unter dieser Prämisse ist daher andererseits eine zukünftige vertragliche Beziehung zwischen EVU_B und dem Kunden K ausgeschlossen für den Fall, dass EVU_A seinen Preis auf $P_2(t)$ und damit knapp über den Grenzkosten festsetzt. EVU_A würde durch diese Strategiewahl den Kunden K dann in jedem Fall behalten.

Für die Strategiemengen von EVU_A (S_A), EVU_B (S_B) und K (S_K) zum Zeitpunkt T_1 gilt:

$$S_A(t) = \begin{pmatrix} S_{A1}(t)\text{: Halte den Preis konstant und verliere möglicherweise K} \\ S_{A2}(t)\text{: Senke den Preis auf } P_2 \text{ und halte damit den Kunden K} \end{pmatrix} \qquad (4.3.3.13)$$

$$S_B(t) = \begin{pmatrix} S_{B1}(t)\text{: Versuche K zu gewinnen, wenn } EVU_A\ S_{A1}(t) \text{wählt} \\ S_{B2}(t)\text{: kein Angebot an K, wenn } EVU_A\ S_{A2}(t) \text{wählt} \end{pmatrix} \qquad (4.3.3.14)$$

$$S_K(t) = \begin{pmatrix} S_{K1}(t)\text{: Bleibe bei } EVU_A \\ S_{K2}(t)\text{: Beabsichtige einen Wechsel zu } EVU_B \end{pmatrix} \qquad (4.3.3.15)$$

Sofern das EVU_A unter den gegebenen Strategiemengen den Preis P_1 konstant hält und der Kunde K nicht wechselt, kann es dabei folgenden Gewinn π_A erzielen:[673]

$$\pi_A(S_{A1}, S_{B1}, S_{K1}) = \int_0^T [p_1(t) - c(t)]\, x(t)\, e^{-z\,t}\, dt \qquad (4.3.3.16)$$

[672] Gleichwohl ist auch diese Bedingung in Analogie zu den Erläuterungen zum Modell in Kapitel 4.3.3.1 nicht notwendig. So kann es für ein EVU durchaus eine rationale Strategie sein, auch kurzfristig unterhalb der Grenzkosten anzubieten, um den Kunden längerfristig zu halten.

[673] Im Folgenden wird die für kontinuierliche Modelle in der Volkswirtschaft dominierende Darstellung des Abzinsungsfaktors $e^{-z\,t}$ verwendet. Diese lässt sich jedoch leicht auf die in der betriebswirtschaftlichen Investitionslehre verwendete Darstellung $\frac{1}{(1+i)^t}$ überführen. Für die Beziehung zwischen der infinitesimalen Zinsrate z und dem Periodenzinssatz i gilt: $z = \ln(1+i)$ bzw. $i = e^{-z\,t} - 1$. Vgl. Endres (1993), S. 26.

Sofern der Kunde K aber einen Wechsel in Erwägung zieht, wird er dies in jedem Fall zum sehr baldigen Zeitpunkt $T_1 \ll T$ machen. Gegebenenfalls EVU_A hält den Preis P_1 konstant, wird es dann zum Zeitpunkt T_1 in jedem Fall zu einem Vertragsabschluss zwischen EVU_B und dem Kunden K kommen. Für den Gewinn π_A gilt dann:

$$\pi_A(S_{A1}, S_{B1}, S_{K2}) = \int_0^{T_1} [p_1(t) - c(t)]\, x(t)\, e^{-z\,t}\, dt$$

$$\text{mit:} \quad 0 < T_1 \ll T \quad \text{und} \quad \pi_A(S_{A1}, S_{B1}, S_{K2}) < \pi_A(S_{A1}, S_{B1}, S_{K1}) \qquad (4.3.3.17)$$

EVU_A hat aber gleichwohl zum Zeitpunkt $T = 0$ die Möglichkeit, durch eine Preissenkung auf den Preis P_2, der knapp über den Grenzkosten liegt, dem drohenden Verlust des Kunden K entgegenzuwirken. Denn EVU_B würde bei einem Preisniveau von P_2 wiederum gemäß seiner Strategiemenge kein Angebot an K machen. Hierbei wird unterstellt, dass EVU_A durch diese Strategiewahl aufgrund der als vollkommen unelastisch angesehenen Nachfrage seine Absatzmenge x nicht steigern kann. Aufgrund der Bedingung $T_1 \ll T$ ist gleichwohl anzunehmen, dass der Gewinn für diesen Fall immer noch größer ist, als wenn EVU_A unter Beibehaltung des Preisniveau von P_1 den Kunden zum Zeitpunkt $T = T_1$ endgültig verlieren würde. Für den Gewinn π_A gilt:

$$\pi_A(S_{A2}, S_{B2}, S_{Ki}) = \int_0^{T} [p_2(t) - c(t)]\, x(t)\, e^{-z\,t}\, dt$$

$$\text{mit:} \quad 0 < T_1 \ll T \quad \text{und} \quad i \in \{1,2\} \quad \text{und}$$
$$\pi_A(S_{A1}, S_{B1}, S_{K2}) < \pi_A(S_{A2}, S_{B2}, S_{Ki}) < \pi_A(S_{A1}, S_{B1}, S_{K1}) \qquad (4.3.3.18)$$

Das Entscheidungsproblem aus dem Blickwinkel von EVU_A liegt nunmehr darin, dass es zum Zeitpunkt $T = 0$ unvollständige Informationen darüber besitzt, ob der Kunde K beabsichtigt zu wechseln. Es kann allenfalls subjektiv eine Wahrscheinlichkeit θ mit $0 \leq \theta \leq 1$ festlegen, dass der Kunde bei seinem bisherigen Energieversorger bleibt. Entsprechend wäre dann davon auszugehen, dass K mit der Wahrscheinlichkeit $1 - \theta$ wechselt.[674]

---

[674] Zur weiteren Analyse der hier dargestellten Entscheidungssituation wird im Folgenden auf die von Harsanyi (1967/68) entwickelte spieltheoretische Analyse bei unvollständiger Information zurückgegriffen.
Es wird hierzu angenommen, der Spieler „Natur" lege zu Beginn das Spiels fest, dass der Kunde K mit der Wahrscheinlichkeit θ bei seinem bisherigen Versorger bleiben möchte und entsprechend mit der Gegenwahrscheinlichkeit $1 - \theta$ einen Wechsel beabsichtigt. Durch diese Aufteilung in zwei „Subspiele" ist es möglich, die Entscheidungssituation aus dem Blickwinkel des EVU_A in ein Spiel mit vollständiger, aber imperfekter Information zu transformieren.
Zur generellen Vorgehensweise des Ansatzes von Harsanyi (1967/68) bei unvollständiger Information vgl. u. a. Rasmusen (1990), S. 54 ff, Holler; Illing (1996), S. 46 ff und Dixit; Skeath (1999), S. 418 ff.

In nachfolgender Abbildung ist die Entscheidungssituation für diesen Fall in extensiver Form dargestellt.[675]

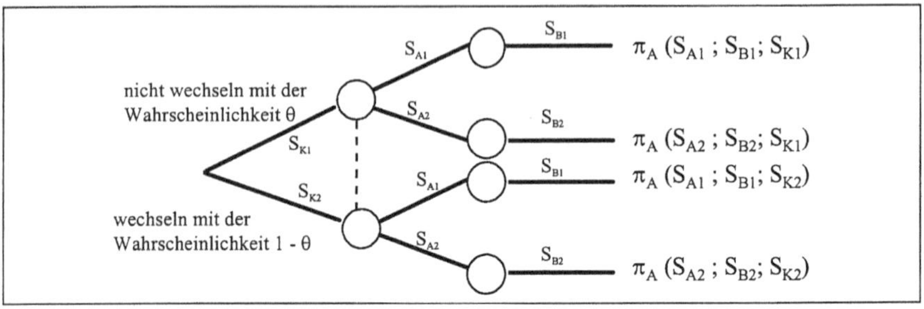

Bild 16: Entscheidungssituation für EVU_A[676]

Die Strategiewahl S_{A2} einer Preissenkung ist demnach für EVU_A rational, wenn gilt:

$$[\pi_A(S_{A2}, S_{B2}, S_{K1})]\,\theta + [\pi_A(S_{A2}, S_{B2}, S_{K2})]\,(1 - \theta) >$$
$$[\pi_A(S_{A1}, S_{B1}, S_{K1})]\,\theta + [\pi_A(S_{A1}, S_{B1}, S_{K2})]\,(1 - \theta) \qquad (4.3.3.19)$$

mit der Bedingung $\pi_A(S_{A2}, S_{B2}, S_{K1}) = \pi_A(S_{A2}, S_{B2}, S_{K2})$ aus (4.3.3.18) ergibt sich:

$$\pi_A(S_{A2}, S_{B2}, S_{K1}) - \pi_A(S_{A1}, S_{B1}, S_{K2}) >$$
$$[\pi_A(S_{A1}, S_{B1}, S_{K1}) - \pi_A(S_{A1}, S_{B1}, S_{K2})] \bullet \theta \qquad (4.3.3.20)$$

mit der Bedingung $\pi_A(S_{A1}, S_{B1}, S_{K2}) < \pi_A(S_{A1}, S_{B1}, S_{K1})$ aus (4.3.3.17) ergibt sich:

$$\theta < \frac{\pi_A(S_{A2}, S_{B2}, S_{K1}) - \pi_A(S_{A1}, S_{B1}, S_{K2})}{\pi_A(S_{A1}, S_{B1}, S_{K1}) - \pi_A(S_{A1}, S_{B1}, S_{K2})} \qquad (4.3.3.21)$$

Da mit Ausnahme von θ alle anderen Werte in Gleichung 4.3.3.21 dem EVU_A zum Zeitpunkt seiner Entscheidung vorliegen, ist die Frage nach den Einflussgrößen auf θ für die weitere Analyse von zentraler Bedeutung. Das Niveau von θ dürfte dabei vor allem durch die Höhe der Kosten für einen Wechsel C_W und die Attraktivität des Kunden K festgelegt werden.
Denn ein einzelner Kunde, der wechseln möchte, hat vorab eine Reihe von Tätigkeiten durchzuführen. Er muss die verschiedenen Angebote vergleichen, sich bei seinem bisherigen Versorger unter Wahrung der jeweiligen Kündigungsfrist abmelden und eine vertragliche

[675] Die imperfekte Information wird hierbei durch eine gestrichelte Linie zwischen den für das EVU_A nicht unterscheidbaren Knoten symbolisiert. Vgl. u. a. Holler; Illing (1996), S. 13.
[676] Quelle: Eigene Erstellung.

Beziehung mit dem neuen EVU eingehen. Dies alles erfordert einen gewissen zeitlichen Aufwand bzw. verursacht Kosten.
Es ist daher für einen Kunden rational, einen Versorgerwechsel nur dann in Erwägung zu ziehen, wenn ex ante der zu erwartende Nutzen die Höhe der damit verbundenen Kosten C_W übersteigt. Eine Steigerung von C_W führt demnach proportional zu einem Anstieg der Wahrscheinlichkeit θ und damit einer Aufrechterhaltung der vertraglichen Beziehung mit dem bisherigen Versorger und vice versa.[677]

Eine Lösung dieses Problems könnte nunmehr darin bestehen, dass sich verschiedene Kunden (z. B. die Filialen eines Unternehmens) zu einem Bündelkunden zusammenfassen lassen. Denn hierdurch könnte etwa die Suche nach einem günstigen Angebot zentral für alle Bündelkunden vorgenommen werden, was wiederum zu einer Senkung von C_W führen dürfte. Auf der anderen Seite gilt es aber zu bedenken, dass es vor allem abrechnungstechnisch einen unerhörten Aufwand erfordert, etwa 200 Kunden einer Einzelhandels- oder Restaurantkette bundesweit zu bündeln. Auch die VV II, die eine transaktionsbezogene Berechnung der Durchleitungsentgelte durch einen Punkttarif ohne entfernungsabhängige Elemente festgelegt, kann allenfalls zu einer Minderung des notwendigen bürokratischen Aufwands beitragen.
Ohne eine exakte Quantifizierung dieser beiden gegenläufigen Auswirkungen auf die Höhe von C_W kann daher nicht genau angegeben werden, welchen Einfluss eine Bündelung der Endkunden auf die Wechselbereitschaft θ der Nachfrageseite hat.

In Kapitel 3.3.2.2 war aber auf der anderen Seite dargelegt worden, dass es für ein konkurrierendes EVU einen starken Anreiz gibt, in Form eines „Rosinenpickens" einen attraktiven Kunden durch deutliche Unterbietung des bisher gezahlten Preises sowie des Angebots zusätzlicher Serviceleistungen aus dem Gebiet des bisherigen Versorgers herauszubrechen. Die zuvor im Modell getroffene Annahme, dass EVU_B den Kunden K nicht gewinnen möchte, sofern EVU_A zu einem Preis knapp oberhalb der Grenzkosten anbietet, wäre unter diesen Bedingungen mitunter nicht mehr gegeben. Vielmehr würde aus dem Blickwinkel des Kunden K die Wahrscheinlichkeit steigen, dass der zu erwartende Nutzen eines Versorgerwechsels die Höhe der damit verbundenen Kosten C_W übersteigt, was wiederum zu einer Senkung von θ führt.
Als Kriterium für die Attraktivität eines Kunden und der damit induzierten veränderten Strategiewahl des konkurrierenden EVU_B gilt dabei in erster Linie die Menge der nachgefragten kWh. Es ist daher leicht einzusehen, dass aus dem Blickwinkel von EVU_B mit wachsender Anzahl der Bündelkunden auch die Attraktivität des „Gesamtkunden" wächst und gleichzeitig die Wahrscheinlichkeit θ sinkt.

---

[677] Die daran anschließend Frage, inwieweit die Akteure die wahre Höhe der Kosten für einen Versorgerwechsel im Vorhinein tatsächlich kennen bzw. welche Auswirkungen etwaige unvollständige Information hierüber auf das Entscheidungsverhalten haben, wird in Kapitel 4.4 noch ausführlich zu analysieren sein.

Es kann somit zusammenfassend das Fazit gezogen werden, dass sogar unabhängig von Schwierigkeiten bei der Abrechnung die Bildung von Einkaufszusammenschlüssen durchaus zu einer erhöhten Wettbewerbsintensität auf dem deutschen Strommarkt führen kann.
Die daraus resultierende Verhandlungsmacht wird hierbei gleichwohl vor allem von der Nachfrageseite selbst noch vielfach unterschätzt und infolgedessen vor allem im Tarifkundenbereich offensichtlich nicht voll ausgeschöpft. Es ist daher nicht verwunderlich, dass bisweilen in der Literatur sogar die staatliche Förderung zur Bildung von Bündelkunden gefordert wird.[678]

4.3.3.4 Kriterien für ein stabiles Kartell vs. liberalisierter Strommarkt

In der Literatur sind die Bedingungen hinreichend diskutiert worden, die eine Bildung und den Fortbestand eines Angebotskartells erleichtern. In nachfolgender Abbildung sind die wesentlichen Kriterien zusammengefasst, an denen sich die Erfolgsaussichten von Kartellen generell bewerten lassen.

Kriterien für die Stabilität eines Kartells

Auf der Angebotsseite sollte	*Auf der Nachfrageseite sollte*
1. das Produkt homogen, d. h. für den Abnehmer weitgehend identisch sein. 2. eine Kostenstruktur mit hohen Fixkostenanteilen vorherrschen oder hohe Markteintritts- bzw. Marktaustrittsschranken vorhanden sein. 3. die Struktur aus wenigen, aber großen und gleich starken Unternehmen bestehen. 4. ein geringer Auslastungsgrad der Produktionskapazitäten vorhanden sein.	5. der Konsument auf Preiserhöhungen zumindest kurz- und mittelfristig möglichst unelastisch reagieren, d. h. das kartellierte Produkt muss schwer substituierbar sein.

Bild 17: Kriterien für die Stabilität eines Kartells[679]

[678] Vgl. Navarro (1996), S. 113 ff.
[679] Quelle: Eigene Erstellung in Anlehnung an die Darstellung in: Olten (1998), S. 122.

Eine Gegenüberstellung dieser fünf wesentlichen Kriterien mit den Bedingungen auf dem deutschen Strommarkt nach der Liberalisierung führt zu folgenden Aussagen:

1. In Kapitel 3.3.2.3 konnte gezeigt werden, dass Strom ein homogenes Gut darstellt, auch wenn etwa die Werbung einzelner EVU etwas anderes suggerieren will. Selbst die bereits angesprochene Produktdifferenzierung etwa in Form von grünem Strom liefert insbesondere auch aufgrund des geringen Marktanteils kein überzeugendes Gegenargument.
2. In Kapitel 4.3.3.2 konnten Argumente dargelegt werden, wonach der Markteintritt neuer Akteure auf dem deutschen Strommarkt nicht mehr durch Markteintritts- bzw. Marktaustrittsschranken nachhaltig behindert wird. Insbesondere aufgrund des geregelten Netzzugangs durch die VV II und der ausreichenden Möglichkeiten zur Strombeschaffung ist der strategische Vorteil von eigenen kapitalintensiven Assets zu relativieren.
3. Die Untersuchungen in Kapitel 4.3.2.1 haben gezeigt, dass der deutsche Strommarkt vor allem in der Stromerzeugung und im Netzbereich einen relativ hohen Konzentrationsgrad aufweist. Gleichwohl tragen im Handel und im Vertrieb an die Endkunden neue Marktteilnehmer wie Stromhändler oder ausländischen EVU zu einer nicht unerheblichen Wettbewerbsintensität bei.
   Obendrein konnten in Kapitel 4.3.3.1 hinreichende Argumente für den gleichermaßen empirisch beobachtbaren Prozess gefunden werden, wonach es auf dem deutschen Strommarkt auch für die bereits zur Monopolzeit etablierten EVU einen starken Anreiz gibt, Kunden aus ehemals „fremden" Versorgungsgebieten zu akquirieren.
4. Auf dem deutschen Strommarkt sind gegenwärtig ausreichende Erzeugungskapazitäten vorhanden. Andererseits wurde aber bereits auch auf die physikalische Besonderheit von Strom hingewiesen, dass dieser nur begrenzt speicherbar ist. Es ist daher in Spitzenlastzeiten oder bei vorhandenen Leitungsengpässen nicht auszuschließen, dass (lokal) die Kapazitäten ausgeschöpft sind.
5. Die Preiselastizität ist beim Strom fast vollkommen unelastisch. Noch nicht einmal die Erzeugungsart von Strom ist mittelfristig substituierbar. Auf der anderen Seite konnte aber in Kapitel 4.3.3.3 auch gezeigt werden, dass Großkunden etwa in Form von Einkaufszusammenschlüssen durchaus einen gewissen Einfluss auf die Preisfestsetzung haben. Der bereits in Kapitel 3.2.5 angesprochene drastische Preisverfall vor allem im Segment der Großkunden kann hierbei als zusätzliches Indiz angeführt werden.

Bei einer zusammenfassenden Bewertung der Übertragbarkeit der fünf wesentlichen Kriterien zur Bildung und Fortbestand eines Angebotskartells auf den deutschen Strommarkt kann damit die Schlussfolgerung gezogen werden, dass es wahrscheinlich noch nicht einmal temporär möglich ist, dass sich einzelne EVU zu einem Angebotskartell zusammenschließen können.

4.3.4 Bewertung

In den vorangegangen Kapiteln konnte gezeigt werden, dass der bisher beobachtbare Konzentrationsprozess auf den unterschiedlichen Wertschöpfungsstufen des deutschen Strommarktes wohl eher als ein Effekt der Marktbereinigung zu bewerten ist. Gleichwohl konnte hierbei nicht eindeutig die Frage geklärt werden, ob dieser Konzentrationsprozess auch Anzeichen von „Ruinöser Konkurrenz" aufweist.
Darüber hinaus konnten in den weiteren Analysen hinreichende Argumente angeführt werden, wonach trotz einer hohen Unternehmenskonzentration die Bildung eines dauerhaften Stromkartells in Deutschland durch exogene Einflussgrößen etwa in Form neuer Marktteilnehmer nachhaltig verhindert werden kann.

Es ist daher zur Steuerung des weiteren Konzentrationsprozesses vollkommen ausreichend, wenn der Staat diesen im Rahmen der Fusionskontrolle überwacht und möglicherweise noch zukünftig auftauchende Markteintrittsbarrieren etwa beim Netzzugang zügig beseitigt.
Denn zum einen kann letztendlich nur eine aktive Fusionskontrolle eine Gewährleistung dafür bieten, dass eine unerwünschte Ausnutzung von Marktmacht nicht zum Zuge kommt. Die Grundlage hierbei ist gleichwohl, dass die Kriterien zur Messung der Konzentration an die Besonderheiten der Elektrizitätswirtschaft angepasst werden. Eine reine Übertragung von Methoden aus anderen Branchen ist hierbei nicht zielführend.[680] Zum anderen bleibt der diskriminierungsfreie Netzzugang in jedem Fall der Knackpunkt. Denn ein funktionsfähiger Wettbewerb auf dem deutschen Strommarkt wird letztendlich nicht nur an Preissenkungen sondern vor allem der Möglichkeit zum Versorgerwechsel gemessen.

Als förderlich könnte es sich hierbei erweisen, wenn der Staat in Form eines Monitoring die Entwicklung der Strukturen und Strategieoptionen der Marktteilnehmer kontinuierlich erfasst und bewertet, um bei Anzeichen der Bildung von oligopolistischen Strukturen zeitnah intervenieren zu können.
Kontraproduktiv wären hingegen vor allem Maßnahmen, die versuchen, die Stärken und Schwächen zwischen den einzelnen Marktteilnehmern zu nivellieren.[681] Es kann nämlich nicht die Aufgabe des Staates sein, allen Marktteilnehmern den Geschäftserfolg zu garantieren.[682] So vertritt dann auch die Monopolkommission folgerichtig die Auffassung, wonach durch das Gesetz gegen Wettbewerbsbeschränkungen (GWB) lediglich

---

680 Vgl. IEA (2001c), S. 121.

681 Als Beispiel für derartige Überlegungen sei auf die Diskussion in den USA verwiesen, Tochterunternehmen die Nutzung des Namens der Muttergesellschaft zu verbieten. Als Begründung für derartige restriktive Maßnahmen wurde angeführt, dass hierdurch die vorherrschende Stellung eines Unternehmens in einer bestimmten Region verhindert werde.
Gleichwohl kann demgegenüber angeführt werden, dass diese Maßnahmen überflüssig sind, da zum einen auch die neuen Wettbewerber zum Teil über einen sehr hohen Bekanntheitsgrad verfügen (Vgl. Kapitel 3.2.2) und zum anderen sich der Wettbewerb auf Dienstleistungen ausgedehnt hat, wo auch das bereits etablierte Unternehmen kaum Vorteile besitzt. Vgl. Gebhard (2000), S. 54 ff.

682 Vgl. Meller (2003), S. 23.

Wettbewerbshemmnisse beseitigt werden sollten, aber nicht zusätzliche Wettbewerber „künstlich“ geschaffen werden müssen.[683]

Die Politik sollte daher auf weiterführende Maßnahmen zur Festlegung der „optimalen“ Angebotsstruktur verzichten. Denn die hierbei auftretenden Schwierigkeiten werden sehr gut an dem Für und Wider zur Bildung der so genannten „vierten Kraft“ deutlich. Einerseits wurde nämlich die Bildung der vierten Kraft durch den Zusammenschluss der Unternehmen Bewag, HEW, VEAG und Laubag unter der Führung der schwedischen Muttergesellschaft Vattenfall zu „Vattenfall Europe“ von der Politik unterstützt. Die Politik erhoffte sich durch diesen Schritt, dass sich Vattenfall Europe als starker Wettbewerber gegenüber den drei bisherigen Marktführern E.ON, RWE und EnBW etablieren könnte. Nicht beantwortet blieb aber gleichwohl hierbei die Frage, inwieweit durch diese Fusion die Wettbewerbsintensität wirklich zugenommen hat. Denn andererseits sind durch die Gründung von Vattenfall Europe auch eine Reihe bekannter Unternehmen verschwunden, die bisher zu den „TOP 10“ der deutschen Elektrizitätswirtschaft gezählt haben.

---

[683] Vgl. Monopolkommission (2002), S. 27.

4.4 *Asymmetrische Informationen zwischen EVU und Kunden*

4.4.1 Problemstellung

Bei geschlossenen Versorgungsgebieten und damit gesicherten Absatzverhältnissen verfügten die Unternehmen weitgehend über alle relevanten Informationen bezüglich Angebot, Nachfrage und Strompreise im Versorgungsgebiet. Auch für die Kunden eines EVU war der Informationsstand etwa hinsichtlich Preis und Versorgungsqualität von nachrangiger Bedeutung, da kein Versorgerwechsel möglich war und somit im Hinblick auf das Entscheidungskalkül kein Anreiz bestand für einen Vergleich mit dem Angebot eines anderen EVU.

Mit der Öffnung des Strommarktes sind gleichwohl die Informationsstrukturen zwischen den Akteuren vollkommen neu zu bewerten. Denn durch die Erweiterung der Strategiemenge haben nunmehr Art und Umfang der vorhandenen Informationen einen sehr viel stärkeren Einfluss auf die Strategiewahl der Marktteilnehmer. Dabei treten folgende zwei neue Arten von Informationsverzerrungen auf, die offensichtlich zu einem Marktversagen führen und daher hinsichtlich einer Re-Regulierung überprüft werden müssten:

- Ein Kunde kann zwar durch einen Versorgerwechsel einen Preisvorteil erlangen. Er muss aber gleichzeitig ex ante die ihm unbekannte Höhe der Kosten für den Wechsel billigend in Kauf nehmen. Der Kunde besitzt unvoll**ständige** Informationen hinsichtlich der Relation von Kosten und Nutzen eines Versorgerwechsels. Abhängig von seiner individuellen Risikobereitschaft wird daher ein Kunde möglicherweise selbst dann nicht nach einem anderen Anbieter suchen, wenn tatsächlich der Nutzen eines Wechsels die damit verbundenen Kosten übersteigt.
- Ein Kunde kann zwar mit einem EVU einen Vertrag über die Lieferung von grünem Strom abschließen. Er kann andererseits aber nicht erkennen, wie der von ihm verbrauchte Strom tatsächlich erzeugt wurde. Der Kunde besitzt unvoll**kommene** Informationen hinsichtlich der Produkteigenschaften des an ihn gelieferten Stroms. Er wird daher möglicherweise auch dann nicht zu einem Anbieter von grünem Strom wechseln, wenn er bereit ist, für aus erneuerbaren Energien erzeugtem Strom einen deutlich höheren Preis zu zahlen.

Das daraus abgeleitete Marktversagen liegt hierbei darin begründet, dass einerseits die Wettbewerbsintensität auf Strommärkten wesentlich vom Wechselverhalten der Endkunden abhängt.[684] Anderseits ist aber aufgrund der dargelegten Argumente zu vermuten, dass in beiden Fällen gerade die vorhandenen Informationsdefizite zu einer Absenkung der Wechselbereitschaft des Kunden führen werden.

---

[684] Vgl. Goett; Hudson; Train (2000), S. 1 und Brunekreeft; Keller (2000), S. 159 ff.

Im letzteren Fall tritt darüber hinaus auch noch ein umweltpolitisches Problem auf. Denn die augenscheinlichen Folgen der unvollkommenen Informationen können auch dahingehend interpretiert werden, dass die Kunden offensichtlich weniger für die umwelt- und ressourcenschonenden erneuerbaren Energiequellen ausgeben als diese tatsächlich bereit wären.

Zur weiteren Analyse werden im Folgenden zunächst die ökonomischen Besonderheiten des Stromkaufs und damit des Wechselverhaltens im liberalisierten Markt betrachtet. Darauf aufbauend werden anschließend Lösungsstrategien für die beiden zuvor genannten Problemfelder entwickelt und diskutiert.

4.4.2 Analyse der Informationsstrukturen im liberalisierten Markt

4.4.2.1 Ökonomische Analyse des Wechselverhaltens im liberalisierten Markt

In Kapitel 3.3.2.1 war bereits dargelegt worden, wie die etablierten EVU auf dem deutschen Strommarkt seit Beginn der Marktöffnung versuchen, insbesondere durch den Einsatz der Instrumente des Marketing-Mix, neue Kunden aus ehemals „fremden" Versorgungsgebieten zu akquirieren.

Der Erfolg dieser Maßnahmen ist gleichwohl bis zum heutigen Zeitpunkt in Frage zu stellen. So gaben etwa selbst im Herbst 1999 nach dem aggressiven Auftritt von Yello und anderen Stromanbietern fast 90 % der Bevölkerung an, bislang noch keinen Strompreisvergleich verschiedener Anbieter vorgenommen zu haben.[685] Folgerichtig belegen auch empirische Untersuchungen für den deutschen Strommarkt, dass insbesondere im Tarifkundenbereich die Wechselbereitschaft zu einem neuen Anbieter äußerst gering ist. Für den Zeitraum vom Startpunkt der Liberalisierung im Jahre 1998 bis zum Herbst 2002 betrug insgesamt die durchschnittliche Wechselquote für Gewerbekunden 6,4 % und für Haushaltskunden sogar lediglich 4,3 %.[686]

Dieses Ergebnis wird hierbei durch Beobachtungen auf einer Reihe anderer liberalisierter Strommärkte bestätigt. Empirische Untersuchung für den US-amerikanischen Strommarkt zeigen beispielsweise, dass die Kunden selbst angesichts günstigerer Angebote konkurrierender Unternehmen bei ihrem bisherigen Versorger verbleiben, der sie bereits zu Monopolzeiten stets „zuverlässig" mit elektrischer Energie beliefert hat. Sogar Preisnachlässe von 5 % durch den neuen Wettbewerber haben demnach zu keinem nennenswerten Umsatzeinbruch beim etablierten EVU geführt.[687]

---

[685] Vgl. Keller; Matzke (2000), S. 49.

[686] Bei einer Bewertung dieser Daten ist anzumerken, dass die Anzahl der Versorgerwechsel zwischen Mitte 2001 und Herbst 2002 offensichtlich sprunghaft angestiegen ist. Denn die vergleichbaren Wechselquoten für den Zeitraum von 1998 bis Mitte 2001 waren mit 3,6 % für Gewerbekunden und 2,1 % für Haushaltskunden noch deutlich niedriger gewesen. Daten aus: Meller (2001b), S. 28 und Meller (2003), S. 18.

[687] Vgl. Almquist; Piotroski, (1999), S. 83 und S. 85.

Dieses Ergebnis ist aber aus zwei Gründen überraschend:
Zum einen lässt sich in der Literatur die These finden, dass Strom im Hinblick auf den Kundennutzen weitgehend homogen sei, weshalb wiederum die Kunden gegenüber einem Anbieter weitgehend indifferent sind.[688] Sofern man dieser von den physikalischen Gesetzmäßigkeiten untermauerten Argumentation folgt, wäre letztendlich der Preis das einzige Entscheidungskriterium. Es wäre demnach für alle Kunden rational, ihren Strombedarf zum niedrigsten angebotenen Preis zu decken.
Zum anderen zeigen Untersuchungen von anderen liberalisierten Strommärkten, dass etwa während der ersten drei Monate nach der Einführung von Standardlastprofilen rd. 7 % der Tarifkunden in Skandinavien und sogar 10 % in Pennsylvania mindestens einmal den Stromversorger gewechselt haben.[689] Die Wechselbereitschaft ist somit offensichtlich in anderen Strommärkten nach der Marktöffnung deutlich höher als in Deutschland.

Es stellt sich daher die ökonomisch gesehen interessante Frage, welche weiteren Faktoren neben dem Preis wesentlich das Entscheidungsverhalten eines Kunden beim Kauf auf dem deutschen Strommarkt nach der Deregulierung beeinflussen?

Zur weiteren Untersuchung dieser Fragestellung scheint es dabei zielführend zu sein, zum einen das Verhältnis zwischen dem Kunden und seinem bisherigen Versorger näher zu betrachten und zum anderen etwaige Unterschiede der Kaufentscheidung zwischen Strom und anderen Konsumgütern zu beleuchten.

In Kapitel 3.3.2.3 war bereits erläutert worden, dass die geringe Wechselbereitschaft der Endkunden in Deutschland nicht zuletzt auf die deutlich gestiegene Kundenzufriedenheit mit dem „alten EVU" zurückzuführen ist. Folgerichtig ergab etwa eine repräsentative Befragung von Haushalts- und Großkunden durch den VDEW im Herbst 1999, dass zwar rund die Hälfte der Haushaltskunden keine Angaben zur Kompetenz der Energieberatung ihres Versorgers machen konnten, aber andererseits rd. 70 % aller befragten Kunden mit ihrem bisherigen Versorger „höchst zufrieden" oder „sehr zufrieden" waren.[690]
Ursächlich hierfür sind im Wesentlichen der verbesserte Service und die auch beim alten EVU eingesetzten Preisreduzierungen nach der Marktöffnung. Der Kunde konnte nämlich somit in den Genuss sinkender Preise kommen, ohne sich mit den schwierigen und zeitaufwändigen Fragen des Preisvergleiches und Versorgerwechsels zu befassen.[691] Im Gegenzug wirkten die im Einzelfall erhobenen „Wechselgebühren" oder einmaligen Mehraufwandspauschalen z. B. für das Ablesen des Zählers eher abschreckend auf die Bereitschaft zum Versorgerwechsel.[692]

[688] Vgl. Pfaffenberger (1999), S. 44.
[689] Vgl. Posch; Weilharter (1999), S. 21.
[690] Vgl. VDEW (2000), S. 39.
[691] Vgl. Meller (2003), S. 18.
[692] Vgl. Brunekreeft; Keller (2000), S. 160.

Als geradezu prohibitiv erwies sich ferner die bei einigen Kunden latent vorhandene Befürchtung, dass ein Versorgerwechsel Konsequenzen wie die Unterbrechung der Stromversorgung zur Folge haben könnte. Zusätzlich verunsichert wurden die Kunden hierbei durch das Auftreten von unseriösen Anbietern am Markt. Ein bekanntes Beispiel hierfür war ein Unternehmen aus Bremen, das zu einem Preis anbot, der zwar offensichtlich nicht einmal die Durchleitungsentgelte deckte, aber gleichzeitig einen kostenlosen Zugang zum Internet beinhaltete.[693]

Auf der anderen Seite ist aber darüber hinaus auch die während der Zeit der geschlossenen Versorgungsgebiete historisch gewachsene Kundenbindung als eine zusätzliche Hemmschwelle für einen Versorgerwechsel nicht zu unterschätzen. Diese emotionalen Faktoren einer besonderen, „vertrauensvollen" Kundenbindung zum alten EVU können schließlich durchaus dazu führen, dass ein Kunde trotz eines günstigeren Angebotes eines anderen Stromversorgers den Wechsel unterlässt.[694]
Bestärkt wird diese These durch die Beobachtung, dass einerseits während der ersten drei Jahre nach der Liberalisierung zwar weniger als 3 % der Stromkunden in Deutschland einen neuen Versorger gewählt haben, anderseits gleichwohl sehr viele Kunden auch zwischen den Angeboten ihres ursprünglichen Versorgers gewechselt haben. Schätzungen gehen davon aus, dass im selben Beobachtungszeitraum mehr als 25 Prozent der Haushaltskunden und mehr als die Hälfte der Industrie- und Gewerbekunden diese „Form des Versorgerwechsels" gewählt haben.[695]

Für eine abschließende Bewertung des Beziehungsverhältnisses zwischen einem Kunden und seinem bisherigen Versorger ist es darüber hinaus aufschlussreich, einmal kurz den Umkehrschluss zu durchleuchten, warum offensichtlich trotz der zuvor genannten Hindernisse doch rd. 3 Prozent der Kunden in Deutschland seit dem Beginn der Liberalisierung gewechselt haben. Neben der trivialen Umkehrung der zuvor genannten Argumente wie z. B. Unzufriedenheit mit dem bisherigen Versorger oder erfolgreiche Suche nach einem preisgünstigerem Angebot ist hierbei vor allem die Frage interessant, ob es nicht sogar für ein EVU einen Anreiz gibt, die bisher bestehende und zu Monopolzeiten nicht kündbare vertragliche Beziehung aufzulösen. Dieser Umstand könnte sich etwa aus der Tatsache

---

693 Die Bremer Staatsanwaltschaft äußerte daraufhin den Verdacht, dass das Unternehmen nicht ernsthaft den Liefervertrag erfüllen wolle, sondern lediglich die Wechselgebühr von 60 DM beanspruche und leitete Ermittlungen ein. Vgl. Informationszentrale der Elektrizitätswirtschaft (2000a), S. 4.

694 Unter diesem Aspekt sind auch die Kooperationsverträge besonders hervorzuheben, welche die Deutsche Post AG, Bonn im September 2001 mit fünf Energieversorgern abschloss. Der Vorteil liegt nämlich aus dem Blickwinkel der Energieversorger darin, dass die Post für Zuverlässigkeit und Sicherheit stehe. Die Kunden setzen dementsprechend ein ähnlich hohes Vertrauen in die Post wie in ihren örtlichen Stromanbieter. Andererseits ist aber die Reputation eines bislang nur regional agierenden EVU allenfalls in dessen Versorgungsgebiet vorhanden, während die Post bereits bundesweit einen guten Ruf hat. Vgl. o. V. (2001b)

695 Vgl. Meller (2001b), S. 29.

ergeben, dass der Kunde über eine schlechte Zahlungsmoral verfügt. Die Wirkungsweise auf das Wechselverhalten soll folgende Überlegung verdeutlichen:

Es sei angenommen, dass unter den Kunden eines EVU_A nur der relativ kleine Anteil von $\Delta\,\lambda_A$ Prozent über eine schlechte Zahlungsmoral verfügt. Da diese Kunden gleichwohl negativ zum operativen Ergebnis beitragen, wird EVU_A mit Beginn der Marktöffnung sukzessive versuchen, die bestehenden Verträge mit diesen Kunden zu kündigen. In der Anzahl λ der insgesamt wechselwilligen Kunden des EVU_A wird daher $\Delta\,\lambda_A$ vollständig enthalten sein.
Ein ebenfalls am Markt agierendes EVU_B hat andererseits die Möglichkeit, durch Akquisition von Kunden des EVU_A seinen eigenen Marktanteil zu vergrößern. Es ist dabei leicht einzusehen, dass offensichtlich asymmetrische Informationen zwischen beiden EVU über die Zahlungsmoral eines individuellen Kunden bestehen. EVU_B kann allenfalls z. B. auf der Grundlage von Vergleichsdaten im eigenen Haus eine Abschätzung für $\Delta\,\lambda_A$ und λ_A vornehmen. Für die Entscheidungssituation des EVU_B gilt hierbei darüber hinaus, dass je kleiner λ_A bzw. größer $\Delta\,\lambda_A$ ist desto höher ist das Risiko, einen Kunden mit einer schlechten Zahlungsmoral zu akquirieren. Es ist daher leicht nachvollziehbar, dass unter diesen Voraussetzungen bei einer fallenden Wechselquote auf dem Strommarkt auch der Anreiz für EVU_B sinkt, Kunden von einem konkurrierenden EVU_A zu akquirieren, was erneut zu einer weiteren Verringerung der Wechselquote führt.

An dieser Stelle tritt offensichtlich erneut das ökonomisch interessante Phänomen auf, dass die Existenz von asymmetrischen Informationen zwischen den Markteilnehmern zu einer Verringerung der Wechselquote und damit wiederum der Wettbewerbsintensität führen kann. Auf eine weitergehende Analyse wird gleichwohl an dieser Stelle verzichtet, da die praktische Relevanz dieses Problems im Gegensatz zu den in den beiden folgenden Kapiteln zu untersuchenden Informationsverzerrungen, eher gering erscheint.

Weitaus interessanter für die ökonomische Analyse des Wechselverhaltens auf einem liberalisierten Strommarkt ist die Tatsache, dass sich offensichtlich eine Reihe von Argumenten anführen lassen, wonach Unterschiede in der Kaufentscheidung zwischen Strom und anderen Konsumgütern vorherrschen. Sogar die These, Strom stelle ein homogenes Gut dar, kann nämlich nicht zwingend erklären, warum sich der Verbraucher z. B. mit dem Preis hierfür offensichtlich so wenig auseinandersetzt. Denn es fällt andererseits auf, dass mitunter derselbe Verbraucher in Bezug auf das „homogene Gut Benzin“ weite Umwege zu bestimmten Tankstellen billigend in Kauf nimmt, um 1 - 2 Cent je Liter Benzin zu sparen.
Darüber hinaus zeigen empirische Vergleiche mit der ebenfalls liberalisierten Telekommunikationsbranche, dass hier Kündigungsraten von bis zu 25 Prozent pro Jahr des gesamten Kundenbestandes eines Anbieters keine Seltenheit darstellen.[696]

---

[696] Vgl. Döhrer; Fausten (2000), S. 21.

Eine wesentliche Ursache für die von anderen Gütern offensichtlich abweichende Kaufentscheidung bei Strom ist der in der Literatur bislang nur wenig analysierte Aspekt, dass die Endkunden historisch bedingt keine Erfahrung mit dem Kauf von Strom haben. Sie bezogen bislang von ihrem lokalen Versorgungsunternehmen ein nicht austauschbares Produkt zu einem fest vorgegebenen Preis.[697] Als Folge hiervon kann der durchschnittliche Kunde in der Regel nicht die ohnehin komplexen Zusammenhänge des Gutes Strom nachvollziehen. Insbesondere unter den Tarifkunden wird die Mehrzahl der Verbraucher in Deutschland offen zugeben müssen, dass sie weder ihren eigenen Stromverbrauch noch die Höhe der Stromrechnung kennt. Es ist daher gleichfalls nicht verwunderlich, dass nach einer Studie der Zeitungs-Marketing-Gesellschaft im September 1999 rd. 28 % der Befragten glaubten, dass Strom gelb sei![698]
Die Unkenntnis vor allem der Tarifkunden über Stromverbrauch und zu zahlendem Preis führt darüber hinaus dazu, dass diese Kundengruppe nur vergleichsweise geringe Möglichkeiten hat, ihren Verbrauch selbst zu kontrollieren. Infolgedessen ist auch die Strategiemenge in diesem Bereich bislang sehr viel eingeschränkter als in der gleichsam liberalisierten Telekommunikationsbranche, wo Informationen über Tarifzonen und Taktzeiten in aller Regel weit verbreitet sind.[699]

Ein zweites Argument für die besondere Art der Kaufentscheidung auf dem Strommarkt liegt in dem Widerspruch begründet, wonach die Kunden zwar nach der Marktöffnung zwischen einer Vielfalt von Tarifen wählen können. Andererseits liegt aber die Vermutung nahe, dass dieselben Kunden aufgrund der bislang fehlenden Auswahlmöglichkeiten erst allmählich eine genaue Vorstellung entwickeln, welche Leistungen sie von Ihrem Stromversorger erwarten.[700] Obendrein ist es für die Bildung eines Entscheidungskalküls eine essenzielle Voraussetzung, dass ein Kunde gezielt die Unternehmen bzw. die angebotenen Produkte unterscheiden kann. Gerade hier liegt aber eine besondere Herausforderung für einen „unerfahrenen" Kunden, da sich nämlich bei unterschiedlichen Anbietern nur wenige gemeinsame Basisgrößen finden lassen. Neben dem Arbeitspreis pro Kilowattstunde müssen nämlich auch unterschiedliche Grundpreise, Vertragslaufzeiten etc. miteinander verglichen werden. Denn bei z. B. niedrigen Kilowattstunden-Tarifen und hohem Arbeitspreis profitieren nur Kunden mit hohem Verbrauch und vice versa. Tabellarische Übersichten und „Stromtarifrechner" im Internet können dabei zumindest zum Teil eine wichtige Unterstützung leisten.[701] Zusätzlich

[697] Vgl. Budhraja (1999), S. 57.
[698] Vgl. Kassebohm (2000), S. 914 und Keller; Matzke (2000), S. 57.
[699] Vgl. o. V. (1999a), S. 2.
[700] Vgl. Seiferth (1999), S. 388.
Eine sehr umfangreiche Analyse hierzu stellt die Arbeit von Goett; Hudson; Train (2000) dar, die das Wechselverhalten von Haushalts- und Gewerbekunden auf dem nordamerikanischen Strommarkt an Hand der Kundenpräferenzen für über 40 verschiedene Merkmale untersuchten. Die Spannweite der Analyse reichte hierbei von den Vertragsbedingungen über angebotene Servicedienstleistungen bis hin zum Erscheinungsbild des Anbieters in der Öffentlichkeit. Vgl. Goett; Hudson; Train (2000), S. 4 ff.
[701] Vgl. Informationszentrale der Elektrizitätswirtschaft (2000a), S. 4 und Kassebohm (2000), S. 914 ff.

verunsichert werden die Kunden in diesem Zusammenhang wohl auch durch die Vielfalt der neu geschaffenen phantasievollen Namen, die mitunter in Verbindung mit skurrilen Marktauftritten der jeweiligen Unternehmen die Assoziation zu fliegenden Händlern erwecken.[702] Es ist zu vermuten, dass als Folge hiervon viele Verbraucher auch langfristige Überzeugungen und Einstellungen in ihr Entscheidungskalkül mit einbeziehen und zunächst einmal abwarten bis eine gewisse Marktbereinigung vollzogen ist bzw. Informationen von Verbraucherorganisationen vorliegen.[703]
Zusammenfassend stellt somit der Wettbewerb nicht nur erhöhte Anforderungen an die EVU, sondern auch an ihre Kunden.[704]

Darüber hinaus kann als dritte wesentliche Besonderheit für die Kaufentscheidung der bereits in Kapitel 3.3.2.3 dargelegte Aspekt angeführt werden, wonach Strom ein „Low-Interest"- bzw. „Low-Involvement-Product" ist. Denn die hieraus resultierenden Auswirkungen auf das Entscheidungskalkül eines Kunden können sehr anschaulich an folgendem Beispiel gezeigt werden:
Ein Wirtschaftssubjekt, das zwischen einem Kinobesuch und einem gemütlichem Abend zu Hause vor dem Fernseher zu wählen hat, wird seine Entscheidung in der Regel wohl treffen durch einen Vergleich des zu erwartenden höheren Nutzens eines Kinobesuchs gegenüber dem Fernsehabend mit den daraus resultierenden Kosten für die Eintrittskarte.
Das hier dargestellte Entscheidungskalkül ist zwar nachvollziehbar und dürfte in dieser Form in der Realität durchaus vielfach anzutreffen sein, stellt aber eine irrationale Entscheidung dar. Denn es ist leicht einzusehen, dass auch der Abend zu Hause vor dem Fernseher nicht kostenfrei ist. Es müssten nämlich im Entscheidungskalkül des Wirtschaftssubjektes auch die Opportunitätskosten für den Stromverbrauch von Fernseher bzw. Stehlampe im Wohnzimmer berücksichtigt werden.

Das hier dargelegte Beispiel zeigt, dass Stromkunden offensichtlich in vielen alltäglichen Entscheidungssituationen die Kosten für den anfallenden Stromverbrauch nicht berücksichtigen. Sofern allerdings diese These zutrifft, wird wiederum ein zusätzlicher Erklärungsansatz geliefert, wonach es für Stromkunden keinen Anreiz gibt, nach einem billigeren Stromanbieter zu suchen.

Eine vierte wesentliche Ursache für die von anderen Gütern abweichende Kaufentscheidung bei Strom liegt schließlich im Verhältnis zwischen Aufwand und Nutzen begründet. Das hier angesprochene Problem für den Stromkauf im liberalisierten Markt soll nachfolgendes Zahlenbeispiel illustrieren:

---

[702] Vgl. Keller; Matzke (2000), S. 45.
[703] Vgl. Kassebohm (2000), S. 916.
[704] Vgl. Meller (1998), S. 6.

Für einen „Homo Oeconomicus" wäre es rational, jenes Angebot zu wählen, welches das Optimum aus Preis und den darin beinhaltenden Systemdienstleistungen wie z. B. Höhe der Versorgungssicherheit darstellt. In Deutschland gab es zu Beginn der Liberalisierung rd. 1.000 EVU. Sofern jedes EVU drei Angebote zur Auswahl hat, kann der Kunde unter rund 3.000 Angeboten wählen. Wenn ferner angenommen wird, dass der Kunde für die Prüfung eines Angebots eine Minute braucht und er den Vergleich der Angebote quartalsweise durchführt, so ergibt sich folgende jährliche „Arbeitsbelastung" auf der Suche nach dem optimalen Angebot:

$$1.000\,[\text{EVU}] * 3\,[\frac{\text{Angebot}}{\text{EVU}}] * 1\,[\frac{\text{min.}}{\text{Angebot}}] * 4\,[\frac{1}{\text{Jahr}}] = 12.000\,[\frac{\text{min}}{\text{Jahr}}] \qquad (4.4.2.1)$$

Wenn nun andererseits unterstellt wird, dass es sich bei dem hier betrachteten „Homo Oeconomicus" um einen drei Personen-Haushalt mit einem jährlichen Verbrauch von durchschnittlich 4.000 kWh handelt und dieser, da er aufgrund seiner intensiven Recherche tatsächlich das günstigste Angebot herausfindet, eine Preissenkung von 10 Cent/kWh (!) erzielen kann, so ergibt sich für diesen folgende Kosteneinsparung:

$$4.000\,[\text{kWh}] * 0{,}1\,[\frac{\text{EUR}}{\text{kWh}}] = 400\text{ EUR} \qquad (4.4.2.2)$$

Eine Gegenüberstellung von Aufwand und Ertrag zeigt, dass für eine zu erwartende Kosteneinsparung von rd. 400 EUR eine Arbeitszeit von 200 Stunden oder mehr als 8 Tage investiert werden muss. Für einen Endkunden gibt es daher keinen Anreiz, das für ihn optimale Angebot zu suchen. Er wird vielmehr bei seinem bisherigen Versorger verbleiben, der ihn bereits zu Monopolzeiten stets „zuverlässig" mit elektrischer Energie beliefert hat.
Zwar ist zu erwarten, dass der optimale Stromanbieter über spezielle Suchmaschinen im Internet auch mit deutlich geringerem zeitlichem Aufwand gefunden werden kann. Folgende zwei Aspekte sind hierbei aber zu berücksichtigten, die wiederum den Nutzen von Suchmaschinen relativieren: Zum einen stellt sich nämlich für den Kunden die Frage nach der Auswahl der „richtigen" Suchmaschine und zum anderen müssen zusätzliche Informationen über die zu Grunde gelegten Daten der Suchmaschine beschafft werden. So ist es vorstellbar, dass eine Suchmaschine nur alle EVU einer Region erfasst hat oder bestimmte Systemdienstleistungen unberücksichtigt lässt mit der Folge, dass durch den Einsatz dieses Werkzeuges letztendlich nur suboptimale Ergebnisse erzielt werden können.

Auf der anderen Seite ist es aber ebenfalls leicht einzusehen, dass mit wachsendem Stromverbrauch auch der resultierende Nutzen eines Versorgerwechsels proportional ansteigt. Es scheint, dass in diesem Umstand der wesentliche Grund für die bereits zuvor angesprochene empirische Beobachtung liegt, wonach die Wechselbereitschaft bei Sondervertrags- und Gewerbekunden signifikant höher ist als bei Haushaltskunden.

Darüber hinaus ist zu vermuten, dass ein wechselwilliger Kunde nicht im Sinne des zuvor beschriebenen Homo Oeconomicus das Optimum aus Preis und den darin beinhalteten Systemdienstleistungen suchen wird, sondern vielmehr unter dem Einfluss einer „beschränkten Rationalität" auch die Kosten für die Suche nach der optimalen Strategie berücksichtigen wird.[705]

Bezogen auf das oben genannte Beispiel würde der Kunde dann mitunter nur einmal im Jahr nach dem optimalen Angebot suchen und sich obendrein vielleicht auf die 10 - 20 bekanntesten Anbieter beschränken. Als Folge der Akzeptanz einer „beschränkten Rationalität" von Kunden beim Stromkauf wäre das Verhältnis zwischen Aufwand und Nutzen im Gegensatz zu den Annahmen im Falle eines Homo Oeconomicus nicht mehr so eindeutig negativ. Die Wechselbereitschaft der Kunden würde steigen.

Zusammenfassend kann somit das Zwischenfazit gezogen werden, dass das Entscheidungsverhalten eines Kunden beim Kauf auf dem deutschen Strommarkt neben dem Preis auch durch eine Reihe weiterer Faktoren wesentlich determiniert wird, die sich zum einen aus dem Verhältnis zwischen dem Kunden und seinem bisherigen Versorger und zum anderen aus offensichtlich bestehenden Unterschieden der Kaufentscheidung zwischen Strom und anderen Konsumgütern ergeben. Es konnten dabei hinreichende Argumente gefunden werden für die insbesondere unter Tarifkunden empirisch beobachtbare niedrige Wechselbereitschaft.

Für eine abschließende Bewertung ist die zu Beginn dieses Kapitels bereits dargelegte empirische Erkenntnis noch zu analysieren, wonach in einigen anderen deregulierten Strommärkten eine signifikant höhere Wechselbereitschaft als in Deutschland vorherrscht.

Hierzu kann zunächst einmal angeführt werden, dass es nach wie vor nur sehr wenige Erfahrungswerte über das Wechselverhalten von Endkunden in deregulierten Strommärkten gibt. Die vorliegenden Aussagen sind vor allem im Hinblick auf eine Verallgemeinerung sogar teilweise widersprüchlich. So zeigt etwa eine Untersuchung des Wechselverhaltens in

---

[705] Der Ansatz einer beschränkten Rationalität (bounded rationality) ist von Herbert A. Simon bereits Mitte der 50er Jahre des vergangenen Jahrhunderts eingeführt worden. Seine Kritik an dem bis dahin vorherrschenden Konzept der Rationalität äußerste er wie folgt:
(...) the task is to replace the global rationality of economic man with a kind or rational behaviour that is compatible with the access to information and the computational capacities that are actually possessed by organisms, including man, in the kinds of environments in which such organisms exist. Vgl. Simon (1955), S. 99.
Trotz der einleuchtenden Argumentationsweise von Simon konnte bislang eine präzise Modellierung seines Ansatzes nicht zufrieden stellend gelöst werden. Ein Überblick über die Vor- und Nachteile verschiedener spieltheoretischer Modellierungen zu diesem Thema befindet sich in: Holler; Illing (1996), S. 161 ff.

den USA, dass in Kalifornien und Massachusetts selbst zwei Jahre nach der Marktöffnung nur relativ wenig Massenkunden den Anbieter gewechselt haben, während in Pennsylvania Wechselraten von bis zu 20 Prozent aufgetreten sind. Eine weiterführende Studie kommt hierbei zu dem Ergebnis, dass dieser Umstand im Wesentlichen auf die geringen Preisnachlässe von neuen Anbietern zurückzuführen sei.[706] Ein Vergleich mit dem deutschen Strommarkt zeigt hierbei gleichwohl, dass dieses Argument keine Allgemeingültigkeit besitzt. Denn dort korreliert die geringe Wechselbereitschaft mit durchaus vorhandenen niedrigeren Preisangeboten.

Alternativ könnte aber argumentiert werden, dass die international gesehen geringere Wechselbereitschaft auf dem deutschen Strommarkt vielmehr auf die bereits erwähnte hohe Zufriedenheit der Kunden mit ihrem bisherigen Versorger zurückzuführen ist. Denn es ist zu vermuten, dass diese auch im Verhältnis zu Kunden in anderen Strommärkten vergleichsweise beachtlich ist. Als ein Argument für diese These kann hierbei der bereits in Bild 13 dargestellte internationale Vergleich angeführt werden, wonach Deutschland in Bezug auf das Niveau der Versorgungsqualität die Spitzenstellung einnimmt. Auf der anderen Seite führt aber eine Untersuchung der „The European Opinion Research Group (EORG)“ zu dem überraschenden Ergebnis, dass die Zufriedenheitsrate der Verbraucher mit ihrem Stromversorger in Deutschland in der Regel deutlich niedriger ist als in den übrigen EU-Staaten. Insbesondere auch im Hinblick auf die zur Bewertung der Versorgungsqualität relevanten Einzelkriterien wie etwa „Preis“, „Qualität“ oder „Kundendienst“ befindet sich Deutschland laut der Analyse des EORG nicht in der Spitzengruppe.[707]

4.4.2.2 Unvollständige Informationen über die Höhe der Kosten für einen Wechsel

Im vorangegangenen Abschnitt konnte dargelegt werden, welche Bedeutung offensichtlich das Verhältnis zwischen Aufwand und Nutzen bei einem Versorgerwechsel für das Entscheidungskalkül eines Kunden im liberalisierten Strommarkt hat. Die Faktoren, welche die tatsächliche Höhe der Kosten für einen Wechsel C_W beeinflussen sind dabei vielfältig und teilweise sogar gegenläufig. So tragen etwa die beobachtbare Intransparenz der verschiedenen Stromangebote eher zu einer Steigerung der Kosten C_W bei, wohingegen Strompreisrechner im Internet und die Akzeptanz von beschränkt rationalen Entscheidungen zu entgegengesetzten Effekten führen.

Es liegt somit die Vermutung nahe, dass ein Kunde zum Zeitpunkt seiner Entscheidung, einen Versorgerwechsel zu vollziehen, nur unvollständige Informationen über die tatsächliche Höhe der Kosten C_W besitzt.

---

[706] Vgl. Goett; Hudson; Train (2000), S. 2 und die dort angegebene Literatur.
[707] Vgl. The European Opinion Research Group (EORG) (2002), S. 12.

Aus ökonomischer Sicht stellt sich dabei die Fragestellung, inwieweit ein Kunde unter diesen Voraussetzungen selbst dann nicht nach einem anderen Anbieter suchen wird, wenn tatsächlich der Nutzen eines Wechsels die damit verbundenen Kosten übersteigt. Denn mitunter könnte aufgrund der vorhandenen Informationsdefizite die Wechselbereitschaft der Kunden dermaßen absinken, dass ein Wettbewerb zwischen den einzelnen Anbietern weitgehend wirkungslos bliebe.

Zur weiteren Analyse wird in Anlehnung an die Konstellation in Kapitel 4.3.3.3 erneut angenommen, dass zunächst eine vertragliche Beziehung zwischen einem EVU_A und einem Kunden K besteht. Das EVU_A überlegt nunmehr wiederum, ob es zum Zeitpunkt T_1 den Preis von P_1 auf P_2, der knapp oberhalb der Grenzkosten C(t) liegt, absenken soll. Ferner wird erneut unterstellt, dass der Kunde K gleichzeitig zum Zeitpunkt T_1 über einen Wechsel zu einem nicht näher spezifizierten EVU_B nachdenkt.

Hierbei sei aber nunmehr zusätzlich explizit angenommen, dass die wahre Höhe der Kosten eines Versorgerwechsels C_W nur EVU_A bekannt ist. Dies kann unter anderem damit begründet werden, dass EVU_A sehr viel besser darüber informiert ist, welche einzelnen Schritte bei einem Wechsel zu einem anderen EVU zu beachten sind. Ferner kann EVU_A aufgrund seines besseren Marktüberblicks den zeitlichen Aufwand für den Vergleich der verschiedenen Angebote vorab eher abschätzen. Obendrein ist es leicht einzusehen, dass EVU_A weitgehend alle relevanten Information etwa hinsichtlich der Grenzkosten der Erzeugung oder des Marktpreisniveaus besitzt und infolgedessen auch relativ genau die Spannweite des Angebots eines konkurrierenden EVU_B abschätzen dürfte.
Dem Kunden K sei allenfalls bekannt, dass C_W mit der Wahrscheinlichkeit ψ (mit $0 \leq \psi \leq 1$) einen hohen Wert besitzt ($C_W >> 0$) und entsprechend mit der Wahrscheinlichkeit $1 - \psi$ vernachlässigbar ($C_W = 0$) sei.
Zwischen dem EVU_A und dem Kunden K liegen somit asymmetrische Informationen im Hinblick auf die wahre Höhe von C_W vor. Der Kunde kann darüber hinaus nicht beobachten, ob EVU_A tatsächlich eine Preissenkung durchführen wird. Infolgedessen gibt es innerhalb der Strategiemenge des K keine Unterscheidung im Hinblick auf die wahre Höhe von C_W und die Preisentwicklung.

Ferner sei aber nunmehr angenommen, dass im Falle eines beabsichtigten Versorgerwechsels der Kunde K die ihm unbekannte Höhe C_W billigend in Kauf nimmt und so lange suchen wird, bis er ein preisgünstigeres Angebot gefunden hat. EVU_A verliert daher in jeden Fall den Kunden K, sofern dieser die Strategie $S_{K2}(t)$ wählt.

Für die Strategiemengen von EVU_A (S_A) und Kunde K (S_K) zum Zeitpunkt T_1 gilt:

$$S_A(t) = \begin{pmatrix} S_{A1}(t)\text{: Wähle den Preis } P_1 \text{ bei } C_W = 0 \\ S_{A2}(t)\text{: Wähle den Preis } P_2 \text{ bei } C_W = 0 \\ S_{A3}(t)\text{: Wähle den Preis } P_1 \text{ bei } C_W >> 0 \\ S_{A4}(t)\text{: Wähle den Preis } P_2 \text{ bei } C_W >> 0 \end{pmatrix} \quad (4.4.2.3)$$

$$S_K(t) = \begin{pmatrix} S_{K1}(t)\text{: Bleibe bei } EVU_A \\ S_{K2}(t)\text{: Beabsichtige einen Wechsel zu einem anderen EVU} \end{pmatrix} \quad (4.4.2.4)$$

Zur weiteren Analyse wird das hier betrachtete spieltheoretische Modell in zwei Subspiele mit unterschiedlichen Annahmen über die wahre Höhe von C_W aufgeteilt.[708] Es sei zunächst angenommen, dass C_W vernachlässigbar ($C_W = 0$) sei:

Für diesen Fall kann die Gewinnerwartung für EVU_A in Anlehnung an das in Kapitel 4.3.3.3 analysierte Modell abgeleitet werden. Denn wiederum führt eine Preissenkung von P_1 auf P_2 zu einer Gewinnminderung und der Verlust des Kunden K zu einem gänzlichen Gewinnausfall für EVU_A.
Da nun aber der Kunde K die Bestimmung des Preisniveaus durch EVU_A nicht beobachten kann, hat diese Handlung auch keine Auswirkung auf seine Entscheidung. Sofern K einen Versorgerwechsel beabsichtigt und damit die Strategie $S_{K2}(t)$ wählt, wird EVU_A den Kunden K in jedem Fall verlieren. Für den Gewinn π_A gilt somit:

$$\pi_A(S_{Ai},S_{K2}) < \pi_A(S_{A2},S_{K1}) < \pi_A(S_{A1},S_{K1}) \quad \text{mit: } i, \in \{1,2\} \quad (4.4.2.5)$$

Für den Kunden K gilt entsprechend, dass eine Preissenkung von P_1 auf P_2 zu einer Gewinnsteigerung führt. Da die Suche nach einem anderen Versorger in diesem Subspiel keine Kosten verursacht, ist es durchaus plausibel, dass K bei Wahl der Strategie $S_{K2}(t)$ seinen Gewinn zusätzlich steigern kann. Für den Gewinn π_K gilt somit:

$$\pi_K(S_{A1},S_{K1}) < \pi_K(S_{A2},S_{K1}) < \pi_K(S_{Ai},S_{K2}) \quad \text{mit: } i, \in \{1,2\} \quad (4.4.2.6)$$

Für das zweite Subspiel, dass C_W nicht mehr vernachlässigbar ($C_W >> 0$) sei, können analoge Überlegungen hinsichtlich der Gewinnerwartungen von EVU_A gemacht werden. Denn es ändern sich hierdurch lediglich die Gewinnerwartungen des K aber nichts an der prinzipiellen

[708] Die hier dargestellte Entscheidungssituation ist zwar etwas komplexer als die vergleichbare Analyse in Kapitel 4.3.3.3, da nunmehr der Spieler, der den zweiten Zug wählen kann (hier EVU_A), eine größere Strategiemenge hat. Dennoch kann aber auch hier erneut auf die von Harsanyi (1967/68) entwickelte spieltheoretische Analyse bei unvollständiger Information zurückgegriffen werden.
Es wird nunmehr gleichwohl angenommen, dass zu Beginn des Spiels der Spieler „Natur" für C_W mit einer Wahrscheinlichkeit ψ einen hohen Wert und entsprechend mit der Gegenwahrscheinlichkeit $1 - \psi$ den Wert $C_W = 0$ wählt.
Zur generellen Vorgehensweise des Ansatzes von Harsanyi (1967/68) bei unvollständiger Information vgl. u. a. Rasmusen (1990), S. 54 ff und Holler; Illing (1996), S. 46 ff und Dixit; Skeath (1999), S. 418 ff.

Annahme, dass K im Falle eines beabsichtigten Versorgerwechsels so lange suchen wird, bis er ein preisgünstigeres Angebot gefunden hat. Für den Gewinn π_A gilt daher im zweiten Subspiel:

$$\pi_A(S_{Ai},S_{Kj}) = \pi_A(S_{A(i+2)},S_{Kj}) \qquad \text{mit: } i, j \in \{1,2\} \qquad (4.4.2.7)$$

Der Kunde K muss allerdings nunmehr im Falle einer Suche nach einem preisgünstigeren Angebot die ihm unbekannte Höhe C_W als Erlösminderung in sein Entscheidungskalkül mit antizipieren. Da obendrein die Bedingung $C_W >> 0$ gilt, ist in diesem Subspiel in jedem Fall davon auszugehen, dass ein Verbleib beim bisherigen Versorger die rationale Strategiewahl darstellt. Für den Gewinn π_K gilt:

$$\begin{aligned}
&\pi_K(S_{Ai},S_{K1}) = \pi_K(S_{A(i+2)},S_{K1}) && \text{und} \\
&\pi_K(S_{Ai},S_{K2}) = \pi_K(S_{A(i+2)},S_{K2}) + C_W && \text{und} \\
&\pi_K(S_{A(i+2)},S_{K1}) > \pi_K(S_{A(i+2)},S_{K2}) && \text{mit: } i \in \{1,2\} \qquad (4.4.2.8)
\end{aligned}$$

Das Entscheidungsproblem für den Kunden wird somit dadurch bestimmt, dass er zum Zeitpunkt $T = 0$ unvollständige Informationen über die Höhe der Kosten C_W besitzt und das Entscheidungsverhaltens des EVU_A nicht kennt. Das EVU_A kann hingegen die Strategiewahl des K beobachten und wird seinerseits versuchen, seinen Gewinn in Abhängigkeit von $S_{Ki}(t)$ mit $i \in \{1,2\}$ zu maximieren.
In nachfolgender Abbildung ist die aus den beiden Subspielen zusammengefasste Entscheidungssituation in extensiver Form dargestellt.

Die Strategiewahl S_{K2}, einen Versorgerwechsel durchzuführen, ist demnach für K rational, wenn gilt:

$$\begin{aligned}
&[\pi_K(S_{Ai}, S_{K2})]\,(1 - \psi) + [\pi_K(S_{A\,(i+2)}, S_{K2})]\,\psi > \\
&[\pi_K(S_{A1}, S_{K1})]\,(1 - \psi) + [\pi_K(S_{A3}, S_{K1})]\,\psi \qquad (4.4.2.9)
\end{aligned}$$

Mit den Bedingungen $\pi_K(S_{Ai},S_{K2}) = \pi_K(S_{A(i+2)},S_{K2}) + C_W$ und $\pi_K(S_{A1}, S_{K1}) = \pi_K(S_{A3}, S_{K1})$ aus (4.4.2.8) ergibt sich schließlich:

$$\psi < \frac{\pi_K(S_{Ai}, S_{K2}) - \pi_K(S_{A1}, S_{K1})}{C_W} \qquad (4.4.2.10)$$

Eine Analyse der Gleichung (4.4.2.10) zeigt hierbei, dass der Kunde K zum Zeitpunkt seiner Entscheidung lediglich seinen ursprünglichen Gewinn $\pi_K(S_{A1}, S_{K1})$ kennt. Im Hinblick auf die übrigen Parameter kann K im Vorhinein allenfalls subjektive Einschätzungen zu Rate ziehen. Die besondere Schwierigkeit für K liegt hierbei darin, dass sich im Prinzip eine unendliche Anzahl von Kombinationsmöglichkeiten für ψ, C_W und $\pi_K(S_{Ai},S_{K2})$ ergeben.

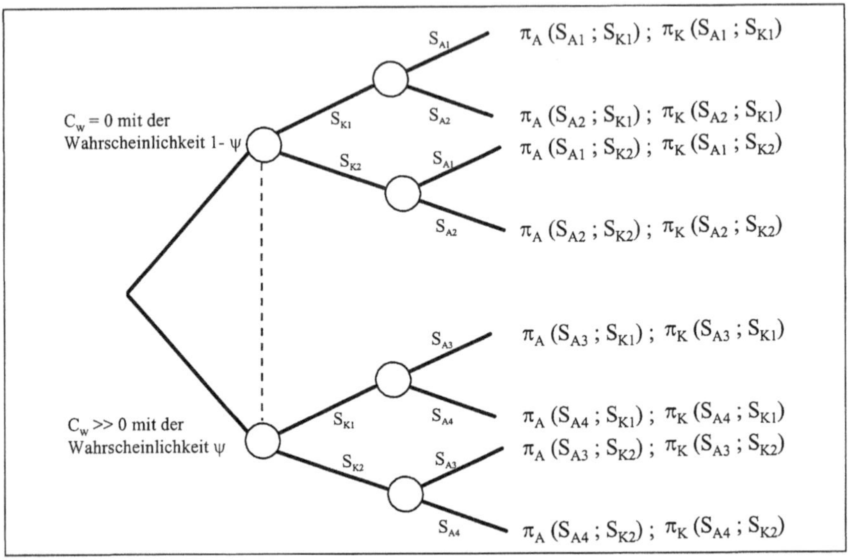

Bild 18: Entscheidungssituation für K[709]

Es ist daher leicht einzusehen, dass unter diesen Voraussetzungen die Gefahr für K groß ist, aufgrund fehlerhafter subjektiver Einschätzungen eine irrationale Entscheidung zu treffen. Insbesondere ist auch die eingangs gestellte Befürchtung nicht gänzlich auszuschließen, dass K selbst dann nicht nach einem anderen Anbieter suchen wird, wenn tatsächlich der erwartete Nutzen eines Wechsels die damit verbundenen Kosten übersteigt.

Auch wenn der hier dargelegte Modellansatz nicht ohne weiteres auf die realen Bedingungen des deutschen Strommarktes übertragen werden kann, liefert dieser ein überzeugendes Argument, warum die Wechselbereitschaft insbesondere unter Tarifkunden so gering ist. Darüber hinaus können aus der hier analysierten Entscheidungssituation des K Hinweise auf die Frage abgeleitet werden, welche Möglichkeiten prinzipiell gegeben sind, die Informationsdefizite der Kunden auf dem deutschen Strommarkt zu beheben.
Denn eine genauere Analyse von (4.4.2.10) zeigt, dass für eine Steigerung der Wechselbereitschaft unter den Kunden eine genaue Kenntnis über alle Parameter nicht notwendig ist. Vielmehr kann bereits durch eine Senkung von ψ bzw. C_w oder Steigerung von $\pi_K(S_{Ai},S_{K2})$ das Risiko von K vermindert werden, bei einer Strategiewahl S_{K2} eine irrationale Entscheidung zu treffen.

709 Quelle: Eigene Erstellung.

Dieses Ergebnis ist wiederum bei einem Vergleich mit den realen Bedingungen auf dem deutschen Strommarkt nicht unerheblich. Denn die eher unwahrscheinliche Annahme, dass der Staat etwa die genauen Werte von ψ oder C_w kennt, ist offensichtlich keine zwingende Voraussetzung dafür, dass die Wechselbereitschaft erhöht wird. Vielmehr ist es bereits absolut hinreichend, wenn der Staat Instrumente wie z. B. kostenlose Informationsdienste oder Verbraucherberatungsstellen einsetzt, um auf die unbekannten Werte von ψ oder C_w in die gewünschte Richtung Einfluss nehmen zu können.

Als absolut zielführend ist daher der Ansatz des Bundesministeriums für Wirtschaft und Technologie (BMWI) zu bewerten, das im Januar 2002 ein „Bürgertelefon zum Wechsel von Stromlieferanten“ eingerichtet hat. Ziel dieser Aktion ist hierbei nach Angaben des BMWI, interessierten Bürgern Auskünfte über Detailfragen zum Versorgerwechsel zu geben, damit auch diese von den Vorteilen der Liberalisierung profitieren.[710]

Ein bislang ungelöstes Problem liegt gleichwohl bislang darin, die relevanten Faktoren zur Senkung von C_w zu bestimmen. Denn bei einem zu rigorosen Einsatz von Instrumenten zur Informationsbeschaffung durch den Staat besteht die Gefahr, dass ein Kunde aufgrund einer dann möglicherweise auftretenden Informationsflut die klaren Unterscheidungsmerkmale unter den Anbietern nicht mehr erkennen kann. Die gezielte Unterscheidung von Unternehmen bzw. angebotenen Produkten war gleichwohl im Kapitel zuvor als eine wesentliche Voraussetzung angeführt worden, um die Wechselbereitschaft auf dem deutschen Strommarkt zu erhöhen.
Folgerichtig sind daher u. a. Forderungen nach Veröffentlichung der Produktionskosten in der Erzeugung als kontraproduktiv anzusehen. Denn der positive Effekt der Veröffentlichung dieser Daten auf das Wechselverhalten ist nicht nachvollziehbar, da auch bei anderen Konsumgütern wie z. B. Autos oder Lebensmitteln nicht die Herstellungskosten auf der Rechnung genannt werden.[711]

4.4.2.3 Unvollkommene Informationen über die Produkteigenschaft

In Kapitel 3.3.2.5 wurde erläutert, dass viele EVU durch Angebote von grünem Strom versuchen, Marktanteile von ihren Wettbewerben zu erlangen und somit durch diese Strategieoption auch unmittelbar zur Steigerung der Wettbewerbsintensität beitragen.

---

[710] Zwar wollten die meisten Anrufer bislang nur eine Auskunft über den günstigsten Anbieter erhalten, aber einige haben diesen Service auch genutzt, um sich wegen angeblicher Behinderung beim Lieferantenwechsel zu beschweren. Im Gegenzug konnten somit das BMWI bzw. das, für VDEW-Mitglieder eingerichtete, „VDEW-Beschwerdemanagement“ aufgrund der Informationen durch das Bürgertelefon gezielt jene Fälle einer potenziellen Behinderung mit dem Ziel betrachten, eine einvernehmliche Lösung unter den Marktteilnehmern herbeizuführen. Vgl. o. V. (2002a), S. 6 und Meller (2003), S. 22 - 23.

[711] Vgl. Meller (2002), S. 1.

Das Problem besteht gleichwohl darin, dass etwa im Jahre 2001 einerseits das theoretische Marktvolumen für Ökostrom in Deutschland gemessen an der Erzeugung aus erneuerbaren Energien rd. 36 Mrd. kWh (ohne Importe) betrug, während andererseits tatsächlich nur rd. 0,7 Mrd. kWh als deklarierter Ökostrom an Endkunden verkauft wurden.[712] Der restliche Anteil von rd. 98 % wurde ohne eine spezielle Kennzeichnung in das Netz eingespeist.
Dieses Ergebnis ist gleichwohl überraschend, da etwa bei einer Umfrage des VDEW im Jahr 2002 immerhin 29 % der Haushaltskunden angaben, dass sie prinzipiell ein Interesse an Ökostrom hätten. Obendrein gaben in derselben Umfrage sogar 38 % der Gewerbekunden an, dass das Ökostromangebot mitentscheidend bei der Auswahl ihres Versorgers sei.[713] Es kommt somit offensichtlich bislang nur in vergleichsweise wenig Fällen tatsächlich zum Abschluss eines Vertrages zur Lieferung von Ökostrom.

Als Folge des hier aufgezeigten Paradoxon wird ein sehr großes Potenzial an Wechselbereitschaft der Kunden und damit Steigerung der Wettbewerbsintensität auf dem deutschen Strommarkt bislang nicht ausgeschöpft.[714] Darüber hinaus entsteht unter umweltpolitischen Aspekten ein zusätzliches Problem, da offensichtlich weniger Kunden Strom aus umwelt- und ressourcenschonenden erneuerbaren Energiequellen beziehen als tatsächlich bereit wären. Es stellt sich somit die Frage nach den Ursachen dieses Phänomens.

Eine wesentliche Erklärung für dieses Paradoxon liegt zweifellos erneut darin begründet, dass ein Versorgerwechsel in der Regel nicht kostenfrei ist. Ein Kunde muss vielmehr auch bei der Suche nach Ökostrom Zeit und Anstrengungen investieren, um Informationen über die verschiedenen Angebote zu erlangen und diese miteinander zu vergleichen. Hierbei sind die Anforderungen an das Entscheidungsverhalten des Kunden gegenüber dem zuvor betrachteten allgemeinen Fall des Stromkaufs sogar gestiegen, da nun zusätzlich auch noch ökologische Aspekte der verschiedenen Angebote wie z. B. der Erzeugungsmix in das Entscheidungskalkül mit einbezogen werden müssen.

Darüber hinaus kann als zweites Argument der vor allem in der politischen Diskussion häufig vorgebrachte Hinweis angeführt werden, dass aufgrund der höheren Erzeugungskosten auch die Angebotspreise für grünen Strom deutlich höher sind. So belegen Untersuchungen für Deutschland im Jahre 2001, dass die Angebotspreise der etablierten EVU für grünen Strom und einem Verbrauch von 3.000 kWh in der Mehrzahl zwischen 1.000 - 1.225 DM betrugen,

---

[712] Vgl. Meller (2003), S. 23.
[713] Vgl. Meller (2003), S. 23.
[714] An dieser Stelle sei darauf hingewiesen, dass dieses Paradoxon keine spezifische Besonderheit des deutschen Strommarkts darstellt. Denn auch empirische Untersuchungen auf anderen Strommärkten zeigen, dass zwar rd. 20 % der Haushaltskunden Strom aus erneuerbaren Energien vorziehen würden, andererseits aber der Marktanteil an erneuerbaren Energien in den meisten Ländern noch unter 1 % liegt. Vgl. Truffer (2001), S. 886.

während sich die vergleichbaren Stromkosten bei konventionell erzeugtem Strom nur auf durchschnittlich 940 DM beliefen.[715]
Gleichwohl scheint diese Argumentationsweise nicht zwingend zu sein. Denn weiterführende Untersuchungen in verschiedenen Ländern zeigen andererseits, dass in Analogie zu anderen „grünen Produkten“ durchschnittlich 20 % aller Haushalte bereit sind, zum Wohle der Umwelt rd. 10 - 20 % mehr für die Erzeugung ihres Stroms zu zahlen.[716] Der signifikante Einfluss der höheren Angebotspreise auf die Wechselbereitschaft wäre somit in Frage zu stellen.

Schließlich kann aber aus den Informationsstrukturen zwischen Anbietern und Nachfragern für den speziellen Fall eines Vertrages zur Lieferung von grünem Strom ein zusätzlicher dritter Erklärungsansatz abgeleitet werden. Denn ein direkter Stromtransport von einem bestimmten Erzeuger zu einem bestimmten Kunden findet physikalisch nicht statt, da sich der Strom stets den Weg des geringsten Widerstands aussucht. In einem Netz mit mehreren Generatoren ist es daher im Zeitablauf unmöglich, den Strombezug jeweils einem bestimmten Generator zuzuordnen.[717] Da somit der erzeugte und verbrauchte Strom nur in einem bilanziellen Zusammenhang stehen, hat ein Kunde nur unvoll**kommene** Informationen darüber, wie der von ihm verbrauchte Strom tatsächlich erzeugt wurde. Zwischen dem Endkunden und dem Erzeuger oder Netzbetreiber bestehen daher asymmetrische Informationen hinsichtlich der Produkteigenschaften des Gutes Strom.
In diesem Aspekt liegt auch der wesentliche Unterschied zu anderen Ökoprodukten aus der Nahrungsmittelindustrie. Denn ein Konsument, der etwa ungespritztes Obst oder Eier von freilaufenden Hühnern kauft, muss zwar auch auf die Angaben des Herstellers weitestgehend vertrauen, da er den Produktionsprozess nicht permanent überwachen kann. Auf der anderen Seite kann er aber im Gegensatz zum grünen Strom z. B. am Geschmack oder Farbe und Form zumindest teilweise die Angaben des Herstellers intersubjektiv nachprüfen.

Interessanterweise hätte aber ein Kunde selbst für den Fall, dass er - wie auch immer - exakt die Erzeugungsart des von ihm verbrauchten Stroms bestimmen könnte, das Problem der unvollkommenen Informationen noch nicht gänzlich aufgehoben. Da nämlich Strom aus erneuerbaren Energien in der Regel nur diskontinuierlich zur Verfügung steht, muss ein Teil des Strombedarfs in der Regel auch aus konventionellen Kraftwerken gedeckt werden. Der Fall, dass der Lastgang eines Kunden exakt dem Spannungsverlauf des aus erneuerbaren Energien gespeisten Stroms folgt, ist allenfalls theoretisch vorstellbar.
Ein Vertrag zwischen einem Kunden und dem Anbieter von grünem Strom kann daher wiederum nur dergestalt abgeschlossen werden, dass bilanziell im Zeitablauf die insgesamt verkaufte Menge an grünem Strom der erzeugten Menge entspricht.

[715] Vgl. Rentz et al. (2001), S. 26 - 27.
[716] Vgl. Truffer (2001), S. 886.
[717] Vgl. Hensing; Pfaffenberger; Ströbele (1998), S. 111.

Das hieraus entstehende Problem liegt nunmehr darin, dass zwischen den einzelnen Erzeugungsarten andererseits deutliche Kostenunterschiede bestehen. Für einen Stromverkäufer gibt es daher prinzipiell einen Anreiz, den kostengünstiger erzeugten konventionellen Strom als grünen Strom zu deklarieren.
Es ist daher zu vermuten, dass ein Kunde aufgrund der unvollkommenen Informationen hinsichtlich der Erzeugung selbst dann nicht zu einem Anbieter von grünem Strom wechseln wird, wenn er bereit ist, für aus erneuerbaren Energien erzeugten Strom einen deutlich höheren Preis zu zahlen.

Es stellt sich daher die Frage, welche Instrumente zur Behebung der dargelegten Ursachen für das geringe Wechselverhalten geeignet sind?

In Bezug auf das Problem der Kosten zur Informationsbeschaffung kann wohl im Wesentlichen auf die im Abschnitt zuvor für den „allgemeinen" Stromkauf diskutierten Lösungsansätze zurückgegriffen werden. Diese sind allenfalls um die besonderen Aspekte des grünen Stroms zu modifizieren und müssen daher an dieser Stelle nicht vertiefend diskutiert werden. Da ferner der Einfluss der höheren Preise für grünen Strom aus den dargelegten Argumenten nicht eindeutig ist, liegt der Schwerpunkt der weiteren Analyse auf der Beseitigung der asymmetrischen Informationen zwischen Kunde und Verkäufer.

Ein viel versprechender Lösungsansatz für das dargestellte Problem könnte sein, dass der Staat eine Aufsichtsbehörde installiert, die darüber wacht, dass ein EVU im Zeitablauf bilanziell nur soviel als „grün" deklarierten Strom verkauft, wie es anderseits in das Netz einspeist.

Aber selbst für den Fall, dass die Überwachung mess- und abrechnungstechnisch bewerkstelligt werden kann, steht der Staat vor der zusätzlichen Fragestellung, nach welchen Kriterien er grünen Strom von den übrigen Arten des Erzeugungsmix unterscheiden sollte? Denn sowohl in der Literatur als auch in der politischen Diskussion existieren recht unterschiedliche Auffassungen darüber, was als grüner Strom bezeichnet werden sollte. Weder im deutschen noch im angelsächsischen Sprachraum werden die Begriffe bislang einheitlich verwendet.[718]
So ist zwar einerseits die Ansicht sehr weit verbreitet, dass unter grünem Strom vor allem Einrichtungen zur Erzeugung von Strom aus erneuerbaren Energien wie z B. Sonne, Wind und Wasser substituiert werden sollten. Daneben wird der Beitrag zum Klimaschutz etwa in der Form der CO_2-Reduktion allgemein als ein wichtiges Kriterium für die Zertifizierung als grüner Strom anerkannt.[719]

---

[718] Vgl. Weller (1998), S. 58.
[719] Vgl. Truffer (2001), S. 889.

Andererseits zeigt sich aber bei der praktischen Umsetzung, dass durch die hier genannten Kriterien noch jede Menge Interpretationsspielraum vorhanden ist. Denn auch Strom aus bereits vorhandenen erneuerbaren Energiequellen, worunter insbesondere auch große Wasserkraftwerke zählen, würde den zuvor gestellten Anforderungen genügen. Der Anreiz für einen Haushalt, mit seiner Wahl für ein grünes Produkt einen persönlichen Beitrag zum Umweltschutz zu leisten, wäre gleichwohl hierdurch konterkariert, da tatsächlich keine zusätzliche Einheit an erneuerbaren Energien errichtet wird.[720]

Darüber hinaus ist nicht ersichtlich, ob die hier genannten Anforderungen an grünen Strom bereits ausreichend sind. So wird in der Literatur die These vertreten, dass speziell im Hinblick auf Wasserkraftwerke sowie Wind- und Biomasseanlagen auch die Einflüsse auf die Landschaft und das Ökosystem zu berücksichtigen sind.[721] Unter gesamtwirtschaftlichen Gesichtspunkten der Umweltpolitik kann sich daher mitunter ein Erzeugungsmix als optimal erweisen, der auch andere Erzeugungsquellen als die zuvor genannten beinhaltet. Denn etwa die nahe liegende Forderung eines Nachfragers von grünem Strom nach „Kohle- und Kernenergiefrei" kann auch durch einen Erzeugungsmix erfüllt werden, der zu 99 % aus Erdgas besteht![722]

Das aus den hier dargestellten unterschiedlichen Definitionen von Ökostrom abgeleitete Dilemma besteht darin, dass einerseits stetig neue Anbieter mit unterschiedlichen Konzepten auf dem Markt auftreten. Andererseits kann aber in Anlehnung an die bereits diskutierten ökonomischen Besonderheiten des Stromkaufs bezweifelt werden, dass ein durchschnittlicher Haushalt die Unterschiede zwischen den einzelnen Ökostromangeboten erkennt.

Der von allen Seiten bislang favorisierte Ansatz zur Behebung dieses Dilemmas besteht in der Einführung einer besonderen Kennzeichnung von Ökostrom. Hierdurch ist es nämlich möglich, die Transparenz und Glaubwürdigkeit auf dem Markt für Ökostrom zu erhöhen.[723] Gleichwohl ist der Erfolg der hier eingeschlagenen Vorgehensweise bislang noch keineswegs sicher gestellt. Denn in Analogie zur Diskussion, was unter Ökostrom zu verstehen ist, weist auch die bisherige Praxis der Zertifizierung ein gewisses Maß an Intransparenz auf. So zeigen Untersuchungen für den deutschen Strommarkt, dass zwar einerseits die Anzahl der Zertifizierungen stetig zunimmt, aber andererseits auch die verschiedenen Arten. Denn neben den häufig anzutreffenden Zertifikaten des TÜV sowie des Grünen Strom Label e. V. werden zunehmend auch Qualitätsbescheinigungen und Zertifikate gewählt, die u. a. von den Landesgewerbeämtern und dem Forum für Zukunftsenergien erteilt werden.[724]

---

720 Vgl. Glaser (1999), S. 35 ff und Rentz et al. (2001), S. 28.
721 Vgl. Truffer (2001), S. 889.
722 Vgl. Glaser (1999), S. 35 und das dort angegebene Beispiel.
723 Vgl. u. a. Gemeroth, (1999), S. 15.
724 Vgl. Rentz et al. (2001), S. 28.

Als ein zusätzliches Problem dürfte sich in diesem Zusammenhang auch der internationale Vergleich der verschiedenen Zertifizierungsmethoden erweisen. Zwar gibt es inzwischen einen Richtlinienvorschlag der EU-Kommission zur Stromkennzeichnung. Gleichwohl wird aber den einzelnen EU-Mitgliedern analog zur Binnenmarktrichtlinie Elektrizität genügend Freiraum zur nationalen Umsetzung gelassen.[725]
Es besteht somit nach wie vor ein gewisser Handlungsbedarf für die Politik, klar zu definieren, was unter grünem Strom bzw. Ökostrom zu verstehen ist. Denn die Kundenakzeptanz wird umso größer sein, je transparenter die Eigenschaften des unter dem Label „Ökostrom" verkauften Produktes sind.[726]

Abschließend soll noch der Frage nachgegangen werden, welche Möglichkeiten ein EVU seinerseits hat, die asymmetrischen Informationen in Bezug auf die Produkteigenschaften des Gutes Strom aufzuheben? Es ist nämlich leicht einzusehen, dass zumindest der „ehrliche" Anbieter von grünem Strom ein Interesse an einer Beseitigung möglicher Barrieren für potenzielle Nachfrager hat, um die gesteckten Unternehmensziele verwirklichen zu können.
In Analogie zum Ansatz des „Signalling" könnte daher der ehrliche Anbieter versuchen, dem potentiellen Käufer hinreichende Argumente zu liefern, dass der von ihm deklarierte Ökostrom tatsächlich aus erneuerbaren Energiequellen stammt.
Als ein sehr anschauliches Beispiel hierfür kann der Bau von kostenintensiven Anlagen zur Erzeugung von erneuerbaren Energien angeführt werden.[727] Denn sofern einerseits ein Erzeuger in derartige Anlagen investiert hat, ist es für diesen rational, durch den Verkauf des daraus erzeugten Stroms die entstandenen Mehrkosten zu amortisieren. Andererseits kann aber selbst der Laie Einrichtungen zur Stromerzeugung aus erneuerbaren Energiequellen in der Form etwa von Wind- und Solaranlagen von konventionellen Anlagen unterscheiden.
Das hier beschriebene Verfahren stößt gleichwohl an zwei, bislang in der Literatur nur wenig beachtete Grenzen: Zum einen sind hierdurch die bilanziellen Zusammenhänge zwischen Erzeugung und Verbrauch noch nicht transparent gemacht worden. Ein Kunde kann etwa nicht erkennen, ob die insgesamt installierte Kraftwerksleistung an erneuerbaren Energiequellen auch im Zeitablauf ausreicht, die von einem EVU zur Lieferung von grünem

---

[725] Vgl. Meller (2002), S. 1.
Die generelle Bandbreite von möglichen Zertifizierungskriterien im internationalen Umfeld zeigen u. a. die nachfolgenden Beispiele:
In Kalifornien ist es für den Erwerb des so genannten „Green-E-label" ausreichend, wenn der Strom zu mindestens 50 % aus erneuerbaren Energien erzeugt wird. Dabei darf das restliche Portfolio im Hinblick auf die Emissionswerte zur Stromerzeugung nicht höher als der kalifornische Durchschnitt liegen und keine Kernenergie enthalten. Vgl. Weller (1998), S. 66.
In Massachusetts hatte ein Anbieter sogar konventionell erzeugten Strom als Ökostrom angeboten mit der Begründung, dass ein Teil der erzielten Gewinne an öffentliche Interessenorganisationen überwiesen werde. Vgl. Glaser (1999), S. 34.
Einige grundsätzliche Anmerkungen zur prinzipiellen Vorgehensweise bei der Einführung eines europaweiten Labels befinden sich u. a. in: Truffer (2001), S. 896.

[726] Vgl. Erdmann (1999), S. 403.

[727] Vgl. Truffer (2001), S. 888.

Strom eingegangenen Verträge zu erfüllen. Zum anderen müssen sich die unter dem Begriff Ökostrom zugelassenen Erzeugungsquellen auch für den Laien markant von den übrigen Anlagen unterscheiden. Dies wird aber insbesondere dann schwierig, wenn z. B. auch GuD-Anlagen zugelassen werden.

4.4.3 Bewertung

In diesem Abschnitt sind zwei Arten von asymmetrischen Informationen zwischen Kunde und EVU analysiert worden, die offensichtlich dazu führen, dass die vorhandene Wechselbereitschaft und infolgedessen auch die Wettbewerbsintensität auf dem deutschen Strommarkt nicht ausgeschöpft werden. In beiden Fällen konnten Lösungsansätze zur Beseitigung der bestehenden Informationsdefizite des Kunden entwickelt und diskutiert werden.
Hierdurch ist aber andererseits noch nicht sichergestellt, dass die Wechselbereitschaft tatsächlich signifikant ansteigt. Denn die ökonomische Analyse des Stromkaufs in Kapitel 4.4.2.1 hat auch gezeigt, dass das Entscheidungsverhalten eines Kunden hierbei einige Besonderheiten aufweist. Es ist nämlich z. B. nicht auszuschließen, dass ein Kunde, selbst bei vollständigen Informationen hinsichtlich der (Preis)vorteile eines Versorgerwechsels, diesen unterlässt. Dieses „irrationale" Verhalten könnte etwa damit begründet werden, dass Strom für diesen Kunden lediglich ein „Low-Involvement-Product" darstellt, dem er keine große Aufmerksamkeit schenkt.

Es stellt sich daher die Frage, inwieweit der Staat zusätzlich in das Entscheidungsverhalten eingreifen sollte, um die Wechselbereitschaft und damit die Wettbewerbsintensität zu steigern.

Hierzu ist zunächst einmal der bereits dargelegte Aspekt anzumerken, dass nicht zuletzt durch eine verstärkte Kundenorientierung und in Gang gekommenen Preisreduzierungen für alle Kundengruppen die Kundenzufriedenheit mit dem „alten EVU" deutlich gesteigert wurde. Der Anreiz für einen Wechsel wurde hierdurch verringert. Folgerichtig zeigen auch Marktanalysen, dass geringe Wechselraten mit einer hohen Kundenzufriedenheit durchaus kompatibel sind. Das in der Literatur vorgefundene Argument, wonach die Wirksamkeit des Wettbewerbs an möglichst häufigen Versorgerwechseln abzulesen sei, ist daher nicht zwingend.

Darüber hinaus ist zu vermuten, dass viele Kunden die zusätzliche Strategieoption des Versorgerwechsels zumindest dahingehend nutzen, dass sie sich mit dem Angebot ihres bisherigen Versorgers kritisch auseinandersetzen. Inwieweit hierdurch Effekte etwa auf die Preispolitik der EVU erzielt werden, lässt sich zwar nur schwer quantifizieren. Gleichwohl ist es aber nachvollziehbar, dass die Kunden alleine durch die neu gewonnene Option eines Versorgerwechsels, Druck auf Preis und Service der etablierten EVU ausüben.[728]

Zusammenfassend kann somit das Fazit gezogen werden, dass es vollkommen ausreicht, wenn der Staat durch Instrumente wie z. B. kostenlose Informationsdienste in Form eines Bürgertelefons oder der Zertifizierung von Ökostrom bestehende Informationsdefizite der Kunden beseitigt. Insbesondere hat der Staat hierbei Sorge zu tragen, dass die Handlungen der Marktteilnehmer im Einklang mit dem „Gesetz gegen den unlauteren Wettbewerb (UWG)“ stehen.[729]
Hingegen sind Maßnahmen, die lediglich an einer Steigerung der Wechselrate gemessen werden, nicht marktkonform und daher abzulehnen.

[728] Vgl. IEA (2001c), S. 13.
[729] Unter diesem Aspekt ist es z. B. zielführend gewesen, dass das Landgericht Mannheim eine einstweilige Verfügung gegen die ares-Gruppe erließ, weil diese mit unklaren Angaben zu Preis und Vertragsdauer werbe. Der ares-Gruppe wurde hierbei vorgeworfen, dass diese angeblich mit Bruttopreisen geworben und zusätzliche Zähler- und Ablesekosten verschwiegen habe. Vgl. Kassebohm (2000), S. 915.

4.5 Externe Effekte der Stromerzeugung im liberalisierten Markt

4.5.1 Problemstellung

In der Literatur sind insbesondere im Zusammenhang mit Fragen der Klimaveränderung durch den CO_2-Anstieg bereits verschiedene Arten von Externen Effekten der Stromerzeugung ausführlich analysiert worden.[730] Die mit Beginn der Liberalisierung des deutschen Strommarktes erweiterte Strategiemenge der EVU hat gleichwohl dazu geführt, dass sich mittlerweile darüber hinaus folgende zwei zusätzliche Arten beschreiben lassen:

In Kapitel 3.3.1.2 sind die Argumente dargelegt worden, dass die Liberalisierung des Strommarktes zu einem starken Trend hin zu gasgetriebenen Kraftwerken führt. Schätzungen gehen davon aus, dass diese Entwicklung im Kraftwerksbau auch in der Zukunft sich weiter fortsetzen wird und bereits im Jahre 2015 rd. 30- 40 Prozent des Stroms innerhalb Europas durch Erdgas erzeugt wird, im Vergleich zu 7,5 Prozent im Jahre 1992.[731]
Da aber andererseits weder Deutschland noch die meisten anderen Staaten der Europäischen Union über ausreichende Erdgasreserven verfügen, müssen diese vorwiegend aus den ressourcenreichen Regionen des Nahen Ostens und Russlands importiert werden. Es entsteht somit eine Ressourcenabhängigkeit, die gerade bei politisch labilen Regionen und der damit verbundenen Gefahr der plötzlichen Versorgungsunterbrechung zu ernsten Konsequenzen führen kann.
Das Problem liegt offensichtlich darin, dass die Verfügbarkeit des Brennstoffes bzw. die Kosten einer plötzlichen Versorgungsunterbrechung mit Erdgas nicht ausreichend bei der Investitionsentscheidung eines EVU berücksichtigt werden. Dieses Dilemma kann dabei als „Externe Effekte bei der Wahl der Erzeugungs**art**" bezeichnet werden.

Eine zweite Art Externer Effekte bei der Stromerzeugung infolge der Deregulierung liegt in den bestehenden unterschiedlichen Preisniveaus innerhalb der europäischen Strommärkte begründet. Denn einerseits ist es für ein einzelnes EVU rational, durch Ausnutzung dieser Preisgefälle in Abhängigkeit von bestehenden Leitungsengpässen seinen Strombedarf möglichst günstig zu decken. Andererseits beruhen aber diese unterschiedlichen Preisniveaus möglicherweise auch auf divergierenden Höhen staatlicher Sonderabgaben für die Stromerzeugung bzw. Kosten für umwelt- oder sicherheitstechnische Standards.
Die einzelwirtschaftlich gesehen rationale Entscheidung eines EVU, Strom aus Regionen mit geringeren Erzeugungskosten in jene mit hohen zu importieren, kann somit dazu führen, dass die für ein bestimmtes Land gesamtwirtschaftlich gesehen wünschenswerten umwelt- oder sicherheitstechnischen Standards umgangen werden. Der hier beschriebene Konflikt kann dabei als „Externe Effekte bei der Wahl des Erzeugungs**standortes**" bezeichnet werden.

---

[730] Vgl. u. a. Müller (1998), S. 340 und die dort angegebene Literatur.
[731] Vgl. Rider (1999), S. 16.

Im Folgenden werden für beide hier dargestellten Problemfelder zunächst die Ursachen des offensichtlichen Zielkonflikts zwischen der einzelwirtschaftlich rationalen Entscheidung eines EVU im deregulierten Strommarkt und den gesamtwirtschaftlich irrationalen Folgen herausgearbeitet. Danach wird auf diesen Ergebnissen aufbauend der Versuch unternommen, Möglichkeiten zur Internalisierung der beschriebenen Externen Effekte zu entwickeln.

4.5.2 Analyse der Externen Effekte bei der Wahl der Erzeugungsart

4.5.2.1 Geopolitische Risiken von Erdgas

Die Staaten Deutschland (D), Spanien (E), Frankreich (F), Großbritannien (GB) und Italien (I) erzeugten im Jahre 1999 mit zusammen rd. 1.921 TWh fast 76 Prozent der gesamten Stromerzeugung innerhalb der Europäischen Union.[732] Eine Analyse des Brennstoffmix dieser Staaten zeigt hierbei, dass der Gasanteil allerorts in den letzen Jahren stetig zugenommen hat, und nach vorliegenden Prognosen ein Ende dieser Entwicklung nicht absehbar ist.[733] Die in Kapitel 3.3.1.2 dargelegte Veränderung der Strategiewahl der EVU im liberalisierten deutschen Strommarkt hinsichtlich der Erzeugungsart ist somit offensichtlich mit steigender Tendenz auch in anderen Ländern beobachtbar.

Jahr	1990		1999		2010		2020	
Land	absolut [TWh]	relativ [%]	absolut [TWh]	relativ [%]	absolut [TWh]	relativ [%]	absolut [TWh]	relativ [%]
D	40,49	7,39	55,06	9,98	86,46	14,46	k. A.	k. A.
E	1,51	1,00	19,06	9,24	62,04	24,05	k. A.	k. A.
F	3,03	0,72	7,5	1,45	100,00	16,32	200,00	29,75
GB	3.61	1,10	141,37	38,85	235,66	55,99	326,44	73,57
I	39.71	18,62	86,98	33,55	160,20	43,59	k. A.	k. A.
Σ bzw.∅	88,37	5,37	309,97	16,13	644,36	28,55	k. A.	k. A.

Tabelle 9: Entwicklung des Gasanteils im Erzeugungsmix [734]

Die hier beschriebene Entwicklung in der Elektrizitätswirtschaft darf obendrein nicht losgelöst betrachtet werden von der generellen Verschiebung des Primärenergieeinsatzes. Denn auch auf dem Wärmemarkt wird nach vorliegenden Prognosen eine weitere Zunahme des Einsatzes von Erdgas erwartet mit der Folge, dass die Bedeutung von Erdgas als Energieträger innerhalb der Mitgliedsstaaten der Europäischen Union in den kommenden

[732] Quelle: IEA (2001a) S. I 20; eigene Berechnungen.

[733] Der hier aufgezeigte Trend lässt sich dabei auch generell in allen europäischen OECD-Ländern beobachten. Vorliegende Prognosen gehen nämlich davon aus, dass in diesen Staaten der Anteil von Erdgas am Brennstoffmix in den kommenden Jahren mit durchschnittlich 7 % ansteigen wird. Vgl. IEA (2001b), S. I 8.

[734] Quelle: IEA (2001a); eigene Berechnungen.

Jahren sowohl absolut als auch relativ stetig zunehmen wird. Alleine für die hier betrachteten 5 Staaten wird der absolute Primärenergieeinsatz von Erdgas zwischen den Jahren 1999 und 2010 von 258,35 Mtoe auf 338,87 Mtoe steigen!

Jahr / Land	1999 absolut [Mtoe]	1999 relativ [%]	2010 absolut [Mtoe]	2010 relativ [%]
D	71,98	21,34	84,24	24,04
E	13,29	11,22	22,92	16,98
F	34,47	13,52	59,66	19,39
GB	83,06	36,06	100,05	40,98
I	55,55	32,86	72,00	38,76
Σ bzw. Ø	258,35	23,27	338,87	27,71

Tabelle 10: Entwicklung des Gasanteils am Primärenergieverbrauch [735]

Auf der anderen Seite zeigt aber ein Blick auf die Weltkarte, dass die Vorräte an Erdgas zwar nicht so ungleichmäßig verteilt sind wie bei Erdöl, aber auch bei weitem nicht so homogen wie bei Kohle.[736] Eine Analyse der wichtigsten Förderländer für Erdgas legt nämlich dar, dass gegenwärtig rd. 43 Prozent innerhalb der „Organisation of Petroleum Exporting Countries (OPEC)“ und der ehemaligen „Gemeinschaft unabhängiger Staaten (GUS)“ gefördert werden. Obendrein ist die scheinbar vorhandene Diversifizierung der Struktur des Erdgasaufkommens trügerisch. Denn eine differenziertere Betrachtung der nachgewiesenen Lagerstätten für Erdgas zeigt, dass sich heute nur rd. 18 Prozent der nachgewiesenen Reserven außerhalb der beiden Ländergruppen OPEC und GUS befinden.

Aufgrund der unterschiedlichen Reichweite der einzelnen Lagerstätten wird es daher bereits in den kommenden beiden Jahrzehnten, parallel zu der zuvor dargestellten wachsenden Gasnachfrage innerhalb der EU, eine deutliche Verschiebung der Gasförderung hin zu den OPEC-Staaten und der ehemaligen GUS geben. Die Folge hiervon ist eine wachsende Importabhängigkeit der EU-Staaten, die durch eine physikalische Besonderheit von Erdgas noch zusätzlich verschärft wird. Denn anders als etwa auf dem Ölmarkt, haben sich aufgrund der Leitungsgebundenheit von Erdgas im Wesentlichen regionale Märkte zwischen Anbietern und Nachfragern herausgebildet. Da es z. B. keine direkte Leitung zwischen dem europäischen und dem amerikanischen Markt gibt, stellt Letzterer einen vollkommen

[735] Quelle: IEA (2001b); eigene Berechnungen.

[736] Vgl. Hensing; Pfaffenberger; Ströbele (1998), S. 79. In diesem Zusammenhang sei auch darauf hingewiesen, dass Kohle hinsichtlich ihrer Lagerstätten zwar die weltweit am weitesten verbreitete Ressource ist und daher geostrategische Risiken dieses Energieträgers auch für die kommenden Jahrzehnte nahezu ausgeschlossen sind. Gleichwohl sind aber die Einsatzmöglichkeiten der Kohle im Verhältnis etwa zu Erdöl und Erdgas deutlich eingeschränkt. Vgl. Müller (1999), S. 663.

geschlossenen Markt für sich dar.[737] Allenfalls kurzfristig können Lieferunterbrechungen etwa durch Gasspeicher oder Liquefied Natural Gas (LNG) aufgefangen werden.[738]

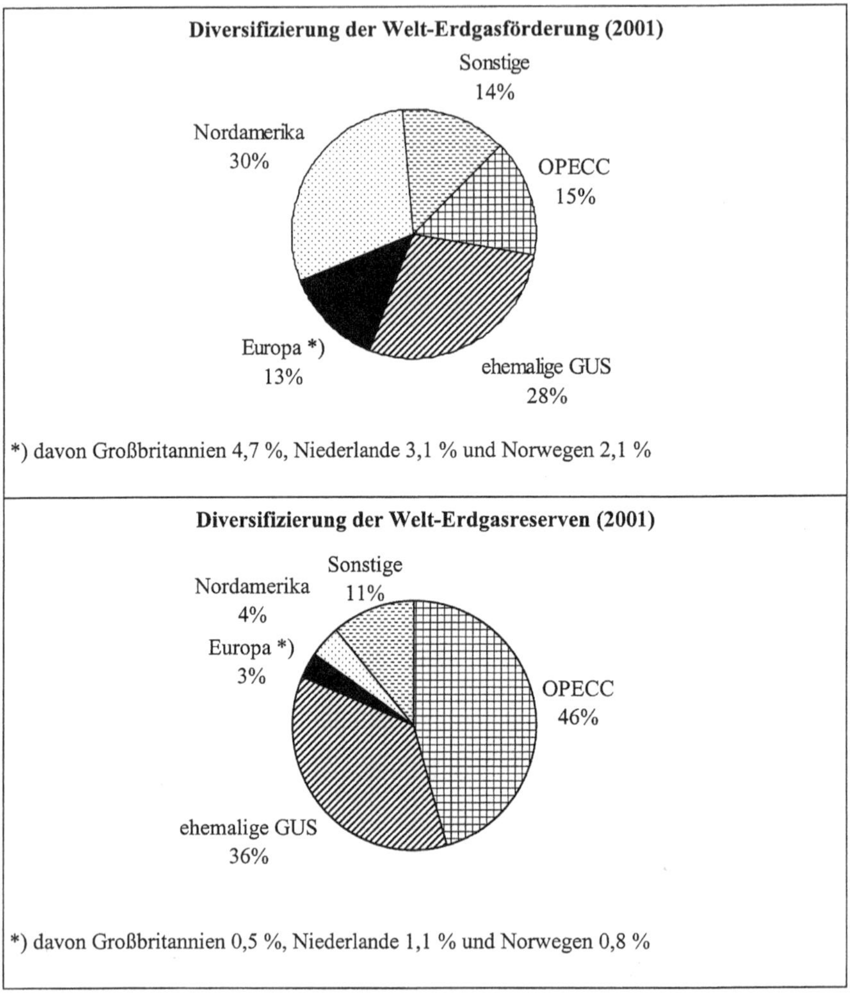

Bild 19: Diversifizierung der Welt-Erdgasförderung und -reserven im Jahre 2001[739]

Folglich können im Falle einer plötzlichen Versorgungsunterbrechung auf einem Teilmarkt nicht beliebige Mengen von anderen Märkten zum Ausgleich der Ausfälle herangezogen

---

[737] Vgl. Müller (1999), S. 663 und Europäische Kommission (2000), S. 43 ff.

[738] Liquefied Natural Gas (LNG) ist verflüssigtes Erdgas, das auf rd. -160°C abgekühlt wird und dadurch mit speziellen Tankern auf dem Seeweg transportiert werden kann. Vgl. Drasdo et al. (1998), S. 75 und S. 118.

[739] Quelle: ExxonMobil Central Europe Holding GmbH (2002), S. 5 - 7; eigene Berechnungen.

werden.[740] Die wichtigsten Erdgasexporteure für den europäischen Markt sind daher Russland, Algerien, der mittlere Osten und Turkmenistan. Es handelt sich somit um Staaten, deren politische und wirtschaftliche Stabilität aus dem Blickwinkel der EU allgemein als unsicher eingestuft wird.[741]

Die hier aufgestellte These der wachsenden geostrategischen Risiken kann zum einen damit begründet werden, dass die in den letzten drei Jahrzehnten gemachten Erfahrungen einer wachsenden Erdölabhängigkeit aus den hier genannten Regionen mitunter bereits in absehbarer Zukunft auch auf den Märkten für Erdgas beobachtbar sein werden. Es ist nämlich nicht auszuschließen, dass die OPEC bei wachsender Ressourcenabhängigkeit den Versuch unternehmen wird, anlog zum Erdöl auch bei Erdgas kartellähnliche Strukturen zu schaffen.[742] Zum anderen können speziell für den Raum des kaspischen Meeres darüber hinaus folgende Faktoren angeführt werden:[743]

- Das Ziel Russlands, die alten wirtschaftlichen und politischen Einflusssphären der Sowjetunion wieder herzustellen.
- Das Interesse der USA, den Iran zu isolieren.
- Das Bestreben der Türkei, alle Turkvölker zu vereinen.
- Die Vielzahl ethnischer Konflikte im kaukasischen Raum.

Gleichwohl können auch zwei Argumente angeführt werden, dass auch die Produzentenländer ein hohes Interesse an einer gesicherten Lieferung von Erdgas nach Westeuropa haben. Zum einen hängt die wirtschaftliche Stabilität dieser Länder im Wesentlichen von kontinuierlichen Deviseneinnahmen aus Erdgas ab. Zum anderen erfolgt im Gegensatz zu Erdöl und Kohle der Transport von Erdgas fast ausschließlich über Pipelines, die sehr viel kapitalintensiver sind als vergleichbare Infrastrukturen per Eisenbahn und Tanker. Es entstehen daher stärkere wechselseitige Abhängigkeiten zwischen Produzenten- und Konsumentenländern.[744]

Zusammenfassend kann gleichwohl das Fazit gezogen werden, dass der wachsende Anteil von Erdgas als Primärenergieträger eine Reihe geopolitischer Risiken beinhaltet. Es wird hierbei

---

740 In diesem Zusammenhang sei ferner darauf hingewiesen, dass auch eine Substitution zwischen den einzelnen fossilen Primärenergieträgern nicht kurzfristig ohne weiteres möglich ist. In Abhängigkeit von Öl oder Gas werden z. B. im Haushaltsbereich ganz unterschiedliche Brenner für die Heizungsanlage benötigt. Vgl. Durach (1996), S. 20.

741 Vgl. Drasdo et al. (1998), S. 77, Müller (1999), S. 664 und Steeg (1999), S. 123.

742 Die Frage, inwieweit die OPEC aufgrund der Ressourcen und Strukturen ihrer Mitglieder ein dauerhaftes Angebotskartell für Erdöl bilden kann, ist in der Literatur hinreichend beschrieben worden. Es würde gleichwohl den Rahmen der vorliegenden Arbeit sprengen, die Übertragbarkeit aller Argumente auf den Gasmarkt im Einzelnen zu prüfen. Zur weiteren Analyse ist es gleichwohl vollkommen ausreichend, dass sich ad hoc offensichtlich kein Argument finden lässt, das die potenzielle Bildung eines Kartells für Erdgas in jedem Fall ausschließt.

743 Vgl. Müller (1999), S. 664.

744 Vgl. Müller (1999), S. 663 ff und Steeg (1999), S. 119.

zukünftig viel davon abhängen, ob zwischen den EU-Staaten und den wichtigsten Förderländern eine langfristige Partnerschaft im Energiebereich verwirklicht werden kann.[745]

4.5.2.2 Ursachen der gesamtwirtschaftlich irrationalen Investitionsentscheidung

Im vorangegangenen Kapitel konnte dargelegt werden, dass das geänderte Investitionsverhalten der EVU im liberalisierten Strommarkt im Hinblick auf die Erzeugungsart zu einer weiteren Beschleunigung des ohnehin wachsenden Anteils von Erdgas als Primärenergieträger beiträgt. Da gleichsam als Folge dieser Entwicklung Erdgas zunehmend aus politisch äußerst labilen Regionen importiert werden muss, entstehen hierdurch auch zusätzliche Risiken für die Brennstoffbeschaffung und damit Verfügbarkeit der Kraftwerke.
Das dabei auftretende Marktversagen kann als „Externe Effekte bei der Wahl der Erzeugungs**art**" bezeichnet werden.

Andererseits ist aber nicht ohne weiteres einzusehen, warum ein einzelnes EVU offensichtlich die steigenden Risiken der Brennstoffbeschaffung etwa in Form eines plötzlichen Preisanstiegs für Erdgas oder einer abrupten Versorgungsunterbrechung ex ante nicht ausreichend in sein Entscheidungskalkül im Hinblick auf den Bau neuer Kraftwerke antizipiert. Denn im Falle etwa einer plötzlichen Verteuerung der eingesetzten Ressource wäre ein EVU wohl gezwungen, den Angebotspreis zu erhöhen und würde infolgedessen mitunter Kunden an ein konkurrierendes EVU verlieren, das aufgrund der Struktur seines Kraftwerksparks von der Preiserhöhung nicht (so stark) betroffen wäre.

Unter Abwägung der Vor- und Nachteile könnte daher aus dem Blickwinkel eines einzelnen EVU die Investition in ein gasgetriebenes Kraftwerk, selbst bei kurzfristigen Kostenvorteilen, eine irrationale Entscheidung darstellen. Folgerichtig wird auch in der Literatur bisweilen dargelegt, dass bei zukünftig steigenden Gaspreisen auch der Bau von Kohlekraftwerken wieder zu bevorzugen sei.[746] Das zuvor beschriebene Dilemma dürfte dementsprechend in der zuvor prognostizierten Schärfe gar nicht auftreten.

Es stellt sich daher die Frage, welche weiteren Faktoren neben Investitionskosten oder Risiken der Brennstoffbeschaffung die Strategiewahl eines EVU im liberalisierten Strommarkt im Hinblick auf die Erzeugungsart beeinflussen und damit das Auftreten der „Externen Effekte bei der Wahl der Erzeugungs**art**" begünstigen.

Als eine Ursache für dieses Verhalten wird in der Literatur die Furcht der Unternehmen vor staatlichen Interventionen angeführt. Denn der Staat könnte im Falle einer

---

[745] Vgl. Europäische Kommission (2000), S. 44.
[746] Vgl. u. a. Eßer (1994), S. 379 und Hohlefelder (2000), S. 149.

Versorgungsunterbrechung in die Preisbildung eingreifen und damit den strategischen Vorteil derjenigen Unternehmen, die Sicherungsmaßnahmen in der Vergangenheit getroffen haben, aufheben. Kraftwerksbetreiber, die im Vorhinein die vollen Kosten zur Risikominimierung etwa in Form des Aufbaus von Vorratslagern getragen haben, müssen damit rechnen, dass im Krisenfall ihre Vorratslager enteignet und nach staatlichen Vorgaben umverteilt werden.[747]

Andererseits ist aber leicht einzusehen, dass das Problem bereits dadurch behoben werden könnte, wenn der Staat etwa durch eine entsprechende Regelung des Gesetzgebers glaubhaft machen kann, dass er im Falle einer Versorgungsunterbrechung auf Maßnahmen der Zwangsbewirtschaftung verzichtet. Es wäre daher zu erwarten, dass abhängig von ihrer individuellen Einschätzung der Strategiewahl des Staates in Krisenzeiten zumindest ein Teil der EVU die Risiken der Brennstoffbeschaffung berücksichtigen.
Die Vermutung liegt nahe, dass noch andere Faktoren das Entscheidungsverhalten der EVU im liberalisierten Strommarkt im Hinblick auf die Erzeugungsart beeinflussen.

Zur weiteren Analyse wird im Folgenden ein geschlossener Markt betrachtet, in dem sich zwei EVU befinden, die zunächst nur identische Kohlekraftwerke einsetzen. Die Brennstoffkosten pro Einheit für den Einsatz von Steinkohle seien $C_{St}(t)$. Der Bedarf kann vollständig aus inländischen Ressourcen gedeckt werden. Beide EVU besitzen ferner mit ihren Kunden eine Reihe von Langfristverträgen über die jeweils fest fixierte Menge x(t) zum Preis p(t) für den Zeitraum $0 < t < T$.

Es sei nunmehr ferner angenommen, dass zum Zeitpunkt $t = T_1$ beide EVU ihre Kraftwerke amortisiert und damit die Möglichkeit haben, entweder erneut ein Kohlekraftwerk oder ein gasgetriebenes GuD-Kraftwerk zu bauen. Im letzteren Fall würde das dann erforderliche Erdgas von der ausländischen Gesellschaft „OPECGas" geliefert werden. Die gegenüber $C_{St}(t)$ äquivalenten Kosten für den Einsatz von Erdgas als Brennstoff betragen $C_G(t)$. Hierbei gilt zum Zeitpunkt T_1:

$$C_{St}(t) > C_G(t) \qquad \text{für} \quad T_1 \leq t \leq T \qquad (4.5.2.1)$$

Für die Strategiemengen von EVU_A (S_A) und EVU_B (S_B) zum Zeitpunkt T_1 gilt daher:

$$S_i(t) = \begin{pmatrix} S_{i1}(t)\text{: Baue erneut ein Kohlekraftwerk} \\ S_{i2}(t)\text{: Baue ein GuD-Kraftwerk} \end{pmatrix} \qquad \text{mit } i \in \{A,B\} \qquad (4.5.2.2)$$

[747] Vgl. Drasdo et al. (1998), S. 71 ff.

Sofern beide EVU erneut ein Kohlekraftwerk bauen, wird keines von beiden einen Wettbewerbsvorteil aufgrund der günstigeren Brennstoffkosten für Erdgas erlangen können. Für den Gewinn π gilt:

$$\pi_i(S_{A1}, S_{B1}) = \int_{T_1}^{T} [p(t) - C_{St}(t)]\, x(t)\, e^{-z\,t}\, dt \qquad \text{mit: } i \in \{A,B\} \tag{4.5.2.3}$$

Sofern sich nur ein EVU_i ($i \in \{A,B\}$) für den Bau eines GuD-Kraftwerks entscheidet, kann es für dieses aufgrund der niedrigeren Erzeugungskosten rational sein, über eine geringe Preissenkung neue Kunden zu gewinnen, deren Verträge bei EVU_{i-1} auslaufen. EVU_i wird diese Strategie wählen, sofern gilt:

$$\int_{T_1}^{T} [(p - \Delta p)(t) - C_G(t)]\, (x + \Delta x)(t)\, e^{-z\,t}\, dt > \int_{T_1}^{T} [p(t) - C_G(t)]\, x(t)\, e^{-z\,t}\, dt \tag{4.5.2.4}$$

Für den Gewinn π_i gilt dann:

$$\pi_i(S_{i2}, S_{(i-1)1}) = \int_{T_1}^{T} [(p - \Delta p)(t) - C_G(t)]\, (x + \Delta x)(t)\, e^{-z\,t}\, dt$$

$$\text{mit: } \int_{T_1}^{T} [(p - \Delta p)(t) - C_G(t)]\, (x + \Delta x)(t)\, e^{-z\,t}\, dt > \int_{T_1}^{T} [p(t) - C_{St}(t)]\, x(t)\, e^{-z\,t}\, dt$$

$$\text{bzw. } \pi_i(S_{i2}, S_{(i-1)1}) > \pi_i(S_{A1}, S_{B1}) \quad \text{und} \quad i \in \{A,B\} \tag{4.5.2.5}$$

EVU_{i-1} kann wiederum aufgrund des teureren Brennstoffeinsatzes mit der Preissenkungsstrategie des Konkurrenten nicht mithalten. Es wird nicht verhindern können, dass einzelne Kunden zu EVU_i überwechseln. Für den Zeitraum $T_1 < t < T$ kann daher EVU_{i-1} nur folgenden Gewinn π_{i-1} erzielen:

$$\pi_{i-1}(S_{i2}, S_{(i-1)1}) = \int_{T_1}^{T} [p(t) - C_{St}(t)]\, (x - \Delta x)(t)\, e^{-z\,t}\, dt$$

$$\text{mit: } \int_{T_1}^{T} [p(t) - C_{St}(t)]\, (x - \Delta x)(t)\, e^{-z\,t}\, dt < \int_{T_1}^{T} [p(t) - C_{St}(t)]\, x(t)\, e^{-z\,t}\, dt$$

$$\text{bzw. } \pi_{i-1}(S_{i2}, S_{(i-1)1}) < \pi_i(S_{A1}, S_{B1}) \quad \text{und} \quad i \in \{A,B \tag{4.5.2.6}$$

Dabei wird für die hier betrachtete Konstellation implizit unterstellt, dass durch den Bau **eines** gasgetriebenen Kraftwerkes noch keine gravierende Ressourcenabhängigkeit von Erdgas entstanden ist. Dies kann zum einen damit begründet werden, dass nach wie vor 50 % der Stromerzeugung durch die heimische Steinkohle abgedeckt werden und zum anderen durch die plausible Annahme, dass das Kohlekraftwerk noch unterhalb seiner Spitzenlast gefahren wird und daher z. B. im Falle einer Versorgungsunterbrechung von Erdgas einen Teil der Kapazitäten des gasgetriebenen Kraftwerkes abdecken könnte.

Der Grad der Ressourcenabhängigkeit ist gleichwohl vollkommen anders zu bewerten, wenn **beide** EVU zum Zeitpunkt T_1 ein Kraftwerk auf der Basis des Primärenergieträgers Erdgas bauen. Denn nunmehr wäre die Elektrizitätswirtschaft dieses Landes vollkommen von der Ressource Erdgas abhängig. Aufgrund der fehlenden Möglichkeit zur Substitution im Erzeugungsmix hätte der Gasimporteur OPECGas nunmehr die Strategieoption, den Gaspreis deutlich auf $C_G(t)^*$ zu erhöhen. Da der Bau neuer Kraftwerke langfristige Investitionsentscheidungen erfordert, müssten zumindest kurz- und mittelfristig beide EVU die vollen Kosten von Versorgungsunterbrechungen bzw. Anstieg des Importpreises von Erdgas tragen. Ferner ist auch eine Strategie der Umsatzsteigerung durch Preissenkung und Kundenakquisition nicht mehr möglich, da spezifische Kostenvorteile im Brennstoffeinsatz gegenüber dem jeweiligen Konkurrenten nicht mehr vorhanden sind. Auch die Möglichkeit einer Kostenüberwälzung an den Endkunden durch eine entsprechende Preiserhöhung scheidet aus, da in den bestehenden Langfristverträgen mit den Kunden der Preis fixiert ist. Für den Gewinn π_i gilt:

$$\pi_i(S_{A2}, S_{B2}) = \int_{T_1}^{T} [p(t) - C_G(t)^*]\, x(t)\, e^{-z\,t}\, dt$$

mit: $C_{St}(t) << C_G(t)^*$ für $T_1 \leq t \leq T$ und $i \in \{A,B$ (4.5.2.7)

Dabei wird aufgrund der Bedingung $C_{St}(t) << C_G(t)^*$ implizit unterstellt, dass sich die Erhöhung der Brennstoffkosten so gravierend auf die Kostenfunktion der Erzeugung auswirkt, dass der Gewinn für ein EVU sogar geringer ist, als wenn es unabhängig von der Entscheidung des anderen ein Kohlekraftwerk baut und hierdurch mitunter auch die Abwanderung von Kunden billigend in Kauf nimmt. Es gilt daher:

$$\pi_i(S_{i2}, S_{(i-1)1}) > \pi_i(S_{A1}, S_{B1}) > \pi_{i-1}(S_{i2}, S_{(i-1)1}) > \pi_i(S_{A2}, S_{B2}) \quad \text{mit: } i \in \{A,B\} \quad (4.5.2.8)$$

Zur Illustration dieses Ergebnisses sind in nachfolgender Auszahlungsmatrix konkrete Gewinne für EVU_A und EVU_B angegeben, die in ihren Relationen (4.5.2.8) entsprechen.

EVU_B / EVU_A	S_{B1}	S_{B2}
S_{A1}	(3,3)	(1,5)
S_{A2}	(5,1)	(0,0)

Matrix 4.5.2.1

Eine genauere Analyse der Auszahlungen in Matrix 4.5.2.1 zeigt, dass diese die Struktur des in der Literatur so genannten „chicken game" aufweist und sich zwei Nash-Gleichgewichte in reinen Strategien ergeben.[748] Sowohl bei $S_1^*(S_{A1}, S_{B2})$ als auch bei $S_2^*(S_{A2}, S_{B1})$ liegen wechselseitig beste Antworten vor. Darüber hinaus beinhaltet das Spiel noch ein Gleichgewicht bei gemischten Strategien, wenn beide Spieler unabhängig voneinander die Strategie S_{i1} mit $i \in \{A,B\}$ mit folgender Wahrscheinlichkeit γ wählen:

$$3\,\gamma + (1 - \gamma)\,1 = 5\,\gamma + (1 - \gamma)\,0 \qquad \Rightarrow \qquad \gamma = \frac{1}{3} \qquad (4.5.2.9)$$

Der erwartete Gewinn bei der Realisierung des Gleichgewicht bei gemischten Strategien beträgt hierbei für beide EVU $\pi_i = \frac{5}{3}$.

Das Problem aus dem Blickwinkel der EVU liegt nunmehr darin, dass beide ohne zusätzliche Informationen nicht die Frage beantworten können, welches Gleichgewicht tatsächlich realisiert wird. Die Summe der beiden Gewinne wäre zwar am höchsten, wenn sich beide Spieler verbindlich auf die Strategie S_{i1} mit $i \in \{A,B\}$ festlegen. Anderseits setzt diese Lösung aber voraus, dass EVU_i zum Zeitpunkt seiner Strategiewahl die Strategie $S_{(i-1)2}$ mit $i \in \{A,B\}$ des jeweils anderen ausschließen kann.

Aus den hier dargestellten Ergebnissen des spieltheoretischen Modells können wohl zwei wesentliche weitere Erklärungsansätze für das Investitionsverhalten eines einzelnen EVU in Bezug auf die Erzeugungsart abgeleitet werden.

Zum einen ist nämlich zu bedenken, dass bei einer Übertragung des hier betrachteten Modells auf die realen Bedingungen des deutschen Strommarktes die Anzahl der handelnden Akteure in Bezug auf Kraftwerksinvestitionen rapide ansteigt. Für ein einzelnes EVU dürfte es daher vorab nur sehr schwer möglich sein, die Strategiewahl aller übrigen relevanten Marktteilnehmer zweifelsfrei zu bestimmen. Es wird daher seine Investitionsentscheidung in Abhängigkeit einer subjektiven Einschätzung der Strategiewahl aller übrigen Investoren

[748] Zur vertiefenden Analyse des „chicken game" vgl. u. a. Rasmusen (1990), S. 73 ff, Holler (1994), S. 647 und Dixit; Skeath (1999), S. 331 ff.

tätigen. Dies kann dazu führen, dass ein EVU selbst dann in ein gasgetriebenes Kraftwerk investiert, wenn hierdurch die Ressourcenabhängigkeit und damit wiederum die Risiken des Brennstoffeinsatzes steigen.

Zum anderen liegt in Analogie zum bereits vorher diskutierten Fall der Erreichung der Normversorgung ein weiterer Erklärungsansatz darin, dass die Endkunden in einem liberalisierten Markt die Option zum Versorgerwechsel besitzen. Denn es ist leicht einzusehen, dass bei geschlossenen Versorgungsgebieten das Ergebnis im hier betrachteten spieltheoretischen Modell fundamental anderes wäre. Unter dieser Voraussetzung könnte nämlich ein EVU die zusätzlichen Kosten für einen „ressourcensicheren" Brennstoffeinsatz auf die Endverbraucher überwälzen.
Unter den Gegebenheiten eines liberalisierten Marktes ist es hingegen aus dem Blickwinkel eines EVU rational, nur dann in eine sichere und damit wohl auch teurere Erzeugungsalternative zu investieren, wenn die Kunden bereit sind, dafür einen entsprechend höheren Preis zu zahlen. In dieser Forderung liegt gleichwohl ein Dilemma für das EVU. Denn aufgrund der in Kapitel 4.4.2.1 dargelegten ökonomischen Besonderheiten des Stromkaufs ist nämlich nicht zu erwarten, dass ein durchschnittlicher Kunde auch Risiken des Brennstoffeinsatzes bei der Wahl seines Versorgers mit einbezieht. Ein EVU, das auf sicherere aber mitunter nicht so preiswerte Primärenergieträger zurückgreift, würde somit für einen Kunden einen zusätzlichen Anreiz zum Versorgerwechsel schaffen.

4.5.3 Internalisierung der Externen Effekte bei der Wahl der Erzeugungsart

Die Analyse der Ursachen der „Externen Effekte bei der Wahl der Erzeugungs**art**" im vorangegangen Kapitel lässt die Schlussfolgerung zu, dass „ein sich selbst überlassener Markt" den erforderlichen Grad an Versorgungssicherheit hinsichtlich des Brennstoffeinsatzes für Kraftwerke möglicherweise nicht erreichen kann.
Im Folgenden wird daher analysiert, inwieweit die in Kapitel 2.2.4 genannten Instrumente prinzipiell geeignet sind, die hier beschriebenen Externen Effekte zu internalisieren. Danach wird auf diesen Ergebnissen aufbauend und unter Berücksichtigung der bisherigen Praxis der Regulierung des Brennstoffeinsatzes auf dem deutschen Strommarkt eine Einschätzung vorgenommen, ob es gelingen kann, die Risiken der Brennstoffbeschaffung für Kraftwerke auch langfristig auf einem akzeptablen Niveau zu halten.

4.5.3.1 Bewertung der Instrumente zur Internalisierung

Bevor eine Bewertung der Instrumente zur Internalisierung vorgenommen werden kann, gilt es zunächst einmal zu überlegen, welche Ziele mit der Regulierung verfolgt werden, bzw. wie der zukünftige Energiemix in Deutschland gestaltet werden sollte?
Eine genauere Analyse dieser Fragestellung zeigt hierbei, dass ein vollkommener Verzicht auf den Einsatz von Erdgas in der Elektrizitätswirtschaft keine optimale Lösung darstellt. Denn

sofern nur einige wenige gasgetriebene Kraftwerke gebaut werden, würde sich einerseits die Ressourcenabhängigkeit nicht signifikant erhöhen, könnten aber anderseits gleichzeitig die Vorteile einer billigeren Erzeugung genutzt werden. Offensichtlich bestätigt sich somit auch in diesem Fall die in der Literatur bereits generell aufgestellte These, wonach eine absolute Autarkie im Hinblick auf den Primärenergieeinsatz gesamtwirtschaftlich gesehen mit Wohlfahrtsverlusten verbunden ist.[749]
Folgerichtig ist der Staat gemäß § 1 EnWG dazu verpflichtet, eine möglichst sichere **und** preisgünstige Versorgung im Interesse der Allgemeinheit zu gewährleisten. Die Internalisierung der Externen Effekte der Erzeugungsart muss sich daher an dem Ziel orientieren, einen Kraftwerksmix zu garantieren, der das Optimum aus möglichst niedrigen Erzeugungskosten und möglichst hoher Versorgungssicherheit darstellt.[750]

Die zunächst augenscheinliche Lösung zur Internalisierung der hier beschriebenen Externen Effekte wäre, dass der Staat mit einer mengenproportionalen „Pigou-Steuer" μ die Kosten für den Einsatz von Erdgas als Brennstoff so festsetzt, dass das geforderte Optimum erreicht wird. Diese Vorgehensweise stößt gleichwohl bei der praktischen Umsetzung auf ein entscheidendes Hindernis. Bereits in Kapitel 2.2.4.1 war erläutert worden, dass die Festsetzung der Pigou-Steuer ein perfektes Informationssystem zur Bewertung der Externalitäten einer ökonomischen Aktivität voraussetzt. Es sind aber andererseits durchaus Zweifel angebracht, dass der Staat etwa die Ressourcenabhängigkeit als Funktion der gasgetriebenen Kraftwerke oder die Folgekosten einer Versorgungsunterbrechung bestimmen kann. Gleichwohl ist eine Quantifizierung dieser Größen eine wesentliche Voraussetzung zur Bewertung der Externen Effekte. Hierbei gilt es zusätzlich zu bedenken, dass selbst die einmalige Quantifizierung dieser Größen über den gesamten Zeitablauf gesehen kein Optimum darstellt. Denn durch die Explorationen von neuen Gasquellen oder Entwicklung von alternativen Erzeugungstechniken kann sich die Gewichtung der Größen verändern, was wiederum eine Anpassung der Pigou-Steuer notwendig macht.
An dieser Stelle bestätigt sich somit auch für den speziellen Fall der Brennstoffbeschaffung von Kraftwerken eine in der Literatur grundsätzlich aufgestellte These, wonach die Festlegung

[749] Vgl. Steeg (1999), S. 120.
[750] Darüber hinaus gilt es gleichwohl zu bedenken, dass die Erreichung dieser beiden Hauptziele wiederum ein ganzes Bündel von Unterzielen und Nebenbedingungen berücksichtigen muss. So kann nämlich die Erhöhung des Gasimportes aus einer bestimmten Region auch einem politischen Kalkül folgen, das sich daraus eine höhere politische Stabilität in dieser Region erhofft. Die Importabhängigkeit aus dieser Region würde somit in gewisser Weise sogar zu positiven Externen Effekten führen! Vgl. Drasdo et al. (1998), S. 77.
Obendrein fordert das EnWG bekanntlich gemäß § 1 auch eine möglichst „umweltverträgliche" Versorgung. Es ist daher bei der Festlegung des optimalen Erzeugungsmix ebenfalls in Betracht zu ziehen, dass bei einer teilweisen Substitution der Kohleverstromung durch die kohlenstoffärmeren Energieträger Öl oder Gas auch ein Beitrag zum Klimaschutz geleistet wird. Vgl. Müller (2001), S. 18.
Aus gesamtwirtschaftlicher Sicht ist schließlich der bereits in Kapitel 4.3.3.2 dargelegte interessante Nebeneffekt anzumerken, dass in dem Maße wie zukünftig Erdgas zu dezentral angeordneten GuD-Kraftwerken transportiert wird, auch die de-facto noch immer existierende Monopolstellung der Übertragungsnetzbetreiber aufgehoben wird. Der zuvor aufgezeigte Trend des wachsenden Einsatzes von Erdgas in der Stromerzeugung senkt somit auch die Markteintrittsbarrieren für potenzielle Wettbewerber ab.

von Schwellenwerten oder Höchstmengen für den Einsatz von Primärenergieträgern nicht zielführend ist.[751]

Viel versprechender scheint es daher zu sein, auf den in Kapitel 2.2.4.2 dargestellten zweiten generellen Ansatz zurückzugreifen und durch die Ausgabe von Zertifikaten die auftretenden Externen Effekte der Erzeugungsart zu internalisieren.
Die praktische Umsetzung dieser Vorgehensweise müsste hierbei dahingehend sein, dass der Staat zunächst die gesamtwirtschaftlich optimale Anzahl an gasgetriebenen Kraftwerken festlegt. Danach würde der Staat die daraus resultierende Gesamtzahl an Zertifikaten in Form eines „Auktionsverfahren" unter den potenziellen Kraftwerksbetreibern versteigern.
Sofern bereits mehr gasgetriebene Kraftwerke auf dem Strommarkt vorhanden sind als gesamtwirtschaftlich wünschenswert, könnte darüber hinaus auch das so genannte „Grandfathering" zum Zuge kommen. Hierbei würde der Staat jedem bereits existierenden gasgetriebenen Kraftwerk genau ein Zertifikat zuteilen mit der Maßgabe, dass sich die Anzahl der Zertifikate und damit Kraftwerke im Zeitablauf so weit verringert bis das gesamtwirtschaftliche Optimum erreicht ist.
In beiden Fällen hätten die Marktteilnehmer die Möglichkeit, durch den Handel der Zertifikate z. B. über eine Börse, ihren optimalen Erzeugungsmix selbst zu wählen. Die Schwierigkeit bei der praktischen Umsetzung dieser Ansätze besteht aber darin, dass der Staat im Vorhinein das gesamtwirtschaftliche Optimum an gasgetriebenen Kraftwerken bestimmen muss.

4.5.3.2 Erfolgsfaktoren einer Regulierung des Brennstoffeinsatzes in Deutschland

Die Analysen im vorangegangen Kapitel haben gezeigt, dass die praktische Umsetzung der in der Literatur üblicherweise vorgeschlagenen Verfahren zur Internalisierung der hier beschriebenen Externen Effekte offensichtlich nicht trivial ist. Es stellt sich daher die Frage, ob der Staat unter diesen Voraussetzungen überhaupt in das Investitionsverhalten der Kraftwerksbetreiber intervenieren sollte.
Die hier vorgebrachten Zweifel an der Schaffung eines optimalen Kraftwerksmix durch den Staat werden dabei aufgrund der negativen historischen Erfahrungen zusätzlich bestärkt, wie nachfolgender kurzer Abriss zum „Dritten Verstromungsgesetz" verdeutlicht:

Ein Blick auf die Veränderung des Kraftwerksmix in der Bundesrepublik Deutschland in den letzten 30 Jahren zeigt nämlich, dass der gegenwärtig steigende Gasanteil an der deutschen Stromversorgung in Wirklichkeit eine Renaissance darstellt. Denn bereits zwischen 1970 und 1975 war der Gasanteil kurzfristig von etwa 5 % auf fast 20 % angestiegen.[752]
Als Konsequenz der ersten Ölkrise im Jahre 1973 und der sich daran anschließenden Diskussion wurde gleichwohl im „Dritten Verstromungsgesetz" der Bau von Kraftwerken, die

---

[751] Vgl. Steeg (1999), S. 121.
[752] Vgl. Timm (1998), S. 448.

ausschließlich oder überwiegend mit Öl und Gas betrieben werden sollten, einer energiewirtschaftlichen Genehmigungspflicht unterworfen.[753] Im so genannten „Jahrhundertvertrag“ wurden schließlich im Jahre 1980 die deutschen Stromversorger verpflichtet, bis zum Jahre 1995 insgesamt 511 Mio. Tonnen inländische Steinkohle zur Verstromung abzunehmen. Die Gesamtmenge war dabei so festgesetzt worden, dass unter der Prämisse des ebenfalls von der damaligen Bundesregierung beschlossenen Ausbaus der Kernenergie bis auf weiteres keine Notwendigkeit für den Einsatz von Erdgas als Brennstoff bestand.[754]
Eine derartige langfristige Bindung an eine spezifische Ressource hatte aber schon bald fatale Folgen für die Elektrizitätswirtschaft, als sich die Rahmenbedingungen Mitte der 80er Jahre grundlegend änderten. Denn zu diesem Zeitpunkt setzte auf den Weltenergiemärkten ein drastischer Preisverfall für Steinkohle ein, während die Mindestpreise für deutsche Steinkohle infolge steigender Förderkosten und unzureichender Rationalisierungsanreize noch weiter angehoben wurden. Die Preisdifferenz zwischen deutscher Steinkohle und Importkohle kletterte infolgedessen zwischen 1980 und 1993 von „nur“ rd. 90 DM/t SKE auf 227 DM/t SKE![755] Die Stagnation des Stromverbrauchs und die Produktivitätssteigerungen bei der Stromerzeugung zeigten darüber hinaus recht bald, dass die Abnahmeverpflichtungen zu hoch angesetzt waren. Letztere führten schließlich dazu, dass die EVU selbst die Grundlast aus heimischer Steinkohle erzeugten, obwohl hier mit Kernenergie und Braunkohle weitaus günstigere Erzeugungsalternativen zur Verfügung standen. Die Deregulierungskommission stellte folgerichtig in ihrem Bericht 1991 fest, dass die Anlegung von Kohlevorratslager im Hinblick auf eine eventuelle Versorgungsunterbrechung wesentlich günstiger sei als die Protektion des heimischen Kohlebergbaus.[756]

Der hier beschriebene offensichtliche Misserfolg einer staatlichen Regulierung des Brennstoffeinsatzes liefert naturgemäß den Kritikern einer staatlichen Intervention gewichtige Argumente. Andererseits war aber bereits in Kapitel 4.1 dargelegt worden, dass die Entscheidung über eine Regulierung auf einer Gegenüberstellung von Nutzen und Kosten zu erfolgen habe. Aufgrund der gesamtwirtschaftlich gesehen negativen Folgen einer wachsenden Ressourcenabhängigkeit wäre es daher fatal, wenn der Staat aufgrund historischer Fehler in der Vergangenheit für alle Zeiten gänzlich auf eine Regulierung des Brennstoffeinsatzes verzichten würde. Vielmehr gilt es unter Berücksichtigung der historischen Erfahrungen, die zuvor dargestellten Instrumente zur Regulierung des Brennstoffeinsatzes effizient einzusetzen.

---

[753] Vgl. Pfaffenberger (1993), S. 69 ff und Timm (1998), S. 449.
[754] Vgl. Timm (1998), S. 448.
[755] Vgl. Wachendorf (1994), S. 677.
[756] Nach Auffassung der Deregulierungskommission diente die Kohleprotektion letztendlich auch dazu, den Strukturwandel im Bergbau sozialverträglich zu gestalten. Vgl. Deregulierungskommission (1991), S. 72.

Die kritischen Erfolgsfaktoren einer staatlichen Regulierung im hier betrachteten Fall liegen daher vielmehr in den beiden folgenden Aspekten begründet:

Zum einen ist es leicht einzusehen, dass eine wie auch immer gestaltete Beschränkung der auf der Basis von Erdgas betriebenen Erzeugungsanlagen nur dann wirklich umsetzbar ist, wenn echte Alternativen aufgezeigt werden. Schließt man aber den weiteren Ausbau der Kernenergie aus politischen Gründen aus, so stehen neben den fossilen Energieträgern nur die erneuerbaren Energiequellen zur Verfügung. Hierzu zählen neben der Nutzung der Sonnenenergie, der Windenergie und der Biomasse vor allem die Nutzung der Wasserkraft und der Erdwärme.[757]
Die verwendeten Techniken zur Nutzung der erneuerbaren Energiequellen sind bereits heute in der Lage, alle notwendigen Sekundärenergieträgerformen wie Wärme, Strom und Brennstoffe bereitzustellen. Das theoretische und technische Potenzial erneuerbarer Energiequellen übersteigt dabei weltweit den derzeitigen Primärenergieverbrauch um ein Vielfaches.[758]
Die erneuerbaren Energien könnten daher einen wesentlichen Beitrag zur Versorgungssicherheit der gesamten Europäischen Union leisten. Gleichwohl zeigt sich aber bei einer genaueren Betrachtung, dass erneuerbare Energiequellen gegenwärtig nur 6 % zur europäischen Energieversorgung beitragen, wovon allein 2 % auf die Wasserkraft entfallen.[759]
Der Substitution durch den bedeutendsten Energieträger Wasserkraft sind obendrein in den einzelnen Staaten durch die jeweiligen spezifischen landschaftlichen Gegebenheiten natürliche Grenzen gesetzt.[760]
Eine Erhöhung des Anteils der erneuerbaren Energien ist daher nur durch erhebliche politische und ökonomische Anstrengungen möglich. Es kann daher nicht verwundern, dass Prognosen davon ausgehen, der Anteil dieser Energiequellen könnte selbst bis zum Jahre 2030 lediglich 9 % des europäischen Gesamtverbrauches betragen.[761]

Der hier aufgezeigte Mangel an möglichen Erzeugungsalternativen lässt somit die Schlussfolgerung zu, dass die Regulierung des Brennstoffeinsatzes auch dann nicht ohne weiteres umgesetzt werden könnte, wenn diese hinreichend begründet wäre.

---

757 Vgl. Hensing; Pfaffenberger; Ströbele (1998), S. 104.
758 Zur Bewertung der technischen Nutzbarmachung der erneuerbaren Energiequellen werden in der Literatur insgesamt vier Potenzialkategorien unterschieden:
Das *theoretische* Potenzial umfasst das gesamte physikalische Angebot der erneuerbaren Energiequellen. Das *technische* Potenzial berücksichtigt zusätzlich auch den Wirkungsgrad der jeweiligen Systeme zur Nutzbarmachung erneuerbarer Energiequellen. Die Einbeziehung der Kosten zur Nutzung erneuerbarer Energiequellen führt schließlich zum *wirtschaftlichen* Potenzial. Da aber bei vielen Systemen zur Nutzung erneuerbarer Energien genaue Angaben über ihre zukünftige Kostenentwicklung nicht möglich sind, wird heute vielfach für das wirtschaftliche Potenzial auch das *Erwartungspotenzial* angegeben. Es stellt unter Berücksichtigung z. B.. von Markteinführungsfaktoren die erwartete Ausschöpfung des wirtschaftlichen Potenzials dar. Vgl. Kleemann; Meliß (1993), S. 19.
759 Vgl. Europäische Kommission (2000), S. 45.
760 Vgl. IEA (1999), S. 54.
761 Vgl. Europäische Kommission (2000), S. 46 und Europäische Kommission (2002), S. 5.

Ein zweiter kritischer Erfolgsfaktor könnte in dem Umstand liegen, dass die Anfälligkeit gegen Versorgungsunterbrechung bei Erdgas wohl am effizientesten durch eine internationale Kooperation der Verbraucherstaaten geregelt werden kann.
Denn einerseits lässt sich diese These insbesondere auch bei einer Analyse der Tätigkeit der Internationalen Energieagentur (IEA) bestätigen.[762] Folgerichtig hat auch die Debatte über das Grünbuch der Europäischen Kommission „Hin zu einer europäischen Strategie für Energieversorgungssicherheit" offen gelegt, dass die daraus resultierenden Herausforderungen nur gesamteuropäisch bewerkstelligt werden können.[763]
Auf der anderen Seite zeigt sich aber auch, dass aus dieser Forderung gleichwohl eine zusätzliche Schwierigkeit im Hinblick auf eine Regulierung des Brennstoffeinsatzes für Kraftwerke abgeleitet werden kann. Denn die unterschiedlichen Verfügbarkeiten von Primärenergieträgern dürften dazu führen, dass innerhalb der IEA-Staaten recht unterschiedliche Einschätzungen hinsichtlich des gesamtwirtschaftlichen Optimums für den Brennstoffeinsatz bei Kraftwerken kursieren. So haben z. B. Norwegen und die Schweiz bislang auf eine Diversifizierung des Brennstoffeinsatzes weitgehend verzichtet, da die heimische Wasserkraft fast unbegrenzt zur Verfügung steht.[764] Das Marktversagen einer wachsenden Ressourcenabhängigkeit der Elektrizitätswirtschaft tritt in diesen beiden Staaten gar nicht auf.
Es ist daher nicht verwunderlich, dass letztendlich die, in Fortführung des bereits zuvor erwähnten Grünbuchs, im Herbst 2002 durch die europäische Kommission erlassene Richtlinie zur Verbesserung der Öl- und Gasversorgungssicherheit, in vielen Bereichen hinter den Möglichkeiten zurückbleibt. So sollen zwar im Krisenfall solidarische und abgestimmte Maßnahmen der EU-Staaten greifen, gleichwohl wurde aber auf die Festlegung von Mindestmengen für Vorratslager verzichtet.[765]

In Analogie zu den Überlegungen hinsichtlich einer europaweiten Einigung auf das optimale Niveau der Normversorgung N_v^{opt} in Kapitel 4.2.4 ist es somit fraglich, ob bei Erdgas der volle Nutzen einer europäischen Lösung zur Reduzierung der Folgen einer Versorgungsunterbrechung ausgeschöpft werden kann.

---

[762] Die IEA war als Folge der ersten Ölkrise im Jahre 1973 durch die westlichen Industrieländer gegründet worden mit dem wesentlichen Ziel, die Importabhängigkeit von Erdöl zu verringern. Der Erfolg dieser Bemühungen nach fast drei Jahrzehnten ist hierbei beeindruckend. So konnte nicht nur durch eine stärkere Diversifizierung der Anteil von Öl als Primärenergieträger deutlich verringert werden, sondern auch die Energieeffizienz um durchschnittlich 1,3 % p. a. verbessert werden. Mitte der 80er Jahre verwandelte sich der Ölmarkt sogar von einem Verkäufer- hin zu einem Käufermarkt. Vgl. Steeg (1999), S. 118.

[763] Vgl. Europäische Kommission (2002), S. 5.

[764] Vgl. IEA (1999), S. 67.

[765] Vgl. VDEW (2002c), S. 7.

4.5.4 Analyse der Externen Effekte beim Stromimport

4.5.4.1 Anreize und technische Möglichkeiten für den Stromimport nach Deutschland

Bereits in Kapitel 3.3.1.4 wurde argumentiert, dass es für ein EVU auf dem deutschen Strommarkt rational ist, seinen Strombedarf auch durch Import aus den Nachbarstaaten zu decken, wenn die Summe aller Kosten aus Erzeugung, Übertragung, Verteilung und den jeweils anfallenden Sonderbelastungen niedriger ist als bei einer entsprechenden Inanspruchnahme inländischer Kraftwerke. Die hier dargestellte Strategieoption wird dabei durch folgende Aspekte zusätzlich begünstigt:

- Die nachfolgende Abbildung zeigt, dass der deutsche Strommarkt im Vergleich zu den bezogen auf den Stromverbrauch bedeutendsten Märkten seiner unmittelbaren Nachbarländer sowohl bei Industrie- als auch bei Haushaltskunden ein relativ hohes Preisniveau aufweist. Auch für die ausländischen Marktpartner gibt es daher starke Anreize, Strom nach Deutschland zu importieren, um insbesondere auch eigene Überkapazitäten in der Stromerzeugung besser auslasten zu können. Aufgrund der Möglichkeit, hierdurch Devisen erwirtschaften zu können, ist für die östlichen Nachbarländer der Stromimport unter Umständen selbst dann rational, wenn im eigenen Land ein genügend großer Absatzmarkt vorhanden ist.

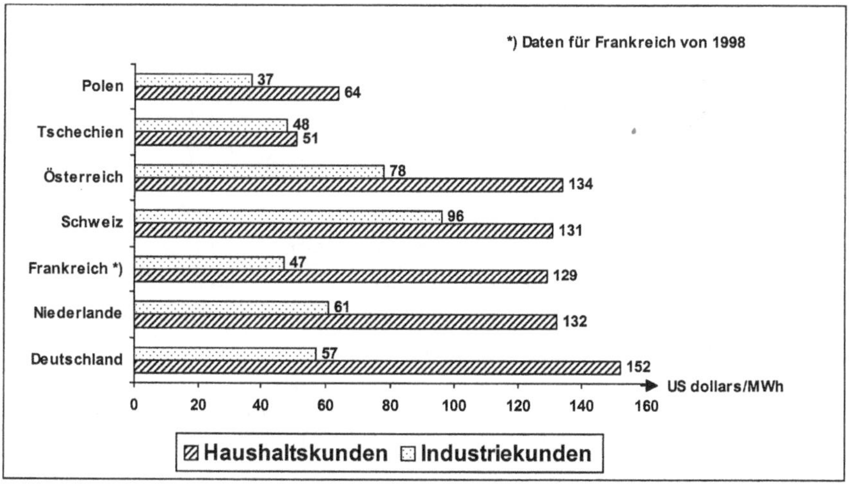

Bild 20: Preisniveau in Deutschland und wichtigen Nachbarländern im Jahre 1999[766]

- Nicht zuletzt aufgrund der bereits vorhandenen und zukünftig noch stärker zu erwartenden Beteiligungen der deutschen Stromversorger an ausländischen Versorgungsunternehmen,

[766] Quelle: IEA (2001a), S. I 62 ff.

stellt der Bau von Erzeugungsanlagen im benachbarten Ausland eine denkbare Alternative zu heimischen Standorten dar.[767] Dieser Anreiz besteht umso mehr, da insbesondere auch alle Nachbarstaaten Deutschlands über eine politische und wirtschaftliche Stabilität verfügen.

- Deutsche Industrieunternehmen können sogar selbst durch den Kauf von preisgünstigerem Strom aus dem Ausland ihre Energiekosten senken und somit vor allem in energieintensiven Branchen deutliche Effizienzgewinne erzielen.[768]

Auf der anderen Seite zeigt aber eine Analyse der Stromimporte nach Deutschland, dass diese im Jahre 2001, trotz der zuvor genannten Anreize, nur eine Größenordnung von rd. 8,1 % bezogen auf die gesamte Nettoerzeugung einnehmen. Die wichtigsten Importländer sind hierbei Frankreich und Tschechien. Obendrein exportiert Deutschland parallel wieder eine vergleichbare Menge vor allem in das für Industriekunden hochpreisigere Holland, sowie in die Schweiz und nach Österreich. Der deutsche Stromaußenhandel ist somit weitestgehend ausgeglichen.[769]

Die genannte Größenordnung stellt hierbei keine Eigentümlichkeit der deutschen Elektrizitätswirtschaft dar. Denn auch innerhalb der gesamten EU macht der innergemeinschaftliche Stromhandel nur rd. 8 % der Erzeugung aus. Die Handelsrate im Strom liegt somit deutlich unter der von anderen Sektoren wie etwa der Telekommunikation.[770]

Die wesentliche Ursache für diesen offensichtlichen Widerspruch zwischen den Anreizen zum Stromimport einerseits und dem bisher vergleichsweise geringen Umfang der tatsächlichen physischen Lieferungen andererseits liegt hierbei darin, dass ein europaweiter Stromtransport nach wie vor aus den nachfolgenden Gründen nur eingeschränkt möglich ist:

- *Geographisch* bedingt, sind die Stromnetze Skandinaviens und Großbritanniens von den übrigen Netzen Kontinentaleuropas nur über Interconnectoren erreichbar.[771]
- *Historisch* bedingt, ist sogar für Kontinentaleuropa noch kein einheitliches Übertragungsnetz vorhanden.[772] Vor allem einige Staaten in Südosteuropa wie etwa

[767] Vgl. Karl (1999), S. 29 und Strurbeck (2001), S. 414.
[768] Vgl. Monopolkommission (2002), S. 5.
[769] Im Jahre 2001 wurden nur rd. 43,45 TWh nach Deutschland importiert und rd. 44,77 TWh in die unmittelbaren Nachbarländer exportiert. Die gesamte Nettoerzeugung betrug dagegen im selben Zeitraum rd. 534,2 TWh. Vgl. VDEW (2002b), S. 9, VDN (2002); eigene Berechnungen.
[770] Vgl. Europäische Kommission (2000), S. 66.
[771] Vgl. Kumkar (1997), S. 26 ff.
[772] Als Folge der politischen Teilung Europas nach Ende des Zweiten Weltkrieges entwickelten sich in den jeweiligen Blöcken auch im Hinblick auf die Verbundnetze unterschiedliche Betriebsphilosophien heraus. Während in den im westeuropäischen Stromverbund „Union pour la Coordination de la production et du Transport de l'Electricité (UCPTE)" zusammengeschlossenen Staaten jedes einzelne Unternehmen seinen Beitrag zur Primär- und Sekundärregelung leisten musste, wurde diese Aufgabe in dem osteuropäischen Stromverbund „MIR" zentralistisch gesteuert. Ferner standen bei UCPTE die Frequenzstabilität und Zuverlässigkeit im Fokus, während die Zielsetzung für MIR durch den Transport großer Strommengen aus der Sowjetunion in die damaligen RGW-Staaten determiniert war.

Rumänien und Bulgarien sowie alle ehemaligen Staaten der GUS sind noch nicht an das Netz der „Union pour la Coordination du Transport de l'Electricité (UCTE)" angeschlossen.[773]

- *Technisch* bedingt, ist Stromtransport insbesondere über große Entfernungen nicht verlustfrei.

Als Folge der hier dargestellten Faktoren werden in Europa nach wie vor mehrere verschiedene Verbundsysteme betrieben, zwischen denen der Stromaustausch nur über so genannte „Hochspannungs-Gleichstrom-Übertragung" (HGÜ) bzw. „Gleichstrom-Kurz-Kupplung" (GKK) möglich ist.[774] Obendrein treten aber auch innerhalb der Verbundsysteme an den jeweiligen Landesgrenzen zusätzliche Kapazitätsengpässe auf.

Auf der anderen Seite gibt es aber auch zwei wesentliche Faktoren, die zumindest mittelfristig dazu führen könnten, dass die bestehenden Leitungsengpässe sowohl zwischen den Verbundsystemen als auch innerhalb derselben verringert werden.

Zum einen gibt es vielfältige Bemühungen, die Systemgrenze der UCTE weiter nach Osten zu verschieben. So liegt etwa seit Anfang 2001 der Abschlussbericht „UCTE/CENTREL-Bulgarien/Rumänien" der DVG vor, der die Stabilitätsreserven bei verschiedenen Anschlussvarianten der Netze von Bulgarien und Rumänien an das Netz der UCTE untersucht hat.[775] Seit langem wird ferner über den Ausbau einer entsprechenden Netzverbindung vor allem nach Russland und der Ukraine diskutiert. Die Errichtung des so genannten „Baltischen Rings" geht zwar bislang nur sehr langsam von statten.[776] Andererseits haben sich aber im Oktober 2003 die EU und Russland darauf geeinigt, eine Machbarkeitsstudie im Hinblick auf einen Synchronanschluss ab dem Jahre 2007 zwischen der UCTE und den Staaten der früheren Sowjetunion durchzuführen.[777]

In diesem Zusammenhang ist zu berücksichtigen, dass die Erweiterung der Systemgrenze der UCTE neben der technischen Herausforderung vor allem auch eine ökonomische und

---

Nach dem Fall des eisernen Vorhangs im Jahre 1989 stellten mit Polen, Tschechien, Slowakei und Ungarn mehre Länder des osteuropäischen Stromverbund „MIR" Anträge auf Teilnahme am Synchronbetrieb der UCTE. Der Synchronanschluss konnte für diese Länder nach einer längeren Erprobungs- und Anpassungsphase im Jahre 1996 vollzogen werden. Vgl. Engl (1998), S. 107 ff.

[773] „UCTE" ist seit 1999 der neue Name der bereits erwähnten UCPTE. Die Streichung des P für „la production" war aufgrund einer Satzungsänderung notwendig gewesen. Vgl. DVG (2000), S. 7.

[774] Im einzelnen existieren folgende Verbundsysteme in Europa:
- UCTE: u. a. alle Nachbarstaaten von Deutschland außer Dänemark sowie Italien und Spanien.
- NORDEL: Dänemark, Finnland, Norwegen und Schweden
- UKTSOA: Großbritannien
- VES-Verbund: alle Staaten der früheren Sowjetunion sowie Bulgarien und Rumänien

Vgl. DVG (2000), S. 23 und Matthes (2000), S. 2.

[775] Vgl. DVG (2001), S. 27.

[776] Vgl. Matthes (2000), S. 4.

[777] Vgl. o. V. (2003), S. 12.

politische Komponente besitzt. Denn im Zuge der Erweiterung der Europäischen Union wird es allgemein befürwortet, dass Europa auch "stromtechnisch" zusammenwächst. Derartige Bestrebungen werden dabei zusätzlich ökonomisch unterstützt von Staaten wie Italien, Griechenland oder Ungarn, die einen hohen Importbedarf aufweisen.[778] Trotz allem zeigt sich aber auch, dass es in Westeuropa offensichtlich eine Reihe von Ländern bzw. EVU gibt, die aufgrund ihrer hohen Überkapazitäten bereits de facto als Stromexporteur auftreten und daher in der Osterweiterung auch eine Gefährdung der eigenen Absatzmärkte sehen.[779] Es kann daher nicht verwundern, dass der Erweiterungsprozess der Systemgrenze nur sehr zögerlich vorankommt.

Darüber hinaus kann es bei Aussicht von entsprechenden Arbitragegewinnen für einen Markteilnehmer sogar einen Anreiz geben, gezielt zusätzliche Übertragungsleitungen zwischen den einzelnen Ländern zu bauen. Alternativ besteht obendrein die Möglichkeit, über die Grenzen hinweg Stichleitungen zu einzelnen großen Abnehmern zu bauen.[780] Abschreckend könnten hierbei gleichwohl die oftmals langen Genehmigungsverfahren sowie das hohe Investitionsrisiko wirken.

4.5.4.2 Stromimporte vs. europaweite Standards für Umweltschutz und Sicherheit

Im vorangegangen Kapitel sind die Anreize und technischen Möglichkeiten für einen Stromimport aus den europäischen Nachbarländern nach Deutschland dargestellt worden. An dieser aus dem Blickwinkel eines EVU als rational angesehen Strategiewahl knüpft sich gleichwohl die ökonomisch interessante Frage an, auf welchen Ursachen die bestehenden Preisgefälle zurückzuführen sind. Sofern nämlich diese aufgrund von spezifischen Kostenvorteilen etwa in Form eines effizienteren Ressourceneinsatzes oder Technischen Fortschritts in der Kraftwerkstechnik basieren, führt deren Ausnutzung auch gesamtwirtschaftlich zu wünschenswerten Wohlfahrtsgewinnen.

Dieser Aspekt ist jedoch diametral anders zu bewerten, wenn sich die unterschiedlichen Preisniveaus auch auf unterschiedliche Höhen staatlicher Sonderabgaben für die Stromerzeugung bzw. Kosten für umwelt- oder sicherheitstechnische Standards stützen. Denn in diesem Fall führt die einzelwirtschaftlich gesehen rationale Entscheidung eines EVU dazu, dass die für ein bestimmtes Land gesamtwirtschaftlich gesehen wünschenswerten umwelt- oder sicherheitstechnischen Standards umgangen werden.

---

[778] An dieser Stelle sei auch darauf hingewiesen, dass es bereits lange vor der Umsetzung Mitte 2002 einen Antrag der Ukraine gab, den westlichen Landesteil an das Netz der UCTE anzuschließen. Der Anreiz hierzu ergibt sich aus dem Umstand, dass dort ein ursprünglich für den Stromexport nach Ungarn und in die Slowakei gebautes Kraftwerk existiert. Vgl. Engl (1998), S. 108 und Matthes (2000), S. 7.

[779] Vgl. Engl (1998), S. 111.

[780] Ein derartige Möglichkeit würde sich z. B. an der deutsch-polnischen Grenze anbieten, wo sowohl in der Nähe von Stettin mit dem durch Steinkohle befeuerten Kraftwerk „Dolna Odra" (elektrische Leistung max.: 1.708 MW) als auch mit dem im äußersten Süden der Grenze gelegenen Braunkohlekraftwerk „Túrow" (elektrische Leistung max.: 2.000 MW) entsprechende Kapazitäten vorhanden sind. Vgl. Sowa (2000), S. 465.

Eine genaue Analyse der Ursachen für das bestehende Preisgefälle gestaltet sich hierbei gleichwohl äußerst schwierig. Denn der nahe liegende Ansatz eines quantitativen Vergleichs zwischen den einzelnen Ländern der nach den verschiedenen Bestandteilen wie Brennstoff-, Betriebskosten oder politischen Sonderbelastungen aufgeschlüsselten Erzeugungskosten ist aufgrund der begrenzten Datenlage nicht möglich. Dieses Problem kann aber durch eine Gegenüberstellung von signifikanten Einflussfaktoren auf die Erzeugungskosten teilweise umgangen werden. Vor allem die folgenden beiden Aspekte können dabei herangezogen werden:

In Kapitel 3.1.3 waren bereits die Einzelheiten der geordneten Beendigung der Kernenergieerzeugung in Deutschland dargelegt worden. Da aber andererseits die Erzeugung aus abgeschriebenen Kernkraftwerken vor allem für die Grundlast die preisgünstigste Variante darstellt, entsteht den inländischen Erzeugern gegenüber ihren europäischen Konkurrenten durch den „deutschen Sonderweg" ein strategischer Wettbewerbsnachteil. Denn ein Vergleich in nachfolgender Tabelle zeigt, dass fast überall in Europa erhebliche Erzeugungskapazitäten an Kernenergie vorhanden sind und zum Teil in den nächsten Jahren sogar noch ausgebaut werden (Vgl. Tabelle 11). Obendrein wird die Nutzung der Kernenergie sogar zusätzlich in einigen Ländern wie z. B. Frankreich staatlich gefördert. Es ist daher nur eine logische Folge, dass nach der Stilllegung von deutschen Kernkraftwerken der Bedarf aus Frankreich oder Osteuropa gedeckt wird.[781] Denn der Ausstieg aus der Kernenergie in Deutschland bedeutet noch lange nicht, dass Importe von Kernenergiestrom aus den Nachbarländern verboten wären.
Das hier beschriebene Dilemma wird darüber hinaus dadurch verschärft, dass einige der gegenwärtigen EU-Beitrittskandidaten sogar noch Kernkraftwerke vom „Tschernobyl-Typ" einsetzen.[782] Einen gewissen Sonderfall stellt dabei allenfalls Polen dar, das keine Kernkraftwerke besitzt. Die Stromerzeugung erfolgt hier fast ausschließlich auf der Basis der reichlich vorhandenen einheimischen Kohle. Die Auslastung der Kraftwerke ist dabei gleichwohl gegenwärtig eher gering.[783]

Ein zweiter für die vorliegende Fragestellung signifikanter Einflussfaktor stellen die europaweit gesehen sehr unterschiedlichen Sicherheits- und Umweltstandards dar. Auch wenn sich ein Vergleich dieser Größen nur sehr schwer quantifizieren lässt, so ist es doch in der Literatur allgemein anerkannt, dass die Kraftwerke Mittel- und Osteuropas sowie der ehemaligen Sowjetunion deutlich niedrigere Umwelt- und Sicherheitsstandards aufweisen als in Westeuropa.[784]

---

[781] Vgl. Hohlefelder (2000), S. 149.
[782] Vgl. Sturbeck (2001), S. 414.
[783] Vgl. Matthes (2000), S. 4.
[784] Vgl. u. a. Matthes (2000), S. 1.

Land	In Betrieb Leistung in MWe		Im Bau Leistung in MWe		Kernenergie-erzeugung 1999 in TWh	
	Brutto	Netto	Brutto	Netto	absolut	in %
Belgien	5.807	5.527	-	-	46,6	58
Bulgarien	3.760	3.538	-	-	14,6	47
Deutschland	22.209	21.122	-	-	160,4	31
Finnland	2.670	2.550	-	-	22,1	33
Frankreich	65.952	63.193	-	-	375,0	75
Großbritannien	14.200	13.048	-	-	92,0	29
Litauen	2.600	2.370	-	-	9,9	73
Niederlande	480	452	-	-	3,4	4
Rumänien	700	630	700	630	4,8	11
Russland	21.242	19.860	3.800	3.581	111,0	14
Schweden	10.429	10.010	-	-	70,1	47
Schweiz	3.314	3.162	-	-	23,6	36
Slowakei	2.640	2.448	880	810	13,0	47
Slowenien	664	632	-	-	4,5	36
Spanien	7.751	7.473	-	-	56,5	31
Tschechien	1.782	1.670	1.962	1.824	13,4	21
Ukraine	12.818	12.115	4.000	3.800	67,4	44
Ungarn	1.850	1.736	-	-	14,1	38
Σ	180.868	170.816	11.342	10.645	1.102,4	

Tabelle 11: Kernenergieerzeugung in Europa im Jahre 1999[785]

Bezogen auf Deutschland kann diese These u. a. begründet werden mit den in Kapitel 3.1.3 bereits dargestellten strengen Auflagen und Bestimmungen des Umweltschutzes in der Elektrizitätswirtschaft. Ein Vergleich der Emissionswerte in der Stromerzeugung zwischen Deutschland und den wichtigsten EU-Beitrittskandidaten, darunter die Nachbarländer Polen und Tschechien, scheint diese These ebenfalls zu stützen (Vgl. Tabelle 12). Aspekte des Umweltschutzes bei der Stromerzeugung hatten nämlich insbesondere bei den ausschließlich staatlichen Betreibern in Osteuropa bisher nur eine nachgeordnete Rolle gespielt.[786] Der Stromtransport von Ost- nach Westeuropa führt somit zunehmend zu einem Problem des „Ökodumpings".

[785] Quelle: Weßelmann (2000), S. 242.
[786] Vgl. Sturbeck (2001), S. 414.

Land	Erzeugung [TWh]	SO_2-Emission		NO_X-Emission		CO_2-Emission	
		[kilo t]	[kilo t/ TWh]	[kilo t]	[kilo t/ TWh]	[kilo t]	[kilo t/ TWh]
Bulgarien	38,2	776	20,31	0,03	~ 0	18.231	477,25
Deutschland	555,3	260	0,47	170	0,31	258.000	464,61
Polen	142,1	920	6,47	252	1,77	145.615	1024,74
Tschechien	64,7	119	1,84	106	1,64	43.040	665,22
Rumänien	50,7	710	14,00	90	1,78	31.000	611,44
Slowakei	27,7	68	2,45	23	0,83	k. A.	k. A.
Ungarn	37,2	460	12,37	40	1,08	21.500	577,96

Tabelle 12: Emissionen bei der Stromerzeugung im Jahre 1999[787]

Zusammenfassend kann somit das Fazit gezogen werden, dass mit der Einführung eines europäischen Binnenmarktes die bisher angewandte Praxis der Internalisierung Externer Effekte vollkommen neu zu bewerten ist. Denn nun stehen die Erzeugungsstandorte und ihre spezifischen nationalen Kostenfaktoren in direkter Konkurrenz zueinander.

Nicht zuletzt im Zuge der geplanten Osterweiterung der Europäischen Union dürfte der Kostendruck für inländische EVU infolge einer wachsenden Wettbewerbsintensität weiter zunehmen.[788] Ohne eine Angleichung der nationalen Rahmenbedingungen wird es daher für die etablierten EVU auf dem deutschen Markt vermehrt einen Anreiz geben, ihre Stromimporte drastisch zu erhöhen und im Ausland nach neuen Kraftwerksstandorten zu suchen.[789]

Das Marktversagen liegt hierbei in dem Umstand, dass die für die Stromerzeugung etwa in Deutschland geltenden gesetzlichen Bestimmungen durch den Import umgangen werden. Der hier beschriebene Konflikt kann als „Externe Effekte bei der Wahl des Erzeugungs**standortes**" bezeichnet werden.

In Anlehnung an die Terminologie des Energiewirtschaftsgesetzes sind daher Instrumente zu entwickeln, die bei Stromimporten aus Drittländern auch eine „ökologische Reziprozität" gewährleisten.

4.5.5 Internalisierung der Externen Effekte beim Stromimport

Es gibt prinzipiell zwei Lösungsansätze zur Internalisierung des zuvor dargestellten Marktversagens. Zum einen kann die deutsche Politik versuchen, etwa in der Form einer zusätzlichen Importsteuer oder des gänzlichen Importverbotes aus bestimmten Ländern, die gesamtwirtschaftlich gesehen unerwünschten Fehlallokationen *gesetzlich* zu beschränken.

[787] Quelle: EURELECTRIC (2001), S. 235 ff; Daten für Erzeugung aus IEA (2001a), S. I 20 ff; eigene Berechnungen.
[788] Vgl. Müller (2001), S. 18.
[789] Vgl. Kuhnt (2000), S. 443.

Verbunden wäre hiermit auch der Ansatz, im Rahmen der Beitrittsverhandlungen zur EU auf die energiepolitischen Leitsätze der potenziellen Bewerber Einfluss zu nehmen.
Darüber hinaus kann die deutsche Politik aber auch versuchen, in Form von nicht pekuniären Instrumenten wie politischen Appellen ein Problembewusstsein beim Endkunden zu schaffen mit dem Ziel, unerwünschte Stromimporte *moralisch* zu beschränken.

4.5.5.1 „Gesetzliche" Beschränkung des Stromimportes

Es spricht zunächst einiges dafür, unerwünschte Stromtransporte nach Deutschland gesetzlich zu beschränken. Dieses könnte zum einen durch eine zusätzliche Importsteuer in Form einer „Pigou-Steuer" oder durch die Festlegung einer Höchstmenge und der entsprechenden Ausgabe von Zertifikaten erfolgen.
Die prinzipiellen Stärken und Schwächen bei der praktischen Umsetzung dieser beiden Ansätze sind im Rahmen der vorliegenden Arbeit schon diskutiert worden und treffen im Wesentlichen auch auf den hier betrachteten Fall der „Externe Effekte bei der Wahl des Erzeugungsstandortes" zu. Darüber hinaus bestehen aber einige zusätzliche Hindernisse, die im Folgenden näher analysiert werden.

Bereits in Kapitel 3.1.1 ist dargelegt worden, dass die Verwirklichung eines wettbewerbsorientierten Elektrizitätsmarktes als ein wichtiger Meilenstein zur Vollendung des Energiebinnenmarkts und den damit verbundenen positiven Effekten für die Mitgliedsstaaten gesehen wird. Eine gesetzliche Beschränkung oder gar Verbot von Stromimporten aus den Mitgliedsstaaten der europäischen Gemeinschaft lässt sich daher - aus welchen Gründen auch immer - politisch kaum durchsetzen.
Zudem könnte eine derartige Regelung nach geltendem Recht nur auf europäischer Ebene verankert werden. Denn gemäß Art. 133 EG-Vertrag fällt die Importbeschränkung für Energie grundsätzlich in die Zuständigkeit der Gemeinschaft. Ein etwa durch die Bundesregierung gesetzlich beschlossenes Einfuhrverbot für Kernenergiestrom würde daher im Widerspruch zum EG-Vertrag stehen.[790] Ein Ansatzpunkt könnte sich allenfalls aus der in Kapitel 3.1.2.2 bereits genannten Reziprozitätsklausel ergeben. Es ist allerdings zu vermuten, dass die deutsche Stromwirtschaft hierdurch die Einfuhr etwa von französischem Kernenergiestrom nur insoweit unterbinden würde, wie sie selbst vom französischen Markt ausgeschlossen bliebe.
Auch die Argumentation für ein Verbot „aus Gründen des Gesundheitsschutzes" gemäß Art. 30 EG-Vertrag erscheint vor allem in Bezug auf die Kernenergie nicht Erfolg versprechend. Denn zum einen ist die Kernenergie in einigen Mitgliedsstaaten der EU weitgehend akzeptiert und zum anderen leistet diese hinsichtlich der CO_2-Emissionen auch einen Beitrag zum Umweltschutz.[791]

---

[790] Ein Importverbot für Strom würde obendrein auch im Widerspruch zu Art. 28 EG-Vertrag stehen, der den freien Warenverkehr innerhalb der EU vorschreibt. Vgl. Meller (2001c), S. 5.
[791] Vgl. Meller (2001c), S. 5.

Etwas anders ist dieser Umstand zu beurteilen in Bezug auf die osteuropäischen Nachbarländer Polen und Tschechien, da beide Staaten bislang keine Mitglieder der Europäischen Union sind. Eventuelle Verbote für Stromimporte sind daher nur nach den Regelungen des „General Agreement on Tariffs and Trade“ (GATT) bzw. dem Energiecharta-Vertrag zu beurteilen, deren Grundprinzip der freie Welthandel ist. Abweichungen hiervon sind allenfalls bei Importen mit „schädigender Wirkung“ möglich. Ob die Voraussetzungen für eine derartige Argumentation gegeben sind, darf gleichwohl in Frage gestellt werden.[792]
Unabhängig von der Entscheidung zu dieser Fragestellung wäre aber eine Importbeschränkung oder gar ein Importverbot auch gegenüber den östlichen Nachbarländern der Bundesrepublik zu kurzsichtig. Denn bereits Mitte 2004 werden Polen und Tschechien Mitglieder der Europäischen Union. Spätestens ab diesem Zeitpunkt würden daher die ungleich höheren Anforderungen des EU-Rechts an eine Handelsbeschränkung auch für diese Staaten gelten.

Schließlich bliebe der Bundesregierung allenfalls noch die Möglichkeit, im Rahmen der Beitrittsverhandlungen zur EU auf die energiepolitischen Leitsätze der potenziellen Bewerber Einfluss zu nehmen. Folgerichtig ist auch die Frage der nuklearen Sicherheit zum ersten Mal bei Beitrittsverhandlungen zur Europäischen Union als separater Punkt aufgenommen worden mit dem Ziel, die Kernreaktoren bestimmter veralteter Bauarten in den Kandidatenländern vorab stillzulegen.[793]
Der auf den ersten Blick offensichtlich vorhandene politische Spielraum sollte hierbei jedoch nicht überbewertet werden. Zwar kann im Rahmen der Beitrittsverhandlungen sichergestellt werden, dass gewisse in der EU allgemein akzeptierte Normen hinsichtlich Umweltschutz und Sicherheit erfüllt werden. So hat u. a. Tschechien als Voraussetzung für den EU-Beitritt Ende der 90er Jahre ein mehrjähriges Programm zum Einbau von Entschwefelungsanlagen in Kohlekraftwerken gestartet.[794] Die bisherige Diskussion zu diesem Thema innerhalb der bisherigen Mitglieder der EU zeigt aber andererseits, dass auch Stromexporte aus Westeuropa mitunter aus Kraftwerken stammen, die niedrigere Umwelt- und Sicherheitsstandards aufweisen als in Deutschland.[795]
Darüber hinaus steht die hier gestellte Forderung nach einer ökologischen Reziprozität auch im Widerspruch zu einem anderen wesentlichen Ziel der EU im Rahmen der Beitrittsverhandlungen, wonach die europäischen Beitrittsländer die Modernisierung ihrer Volkswirtschaften nach Möglichkeit aus eigener Kraft finanzieren sollten. Durch die Definition von Schutzklauseln würden aber die Beitrittsländer letztendlich gerade entscheidend daran gehindert werden, die finanziellen Mittel zu erwirtschaften, um die festgesetzten Normen und Standards im Umweltbereich zu erfüllen.[796]

---

[792] Vgl. Meller (2001c), S. 6.
[793] Vgl. Europäische Kommission (2002), S. 6.
[794] Vgl. Matthes (2000), S. 5.
[795] Vgl. Sturbeck (2001), S. 414.
[796] Vgl. Meller (2001c), S. 8.

4.5.5.2 „Moralische" Beschränkung des Stromimportes

Im vorangegangen Kapitel konnte dargelegt werden, dass die deutsche Politik aufgrund ihrer Einbettung in die europäische Rechtsprechung so gut wie keinen Handlungsspielraum besitzt, Stromimporte gesetzlich zu beschränken oder gar zu verbieten. Es stellt sich daher die Frage, ob die Bundesrepublik die Verwirklichung ihrer energiepolitischen Ziele in Europa auch durch nicht pekuniäre Instrumente, wie etwa politische Appelle an die Endkunden, erreichen kann.

Der Ausgangspunkt für derartige Überlegungen stellt die bisweilen beobachtbare Macht der Konsumenten dar, durch den bewussten Verzicht auf bestimmte Produkte die Absatzstrategie von Unternehmen nachhaltig zu beeinflussen. Ein bekanntes Beispiel aus dem Energiebereich war etwa der Boykott von Shell-Tankstellen als Reaktion auf die geplante Versenkung der ausgedienten Bohrinsel „Brent Spar" in der Nordsee. Shell gab schließlich dem Druck der Konsumenten nach und zerlegte die Bohrinsel zur besonderen Entsorgung in Einzelteile. Speziell auf dem deutschen Strommarkt wird der Einfluss der Konsumenten darüber hinaus dadurch begünstigt, dass auf absehbare Zeit das Angebot größer ist als die Nachfrage.

Folgt man der Argumentation hinsichtlich der Existenz der Marktmacht der Konsumenten, gibt es für den Staat die Möglichkeit, in Form einer „Kampagne gegen schmutzigen Strom", Stromimporte moralisch zu diskreditieren.

Dieser Ansatz stößt gleichwohl auf ein entscheidendes technisches Hindernis bei der Frage, woran Importe von schmutzigem Strom erkannt werden können. Denn in Anlehnung an die Diskussion in Kapitel 4.4.2.3 kann nämlich davon ausgegangen werden, dass Strom sogar im gesamten Netz der UCTE an einem bestimmten Punkt hinsichtlich seiner Erzeugungsart und Herkunft physikalisch nicht unterschieden werden kann. Es ist leicht einzusehen, dass unter diesen Voraussetzungen Stromimporte nach Deutschland stets als „schmutzig" zu bezeichnen sind, solange auch nur ein einziges Kraftwerk in den Nachbarstaaten über niedrigere Umwelt- und Sicherheitsstandards verfügt als die in Deutschland gesetzlich vorgeschriebenen. Die Zielsetzung der politischen Kampagne kann daher nur in der Forderung nach einem generellen Verbot von Stromimporten bestehen.

Andererseits kann aber ebenfalls leicht der Nachweis erbracht werden, dass eine derartige Zielsetzung gesamtwirtschaftlich gesehen ineffizient ist. Denn wenn angenommen wird, dass zumindest ein einziges Kraftwerk in den europäischen Nachbarstaaten die in Deutschland geltenden Vorschriften hinsichtlich Umweltschutz und Sicherheit übertrifft, oder zu den geltenden Standards effizienter arbeitet als ein vergleichbares Kraftwerk in Deutschland, können durch Stromimporte auch im Bereich des Umweltschutzes Wohlfahrtsgewinne erzielt werden. Selbst unter der Annahme, dass sich ein Importverbot zumindest gegenüber Staaten außerhalb der EU politisch durchsetzen lässt, ist daher diese Vorgehensweise nicht rational.

Darüber hinaus sind sogar für den Fall, dass sich ein Importverbot an Hand der zuvor dargelegten ökonomischen Voraussetzungen rational begründen lässt, Zweifel am Erfolg einer politischen Kampagne angebracht. Denn bereits in Kapitel 4.4.2.3 war dargelegt worden, dass zwar einige Kunden Angebote von grünem Strom begrüßen und auch bereit sind, dafür mehr zu bezahlen. Die deutliche Mehrheit der Verbraucher lehnt aber einen Wechsel unter diesem Gesichtspunkt bislang ab. Es ist daher auf absehbare Zeit nicht zu erwarten, dass eine breite Kundenbasis zu Gunsten der höchstmöglichen Umwelt- und Sicherheitsstandards auf preisgünstigere Importe aus den Nachbarstaaten verzichten will.

Schließlich stellen die in Kapitel 4.4.2.1 dargelegten ökonomischen Besonderheiten des Stromkaufs ein zusätzliches Hindernis für den Erfolg einer Kampagne gegen „schmutzigen Strom" dar. Denn es ist damit zu rechnen, dass ein durchschnittlicher Kunde kein Interesse daran hat, seinen Versorger auf der Grundlage dessen Strategiewahl zur Strombeschaffung auszuwählen.

4.5.6 Bewertung

In Kapitel 4.5 konnten die Ursachen für zwei Arten Externer Effekte aufgezeigt werden, die als Folge der erweiterten Strategiemenge der EVU im liberalisierten Strommarkt in der Stromerzeugung bzw. -beschaffung zusätzlich auftreten. In beiden Fällen sind verschiedene Möglichkeiten zur Internalisierung aufgezeigt und diskutiert worden.

Zusammenfassend kann hierbei das Fazit gezogen werden, dass trotz der dargelegten teilweise diametralen Interessen eine Lösung wohl nur erreicht wird, wenn die Mitglieder der EU die nach wie vor praktizierte einzelstaatliche Energiepolitik zu Gunsten einer europäischen aufgeben. Denn vor allem an Hand der Ursachen der Externen Effekte bei der Wahl des Erzeugungsstandortes zeigt sich sehr deutlich, dass in einem liberalisierten Markt keine nationalen Alleingänge gemacht werden können hinsichtlich Kernenergieausstieg, Ökosteuer oder der Förderung erneuerbarer Energien.
Das hier angesprochene Problem korreliert dabei mit bereits zuvor gemachten Beobachtungen auf dem amerikanischen Strommarkt. So kritisierte Navarro (1996) bereits vor der Einführung der Binnenmarktrichtlinie Elektrizität innerhalb der EU, dass die Liberalisierung der Strommärkte in den einzelnen Bundesstaaten der USA sequentiell vorgenommen wird. Er wies darauf hin, dass nur durch eine national einheitliche Vorgehensweise der Deregulierung eine Nivellierung des Preisniveaus erreicht werden könne, und damit etwa Effekte der Abwanderung von Industriezweigen aus Hochpreis-Regionen vermieden werden könnten.[797]

[797] Vgl. Navarro (1996), S. 112 ff.

Darüber hinaus konnten auch Argumente dargelegt werden, dass weder in einem vollkommenen Verzicht auf gasgetriebene Kraftwerke, noch in einem absoluten Importverbot für Strom das gesamtwirtschaftliche Optimum für Deutschland liegt. Administrative Festlegung der Diversifizierung von Primärenergieträgern ist daher ein eher starres und unprobates Instrument zur Steigerung der Versorgungssicherheit. Nicht umsonst hat auch die IEA ihren Schwerpunkt von diesen Instrumenten hin auf die Steigerung der Markttransparenz gelegt.[798] Es sollte daher auch nicht das Ziel der Politik sein, eine absolute Versorgungssicherheit herzustellen, sondern vielmehr Rahmenbedingungen im Sinne eines effizienten Risikomanagements zu schaffen, unter denen ein bestimmtes Maß an Sicherheit zu möglichst geringen Kosten gewährleistet wird.[799]
Die entsprechenden Regelungen des § 17 EnWG bieten darüber hinaus dem Bundesministerium für Wirtschaft und Technologie (BMWI) bereits genügend Möglichkeiten, eine entsprechende Vorratshaltung an Gas zur Sicherung der Brennstoffversorgung anzuordnen.
Die große Herausforderung liegt aber darin, dass es für die EVU bzw. handelnden Akteure nur sehr schwer möglich ist, sich auf eine gemeinsame und abgestimmte Strategie festzulegen, die zum gesamtwirtschaftlichen Optimum aus möglichst hoher Versorgungssicherheit bei gleichzeitig geringen Erzeugungskosten führt. Denn aufgrund der spieltheoretischen Analyse in Kapitel 4.5.2.2 ist durchaus anzunehmen, dass die EVU selbst auf die triviale Frage, wie der Erzeugungsmix zum Erreichen des Optimums gestaltet sein müsste, unterschiedliche Auffassungen vertreten, da die jeweiligen Einschätzungen hierzu hauptsächlich auch von subjektiven Wahrnehmungen etwa im Hinblick auf die geopolitischen Risiken abhängen.

Schließlich zeigten die prinzipiellen Möglichkeiten zu Internalisierung der Externen Effekte bei der Wahl des Erzeugungsstandortes, dass weder eine gesetzliche, noch eine moralische Beschränkung von Stromimporten Erfolg versprechend ist. Es ist obendrein damit zu rechnen, dass mit dem tatsächlichen Eintritt in die EU die Umweltstandards in den osteuropäischen Beitrittsländern zumindest denen in der EU festgelegten Niveaus sukzessive angepasst werden.[800] Der Staat sollte daher auf den Einsatz von Instrumenten zur Regulierung verzichten. So wies auch der ehemalige Bundeswirtschaftsminister Dr. Werner Müller darauf hin, dass in einem marktwirtschaftlich orientierten Strommarkt die EVU anhand der Rahmenbedingungen über Investitionen am Standort Deutschland entscheiden.[801]

[798] Vgl. Müller (1999), S. 662.
[799] Vgl. Drasdo et al. (1998), S. 74.
[800] Vgl. Marquis (2001), S. 7.
[801] Vgl. Müller (2001), S. 16.

5 Zusammenfassung der Ergebnisse und Ausblick

Aufgrund der in Kapitel 3.3 dargelegten empirisch beobachtbaren Strategieoptionen der etablierten EVU konnten in der vorliegenden Arbeit vier Problembereiche identifiziert werden, die mögliche „Kandidaten" für eine Re-Regulierung darstellten.

Die tatsächliche jeweilige Bestätigung oder Ablehnung für diese Thesen wurden für jeden Einzelfall eingehend geprüft. Darauf aufbauend wurde für alle Problembereiche analysiert, inwieweit der Staat eine Re-Regulierung vornehmen sollte. Folgende Erkenntnisse konnten hierbei gewonnen werden:

In **Kapitel 4.2** konnte empirisch gezeigt werden, dass der durch den Wettbewerb induzierte Kostendruck die EVU dazu zwingt, Personalkosten und Investitionen zu reduzieren. Es gibt hinreichende Argumente, dass hierdurch die Versorgungsqualität mittelfristig sinken wird, wenngleich sich aufgrund der langen Investitionszyklen in der Elektrizitätswirtschaft eine genaue Quantifizierung dieses Effektes zum gegenwärtigen Zeitpunkt noch nicht bestimmen lässt. Dabei stellt eine Absenkung der Versorgungsqualität ceteris paribus keinen zwingenden Regulierungsgrund dar. Vielmehr können die Reduzierung der Personalkosten und Investitionen gesamtwirtschaftlich gesehen sogar zu Wohlfahrtsgewinnen führen, wenn diese etwa in eine parallele Senkung der Endverbraucherpreise für Strom überwälzt werden.

Das eigentliche Marktversagen liegt hingegen darin, dass die Versorgungsqualität physikalisch bedingt den Charakter eines öffentlichen Gutes hat. Es ist daher zu erwarten, dass in einem liberalisierten Markt gesamtwirtschaftlich gesehen weniger investiert wird als zum Erreichen der optimalen Versorgungsqualität N_v^{opt} (mit $0 \leq N_v^{opt} \leq 100$ %) notwendig wäre. Das Kernproblem besteht dabei darin, dass abhängig vom jeweiligen Standpunkt, unterschiedliche Vorstellungen über die Höhe von N_v^{opt} unter den Marktteilnehmern kursieren. Es konnte folgerichtig gezeigt werden, dass weder eine Befragung der verschiedenen Kundensegmente, noch eine Verhandlung der Netzbetreiber untereinander zwingend zu N_v^{opt} führen. Eine Regulierung ist andererseits aber auch nicht zu befürworten, da diese wiederum Kenntnisse gerade über die quantitative Höhe von N_v^{opt} voraussetzen würde. Ferner erbrachte die Analyse unterschiedlicher Verfahren zur Risikominimierung bei gleichzeitiger Kostenreduzierung, dass diese die Festlegung der angestrebten Versorgungsqualität nur als Randbedingung beinhalten.

Unter Abwägung der Vor- und Nachteile einer Re-Regulierung sollte daher zunächst den Marktteilnehmern bzw. ihren Interessensorganisationen und Verbänden die Möglichkeit eingeräumt werden, sich auf N_v^{opt} zu einigen. Aufgrund der Bedeutung der Versorgungsqualität für die gesamte Volkswirtschaft sollte sich der Staat aber das Recht vorbehalten, eventuell zu einem späteren Zeitpunkt regulierend einzugreifen.

In **Kapitel 4.3** konnte empirisch belegt werden, dass nach der Liberalisierung die Konzentration in der deutschen Elektrizitätswirtschaft auf den unterschiedlichen Wertschöpfungsstufen zugenommen hat. Dabei konnte gleichwohl nicht eindeutig die Frage geklärt werden, ob dieser Konzentrationsprozess auch Anzeichen von „Ruinöser Konkurrenz" aufweist.

Um dennoch die potenzielle Notwendigkeit einer Re-Regulierung besser bewerten zu können, wurde an Hand der Kriterien für die Stabilität eines Kartells geprüft, inwieweit sich unter den gegebenen Bedingungen des liberalisierten Strommarktes ein Angebotskartell in Deutschland bilden und dauerhaft behaupten kann. Dabei zeigte sich, dass die Errichtung eines „Stromkartells" vor allem infolge der mangelnden Durchsetzung von verbindlichen Absprachen, sowie der Strategieoptionen neuer Marktteilnehmer und Endkunden längerfristig keinen Bestand haben dürfte. Eine wesentliches Argument zur Unterstützung dieser These stellt hierbei der Umstand dar, dass durch die mittlerweile gültige „VV II plus" der diskriminierungsfreie Netzzugang hinreichend gegeben ist.

Unter Abwägung der Vor- und Nachteile einer Re-Regulierung sollte daher der bisher beobachtbare Konzentrationsprozess eher als ein Effekt der Marktbereinigung bewertet werden. Der Staat sollte aber in Form eines Monitoring die Entwicklung der Strukturen und Strategieoptionen der Marktteilnehmer kontinuierlich erfassen und bewerten, um bei Anzeichen der Bildung von oligopolistischen Strukturen zeitnah intervenieren zu können.

In **Kapitel 4.4** konnte gezeigt werden, dass ein Kunde sowohl unvoll*ständige* Informationen über die Höhe der Kosten bei einem Versorgerwechsel als auch unvoll*kommene* Informationen über die ursprüngliche Erzeugungsform des von ihm verbrauchten Stroms hat. In beiden Fällen konnten hinreichende Argumente gefunden werden, dass ein Wechsel zu einem anderen Anbieter daher mitunter selbst dann unterbleibt, wenn dieser aus dem Blickwinkel eines Kunden rational wäre. Das daraus abgeleitete Marktversagen liegt somit darin, dass die vorhandenen asymmetrischen Informationen zu einer Absenkung der Wechselbereitschaft des Kunden und damit einer Verringerung der Wettbewerbsintensität auf dem deutschen Strommarkt führen.

Durch eine ökonomische Analyse des Stromkaufs konnten aber auch einleuchtende Argumente gefunden werden, dass ein Kunde einen Versorgerwechsel selbst bei einer Behebung der Informationsdefizite und eines offensichtlichen monetären Vorteils unterlässt, da Strom für ihn lediglich ein „Low-Involvement-Product" darstellt, dem er keine große Aufmerksamkeit schenkt. Es konnte somit nicht der Nachweis für den Umkehrschluss zur ursprünglichen These erbracht werden, dass bei vollständigen oder vollkommenen Informationen die Wechselbereitschaft und damit die Wettbewerbsintensität signifikant ansteigt.

Unter Abwägung der Vor- und Nachteile einer Re-Regulierung sollte sich der Staat daher darauf beschränken, durch kostenlose Informationsdienste, in Form eines Bürgertelefons oder

der Zertifizierung von Ökostrom, bestehende Informationsdefizite der Kunden zu beseitigen. Der Staat hat dabei sicher zu stellen, dass keine Informationsflut entsteht, die den Verbraucher wiederum verwirrt mit der Folge, dass die Wechselbereitschaft sinkt.

In **Kapitel 4.5** konnten zwei zusätzliche Arten von Externen Effekten in der Stromerzeugung identifiziert werden, die offensichtlich auf die veränderten Strategiemengen der EVU nach der Liberalisierung zurückzuführen sind.
Es konnte empirisch belegt werden, dass durch die Tendenz des Baus von gasgetriebenen Kraftwerken zunehmend eine Ressourcenabhängigkeit in der deutschen Elektrizitätswirtschaft von Regionen entsteht, die geopolitisch als äußerst labil einzustufen sind. Das Marktversagen liegt hierbei darin, dass ein EVU die zukünftige Verfügbarkeit von Erdgas bzw. die Kosten einer plötzlichen Versorgungsunterbrechung nicht ausreichend bei seiner Investitionsentscheidung für eines neues Kraftwerk berücksichtigt. Eine wesentliche Ursache hierfür ist, dass die Entscheidungssituation eines EVU offensichtlich recht gut mit dem aus der Spieltheorie hinreichend bekannten „chicken-game“ abgebildet werden kann.
Unter Abwägung der Vor- und Nachteile einer Re-Regulierung sollte daher der Staat trotz der historisch schlechten Erfahrungen im Rahmen des „Dritten Verstromungsgesetzes“ zumindest mittel- langfristig nicht auf eine Regulierung des Brennstoffeinsatzes verzichten. Die großen Herausforderungen liegen gleichwohl darin, dass zumindest kurzfristig keine echten Alternativen in Sicht sind und darüber hinaus die wachsende Ressourcenabhängigkeit bei Erdgas am effizientesten durch eine internationale Kooperation der Verbraucherstaaten geregelt werden kann.

Darüber hinaus konnte gezeigt werden, dass es für ein EVU rational ist, durch Ausnutzung unterschiedlicher Preisniveaus innerhalb der europäischen Strommärkte, seinen Strombedarf in Abhängigkeit von bestehenden Leitungsengpässen möglichst günstig zu decken. Das Marktversagen liegt hierbei darin, dass diese unterschiedlichen Preisniveaus möglicherweise auch auf unterschiedliche Höhen staatlicher Sonderabgaben für die Stromerzeugung bzw. Kosten für umwelt- oder sicherheitstechnische Standards beruhen.
Einer Internalisierung der Externen Effekte auf nationaler Ebene, etwa in Form einer Importsteuer, sind hierbei sehr enge Grenzen gesetzt. Denn spätestens nach dem Beitritt von Polen und Tschechien werden mit Ausnahme der Schweiz alle Nachbarstaaten von Deutschland der EU angehören. Obendrein ist auch der Erfolg von nicht pekuniären Instrumenten, wie etwa politischen Appellen an die Endkunden, aufgrund der ökonomischen Besonderheiten des Stromkaufs zu bezweifeln.
Unter Abwägung der Vor- und Nachteile einer Re-Regulierung sollte daher der Staat auf eine Regulierung in diesem Fall gänzlich verzichten.

Bei einer zusammenfassenden Ergebnisbewertung der Kapitel 4.2 - 4.5 kann somit die Schlussfolgerung gezogen werden, dass keiner der hier analysierten Problembereiche einen unmittelbaren regulatorischen Eingriff zwingend notwendig erscheinen lassen. Insbesondere konnten aus den Ergebnissen der vorliegenden Arbeit keine zusätzlichen Argumente abgeleitet werden, die eine Erweiterung des vorgesehenen Handlungsspielraums der zum 1. Juli 2004 neu zu errichtenden Regulierungsbehörde rechtfertigen würden.
Es ist daher in diesem Zusammenhang ausdrücklich zu begrüßen, dass das BMWA in seinem Monitoring-Bericht vom 31. August 2003 bereits explizit angeführt hat, die Errichtung der Regulierungsbehörde „(...) bedeutet keine Abkehr von der vertragsrechtlichen und damit privatrechtlichen Organisation der leitungsgebundenen Energieversorgung. (...) Kern der Regulierung sind staatliche Vorgaben für die Vertragsinhalte im Netzbereich und die Aufsicht über deren Einhaltung.“[802]

Auch wenn der Fokus der vorliegenden Arbeit auf der Liberalisierung des deutschen Strommarktes liegt, müssen die hier gezogenen Schlussfolgerungen keineswegs auf diesen beschränkt sein. Denn der hier betrachtete Prozess der Deregulierung ist nicht nur der deutsche Beitrag zur Umsetzung der Binnenmarktrichtlinie der Europäischen Union, sondern vielmehr ein weiterer bedeutender Meilenstein einer weltweit beobachtbaren Entwicklung. So begann u. a. im Jahre 1998 Japan mit der Liberalisierung des Strommarktes für Kunden mit einem Jahresverbrauch über 2 MW, was einer Marktöffnung von ca. 30 % entspricht.[803] Bis zum Jahre 2006 werden nach derzeitigem Entwicklungsstand alleine innerhalb der OECD-Länder mehr als 500 Millionen Verbraucher - darunter alle großen Industriekunden - ihren Stromversorger frei wählen können.[804]

Es stellt sich daher die Frage, welche Relevanz die vorliegenden Ergebnisse auf zukünftig zu deregulierende Bereiche haben? Im Fokus des Interesses stehen hierbei die Ansätze zur Deregulierung auf dem gegenüber dem Strommarkt zeitlich verzögerten deutschen Gasmarkt und der EU-Beitrittskandidaten. Denn für Letztere wird mit der Aufnahme in die Europäische Union alsbald auch die Binnenmarktrichtlinie Elektrizität bindend.

Im Hinblick auf eine Übertragung der Ergebnisse auf die Beitrittskandidaten der EU ist zunächst auf die bereits in Kapitel 2.4.2.2 dargelegten Argumente zu verweisen, wonach aus der bisherigen Entwicklung bereits früher deregulierter Strommärkte nicht ohne Weiteres Anhaltspunkte für die eigene Vorgehensweise abgeleitet werden können.
Es ist aber zu vermuten, dass die auf dem deutschen Strommarkt empirisch beobachtbare Erweiterung der Strategiemenge der etablierten EVU in wesentlichen Punkten auch auf anderen Strommärkten nach der Liberalisierung auftreten wird. Es ist daher nicht

[802] Vgl. BMWA (2003), S. 46.
[803] Vgl. IEA (2001c), S. 46 ff.
[804] Vgl. IEA (2001c), S. 9.

auszuschließen, dass die als Folge der erweiterten Strategiemenge entstandenen Fälle von Marktversagen auch in den Beitrittskandidaten der EU in Erscheinung treten werden.
Bei der sich daran jeweils anschließenden Frage nach der Notwendigkeit einer Re-Regulierung können dann aber die Ergebnisse der vorliegenden Arbeit zielführend sein. Denn die in Kapitel 3.3 gewählte Systematik für die Erweiterung der Strategiemenge, das in Kapitel 4.1 abgeleitete Verfahren zur Identifizierung von „echten" Problemen der Deregulierung, sowie die Analysemethoden in den Kapitel 4.2 - 4.5 können zumindest als Raster zur Entscheidungsfindung herangezogen werden.

Etwas anders ist die Übertragbarkeit der Ergebnisse der vorliegenden Arbeit auf den Prozess der Deregulierung des deutschen Gasmarktes zu bewerten. Zwar ist in § 1 EnWG klar festgelegt, dass die Vorschriften dieses Gesetzes für die „(...) leitungsgebundene Versorgung mit Elektrizität **und Gas** (...)" gelten und daher etwa auch die wichtige Frage des Netzzugangs analog zur Stromversorgung zu regeln ist. Aber andererseits weist Gas im Gegensatz zum Strom eine vollkommen andere Markt- und Netzstruktur auf. So wird etwa auch von der Monopolkommission der Standpunkt vertreten, dass der transaktionsunabhängige Modellansatz der VV II „Strom" nicht ohne weiteres auf den Gasmarkt übertragbar sei. Vielmehr müsse hier ein Netzzugangsmodell entwickelt werden, das den tatsächlichen physischen Transport und die Engpasskapazitäten widerspiegelt.[805] In diesem Zusammenhang wird in der Literatur bisweilen auch auf die technischen Unterschiede verwiesen. Lastspitzen im Erdgasverbrauch treten nämlich in Abhängig von der Außentemperatur meistens über mehrere Tage auf, während Stromlastspitzen in der Regel nur für Minuten- bzw. maximal einige Stunden zu decken sind.[806] Im Wettbewerb gilt es obendrein auch zu bedenken, dass Strom nahezu konkurrenzlos ist, während Erdgas auf dem Wärmemarkt einem starken Substitutionswettbewerb zu leichtem Heizöl ausgesetzt ist.[807]
Es kommt somit offensichtlich das in Kapitel 2.4.2.3 dargelegte Argument zum Tragen, wonach die Übertragbarkeit von Erfahrungen hinsichtlich der Deregulierung zwischen verschiedenen Wirtschaftsbereichen sehr begrenzt ist.

Abschließend sei aber explizit darauf hingewiesen, dass die hier entwickelte und dargelegte Vorgehensweise zur Prüfung der Notwendigkeit einer Re-Regulierung auch bei vergleichbaren Fällen auf dem deutschen Strommarkt in der Zukunft zur Anwendung kommen kann. Dieser Aspekt ist umso wichtiger, da aus heutiger Sicht nicht auszuschließen ist, dass die Marktteilnehmer auch zukünftig neue Strategieoptionen „induzieren" werden, die zu weiteren potenziellen Problemen der Deregulierung führen könnten. Denn die Deregulierung des deutschen Strommarktes stellt bekanntlich „eine spannende Entdeckungsreise" dar.

---

[805] Vgl. Monopolkommission (2002), S. 52.
[806] Vgl. Seidel (1999), S. 15.
[807] Vgl. Seidel; Weyand (1999), S. 604.

Zusammenfassend kann somit das Fazit gezogen werden, dass die Deregulierung des deutschen Strommarktes zwar noch immer einige Probleme aufweist und zukünftige weitere Schwierigkeiten nicht ausgeschlossen werden können, aber insgesamt eine „Erfolgsgeschichte“ darstellt.

6 Anhang

6.1 Abkürzungsverzeichnis

APX........................ Amsterdam Power Exchange

ARE........................ Arbeitsgemeinschaft Regionaler Energieversorgungsunternehmen e. V.

AVBEltV................ Verordnung über allgemeine Bedingungen für die Elektrizitätsversorgung von Tarifkunden

BAG........................ Bayernwerk AG, München

BDI......................... Bundesverband der Deutschen Industrie

Bewag..................... Berliner Kraft- und Licht (Bewag)-AG, Berlin

BMWA.................. Bundesministerium für Wirtschaft und Arbeit

BMWI.................... Bundesministerium für Wirtschaft und Technologie

BOT........................ Built-Operate-Transfer

BTOElt................... Bundestarifordnung Elektrizität

CEGB..................... Central Electricity Generation Board

CTO........................ Competition Transmission Charge

DDR........................ Deutsche Demokratische Republik

DEU........................ Deutsche Energie Union

DVG....................... Deutsche Verbundgesellschaft

EdF......................... Electricité de France

EEG........................ Erneuerbare Energien Gesetz

EG.......................... Europäische Gemeinschaft

EEX........................ European Energy Exchange

EnBW..................... EnBW Energie Baden Württemberg AG, Karlsruhe

EnWG..................... Energiewirtschaftsgesetz

EORG..................... The European Opinion Research Group

EPACT................... Energy Policy Act

EUR........................ EURO

EU.......................... Europäische Union

EVO........................ Energieversorgung Offenbach

EVU........................ Energieversorgungsunternehmen

EU.......................... Europäische Union

GATT...................... General Agreement on Tariffs and Trade

GKK....................... Gleichstrom-Kurz-Kupplung

GuD-Kraftwerk....... Gas- und Dampf-Kraftwerk

GUS........................ Gemeinschaft unabhängiger Staaten

GWB...................... Gesetz gegen Wettbewerbsbeschränkungen (Kartellgesetz)

HEAG..................... Hessische Elektrizitäts-AG, Darmstadt

HEW...................... Hamburgische Electricitäts-Werke AG (HEW), Hamburg

HGÜ .... Hochspannungs-Gleichstrom-Übertragung

IEA .... Internationale Energieagentur

IPP .... Independent Power Producers

KAM .... Key-Account-Management

KAE .... Anordnung über die Zulässigkeit von Konzessionsabgaben der Unternehmen und Betriebe zur Versorgung mit Elektrizität, Gas und Wasser an Gemeinden und Gemeindeverbände

KWKG .... Kraft-Wärme-Kopplungsgesetz

LNG .... Liquefied Natural Gas

LPX .... Leipzig Power Exchange

Mtoe .... million tons of oil equivalent

MVV .... Mannheimer Verkehrs- und Versorgungsgesellschaft mbH (MVV)

NGC .... National Grid Company plc

NTPA .... Negotiated Third Party Access

OECD .... Organisation for Economic Co-operation and Development

OFFER .... Office of Electricity Regulation

OPEC .... Organisation of Petroleum Exporting Countries

ÖPNV .... öffentlicher Personennahverkehr

OTC .... Over-the-Counter

PE .... PreussenElektra AG, Hannover

PURA .... Public Utility Regulatory Act

REGs .... Regional Electricity Companies

RPI .... Retail Price Index

SKE .... Steinkohleeinheiten

StrEG .... Stromeinspeisungsgesetz

RWE .... Rheinisch-Westfälisches Elektrizitätswerk

UCPTE .... Union pour la Coordination de la production et du Transport de l'Electricité

UCTE .... Union pour la Coordination du Transport de l'Electricité

UNIPEDE .... Union Internationale des Producteurs et Distributeurs d'Energie Electrique

UWG .... Gesetz gegen den unlauteren Wettbewerb

Vf .... Vatennfall

VEAG .... Vereinigte Energiewerke AG, Berlin

VEW .... Vereinigte Elektrizitätswerke Westfalen

VDEW .... Verband der Elektrizitätswirtschaft (bis 1999: Vereinigung deutscher Elektrizitätswerke)

VIK .... Verband der industriellen Energie- und Kraftwirtschaft

VKU .... Verband kommunaler Unternehmen

VRE .... Verband der Verbundunternehmen und Regionalen Energieversorger in Deutschland

VV .... Verbändevereinbarung

6.2 Symbolverzeichnis

C .... (Grenz-)Kosten

C_G (t). .... Kosten pro Einheit für den Einsatz von Gas als Brennstoff

C_{St} (t). .... Kosten pro Einheit für den Einsatz von Steinkohle als Brennstoff

C_W .... Kosten für einen Wechsel des Versorgers

C(y) .... Kostenfunktion in Abhängigkeit von Output y

C_{HSP} .... Kosten für den Bau einer zusätzlichen Hochspannungsleitung

CR_j........................... Konzentrationsrate als Verhältnis der Teilsumme der j größten Merkmalsträger zur Merkmalssumme

F .... Fischerei

G_i............................ Gewinnmaximierungsfunktion des Spielers i

j .... Anzahl der größten Merkmalswerte

K.............................. Kunde

M(v) .... Menge der Minimumgewinnkoalitionen

N_v^{alt} .... bisheriges Niveau der Normversorgung

N_v^i .... Präferenz des Kunden i zum Niveau der Normversorgung

N_v^{neu} .... Niveau der Normversorgung nach Bau einer zusätzlichen Hochspannungsleitung

N_v^{opt} .... optimales Niveau der Normversorgung

S .... Stahlunternehmen

S_{ki} .... Strategie i des Spielers k

$S_{ki}(t)$......................... Strategie i des Spielers k in Periode t

X............................. Produktivitätsfortschrittsrate

Z_i .... Zahlung, die i zu leisten hat

c_i............................. Summe aller Werte v(K), für K ∈ M(v), die den Spieler i enthalten

$h_i(v)$ .... „Public-Good-Index" des Spielers i für das Spiel v

i .... Periodenzinssatz

f .... Menge an gezüchteten Fischen

p_f............................. Angebotspreis für Fisch

p_n .... Angebotspreis für Kunde n pro verkaufte Einheit

p_s............................. Angebotspreis für Stahl

s .... Menge an produziertem Stahl

u_i............................. Zahlungsbereitschaft von i

v(K) .... Koalitionsertrag

x.............................. Input

x_n .... Anzahl der verkauften Einheiten an Kunde n

x_v .... Verschmutzung der Höhe x

x_v^{max} .... Verschmutzungsmenge bei $\frac{\Delta G_s}{\Delta x_v} = \frac{\Delta c_s}{\Delta x_v} = 0$

x_v^{zert} .... Höhe der Verschmutzung, zu der durch den Erwerb eines Zertifikates eine Berechtigung besteht.

x_v^* .... Höhe der pareto-optimalen Verschmutzung

y................................ Output

z................................ infinitesimale Zinsrate

γ................................ Wahrscheinlichkeit, dass Spieler i die Strategie S_{i1} wählt, sofern die Auszahlungsmatrix die Struktur des „chicken game" aufweist

ζ................................ Höhe der Kompensationszahlungen

θ .... Wahrscheinlichkeit, dass der Kunden K bei seinem bisherigen Versorger verbleibt

λ_A............................ Anzahl der wechselwilligen Kunden bei EVU_A

$\Delta \lambda_A$ .... Anteil der Kunden mit einer schlechten Zahlungsmoral unter den Wechselwilligen des EVU_A

μ .... Höhe der Pigou-Steuer

$\pi_K(S_{ki}, S_{-ki})$............ Gewinn bzw. Auszahlungen für Spieler k bei Auftreten des Strategiepaares (S_{ki}, S_{-ki})

σ_i .... Strategieoptionen des Spielers i für das Gesamtspiel

ψ.............................. Wahrscheinlichkeit, dass die Kosten eines Versorgerwechsels C_W einen hohen Wert haben

ω .... Qualität eines Gebrauchtwagens

6.3 Bildverzeichnis

6.4 Tabellenverzeichnis

7 Literaturverzeichnis

Akerlof, G. (1970):
The market for lemons: Quality uncertainty and the market mechanism.
In: Quarterly Journal of Economics, S. 488 - 500.

Almquist, E.; Piotroski, S. (1999):
The power of brand equity: Exploiting a singular incumbent advantage.
In: The Electricity Journal, March, S. 81 - 87.

Arbeitsgemeinschaft Regionaler Energieversorgungsunternehmen, ARE (1999):
Regionale Energieversorgung in Zahlen.
Hannover.

Arbeitsgemeinschaft Regionaler Energieversorgungsunternehmen, ARE (2000):
Regionale Energieversorgung in Zahlen.
Hannover.

Arbeitsgemeinschaft Regionaler Energieversorgungsunternehmen, ARE (2001):
Regionale Energieversorgung in Zahlen.
Hannover.

Averch, H.; Johnson, L. (1962):
Behavior of the firm under regulatory constraint.
In: American Economic Review, S. 1052 - 1069.

Bäumerich, G.; Siemens, B. (1997):
Konsequenzen des Wettbewerbs für die Stromwirtschaft.
In: Energiewirtschaftliche Tagesfragen, S. 595 - 599.

Baumol, W. J. (1977):
On the proper cost tests for natural monopoly in a multiproduct industry.
In: American Economic Review, S. 809 - 822.

Baumol, W. J.; Willig, R. (1981):
Fixed costs, sunk costs, entry barriers and sustainability of monopoly.
In: Quarterly Journal of Economics, S. 405 - 431.

Baumol, W. J. (1982):
Constable markets: an uprising in the theory of industry structure.
In: American Economic Review, S. 1-15.

Berg, S.; Tschirhart, J. (1998):
Naturally monopoly regulation: Principles and practice.
Cambridge.

Blechschmidt, H. (1998):
Einsparpotentiale und Auswirkungen auf die Versorgungsqualität.
In: Elektrizitätswirtschaft, 25/1998, S. 38 - 39.

BMWA (2003):
Bericht des Bundesministeriums für Wirtschaft und Arbeit an den Deutschen Bundestag über die energiewirtschaftlichen und wettbewerblichen Wirkungen der Verbändevereinbarungen (Monitoring-Bericht).
Berlin.

Böckem, S.; Schiller, U. (1994):
Die neue Theorie der Regulierung natürlicher Monopole.
In: Zeitschrift für Energiewirtschaft, 03/1994, S. 183 - 191.

Böge, U. (2000):
„Kein Freund sektorspezifischer Regulierung.“ Interview mit Dr. Ulf Böge, Präsident des Bundeskartellamtes, Bonn.
In: Energiewirtschaftliche Tagesfragen, S. 886 - 888.

Böwing, A. (1999):
Energiewirtschaftsgesetz 1998, Erläuterungen.
Frankfurt am Main.

Bohley, P. (1987):
Statistik. Einführendes Lehrbuch für Wirtschafts- und Sozialwissenschaftler.
München.

Borenstein, S.; Bushnell, J.; Knittel, C. (1999):
Market power in electricity markets: Beyond concentration measures.
In: The Energy Journal, Vol. 20, No. 4, S. 65 - 88.

Borenstein, S.; Bushnell, J. (2000):
Electricity restructuring: Deregulation or regulation?
In: Regulation, Vol. 23, No. 2, S. 46 - 52.

Borrmann, J. (1999):
Markt und Regulierung.
München.

Bräuer, W. (1997):
Wettbewerb in der Versorgungswirtschaft und seine Auswirkungen auf kommunale Querverbundunternehmen.
Baden-Baden.

Brunekreeft, G.; Keller, K. (2000):
Netzzugangsregime und aktuelle Marktentwicklung im deutschen Elektrizitätssektor.
In: Zeitschrift für Energiewirtschaft, 03/2000, S. 155 - 166.

Brümmerhoff, D. (1989)
Finanzwissenschaft.
Oldenburg

Budde, H.-J. (2000):
Strombeschaffung an der Börse.
In: VIK-Mitteilungen 3-2000, S. 58 - 59.

Budhraja, V. (1999):
The future electricity business.
In: The Electricity Journal, November, S. 54 - 61.

Coase, R. H. (1960):
The problem of social cost.
In: The Journal of Law and Economics, S. 1 - 44.

Crandall, R.; Ellig, J. (1998):
Electric restructuring and consumer interests: Lessons from other industries.
In: The Electricity Journal, January/February, S. 12 - 16.

Czakainski, M. (1999):
Den Wettbewerb aktiv mitgestalten.
In: Energiewirtschaftliche Tagesfragen, S. 461 - 463.

Demsetz, H. (1968):
Why regulate utilities?
In: The Journal of Law and Economics, S. 55 - 65.

Deregulierungskommission (1991):
Marktöffnung und Wettbewerb.
Stuttgart.

Deutsche Verbundgesellschaft, DVG (2000):
Jahresbericht 1999.
Heidelberg.

Deutsche Verbundgesellschaft DVG (2001):
Jahresbericht 2000.
Heidelberg.

Dixit, A.; Skeath, S. (1999):
Games of strategy.
New York.

Döhrer, A.; Fausten, D. (2000):
Churn Management als strategische Gesamtaufgabe. Wechselprävention und Kundenrückgewinnung in EVU.
In: Energiewirtschaftliche Tagesfragen, S. 21 - 24.

Doll, M.; Schäfer, K.; Verstege, J. (1999):
Die Zukunft des Netzbetreibers. Durchleitungsrecht oder aktiver Marktteilnehmer?
In: Energiewirtschaftliche Tagesfragen, S. 28 - 32.

Donnerbauer, R. (2000):
Vom Kampf um den Kunden.
In: Brennstoff Wärme Kraft (BWK), Nr. 1/2, S. 12 - 18.

Drasdo, P. et al. (1998):
Konzentration und Wettbewerb in der deutschen Energiewirtschaft.
Schriften des Energiewirtschaftlichen Instituts; Band 52.
Köln.

Drake, D.; Ohler, T.; Röthel, T. (2000):
Vom Preiskrieg zum Servicewettbewerb.
In: Energiewirtschaftliche Tagesfragen, S. 286 - 291.

Durach, W. (1996):
Die Einführung kompetiver Wettbewerbsstrukturen auf den Energiemärkten: die Bedeutung des europäischen Wettbewerbsrechts für die Liberalisierung der Energiemärkte unter Berücksichtigung der Erfahrungen in Großbritannien.
Frankfurt am Main.

Ebel, H.-R. (1999):
Abschottung von Versorgungsgebieten durch Vertragshändlerverträge.
In: VIK-Mitteilungen, 4-1999, S. 75-77.

Egger, H.; Brouns, S.; Katzfey, J.; Obergünner, M.; Vennegeerts, H. (2002):
Instandhaltungspraxis in Mittel- und Niederspannungsnetzen.
In: Energiewirtschaftliche Tagesfragen, S. 344 - 348.

Endres, A. (1993):
Die Ökonomie natürlicher Ressourcen.
Darmstadt.

Engl, W. (1998):
Perspektiven eines gesamteuropäischen Stromverbundes: Die Sicht eines europäischen Energieversorgers.
In: Anforderungen für ein integriertes Europa: Die deutsch-russische Kooperation im Elektrizitätssektor (Hrsg.: Kuxenko, A), S. 107 - 112.
Ebenhausen.

Erdmann, G. (1999):
Wettbewerb als Chance für „grünen Strom".
In: Energiewirtschaftliche Tagesfragen, S. 400 - 404.

Eßer, C. (1994):
Die Elektrizitätswirtschaft im europäischen Binnenmarkt- Gestaltungsvarianten und Entwicklungstendenzen.
Idstein.

Eßer-Scherbeck, C. (2000):
Nutzung des Stromhandels und der Strombörse für Großkunden.
In: VIK-Mitteilungen 5-2000, S. 106 - 109.

EURELECTRIC (2001):
Statistics and prospects for the European electricity sector (1980 - 1999, 2000 - 2020).
Brüssel.

Europäische Kommission (2000):
Grünbuch: Hin zu einer europäischen Strategie für Energieversorgungssicherheit.
Brüssel.

Europäische Kommission (2002):
Abschlussbericht über das Grünbuch „Hin zu einer europäischen Strategie für Energieversorgungssicherheit".
Brüssel.

The European Opinion Research Group, EORG (2002):
Die Meinung der Verbraucher über die Dienstleistungen der Daseinsvorsorge.
Brüssel.

ExxonMobil Central Europe Holding GmbH (2002):
OELDORADO 2002.
Hamburg.

Farell, J. (1986):
Moral hazard as an entry barrier.
In: Rand Journal of Economics, S. 440 - 449.

Fees, E. (1995):
Umweltökonomie und Umweltpolitik.
München.

Fees, E. (1997):
Mikroökonomie: Eine spieltheoretisch- und anwendungsorientierte Einführung.
Marburg.

Fritz, W.; König, S. (2000):
Der liberalisierte Strommarkt - eine Einführung.
In: Wettbewerb im liberalisierten Strommarkt: Regeln und Techniken; mit Beiträgen zahlreicher Fachwissenschaftler (Hrsg.: Kahmann, M.; König, S.), S. 3 - 25.
Braunschweig/Bergisch Gladbach.

Gattinger, M.; Voigtländer, P. (1999):
Der globale Strommarkt.
In: Energiewirtschaftliche Tagesfragen, S. 426 - 431.

Gebhard, T. A. (2000):
Principals for developing competition: Enhancing transition rules for a restructured electricity industry.
In: The Electricity Journal, January/February, S. 51 - 56.

Gemeroth, O. (1999):
Grüner Strom - Neues Stromprodukt.
In: STROMPRAXIS, 5/99, S. 14 - 15.

Gerch, H.; Kaendler, G.; Pfeiffer, R. (2000):
Qualitätsstandards von Stromnetzen.
In: Energiewirtschaftliche Tagesfragen, S. 514 - 520.

Glaser, P. (1999):
Green power marketing claims: A free ride on conventional power?
In: The Electricity Journal, July, S. 32 - 40.

Goett, A.; Hudson, K.; Train, K. (2000):
Customer's choice among retail energy suppliers: The willingness to pay for service attributes.
In: The Energy Journal, Vol. 21, No. 4, S. 1 - 28.

Groves, T.; Ledyard, J. (1977):
Optimal allocation of public goods: A solution to the „free rider" problem.
In: Econometrica, S. 783 - 809.

Handschien, E. (2000):
Auch für Strom gilt: Qualität hat ihren Preis - aber nur dort, wo sie gebraucht wird.
In: Elektrizitätswirtschaft, 17-18/2000, S.20 - 24.

Hannemann, E. (2001):
Markenwerte schaffen und managen - neue Erlösquellen für EVU.
In: Elektrizitätswirtschaft, 10/2001, S. 26 - 29.

Harsanyi, J. (1967/68):
Games with incomplete Information played by Bayesian players.
In: Management Science, No. 14, S. 159 - 182; S. 320 - 334 und S. 486 - 502.

Haß, D.; Leusden, G.; Schwarz, J.; Zimmermann, H. (1981):
Das (n-1)-Kriterium in der Planung von Übertragungsnetzen.
In: Elektrizitätswirtschaft, 25/1981, S. 923 - 926.

Hensing, I.; Pfaffenberger, W.; Ströbele, W. (1998):
Energiewirtschaft. Einführung in Theorie und Praxis.
München.

Hensing, I.; Maier, K.-D. (1999):
Wettbewerb erfordert Strategien.
In: Elektrotechnik + Automation (etz), Heft 3-4, S. 24 - 25.

Henzelmamm, T. (1997):
Energieversorger als Dienstleistungspartner.
Regensburg.

Hirst, E.; Kirby, B. (1999):
Maintaining transmission adequacy in the future.
In: The Electricity Journal, November, S. 62 - 72.

Hohlefelder, W. (2000):
Hat Kernenergie-Strom im Wettbewerb eine Chance?
In: Internationale Zeitschrift für Kernenergie (atw), S. 147 - 150.

Holler, M.; Packel, E. (1983):
Power, luck and the right Index.
In: Journal of Economics, S. 21 - 29.

Holler, M. (1994):
Wirtschaft als Spiel oder das Spiel zur Wirtschaft. Anmerkungen zum Nobelpreis 1994.
In: Wirtschaftsdienst, Nr. 12, S. 646 - 652.

Holler, M.; Illing, G. (1996):
Einführung in die Spieltheorie.
Berlin, Heidelberg, New York, Tokio.

Hoster, F. (1996):
Auswirkungen des europäischen Binnenmarktes für Energie auf die deutsche Elektrizitätswirtschaft.
München.

IEA (1999):
Electricity Reform: Power Generation Costs and Investment.
Paris.

IEA (2001a):
Electricity Information 2001.
Paris.

IEA (2001b):
Natural Gas Information 2001.
Paris.

IEA (2001c):
Competition in Electricity Markets.
Paris.

Informationszentrale der Elektrizitätswirtschaft (o. J.):
Strom Basiswissen Nr. 105: Stromerzeugung in Wärmekraftwerken.
Frankfurt am Main.

Informationszentrale der Elektrizitätswirtschaft (1999):
Strom Basiswissen Nr. 115: Stromwirtschaft im Wettbewerb (Auflage 1999).
Frankfurt am Main.

Informationszentrale der Elektrizitätswirtschaft (2000a):
Strom Basiswissen Nr. 115: Stromwirtschaft im Wettbewerb (Auflage 2000).
Frankfurt am Main.

Informationszentrale der Elektrizitätswirtschaft (2000b):
Strom Basiswissen Nr. 132: Die Sache mit der Durchleitung.
Frankfurt am Main.

Informationszentrale der Elektrizitätswirtschaft (2000c):
Strom Basiswissen Nr. 133: Vom Monopol zum Wettbewerb.
Frankfurt am Main.

Informationszentrale der Elektrizitätswirtschaft (2000d):
Stromthemen, Nr. 12, Dezember 2000.
Frankfurt am Main.

Institut der deutschen Wirtschaft (2000):
Angst vor schwarzen Schafen.
In: iwd, Nr. 14, S. 8.

Jäger, F. (1993):
Natur und Wirtschaft. Ökonomische Grundlagen einer Politik des qualitativen Wachstums.
Zürich.

Jäger, G. (2000):
Vom traditionellen EVU zum Muli-Energy-/Muliti-Utility-Unternehmen.
In: VGB KraftwerksTechnik, 07/2000, S. 1.

Jones, T.; Petrie, E. (2000):
Das atmende Netz.
In: Energie & Management Jahresmagazin 2001, S. 6 - 16.

Karl, H.-D. (1999):
Allgemeine Elektrizitätswirtschaft schränkt Investitionen weiter ein.
In: ifo Schnelldienst, 35-36/1999, S. 22 - 29.

Kasperk, G. (1997):
Deregulierung und Privatisierung des Elektrizitätssektors in Entwicklungsländern.
Baden-Baden.

Kassebohm, K. (2000):
Energievertrieb im Wandel.
In: Energiewirtschaftliche Tagesfragen, S. 910 - 917.

Kastner, R.; Jarmer, F. (1999):
Neue Wege für neue Märkte. Portfoliomanagement mit dem EGT Power Pack.
In: Energiewirtschaftliche Tagesfragen, S. 40 - 43.

Katzfey, J.; Nissen, J.; David, R.; Menhorn, N.; Oberländer, J.; Wittekindt, D. (2002):
Erste Schritte in den Vergleichsmarkt. Netznutzungsentgelte und Strukturmerkmale.
In: Elektrizitätswirtschaft, 20/2002, S. 20 - 28.

Keller, B.; Matzke, S. (2000):
Marketing-Instrumente zur Gewinnung und Bindung von Kunden.
In: Wettbewerb im liberalisierten Strommarkt: Regeln und Techniken; mit Beiträgen zahlreicher Fachwissenschaftler (Hrsg.: Kahmann, M.; König, S.), S. 41 - 63.
Braunschweig/Bergisch Gladbach.

Kinne, K. (1999):
Monopoly: Vom „natürlichen Monopol" zum Wettbewerbsmarkt.
In: Frankfurter Allgemeine Zeitung, 23. November 1999.

Kirschen, S.; Strbac, G. (2000):
Who should pay for reserve?
In: The Electricity Journal, October, S. 32 - 37.

Kleemann, M.; Meliß, M. (1993):
Regenerative Energiequellen.
Berlin, Heidelberg, New York, Tokjo.

Klopfer, T. (1993):
Märkte für Strom - Internationale Erfahrungen und Übertragbarkeit auf Deutschland.
Oldenburg.

König, N. (1999):
Kernenergie und Liberalisierung.
In: Internationale Zeitschrift für Kernenergie (atw), S. 463 - 466.

Kremp, R.; Rosen, U. (2002):
Modernes Strom-Beschaffungsmanagement für Stadtwerke.
In: Energiewirtschaftliche Tagesfragen, S. 48 - 51.

Krug, S. (1997):
(De)Regulierung in der Elektrizitätswirtschaft: Eine ökonomische Analyse. Ein aktueller Beitrag um die Reform des deutschen Energiewirtschaftsrechts.
Frankfurt an der Oder.

Kuhnt, D. (2000):
Deutsche Energiepolitik im liberalisierten Europa.
In: Internationale Zeitschrift für Kernenergie (atw), S. 440 - 444.

Kumkar, L. (1997):
Nach der Verabschiedung der Stromrichtlinie: Status quo und Perspektiven der europäischen Elektrizitätswirtschaft.
Kiel.

Kox, A. (1998):
Planung von Mittelspannungsnetzen unter Berücksichtigung betrieblicher Freiheitsgrade bei der Störungsbeseitigung.
Aachen.

Laker, M.; Herr, S. (1998):
Strom-Pricing im Wettbewerb - Von der Kosten-Plus- zur marktfähigen Preispolitik.
In: Elektrizitätswirtschaft, 14/1998, S. 9 - 16.

Lamers, G. (1992):
Zur Regulierung der Elektrizitätswirtschaft: Theoretische Ansätze und die Praxis in ausgewählten Mitgliedsländern der Europäischen Gemeinschaft.
Idstein.

Lancaster, K. J. (1966):
A new approach to consumer theory.
In: Journal of Political Economy, S. 132 - 157.

Larsen, E.; Lomi, A. (1999):
Learning without experience: Strategic implications of deregulation and competition in the electricity industry.
In: European Management Journal, Vol. 17, No. 2, S. 151 - 163.

Latcovic, K.; Seiferth, T. (1999):
Stromhandel - Charakteristika, Betätigungsfelder und Anforderungen.
In: Elektrizitätswirtschaft, 07/1999, S. 20 - 26.

Leibenstein, H. (1966):
Allocative efficiency vs. „X-efficiency".
In: American Economic Review, S. 392 - 415.

Liebing, K. (1999):
Markteintrittszeitpunkt und Marktbeherrschung in der Transformation: Ein Ansatz zur Beurteilung von First-Mover Investitionen unter den Rahmenbedingungen der Systemtransformation sowie dessen Anwendung auf den ungarischen Strommarkt.
Frankfurt am Main.

Loeb, M.; Magat, W. A. (1979):
A decentralized method for utility regulation.
In: The Journal of Law and Economics, S. 399 - 404.

Lough, W. T.; Walker, C. D. (1997):
A critical review of re-deregulated foreign electric utility markets.
In: Energy Policy, Vol. 25, No. 10, S. 877 - 886.

Maier, K.-D.; Lukas, J. (1999):
Internationalisierung als Erfolgsstrategie.
In: Energiewirtschaftliche Tagesfragen, S. 362 - 366.

Makert, K. (2000):
Fusionskontrolle im Zeichen der jüngsten Großfusionen.
In: Energiewirtschaftliche Tagesfragen, S. 355 - 358.

Markewitz, P.; Vögele, S. (2002):
Kraftwerksüberkapazitäten in Deutschland.
In: Energiewirtschaftliche Tagesfragen, S. 36- 39.

Marquis, G. (2001):
Strommarkt Deutschland - Energie für Europa.
Plenumsvortrag auf dem VDEW-Kongress in Hamburg am 30. Mai 2001.
Frankfurt am Main.

Matthes, F. (2000):
Führen Stromexporte aus Osteuropa die Bemühungen um Klimaschutz und Atomausstieg ad absurdum?
Arbeitspapier des Öko-Instituts, Berlin.

Meller, E. (1998):
Wettbewerb und Kooperationen im Strommarkt.
In: Elektrizitätswirtschaft, 13/1998, S. 6.

Meller, E. (1999):
Strommarkt USA: Vom Monopol zum Wettbewerb.
In: Standpunkt 2/99; Zeitschrift zu Energie- und Umweltfragen, Siemens Energieerzeugung KWU.

Meller, E. (2001a):
Germany: Development and Competition in the Electricity Market.
In: World Power 2001, S. 142 - 143.

Meller, E. (2001b):
Wettbewerbsintensität deutlich gesteigert. Was hat die Liberalisierung bisher gebracht?
In: Elektrizitätswirtschaft, 20-21/2001, S. 26 - 29.

Meller, E. (2001c):
Schmutziger Strom - Die Folgen eines Importverbotes für den Energiestandort Deutschland.
Vortrag: CDU/CSU-Bundestagsfraktion, Sitzung des „Beirats für Energie" der Strukturgesellschaft am 13. März 2001 in Berlin.

Meller, E. (2002):
„Kostenangaben lehnen wir ab."
In: Energie & Management, 23-24/2002, S. 1.

Meller, E. (2003):
Psychologische Wechselbarrieren. Sind die Stromkunden reif für den Wettbewerb?
In: Elektrizitätswirtschaft, 03/2003, S. 18 - 23.

Monopolkommission (2000):
Wettbewerbspolitik in Netzstrukturen.
Dreizehntes Hauptgutachten der Monopolkommission (Kurzfassung).
Bonn.

Monopolkommission (2002):
Netzwettbewerb durch Regulierung.
Vierzehntes Hauptgutachten der Monopolkommission (Kurzfassung).
Bonn.

Morgan, C.; Sioshansi, F. (1999):
Where function follows form: International comparisons of restructured electricity markets.
In: The Electricity Journal, April, S. 20 - 30.

Moya, O. (2002):
Experiences and new challenges in the Chilean generation and transmission sector.
In: Energy Policy, Vol. 30, No. 7, S. 575 - 582.

Müller, M. (1996):
Deregulierung und Privatisierung aus ökonomischer Sicht.
In: Wettbewerbspolitik und die Ordnung der Elektrizitätswirtschaft in Deutschland und Großbritannien (Hrsg.: Sturm, R.; Wilks, S.), S. 11-52.
Baden-Baden.

Müller, L. (1998):
Handbuch der Elektrizitätswirtschaft.
Berlin, Heidelberg, New York, Tokio.

Müller, F. (1999):
Geostrategische Risiken der Energiemärkte.
In: Energiewirtschaftliche Tagesfragen, S. 661 - 667.

Müller, M. (2001):
Instrumente zur Aufrechterhaltung des Qualitätsstandards.
In: Energiewirtschaftliche Tagesfragen, S. 8 - 11.

Müller, W. (2001):
Nach dem Ausstieg aus der Kernenergie: Die Zukunft der Stromversorgung in Deutschland.
In: Elektrizitätswirtschaft, 20-21/2001, S. 16 - 18.

Navarro, P. (1996):
Electric utilities: The argument for radical deregulation.
In: Harvard Business Review, January/February, S. 112 - 125.

Nordel (2000):
Driftstöringsstatistik - Fault statistics 1999.
Internet unter: http://www.nordel.org.

Olten, R. (1998):
Wettbewerbstheorie und Wettbewerbspolitik.
München.

o. V. (1999a):
Psychische Barrieren hindern am Stromwechsel.
In: ENERGIE - BRIEF, Nr. 19, S. 2.

o. V. (1999b):
VEW plant kommunale Energie-Allianz.
In: Süddeutsche Zeitung, 24. September 1999.

o. V. (2000a):
E.ON: Gut geworben - schnell bekannt.
In: Nachrichten für die Versorgungswirtschaft (TAM), 20/00, S. 14.

o. V. (2000b):
Yello will be profitable in three years.
In: Power in Europe, Issue 326, S. 11.

o. V. (2000c):
MVV: Polnisches Engagement.
In: Nachrichten für die Versorgungswirtschaft (TAM), 01/00, S. 5.

o. V. (2000d):
HEAG verkauft mit Wella Friseuren Strom.
In: Zeitung für kommunale Wirtschaft (ZfK), September 2000, S. 2.

o. V. (2000e):
Strom-Wettbewerb kostet Arbeitsplätze.
In: Nachrichten für die Versorgungswirtschaft (TAM), 11/00, S. 8.

o. V. (2001a):
Yello will wissen, was Stromkunden wünschen.
In: Frankfurter Allgemeine Zeitung, 20. August 2001.

o. V. (2001b):
Deutsche Post verkauft Strom in Filialen.
In: Frankfurter Allgemeine Zeitung, 15. September 2001.

o. V. (2002a):
Bürgertelefon zum Wechsel von Stromlieferanten eingerichtet.
In: Elektrizitätswirtschaft, 03/2002, S. 6.

o. V. (2002b):
Kartellamt beklagt fehlenden Wettbewerb auf Strommarkt.
In: Die Welt, 2. Februar 2002.

o. V. (2002c):
Verbändevereinbarung Strom weiterentwickelt.
In: Elektrizitätswirtschaft, 01-02/2002, S. 6.

o. V. (2002d):
Umfassende Auskunft für Verbraucher.
In: Frankfurter Allgemeine Zeitung, 14. März 2002.

o. V. (2003):
EU and Russia plan interconnection of grids by 2007.
In: Elektrizitätswirtschaft, 24/2003, S. 12.

Panzar, J.; Willig, R. (1981):
Economies of scope.
In: Journal of American Economic Review, S. 268 - 272.

Posch, W.; Weilharter, B. (1999):
Wettbewerb um den Massenkunden - für EVU Chance und Risiko gleichzeitig.
In: Elektrizitätswirtschaft, 14/1999, S. 20 - 24.

Pfaffenberger, W. (1993):
Elektrizitätswirtschaft.
München.

Pfaffenberger, W. (1999):
Energieversorgung nach der Deregulierung: Entwicklungen, Positionen, Folgen.
Berlin.

Rasmusen, E. (1990):
Games and information. An introduction to game theory.
Cambridge.

Rentz, O. et al. (2001):
„Grüne" Stromangebote auf dem deutschen Markt.
In: Elektrizitätswirtschaft, 25/2001, S. 26 - 28.

Richter, M. (2001):
Qualität und Sicherheit in der Stromversorgung.
In: Energie Spektrum, 11/2001, S. 20 - 21.

Rider, G. (1999):
Ten lessons for the changing European electricity landscape.
In: The Electricity Journal, April, S. 51 - 56.

Riechmann, C. (1995):
Price-Cap Regulierung.
In: Zeitschrift für Energiewirtschaft, 02/1995, S. 157 - 167.

Riechmann, C. (1999):
Preisentwicklungen in einem liberalisierten Strommarkt - Erfahrungen aus England und Wales.
In: Zeitschrift für Energiewirtschaft, 01/1999, S. 65 - 92.

Schierenbeck, H. (1989):
Grundzüge der Betriebswirtschaftslehre (10. Auflage).
München.

Schmitt, O.; Häusler, M.; Buchholz, B.; Weinhold, M. (2001):
Wirtschaftlichkeit einer kundengerechten Versorgungsqualität.
In: Energiewirtschaftliche Tagesfragen, S. 16 - 20.

Schmidtchen, D. (1997):
Liberalisierte Strommärkte: Strategische Herausforderung für die Unternehmen und Konsequenzen für die Verbraucher.
Tübingen.

Schnabel, K. (1995):
Der deutsche Elektrizitätsmarkt im Wandel: Reformbestrebungen zwischen Wettbewerb und Dezentralisierung.
Aachen.

Schoenheit, I.; Niedergesäß, U. (1999):
Kundenbindung bei privaten Haushalten.
In: Energiewirtschaftliche Tagesfragen, S. 464 - 467.

Schürmann, H.-J. (1999):
Konzentration und Preiskampf auf liberalisierten Märkten.
In: Energiewirtschaftliche Tagesfragen, S. 816 - 821.

Schulz, W. (1995):
Liberalisierung des Strommarktes: Erfahrungen aus dem Ausland und Möglichkeiten in Deutschland.
In: Umweltpolitische Steuerung in einem liberalisierten Strommarkt (Hrsg.: Hoffmann-Riem, W.; Schneider, J.-P.), S. 105 - 118.
Baden-Baden

Schumann, J. (1992):
Grundzüge der mikroökonomischen Theorie.
Berlin, Heidelberg, New York, Tokjo.

Schuppe, T.; Nolden, A. (1999):
Markt- und Unternehmensstrukturen auf dem deutschen Strom- und Gasmarkt (Stand 09/99).
EWI Working Paper 99/1; Energiewirtschaftliches Institut an der Universität Köln.

Seeliger, A. (1999):
Investitionen in der deutschen Elektrizitätswirtschaft nach der Liberalisierung.
In: Elektrizitätswirtschaft, 26/1999, S. 40 - 44.

Seiferth, T. (1999):
Kundenorientierung bei EVU.
In: Energiewirtschaftliche Tagesfragen, S. 383 - 388.

Seidel, M. (1999):
Durchleitung von Erdgas. Die Unterschiede zwischen Strom und Gasmarkt.
In: Brennstoff Wärme Kraft (BWK), Nr. 11/12, S. 14 - 15.

Seidel, M.; Weyand, M. (1999):
Netzzugang auf dem deutschen Erdgasmarkt.
In: Energiewirtschaftliche Tagesfragen, S. 603 - 605.

Sereinig, J. (1999):
Deregulierung: Megatrends und Wirkungen.
In: VEÖ Journal, 12/1999, S. 38 - 43.

Simon, H. A. (1955):
A behavioral model of rational choice.
In: Quarterly Journal of Economics, S. 99 - 118.

Sorg, A.; Weber, T.; Wellssow, W. (2001):
Risk investigations in investment planing under consideration of a supply interruption insurance system.
Vortrag auf der Power Tech Conference, 10. - 13. September 2001, Porto, Portugal.

Sowa, C. (2000):
Rechtliche Fragen des polnisch-deutschen Stromhandels.
In: Energiewirtschaftliche Tagesfragen, S. 465 - 468.

Stamer, J.-H. (2000):
Netzstrategien im Spannungsfeld zwischen Versorgungssicherheit und Kostensenkungsdruck.
Schriftliche Unterlage zum Vortrag auf dem VDEW-Chefgespräch „Netzzugang" am 21. November 2000 in Darmstadt.
Frankfurt am Main.

Steeg, H. (1999):
Versorgungssicherheit in liberalisierten Märkten.
In: Energiewirtschaftliche Tagesfragen, S. 118 - 123.

Sturbeck, W. (2001):
„Schmutziger" Strom lässt sich nicht stoppen.
In: Energiewirtschaftliche Tagesfragen, S. 414.

Sullvian, M.; Vardell, T.; Johnson, M. (1997):
Power interruption cost to industrial and commercial consumers of electricity.
In: IEEE Transactions on industry, Vol. 33, No. 6, S. 1448 - 1458.

Tegethoff, W. (1998):
Die Entwicklung des deutschen Energiewirtschaftsrechts bis zur Neuordnung im Jahre 1998 - Vergängliches und Bleibendes.
In: Elektrizitätswirtschaft, 13/1998, S. 9 - 17.

Timm, M. (1998):
Gas-Renaissance in der deutschen Stromwirtschaft?
In: Energiewirtschaftliche Tagesfragen, S. 448 - 453.

Tirole, J. (1999):
Industrieökonomik.
Oldenburg.

Truffer, B. (2001):
Eco-labelling of electricity - strategies and tradeoffs in the definition of environmental standards.
In: Energy Policy, Vol. 29, No. 11, S. 885 - 897.

Van Damme, E. (1989):
Renegotiation-proof equilibria in repeated prisoners′ dilemma.
In: Journal of Economic Theory, S. 206 - 217.

Varian, H. (1989):
Grundzüge der Mikroökonomie.
München.

Varian, H. (1990):
Mikroökonomie.
München.

VDEW (1996):
Die öffentliche Elektrizitätsversorgung 1995.
Frankfurt am Main.

VDEW (1997a):
Strategie-Optionen deutscher Elektrizitätsunternehmen im wettbewerblichen Umfeld.
Frankfurt am Main.

VDEW (1997b):
Wenn es bei der Spannung spannend wird... .
Frankfurt am Main.

VDEW (1997c):
RWE Energie AG größter Stromversorger.
Pressemitteilung VDEW vom 22. September 1997, Frankfurt am Main.

VDEW (1998):
Die nordischen Elektrizitätswirtschaften im Wettbewerb.
Vortrag zur VDEW-Fachtagung „Skaninavien: Liberalisierte Elektrizitätswirtschaft im Wettbewerb"; 21. und 22. April 1998, Frankfurt am Main.
Frankfurt am Main.

VDEW (1999):
Strommarkt Deutschland 1998.
Frankfurt am Main.

VDEW (2000):
Strommarkt Deutschland 1999.
Frankfurt am Main.

VDEW (2002a):
Stromdaten. Faktendienst für die Energiewirtschaft, März 2002.
Frankfurt am Main.

VDEW (2002b):
Stromdaten. Faktendienst für die Energiewirtschaft, Juli 2002.
Frankfurt am Main.

VDEW (2002c):
Kommission legt Richtlinien zur Verbesserung der Öl- und Gasversorgung vor.
In: eu-flash, Nachrichten der VDEW-Vertretung Brüssel, Ausgabe Nr. 26, S. 7.

VDEW (2003):
Stromdaten. Faktendienst für die Energiewirtschaft, September 2003.
Frankfurt am Main.

VDN (2002):
Stromaustausch Deutschlands mit den Nachbarländern 2001.
Berlin

VIK (1999):
VIK-Votum: „ Keine Deliberalisierung in der Strom- und Gasversorgung".
In: VIK-Mitteilungen, 5-1999, S. 109 - 111.

VIK (2000):
Bilateraler Stromhandel via Internet".
In: VIK-Mitteilungen, 3-2000, S. 70 - 71.

Voß, A. (1992):
Strom - Ein Energieträger der Zukunft?
In: Die Zukunft der Stromversorgung (Hrsg.: Voß, A.), S. 231 - 242.
Frankfurt am Main.

Wachendorf, H. G. (1994):
Kohleverstromung in Deutschland.
In: Elektrizitätswirtschaft, 12/1994, S. 676 - 680.

Waffel, H.-D.; Kunze, C. (2001):
Developments in the German electricity market & critical success factors in the European energy trading
In: World Power 2001, S. 144 - 148.

Weber, R. (1986):
Wirtschaftsregulierung in wettbewerbspolitischen Ausnahmebereichen.
Baden-Baden.

Weck, K.-H.; Wellßow, W. (2001):
Versorgungsqualität - Wettbewerbsvorteil im Spannungsfeld zwischen Kosten und Customer Value?
In: Energiewirtschaftliche Tagesfragen, S. 22 - 24.

Weller, T. (1998):
Green Pricing: Kundenorientierte Angebote in der Elektrizitätswirtschaft.
In: Zeitschrift für Energiewirtschaft (ZfE), 01/1998, S. 58 - 70.

Wellßow, W. (2001):
Versorgungsqualität - Wettbewerbsfaktor im Spannungsfeld von Kosten und Customer Value?
In: Elektrizitätswirtschaft, 24/2001, S. 38 - 42.

Weßelmann, C. (2000):
Kernenergie: Weltreport 1999
In: Internationale Zeitschrift für Kernenergie (atw), S. 147 - 150.

Windmöller, R. (1998):
Die wirtschaftliche Bedeutung der Versorgungsqualität.
In: Elektrizitätswirtschaft, 25/1998, S. 14 - 22.

Yatchew, A. (2001):
Incentive regulation of distributing utilities using yardstick competition.
In: The Electricity Journal, January/ February, S. 56 - 60.

FSC
www.fsc.org
MIX
Papier | Fördert
gute Waldnutzung
FSC® C083411

Kolibri 360 GmbH
Ferdinand-Jühlke-Straße 7
99095 Erfurt, Deutschland
produktsicherheit@kolibri360.de

Druck:
CPI Druckdienstleistungen GmbH
im Auftrag der
Kolibri 360 GmbH
Ferdinand-Jühlke-Str. 7
99095 Erfurt